普通高等教育“十一五”国家级规划教材

遗 传 学

李惟基 主 编

中国农业大学出版社

《遗传学》编著人员

主　编　李惟基

副主编　（姓氏拼音为序）

陈耀锋　郭玉华　何予卿　王国英

参　编　（姓氏拼音为序）

曹秀云　陈全家　何凤发　胡银岗

黄亚群　李春莲　曲延英　张成合

周清元　朱登云　邹德堂

主　审　（姓氏拼音为序）

戴景瑞院士　吴常信院士

《新编遗传学教程》编著人员

主　编　李惟基

副主编　陈　宏

参　编　（姓氏拼音为序）

耿社民　郭玉华　秦国庆

孙　超　陶　澜　王国英

殷家明　张　劳　邹德堂

主　审　吴常信院士

内 容 简 介

本书是普通高等教育“十一五”国家级规划教材，主要面向我国高等院校本科植物生产类和生物技术类专业。全书共6单元16章，以基因为主线阐述遗传的物质基础、遗传信息的传递、遗传信息的改变、遗传信息的贮存、遗传信息的表达调控，以及遗传工程，涵盖遗传学的基本概念、原理、方法和应用。章节的安排便于教师酌情选择使用。

再版前言

本书原名《新编遗传学教程》，是我国高等教育面向21世纪课程教材，于2002年1月出版。这次再版，为使教材名称与课程名称统一，更名为《遗传学》。

本书致力于内容和体系的创新，但是初版确实存在传统内容过于简略、现代内容过于深奥和读者对象过于宽泛的问题。若干院校的遗传学主讲教师于是相聚北京，针对问题制定修订方案，期望产生一部主要面向植物生产类和生物技术类的本科教材，编写班子也因此由上述专业人员组成。随后，经过国家评审和网上公示，本书入选普通高等教育"十一五"国家级规划教材。

本版教材按照遗传学的内在逻辑分为6个单元，以基因为主线依次阐述遗传的物质基础、遗传信息的传递、遗传信息的改变、遗传信息的贮存和遗传信息表达调控的基本原理以及这些原理的应用。将属于应用的遗传工程单独列为一个单元，是为了比较系统地介绍某些新的遗传学概念、原理和方法。确定以上顺序的主要根据是理解DNA编码和细胞分裂过程才能解释遗传规律和变异方式，理解基因和基因组的结构才能解释基因的表达调控。以上6个单元又分为16章，章节的划分便于主讲教师根据实际教学时数选用所需要的内容。

本版教材由8所院校富有教学经验的16位教授、副教授共同编写，具体分工如下：绪论由李惟基（中国农业大学）编写，第一章由张成合、黄亚群（河北农业大学）编写，第二章由曹秀云（沈阳农业大学）编写，第三章由邹德堂（东北农业大学）编写，第四章由陈耀锋（西北农林科技大学）编写，第五章和第六章由朱登云（中国农业大学）编写，第七章和第八章由郭玉华（沈阳农业大学）编写，第九章由何凤发（西南农业大学，现西南大学）编写，第十章由陈全家（新疆农业大学）编写，第十一章由曲延英（新疆农业大学）编写，第十二章由周清元（西南农业大学，现西南大学）编写，第十三章由何予卿（华中农业大学）编写，第十四章由王国英（中国农业大学和中国农业科学院）编写，第十五章由李春莲（西北农林科技大学）编写，第十六章由胡银岗（西北农林科技大学）编写。全书由主编、副主编统稿。

本版教材从编写到出版，得到各有关院校和吴常信、戴景瑞两位院士的支持，全体编者在这里一并表示衷心感谢。

编　者

2007年5月1日

初版前言

这本《新编遗传学教程》是高等教育面向21世纪教学内容和课程体系改革项目的成果(04-14)。这次教改要求教材加强基础、拓宽专业、提倡创新、重视应用，于是本书做了以下几方面努力。

1. *建立新的课程体系* 全书分为基础篇、专题篇和应用篇三个部分。基础篇包括遗传的物质基础，遗传信息的贮存，遗传信息的表达，遗传信息的改变，遗传信息的传递等五章，涵盖遗传学基本的概念、原理和方法。专题篇包括DNA的分布和组织形式，DNA的结构和功能，基因的重组、克隆和鉴定，基因表达的调控、免疫的遗传学基础，群体的遗传平衡，数量性状的遗传分析等七章，相对展开地介绍本学科各领域的理论和研究方法。应用篇包括遗传学与人类，遗传学与动物生产，遗传学与植物生产，遗传学与微生物利用等四章，具体介绍本学科各领域应用技术的遗传学原理。

2. *开辟通往学科前沿的窗口* 作为大学教材，本书重视开阔学生视野，为学生开辟通往学科前沿的多个窗口，在各篇章深入浅出地联系和体现遗传学理论和应用的热点和最新进展，具体涉及重复序列、调控机理、基因组学、DNA指纹、基因芯片、基因治疗、胚胎干细胞、转基因克隆技术、生物反应器、PCR技术、QTL作图等内容。

3. *培养能力和科学精神* 本书在传授知识的同时，也传授科学思维方法和获取新知识的能力。这些方法和能力体现在科学家的试验设计、结果分析、推论及其验证中，也体现在本书各位编者的编写思路和表达方法中。此外，本书有些章节还结合传授知识介绍相关科学史实，旨在提倡严谨和求实的科学态度，激励学生探索和创新的精神。

4. *通用性和灵活性* 本书是本科、大专通用教材，内容适用于农林院校各专业；同时适用于其他院校的生物类专业。教师可根据不同授课对象和不同学时数，灵活地选择和组合不同的教学内容。如果本科讲授遗传学60学时，建议选基础篇五章(24学时)，专题篇四章(24学时)，应用篇两章(12学时)。又假设大专讲授遗传学36学时，建议选基础篇五章(24学时)，应用篇两章(12学时)。

本书三个部分共十六章，五所院校十一位教授、副教授承担编写任务，具体分工如下。第一章至第六章由李惟基(中国农业大学)编写；第七章由王国英(中国农业大学)编写;第八章由邹德堂(东北农业大学)编写;第九章由陈宏、孙超(西北农林科技大学)编写;第十章由耿社民、陈宏(西北农林科技大学)编写;第十一章和第十二章由郭玉华(沈阳农业大学)编写;第十三章由陈宏、秦国庆(西北农林科技大学)编写;第十四章由张劳(中国农业大学)编写;第十五章由陶澜(西南农业大学)编写;第十六章由殷家明(西南农业大学)编写。全书由李惟基、陈宏统稿。

本书从编写到出版,得到各有关院校和中国农业大学出版社的支持,更承蒙中国科学院院士吴常信教授担任主审,全体编者在此表示衷心感谢。同时希望广大读者指出书中不足之处,以便将来再版时改进。

李惟基

2001 年 4 月

目　录

第二单元 遗传信息的传递

第三单元 遗传信息的改变

第四单元 遗传信息的贮存

第五单元　遗传信息的表达调控

第六单元 遗 传 工 程

绪　论

一、遗传学的内容和研究方法

遗传学(Genetics)这一学科名称是 Bateson(1909)首先提出来的。它的定义,见于国内外教材的至少有“研究遗传的科学”、“研究遗传和变异的科学”、“研究遗传和变异的规律的科学”、“研究遗传和变异的规律和机理的科学”、“研究基因的科学”和“研究生物学信息的科学”等。遗传学所涵盖的内容也随本学科新研究成果的出现而发展,按照内在的逻辑目前可大致归纳为:遗传的物质基础,遗传信息的贮存,遗传信息的传递,遗传信息的改变,遗传信息的表达调控,以及遗传学原理的应用。

遗传学所阐述的“遗传的物质基础”,包括 DNA(或 RNA)作为遗传物质的实验证据;DNA(或 RNA)的自我复制、转录(或逆转录)和翻译等基本属性;以及上述基本属性在细胞分裂和世代交替过程中维系遗传特性的作用。

遗传学中的“遗传信息的贮存”阐述基因和基因组的结构与功能,具体包括 DNA(或 RNA)通过碱基排列组合的变化贮存千差万别遗传信息的一般原理;具有特定功能的基因中,编码序列和非编码序列的结构和功能;一种生物的基因组中,基因外 DNA 单一序列和重复序列的结构和功能。

遗传学中的“遗传信息的传递”首先阐述真核生物的细胞核基因在一定生活周期内发生复制、重组和分配,从而将亲代遗传信息传递到家族后代的过程和规律。然后分别阐述细胞质基因、原核生物基因、微效多基因以及家族群体条件下的基因传递规律。

遗传学中的“遗传信息的改变”分别阐述遗传信息发生改变的 3 种形式,即基因突变、染色体结构变异、染色体数目变异的发生机理和遗传效应。

遗传学所阐述的“遗传信息的表达调控”,其核心思想是基因的选择性表达决定原核生物的形态建成和功能发生,决定真核生物的细胞分化和个体发育。现有的主要内容有原核生物的各种调控模式,真核生物在 DNA 水平上、转录水平上和翻译水平上调控的实验证据等。

遗传学原理应用中的“遗传工程”包括细胞工程和基因工程。其中的细胞离体培养、原生质体融合、DNA 体外重组等实验技术,从不同角度体现了遗传学原理,同时又提供了新的遗传学研究手段。

遗传学研究的传统手段是杂交和细胞学观察，因而选择实验材料的主要考虑因素是生活周期短、繁殖系数高、体形小、染色体数目少而大等。哺乳动物中的小鼠，昆虫中的果蝇，显花植物中的玉米和拟南芥，真菌中的酵母和链孢霉，原核生物中的大肠杆菌和噬菌体等，因此成为遗传学常用的实验材料。在现代的遗传学研究中，还普遍采用了生物化学的方法，即分析生物材料的 DNA、RNA 的碱基组成，或蛋白质的氨基酸组成的方法；PCR、分子杂交等遗传工程常用的技术，也逐渐成为遗传学理论研究的有力工具。

二、遗传学的形成和发展

遗传学的形成和发展与人类的育种实践和生老病死息息相关。人类早在新石器时代就驯养动物和栽培植物，而后又逐渐学会了改良动、植物品种和繁育良种的方法。人们曾经试图在这些实践的基础上阐明生物亲代与杂交子代性状之间的遗传规律，但是长期未能实现。直到 1866 年奥地利学者 Mendel 根据 8 年豌豆杂交试验结果发表《植物杂交试验》的论文，揭示了现在称为孟德尔定律的遗传规律，才奠定了遗传学的基础。

Mendel 的工作到 20 世纪初叶才受到重视。这同 19 世纪末叶生物学取得的以下成就有关。一是 1875—1884 年间细胞学上的新发现，主要有 Flemming 和 Strasburger 分别在动物和植物中发现细胞的有丝分裂、减数分裂，以及染色体纵裂并在纵裂后趋向细胞两极的行为；Hertwig 和 Strasburger 分别发现动物和植物的受精现象；Beneden 观察到马蛔虫每一个体细胞含有等数的染色体。二是对遗传物质的认识从臆测趋向落实，Weismann(1883)将生物体分为体质和种质，认为种质可以影响体质，而体质不能影响种质，并指出生殖细胞的染色体便是种质。

Mendel 的工作在 1900 年为 de Vries、Correns、Tschermark 3 位科学家所发现。此后的 10 年间，科学界陆续证实了豌豆、玉米、鸡、小鼠、豚鼠等生物某些性状的遗传符合孟德尔定律，并确立了“遗传因子”、“基因”、“基因型”、“表现型”、“等位基因”、“纯合体”、“杂合体”等遗传学基本概念。

1910 年以来，遗传学经历了 3 个发展时期：细胞遗传学时期、微生物遗传学时期和分子遗传学时期。这 3 个时期产生了多种遗传学分支学科，但以上 3 个遗传学分支学科分别在这 3 个时期起主导作用。

细胞遗传学时期大致是 1910—1940 年，即从 Morgan 发现果蝇的性连锁遗传(1910)开始，到 Beadle 和 Tatum 发表链孢霉营养缺陷型的研究结果(1941)为止。这个时期通过对遗传规律和染色体行为的研究，确立了遗传的染色体学说，其代表性论著是 Morgan 的《基因论》(1926)和 Darlington 的《细胞学的最新成就》(1932)。

微生物遗传学时期大致是1940—1960年,即从Beadle 和 Tatum 发表链孢霉营养缺陷型的研究结果(1941)开始,到Jacob和 Monod提出大肠杆菌的操纵子学说(1961)为止。这个时期以微生物为实验材料研究基因的原初作用、精细结构、化学本质、突变机制,以及细菌的基因重组和基因调控等,取得了以往在高等动、植物研究中难以取得的成果。

分子遗传学时期从1953年Watson和Crick提出DNA的双螺旋模型开始,直到现在。但20世纪50年代只在DNA的分子结构和复制方面取得成就,而遗传密码以及mRNA、tRNA、核糖体的功能等则几乎到60年代才得到初步阐明。70年代以来,又陆续在基因和基因组的结构和功能,真核生物基因表达的调控,以及遗传工程的研究等方面取得了进展。

三、遗传学的理论意义和实践意义

遗传信息的传递决定生命的延续,遗传信息的选择性表达决定生命的表现,因此作为遗传信息载体的基因是生命过程的主角,作为研究基因的科学的遗传学,是支撑和连接生物学各个领域的核心。生物学某些分支学科,例如动、植物的解剖学,动、植物的生理学等,研究的是生物体各个层次上的结构和功能,而这些结构和功能实际上都是遗传与内外环境相互作用的结果,例如受精卵的分化和器官的形成是不同的基因分别被激活或阻遏的结果,某些激素的合成是相关基因在一定条件下被激活的结果。生物学的另一些分支学科,例如动物分类学、植物分类学、进化论等,研究了生命的多样性,描述了迄今所知的200万种以上生物的形态特征与生理特性,以及它们之间的亲缘关系和进化过程,遗传学则根据基因和基因组的研究结果发现,包括噬菌体到人类的所有生命形态具有共同的遗传密码和共同的生物信息处理系统,它们的突变和重组机制也没有本质上的区别。由此可见,遗传学在揭示生命本质的研究中具有突出的重要性,是整个生物科学发展的焦点。

遗传学在指导动物、植物、微生物育种实践中起了重要的作用。早期的育种方法只限于选种和杂交,遗传学理论研究的成果则创新了育种手段,改进了育种方法,提高了育种效率。例如20世纪20年代以来应用杂种优势原理于玉米,70年代以来应用杂种优势和细胞质遗传原理于水稻,利用单倍体加速小麦育种进程,利用非整倍体育成小偃麦品种,以及异源多倍体小黑麦和同源三倍体无子西瓜的育成等。基于细胞全能性和基因选择性表达原理的植物组织培养技术,已经在种苗生产中广泛应用。抗生素等新兴发酵工业的进步,曾经主要依赖人工诱变育成的菌种;后来又应用微生物的基因调控、转导、转化等原理育成了新菌种。80年代以后,将转化的方法即DNA体外重组的方法应用于高等动、植物,产生了一批新型的转基因动、植物和生物反应器,进一步显示了以遗传学理论为基础的高、新技术推动生产发展的威力。

遗传学又是指导人类优生,预防、诊断、治疗癌症和遗传性疾病的理论基础,人类基因组计划的后续工作将为对付这两类疾病提供更为有效的手段,甚至传染性疾病的诊断方法也可能因DNA技术的进步而发生变革。当今世界治理污染的方法,监测和保护环境的技术,乃至法学中的检测手段,也处处可见遗传学原理的应用。为此,我们不仅需要掌握遗传学理论指导下的专业技能,而且需要了解遗传学在其他领域的应用,以便适应新世纪的人类生活。

内容提要

遗传学可定义为"研究遗传和变异的规律的科学",或"研究生物学信息的科学"等。所涵盖的内容有遗传的物质基础,遗传信息的贮存,遗传信息的传递,遗传信息的改变,遗传信息表达的调控,以及遗传学原理的应用。研究的传统手段是杂交和细胞学观察;现代的遗传学研究还普遍采用生物化学方法和分子生物学技术。

1900年,孟德尔定律的重新发现奠定了遗传学的基础。1910—1940年是遗传学发展的细胞遗传学时期。1940—1960年是微生物遗传学时期。从1953年到现在是分子遗传学时期。此外,还产生了遗传学的其他多个分支学科。

遗传信息的传递决定生命的延续,遗传信息的选择性表达决定生命的表现。因此,遗传学在揭示生命本质的研究中具有突出的重要性,是支撑和连接生命科学各个领域的核心。

遗传学在指导动物、植物、微生物育种实践中起了重要的作用。遗传学又是指导人类优生,预防、诊断、治疗癌症和遗传性疾病的理论基础。当今世界治理污染的方法,监测和保护环境的技术,乃至法学中的检测手段,也处处可见遗传学原理的应用。

复习思考题

1. 遗传学当今的研究内容有哪些?研究方法有哪几类?
2. 遗传学的建立和发展可分为哪几个时期,各时期有什么特征?
3. 遗传学有何理论意义和实践意义?

主要参考书目

[1] 李汝祺. 中国大百科全书·生物学分册. 遗传学. 北京:上海:中国大百科全书出版社,1983.

[2] Fairbanks/Anderson. Genetics:the Continuity of Life. 英文影印版. 北京:中国协和医科大学出版社,2002.

[3] Hartwell, et al. Genetics: From Genes to Genomes. 英文影印版. 北京:科学出版社,2003.

[4] Klug. Cummings. Essentials of Genetics. 4ed. 英文影印版. 北京:高等教育出版社,2002.

第一单元
遗传的物质基础

第一章　遗传物质及其属性

繁荣的地球分分秒秒都在孕育和诞生新的生命。从噬菌体到人类，所有生物区别于非生物的基本特性之一是能够繁衍后代。后代与亲代在形态特征、生理特性上具有相似性，这称为“遗传”。遗传保证生命在世代之间的连续性，使生物的物种和类型具有相对的稳定性。后代与亲代之间、同一世代不同个体之间在形态特征、生理特性上又具有差别性，这称为“变异”。变异导致生物的物种和类型的多样性，是生物进化的动力。

生物为什么具有遗传和变异的特性？也就是说，为什么生物亲代的性状能够重新表现于后代？又为什么生物的后代与亲代之间、同一世代不同个体之间，会出现性状差别？人们很早就开始探求什么是联系亲代和后代的连续性物质，这种物质怎样传递亲代的性状，又怎样发生变化而影响个体的表现。在这一章，我们将首先讨论什么是联系亲代和后代的遗传物质，这种遗传物质具有哪些与遗传有关的属性。

第一节　遗传物质为 DNA 的证据

一、间接证据

当人们从生物亲代产生子代的过程中探讨遗传物质时，注意到染色体在细胞之间和亲子代之间的传递，Roux(1883)据此推测染色体上存在遗传物质；Sutton 和 Boveri(1903)提出遗传的染色体假说。后来，Morgan(1910)根据自己的果蝇杂交试验结果，首次证实染色体上存在遗传因子。

已知染色体主要由蛋白质和 DNA 所组成，那么其中哪一种物质有可能是遗传物质呢？人们发现，DNA 是所有生物染色体所共有的物质(蛋白质则一般不存在于原核生物的染色体)，它在代谢上比蛋白质稳定，在多细胞生物的不同组织中含量恒定(蛋白质中的非组蛋白在不同组织中的含量和种类变化比较大)，而且对紫外线的吸收波长与诱发生物突变的有效波长一致。这些就成了推测 DNA 可能是遗传物质的间接证据。

另外，人们又发现，一个蛋白质分子可以由分别属于 20 个不同种类的几百个氨基酸所组成，因而氨基酸排列组合所可能形成的蛋白质种类是一个天文数字；相反的是，大多数 DNA 中的核苷酸种类只限于含腺嘌呤(A)、鸟嘌呤(G)、胞嘧啶(C)和胸腺嘧啶(T)这 4 种碱基的脱氧核糖核苷酸，而且人们又曾经错误地认为 DNA 是由这 4 种核苷酸有规律地反复排列而成的。据此认为，不同种生物的蛋白质存在着千差万别，而它们的 DNA 却是相同的。这就使人们逐渐形成一种观念，认为遗传物质是蛋白质。这种观念直到 1944 年才被否定，因为从那时以来，有 2 个经典试验结果直接证明 DNA 才是遗传物质。一个是肺炎双球菌的转化；另一个是同位素标记噬菌体的感染试验。

二、直接证据

(一)肺炎双球菌的转化

首次证实 DNA 为遗传物质的细菌转化试验，所使用的材料是肺炎双球菌(*Diplcoccus pneumonoae*)。这种细菌有光滑型(简称 S 型)和粗糙型(简称 R 型)两种类型。光滑型因在培养基上形成光滑的菌落而得名；细菌表面有多糖类的荚膜层，保护自己免受寄主产生的酶的破坏，因此具有侵染寄主的毒性，能引起人的肺炎和小鼠的败血症(septicemia)。粗造型细菌因在培养基上形成粗糙的菌落而得名；细菌表面没有荚膜的保护，因此不具有上述毒性。

Griffith F(1928)发现，如果分别将活的 R 型细菌或高温杀死的 S 型细菌注入小鼠体内，都不会引起败血症；但若将活的 R 型细菌和高温杀死的 S 型细菌一起注入小鼠体内，则小鼠患败血症而死亡(图 1-1)。进一步分析发现，死鼠血液中有活的 S 型细菌。这说明，高温杀死的 S 型细菌使某些活的 R 型细菌转化成了 S 型细菌，或者说 S 型细菌中有一种物质或转化因素进入了 R 型细菌，使 R 型细菌发生了转化。

那么，S 型细菌的转化因素是什么呢？换句话说，决定细菌类型的遗传物质是什么呢？为了解决这一问题，Avery 等(1944)从 S 型细菌中分别提取出 DNA、蛋白质和多糖类荚膜物质，然后分别与活的 R 型细菌混合并进行培养，结果发现以上 3 种成分中，只有 DNA 能够把 R 型细菌转化为 S 型细菌。如果在上述培养中，事先用 DNA 酶处理使 DNA 降解，则也不出现转化现象。Avery 等由此证明，起转化作用的物质是 DNA，即决定细菌类型的遗传物质是 DNA。

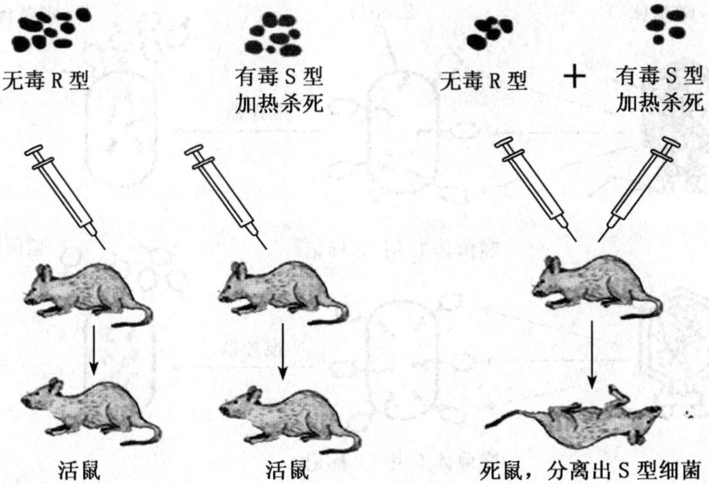

图 1-1　Griffith 的试验

（引自 Russell，2000）

（二）标记噬菌体的感染试验

噬菌体是判断遗传物质为 DNA 或蛋白质的优良实验材料，因为它是非常简单的生命类型，只由蛋白质和 DNA 两种成分组成，蛋白质构成它的外壳，DNA 在外壳的头部内。以 T_2 噬菌体为例，它感染大肠杆菌后，在菌体内会产生新的子噬菌体，接着菌体裂解，释放出许多跟原来一样的子噬菌体。这样，就便于研究噬菌体感染细菌时，进入菌体内、传递给子噬菌体的遗传物质是什么，是蛋白质呢，还是 DNA？

为了解决这一问题，1952 年 Hershey 和 Chase 将 T_2 噬菌体分为两组，使一组具有放射性同位素 ^{35}S 标记（标记蛋白质外壳，因为蛋白质含 S），另一组具有放射性同位素 ^{32}P 标记（标记 DNA，因为 DNA 含 P）。然后用以上两组标记了的噬菌体，分别去感染在试管溶液中培养的大肠杆菌。感染10 min 后，噬菌体已经吸附在细菌表面，这时测定同位素的放射性；接着用搅拌的方法甩掉附着在细菌表面的噬菌体，并通过离心获得含细菌的沉淀物和含游离噬菌体的上清液，这时分别测定沉淀物和上清液的同位素放射性。结果表明（图 1-2），在 ^{35}S 标记的处理中，细菌所具有的放射性比搅拌前低得多，而游离噬菌体具有很高的放射性，这说明噬菌体的蛋白质并没有进入细菌的细胞内。在 ^{32}P 标记的处理中，细菌的放射性受搅拌的损失很小，而游离噬菌体只具有很低的放射性，这说明噬菌体的 DNA 基本上进入了细菌体内。

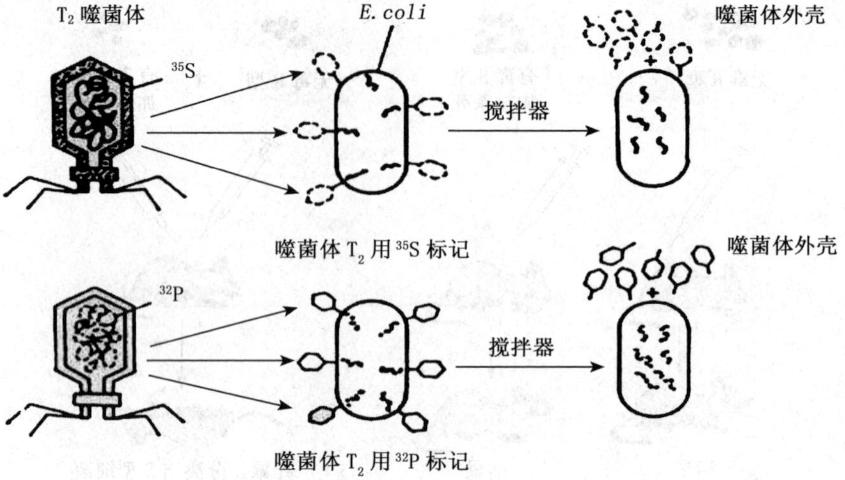

图 1-2 Hershey-Chase 的标记噬菌体感染试验

（引自刘祖洞，江绍慧，1979）

综合以上两组结果可见，噬菌体在感染细菌的过程中，它的 DNA 进入了细菌，而它的蛋白质并不进入。后来的电子显微镜观察结果也证实了这一结论。在电子显微镜下能够看到噬菌体以它尾部一端吸附在细菌表面，它的外壳始终不进入细菌细胞之中。

但是 Hershey 和 Chase 并不就此满足，他们进一步使噬菌体 T_2 感染的细菌裂解，结果每个裂解细菌释放出几百个子代噬菌体；同时采取措施剥落细菌表面的噬菌体，以便准确测定所释放的子代噬菌体的放射性。测定的结果表明，在 ^{35}S 标记的处理中，所释放的子代噬菌体并不具有放射性；在 ^{32}P 标记的处理中，所释放的子代噬菌体才具有放射性。这就证实了从亲代噬菌体传递到子代噬菌体的遗传物质并不是蛋白质，而是 DNA。

Avery 等的试验和 Hershey 和 Chase 的试验都是遗传物质为 DNA 的直接证据。但是，在前一个试验中，细菌的 DNA 和蛋白质是通过人工提取加以分离的，这些成分的纯度有可能受到提取技术的影响；在后一个试验中，噬菌体的 DNA 和蛋白质则是在感染大肠杆菌的自然过程中分离的。后一个试验还选用化学组成更为单纯的有机体作为实验材料，并分别标记 DNA 和蛋白质，以便根据放射性跟踪这两种物质的去向。这些设计都是科学思维的体现。事实上，Hershey 和 Chase 的这一试验结果发表后，“遗传物质并不是蛋白质，而是 DNA”的观点才被科学界所普遍接受。

第二节　RNA 病毒的遗传物质是 RNA

在生物界中，有些病毒缺乏 DNA，如感染植物的烟草花叶病毒，感染细菌的噬菌体 MS_2 等。那么，它们又是通过什么物质将特征特性遗传给后代的呢？已有试验证明，它们的遗传物质是其中的 RNA，而不是其中的蛋白质。

烟草花叶病毒（Tobacco mosaic virus，TMV）是由 RNA 与蛋白质组成的管状颗粒，它的中心是单螺旋的 RNA，外部是圆筒状的蛋白质外壳，蛋白质约占 94%，RNA 约占 6%。将 TMV 在水和苯酚溶液中震荡，可以把蛋白质和 RNA 分别提纯。Fraenkel-Conrat（1956）的试验表明，若将提纯的 RNA 接种到烟草的叶片上，可使烟草植株感病，形成新的 TMV；而若将提纯的蛋白质接种到烟草的叶片上，则不能使烟草植株感病，也不形成新的 TMV。如果事先用 RNA 酶处理提纯的 RNA，再接种到烟草叶片上，也不能产生新的 TMV。由此证明，在不含 DNA 的烟草花叶病毒中，RNA 就是遗传物质。

为进一步验证上述结论，Fraenkel-Conrat 进行了烟草花叶病毒的重组试验（图 1-3）。他们将一种 TMV（S 株系）的蛋白质外壳和另一种 TMV（HR 株系）的 RNA 结合起来，合成杂种病毒，再用这种杂种病毒去感染烟草叶片，结果所产生的新的病毒颗粒与提供 RNA 的 HR 株系完全一样，从而进一步证实 RNA 是 TMV 的遗传物质。

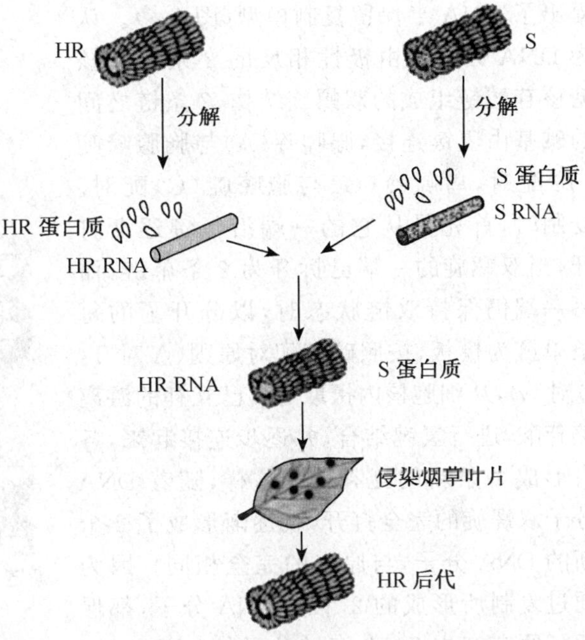

图 1-3　烟草花叶病毒重组试验

（引自 Klug 和 Cumming，2000）

第三节　DNA 的属性

通过以上讨论，我们已经知道一般生物的遗传物质是 DNA。那么，作为遗传物质的DNA具有哪些同遗传有关的属性呢？了解这些属性，对于认识DNA在遗传中的作用无疑是十分必要的。Crick(1957)根据前人的研究成果首先提出了分子生物学的“中心法则”(Central Dogma)，阐述作为遗传物质的DNA同其他生物大分子(RNA和蛋白质)之间的关系，说明DNA具有自我复制和决定蛋白质特异性这样2个基本属性，后一种属性现在通常称为编码蛋白质。

一、自我复制

(一)DNA复制的模型

DNA既然是遗传物质，它必然具备自我复制的基本属性。Watson和Crick(1953)根据DNA分子的双螺旋结构模型，提出了DNA半保留复制模型(图1-4)。认为DNA分子是由极性相反的2条脱氧核糖核苷酸链组成的双螺旋结构，2条链之间的碱基由氢键连接，腺嘌呤(A)与胸腺嘧啶(T)配对，鸟嘌呤(G)与胞嘧啶(C)配对。复制时，首先是从它的一端沿氢键逐渐打开，当双螺旋的一端已拆开为2条单链，而另一端仍保持双链状态时，以分开了的每条单链为模板，按照碱基配对原则(A对T，C对G)，从细胞核内摄取与自己互补的游离核苷酸，进行氢键结合，并逐步连接起来，各自形成1条新的互补链。这样，随着DNA分子双螺旋的完全打开，就逐渐形成了2个新的DNA分子，与原来的完全相同。因为通过复制所形成的2个新DNA分子，都保留了原来亲本DNA双链分子的1条单链，所以DNA的这种复制方式称为半保留复制模型。半保留复制是生物保持遗传稳定性的重要基础。

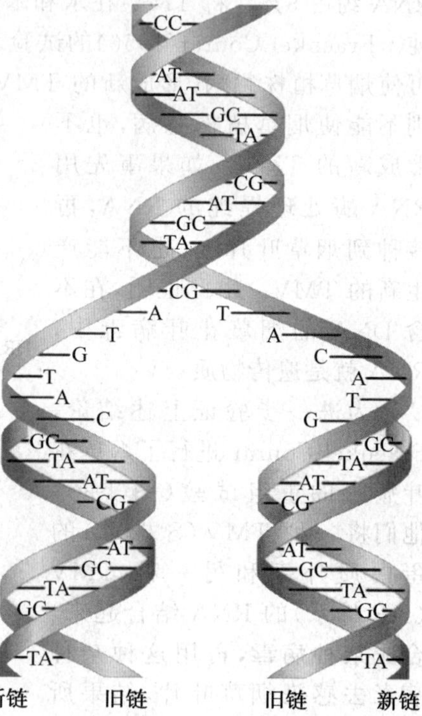

图1-4 DNA半保留复制模式

(引自Klug和Cumming，2000)

Meselson和Stahl(1958)的试验结果证实了DNA的半保留复制。这两位科学家对来自不同培养基的大肠杆菌的DNA进行CsCl溶液高速离心。结果，其中来源于^{14}N培养基的，在离心管上部形成DNA带，这称为轻带；来源于^{15}N培养基的，在离心管下部形成DNA带，这称为重带(图1-5，上排)；从^{15}N培养基转入^{14}N

培养基繁殖形成的子 1 代，在离心管中部形成 DNA 带（图 1-5，中排），称为杂种带；继续在 ^{14}N 培养基繁殖形成的子 2 代，则在离心管中部和上部形成 DNA 带（图 1-5，下排），即一条轻带和一条杂种带。按照推理，如果 DNA 的复制是半保留的话，上述结果正是所预期的，因为从 ^{15}N 转入 ^{14}N 繁殖 1 代之后，细菌的每个 DNA 双链分子必定含有 1 条 ^{14}N 链和 1 条 ^{15}N 链；子 2 代中则杂种链和纯合 ^{14}N 链各占 1/2。

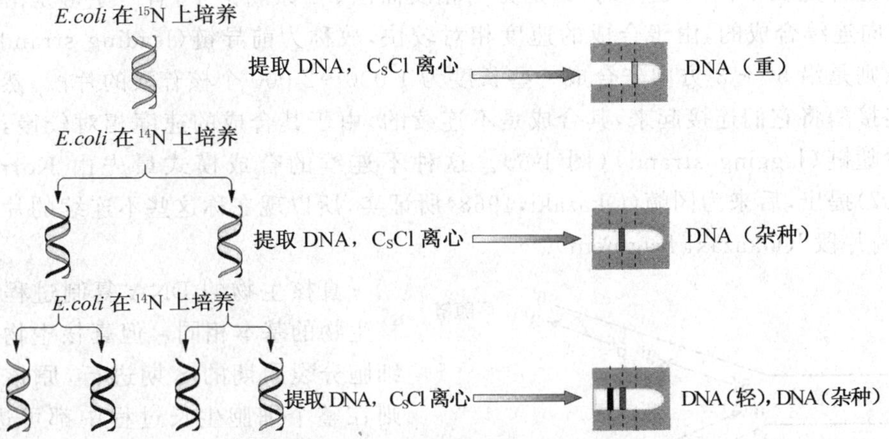

图 1-5 大肠杆菌 DNA 半保留复制

（引自 Meselson 和 Stahl，1958）

后来，他们又对上述子 1 代细菌 DNA 进行加热变性，即通过加热使 DNA 分开成为 2 条单链，然后离心，结果发现离心管中出现 1 条轻带（^{14}N）和 1 条重带（^{15}N）。这就说明子 1 代细菌 DNA 确实是杂种链，DNA 半保留复制的设想也得到了进一步证实。

后来的大量研究还证实，在 DNA 的半保留复制中，双链的解开需要解旋酶，DNA 合成的起始需要以 DNA 为模板的 RNA 引物，DNA 新链的延长需要 DNA 聚合酶。

（二）DNA 复制的过程

在细菌和病毒等原核生物中，DNA 的复制起点（ori）一般只有 1 个，因此整个染色体也就是 1 个复制子（replicon）。复制子是指在同 1 个复制起点控制下合成的 1 段 DNA 序列。在真核生物中，DNA 复制则是多起点的，由多个复制起点共同控制 1 条染色体的复制，因此每条染色体上具有多个复制子。

大量研究证实，原核生物和真核生物的 DNA 复制一般都是双向的，即从复制起点开始，同时向相反的 2 个方向进行。但有些原核生物，如噬菌体 T_2，DNA 的复制是单向的。

电子显微镜和放射自显影的研究结果表明，DNA 开始复制的起点表现 Y 字形，称为"复制叉"。已知 DNA 分子的 2 条链是反向平行的，即一条是从 5′（PO_4 端）到 3′（OH 端），另一条是从 3′到 5′，而 DNA 聚合酶都只能以 5′→ 3′的方向进行 DNA 的合成。那么 DNA 2 条新链的延长是如何进行的呢？现在知道，DNA 2 条新链都是从 5′向 3′延伸的，只是方向相反而已。2 条新链中，有一条链是沿 5′→ 3′方向连续合成的，由于合成的速度相对较快，故称为前导链（leading strand）；另一条则是沿 5′→ 3′方向先合成一些长度为 1 000～2 000 个核苷酸的片段，然后再由连接酶将它们连接起来，其合成是不连续的，由于其合成的速度相对较慢，故称为后随链（lagging strand）（图 1-6）。这种不连续的合成模式最先由 Kornberg（1967）提出，后来为冈崎（Okazaki，1968）所证实，所以现在称这些不连续的片段为"冈崎片段"（Okazaki fragment）。

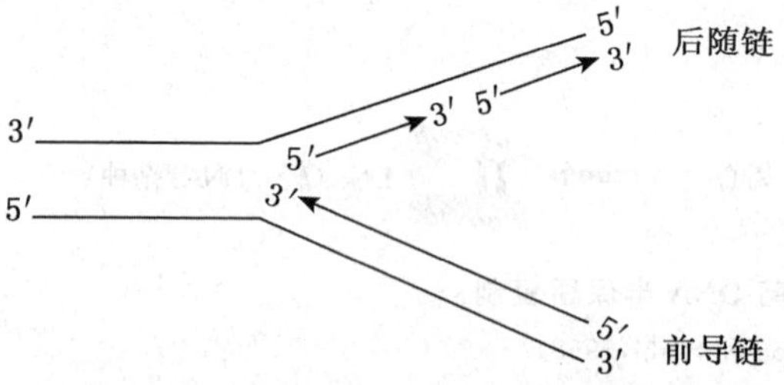

图 1-6 DNA 复制中的前导链、后随链及其冈崎片段

（引自 www.51qe.cn）

真核生物的 DNA 复制过程与原核生物的基本相同。但真核生物只在细胞分裂周期的 S 期进行，原核生物则在整个细胞生长过程中都可进行；真核生物的 DNA 含量比原核生物的大得多，而且 DNA 合成速度比原核生物慢，但多个复制子同时复制的特点补偿了它的这些缺点；真核生物 RNA 引物的长度及冈崎片段的长度均比原核生物的短；真核生物的染色体是线状的，末端的 DNA 存在特殊结构，需要在端粒酶（telomerase）的作用下完成复制。

二、编码蛋白质

根据"中心法则"的表述，DNA 除复制之外的另一基本属性，是 DNA 以它的碱基序列决定蛋白质的特异性。碱基序列指的是 DNA 链上 A、T、G、C 4 种碱基的排列组合。一般地说，碱基序列不同则所决定的蛋白质不同。DNA 编码蛋白质这样一个属性是通过以下两个过程实现的。

（一）转录

其中的第一个过程是以 DNA 为模板合成 RNA 的过程，称为转录（transcription)。所合成的 RNA,目前已经知道主要有 3 类:mRNA(messenger RNA),tRNA(transfer RNA)和 rRNA(ribosomal RNA)。mRNA 的功能是准确转录 DNA 上的遗传信息,作为指导蛋白质合成的根据。tRNA 的功能是将氨基酸转运到核糖体上。rRNA 是组成核糖体主要成分,而核糖体则是合成蛋白质的主要场所。

mRNA、tRNA、rRNA 都是以 DNA 为模板合成的。这里着重阐述转录遗传信息的 mRNA 的合成过程(图 1-7)。如图 1-7 所示,一个 RNA 聚合酶分子沿 DNA 分子移动,引起 DNA 双链局部解开成为 2 个单链。在 RNA 聚合酶的范围内,游离的核糖核苷三磷酸以 DNA 的一条单链为模板,按照 A 对 U,T 对 A,C 对 G,G 对 C 的配对规则,产生一段与 DNA 互补的 RNA 短链,即形成 DNA-RNA 杂种链。接着,RNA 聚合酶移动到适当位置,新生的 RNA 分子从杂种链上脱离,形成 mRNA,而 DNA 的 2 个单链又恢复成为双链。在这里,作为转录模板的 DNA 一条链称为模板链,另外一条称为非模板链。研究表明,有的基因以 DNA 的 3′—5′链为模板进行转录,另一些基因则以 DNA 的 5′—3′链为模板进行转录,但是模板链的阅读方向都是 3′—5′,转录得到的都是 5′—3′的 mRNA 链。

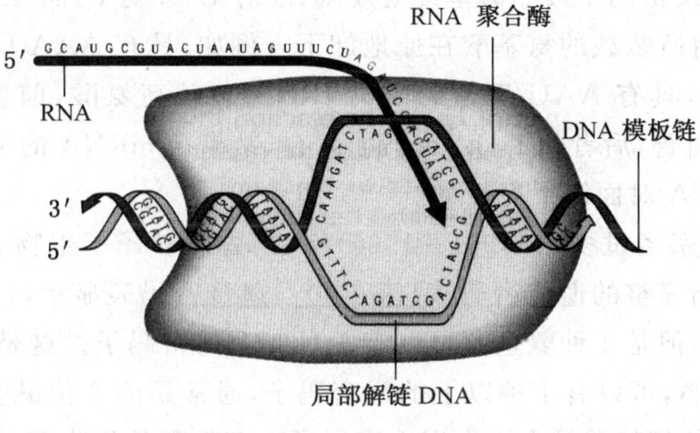

图 1-7　RNA 链的延伸

(引自 Snustad 等,1997,经改动)

(二)翻译

从 DNA 的遗传信息到蛋白质的合成,所经历的后一个过程称为翻译(translation)。这时,转录得到的 mRNA,携带遗传密码进入细胞质,附着在核糖体上;tRNA 将各种氨基酸,按照 mRNA 的密码子顺序相互连接起来成为多肽链(图 1-8),多肽链进一步折叠成为蛋白质分子。

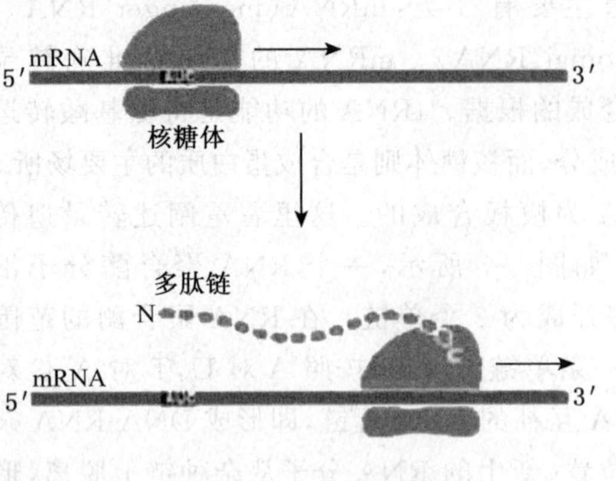

图 1-8 mRNA 的翻译

（引自 Snustad，1977）

1. 密码子与氨基酸 mRNA 上的每个密码子，是由 3 个相邻碱基组成的，所以也称为三联体密码。一种密码子决定一种氨基酸，例如 UUU 决定苯丙氨酸，UUA 决定亮氨酸，UCU 决定丝氨酸，等等。于是，当 mRNA 分子上的碱基排列顺序是 UUUUUAUCU……的时候，翻译出来的多肽链的氨基酸组成便是苯丙氨酸-亮氨酸-丝氨酸-……。那么，UUU 决定的为什么只能是苯丙氨酸而不是别的氨基酸，UUA 决定的只能是亮氨酸而不是别的氨基酸呢？这是因为，翻译过程中负责转运氨基酸的 tRNA 的分子结构中具有 3 个相邻碱基组成的反密码子，而装载不同氨基酸的 tRNA 具有不同的反密码子。反密码子按照碱基配对规则（A 对 U，G 对 C）同 mRNA 上的密码子相互对合，并将所装载的氨基酸在原地卸下。例如，具有 AAA 反密码子的 tRNA 装载苯丙氨酸，具有 AAU 反密码子的 tRNA 装载亮氨酸，前者与 mRNA 上的 UUU 密码子对合，后者与 UUA 密码子对合，结果在 mRNA 的 UUU 对面卸下苯丙氨酸，在 UUA 对面卸下亮氨酸。

多位科学家经过多年（1961—1966）实验，先后破译了生物 20 种氨基酸的密码，最终编制出完整的遗传密码表（表 1-1）。遗传密码表显示，1 种密码子只能决定 1 种氨基酸；但是 1 种氨基酸可以有 1 种以上的密码子。这是因为装载某一种氨基酸的 tRNA，可以有 1 种以上的反密码子，通常是前 2 位碱基相同，第 3 位碱基不相同。1 种氨基酸可由 1 个以上密码子决定的现象称为简并。简并对于生物遗传的稳定性具有重要意义，因为 DNA 分子上的碱基发生变化时，所形成的新密码子有可能翻译相同的氨基酸，从而使多肽链保持原有的氨基酸组成而不表现变异。

遗传密码表中有 2 个密码子，除决定氨基酸外还兼有多肽合成起点的作用，称为起始信号。它们是 AUG 和 GUG，其中的 AUG 是生物界普遍具有的合成起始信号，而 GUG 只在 RNA 噬菌体 MS_2 中发现。另外，还有 3 个密码子是多肽合成终止的信号，它们是 UAA，UAG 和 UGA。

表 1-1　遗传密码

5′端核苷酸		中间的核苷酸 U	C	A	G	3′端核苷酸
5′端核苷酸	U	UUU 苯丙氨酸	UCU 丝氨酸	UAU 酪氨酸	UGU 半胱氨酸	U
		UUC 苯丙氨酸	UCC 丝氨酸	UAC 酪氨酸	UGC 半胱氨酸	C
		UUA 亮氨酸	UCA 丝氨酸	UAA 终止信号	UGA 终止信号	A
		UUG 亮氨酸	UCG 丝氨酸	UAG 终止信号	UGG 色氨酸	G
	C	CUU 亮氨酸	CCU 脯氨酸	CAU 组氨酸	CGU 精氨酸	U
		CUC 亮氨酸	CCC 脯氨酸	CAC 组氨酸	CGC 精氨酸	C
		CUA 亮氨酸	CCA 脯氨酸	CAA 谷氨酰胺	CGA 精氨酸	A
		CUG 亮氨酸	CCG 脯氨酸	CAG 谷氨酰胺	CGG 精氨酸	G
	A	AUU 异亮氨酸	ACU 苏氨酸	AAU 天冬氨酸	AGU 甘氨酸	U
		AUC 异亮氨酸	ACC 苏氨酸	AAC 天冬氨酸	AGC 甘氨酸	C
		AUA 异亮氨酸	ACA 苏氨酸	AAA 赖氨酸	AGA 精氨酸	A
		AUG 甲硫氨酸 起始信号	ACG 苏氨酸	AAG 赖氨酸	AGG 精氨酸	G
	G	GUU 缬氨酸	GCU 丙氨酸	GAU 天冬氨酸	GGU 甘氨酸	U
		GUC 缬氨酸	GCC 丙氨酸	GAC 天冬氨酸	GGC 甘氨酸	C
		GUA 缬氨酸	GCA 丙氨酸	GAA 谷氨酸	GGA 甘氨酸	A
		GUG 缬氨酸	GCG 丙氨酸	GAG 谷氨酸	GGG 甘氨酸	G

2. 密码子的通用性和例外　遗传密码表中的密码子，大多数是以大肠杆菌作为实验材料确定的。后来陆续发现，从低等的烟草花叶病毒外壳蛋白到人的血红蛋白等，变异类型中的个别氨基酸置换都能够用这些遗传密码的碱基替代解释清楚。此外，有人利用兔血红蛋白的 mRNA 做试验，将它放置到大肠杆菌抽提液中或注射到蛙卵中，都成功合成了兔的血红蛋白。20 世纪 70 年代以来，更有人将真核生物含有某种基因的 DNA 片段导入细菌，使细菌产生该真核基因的蛋白质产物。这种 DNA 分子水平上的遗传操作称为基因工程。以上这一切都足以说明遗传密码在生物界具有统一性，或称为通用性。但是这种统一性或通用性并不完全适用于线粒体。后来的深入研究结果表明，在人和酵母的线粒体中，UGA 并不是终止信号，而是色氨酸的密码子；在人的线粒体中，AUA 并不是异亮氨酸的密码子，而是甲硫氨酸的密码子。

第四节　病毒RNA的属性

一、自我复制

前面讲过，有些病毒的遗传物质是RNA。那么，这些病毒在繁殖过程中，它们的子代RNA又是怎样产生的呢？

科学家以噬菌体Qβ感染大肠杆菌，并用放线菌素D(已知具有抑制DNA转录的作用)处理宿主细胞，结果该病毒的繁殖并未受到影响；而作为对照的DNA病毒则有90%受到抑制。因此，认为该病毒的RNA能在宿主细胞内以自身为模板进行复制。复制是在一种称为RNA复制酶的作用下进行的。复制过程中RNA病毒先以自己的单链RNA为模板，按照碱基互补的原则合成一条新的互补链。一般将新合成的这条链称为“－”链，起模板作用的那条链称为“＋”链。然后“－”链从“＋”链模板上释放出来，再以自己为模板复制一条与自己互补的“＋”链，这样就形成了与原来病毒相同的RNA分子。这些RNA分子经过蛋白质外壳的包装，就成为子代的病毒颗粒(图1-9)。

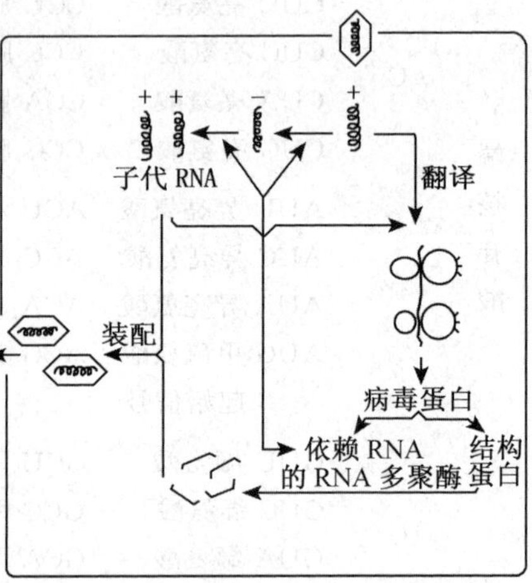

图1-9　(＋)链病毒通过RNA复制的增殖

(引自www.39Kf.com，2006)

RNA复制酶实际上是依赖RNA模板来合成RNA的RNA聚合酶。Spiegelman等(1965)从上述噬菌体Qβ中分离到一种RNA复制酶，并成功地利用它在体外合成了该噬菌体的RNA，这种RNA进入大肠杆菌的原生质体时，能产生成熟的Qβ噬菌体。

以上事实证明，在RNA复制酶存在的条件下，RNA也可以作为模板复制RNA。RNA自我复制的发现，是对Crick最初提出的“中心法则”的一个发展(图1-10虚线)。现在知道，我们所熟悉的一些RNA病毒，如小儿麻痹症病毒、流行性感冒病毒、禽流感病毒、SARS病毒等，都通过以上方式产生它们的子代RNA。

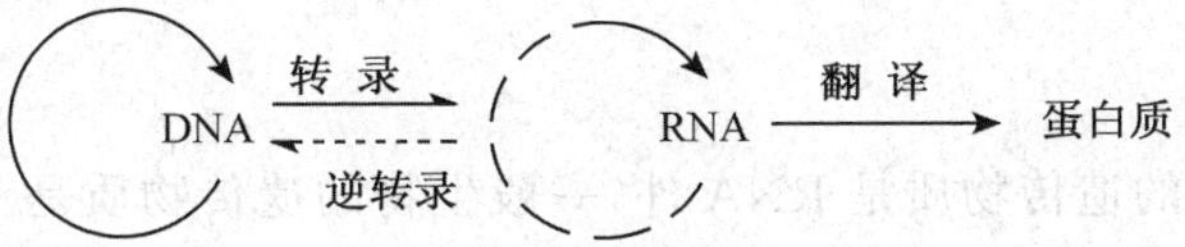

图 1-10　中心法则及其发展的示意图

（参考 www.ahscyz.net.cn，2004）

二、逆转录

Temin 和 Baltimore（1970）分别发现，致癌的某些 RNA 病毒感染有机体后，在宿主细胞中以病毒 RNA 为模板合成 DNA；这个 DNA 整合在宿主的染色体 DNA 上，与染色体同步复制并分配到增殖的宿主细胞中，一方面经过转录和翻译产生毒害宿主的蛋白质，另一方面经过转录产生子代病毒 RNA（图 1-11）。其中，以病毒 RNA 为模板合成 DNA 的过程称为逆转录，它的实现需要逆转录酶的存在。逆转录酶实际上是依赖 RNA 模板来合成 DNA 的一种 DNA 聚合酶。目前已从许多高等真核生物的 RNA 致癌病毒中分离到这种酶。

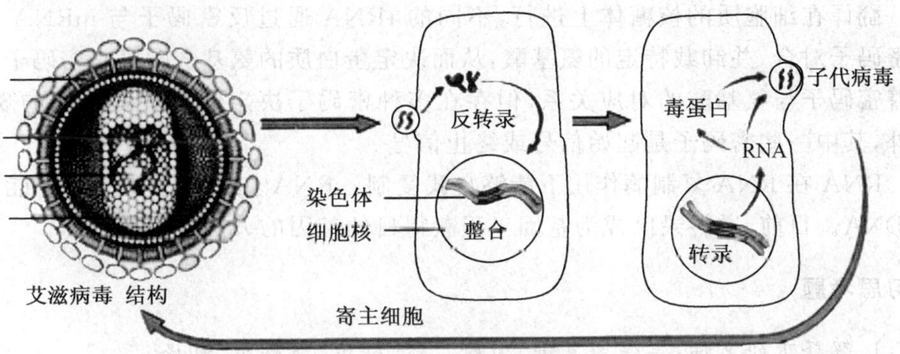

图 1-11　HIV 病毒的逆转录

逆转录的发现也是对 Crick 最初提出的“中心法则”的一个发展（图 1-10 虚线）。这个过程曾见于肉瘤病毒、小鼠白血病毒、艾滋病毒（HIV）等。国际上（1995）将这类病毒统称为逆转录病毒；而将进行 RNA 自我复制的病毒统称为 RNA 病毒。加上 DNA 病毒，病毒一共可分 3 大类。

目前，逆转录已经成为基因工程获得目的基因的方法之一。

内容提要

除某些病毒的遗传物质是 RNA 外,一般生物的遗传物质是 DNA。直接证明遗传物质是 DNA 的 2 个最早的证据是:肺炎双球菌的各个组分中,只有 DNA 能使无毒型转化为有毒型;噬菌体的 DNA 能传递给它的子代,而蛋白质则不能。重新组合的实验证明,RNA 病毒后代的特性取决于它的 RNA 而不是它的蛋白质,这说明它的遗传物质是 RNA 而不是蛋白质。

DNA 的 2 个基本属性是自我复制,和经过转录和翻译而决定蛋白质特异性。

DNA 自我复制的方式是半保留复制。方向相反的 2 条链都是复制模板,2 条新链都从 5′向 3′延伸,但是方向相反;其中一条连续合成,称为前导链,另外一条分段合成(冈崎片段),称为后随链。原核生物只有 1 个复制起点,真核生物的 1 条染色体可由多个起点开始复制。

转录时,依靠 RNA 聚合酶在 DNA 分子上的移动打开 DNA 双链,以其中 1 条链为模板,按照 A 对 U,T 对 A,C 对 G,G 对 C 的配对规则,合成 mRNA。不同的基因可分别以 DNA 的 3′—5′链或 5′—3′链为模板进行转录,但模板链的阅读方向都是 3′—5′,转录得到的都是 5′—3′的 mRNA 链。

翻译在细胞质的核糖体上进行,不同的 tRNA 通过反密码子与 mRNA 链上的密码子对合,并卸载特定的氨基酸,从而决定蛋白质的氨基酸顺序。密码子表记载着密码子与氨基酸的对应关系,但存在多种密码子决定同一种氨基酸的现象。另外,其中一些密码子是起始信号或终止信号。

RNA 在 RNA 复制酶作用下能够自我复制。RNA 在逆转录酶作用下能够合成 DNA。目前,逆转录已成为基因工程获得目的基因的方法之一。

复习思考题

1. 解释下列名词:半保留复制、冈崎片段、转录、逆转录、翻译。
2. 在 Avery(1944)的细菌转化试验中,如果我们改用含 DNA、RNA 和蛋白质的 S 型细菌提取液,与 R 型细菌一起培养,你认为会得到什么结果?在这基础上,你如何验证只有其中的 DNA 才是遗传物质?
3. 先后几个科学家证明遗传物质是 DNA 的试验,你认为哪一个最具有说服力?为什么?
4. 如何证明生物的 DNA 复制方式是半保留复制?
5. 真核生物和原核生物的 DNA 复制过程有何异同?
6. 试简要叙述遗传信息如何控制性状。

主要参考书目

[1] Snustad, Simmons, Jenkins. Principles of Genetics. Printed in the United State of America, 1997.

[2] 朱军. 遗传学. 3 版. 北京：中国农业出版社，2002.

[3] 刘祖洞. 遗传学. 2 版. 北京：高等教育出版社，1998.

[4] 李惟基. 新编遗传学教程. 北京：中国农业大学出版社，2002.

[5] 王亚馥，戴灼华. 遗传学. 北京：高等教育出版社，1999.

[6] 赵寿元，乔守怡. 现代遗传学. 北京：高等教育出版社，2003.

第二章　遗传物质与染色体

我们已经知道DNA是一般生物的遗传物质，正是由于它在生物体内的表达和在上下代之间的传递，才保证了生命的新陈代谢过程的正常进行和生物种族的世代延续，使复杂的生命活动变得简单有序，井井有条。那么，DNA在生物体内分布在哪里？以什么形式存在？何以能在上下代之间传递？这些便是本章将要阐述的内容。

第一节　遗传物质的分布

生物界除了病毒等最简单的生物外，所有的生物体都是由细胞组成的。细胞(cell)是生物体结构和生命活动的基本单位，也是联系亲代和子代的桥梁，因为遗传物质DNA就存在于细胞之中。

一、细胞结构

所有的细胞都具有一定的结构。不同生物的细胞结构可能有所不同。根据细胞结构的复杂程度，可将生物界的细胞分为两类：原核细胞(prokaryotic cell)和真核细胞(eukaryotic cell)。原核细胞和真核细胞的主要差异比较见表2-1。

表2-1　原核细胞与真核细胞的比较

比较内容	原核生物	真核生物
细胞大小	很小(1～10 μm)	较大(10～100 μm)
细胞核	无核膜和核仁，称拟核或类核	有核膜和核仁，形成了细胞核结构
遗传信息	量少；DNA不与或很少与蛋白质结合；1个细胞只有1条DNA	量多；核内的DNA与蛋白质结合，形成染色质(染色体)；1个细胞有2条或2条以上的DNA
内膜系统	无	有，较复杂
细胞质	无线粒体(但有功能上相近的中间体) 无叶绿体(但有的有类囊体) 无内质网 无高尔基体 无溶酶体 无中心体 一般无微管、微丝	有线粒体 有叶绿体(植物细胞) 有内质网 有高尔基体 有溶酶体 有中心体(动物细胞) 有微管、微丝
细胞壁成分	主要由胞壁质组成	主要由纤维素组成
细胞增殖	无丝分裂	有丝分裂为主

原核细胞一般较小，细胞内没有分化出以膜为基础的具有专门结构和功能的细胞核(nucleus)和各种细胞器(organelle)，一般仅有核物质和核糖体(ribosome)。核物质一般仅为一个环状的 DNA 分子，所含遗传信息量也较少。这个 DNA 分子存在的区域称作拟核(nucleoid)。各种细菌和蓝藻等低等生物就是由原核细胞组成的，统称为原核生物(prokaryote)。

真核细胞一般比原核细胞大，其结构和功能也比原核细胞复杂得多。所有的真核细胞在结构上都包括细胞膜(cell membrane)、细胞质(cytoplasm)和细胞核(nucleus)3 部分。在植物细胞的细胞膜以外还有一层细胞壁(cell wall)。细胞质中含有许多具有一定形态、结构特征的细胞器，例如线粒体(mitochondria)、叶绿体(chloroplast)、内质网(endoplasmic reticulum)、高尔基体(golgi body)、核糖体、中心体(centrosome)、溶酶体(lysosome)和液泡(vacuole)等。但动、植物细胞之间存在若干差别(图 2-1)。其中叶绿体为绿色植物细胞所特有，中心体为动物细胞和一些蕨类及裸子植物细胞所特有。植物细胞的液泡较大，动物细胞没有或含有较小的液泡。真核细胞有核膜将核物质与细胞质隔开，形成细胞核。细胞核含有 2 个或 2 个以上的 DNA 分子，且具有较复杂的结构，所含遗传信息量也较大。由真核细胞构成的生物体称为真核生物(eukaryote)。所有的高等植物、动物和单细胞藻类、真菌以及原生动物等都是真核生物。

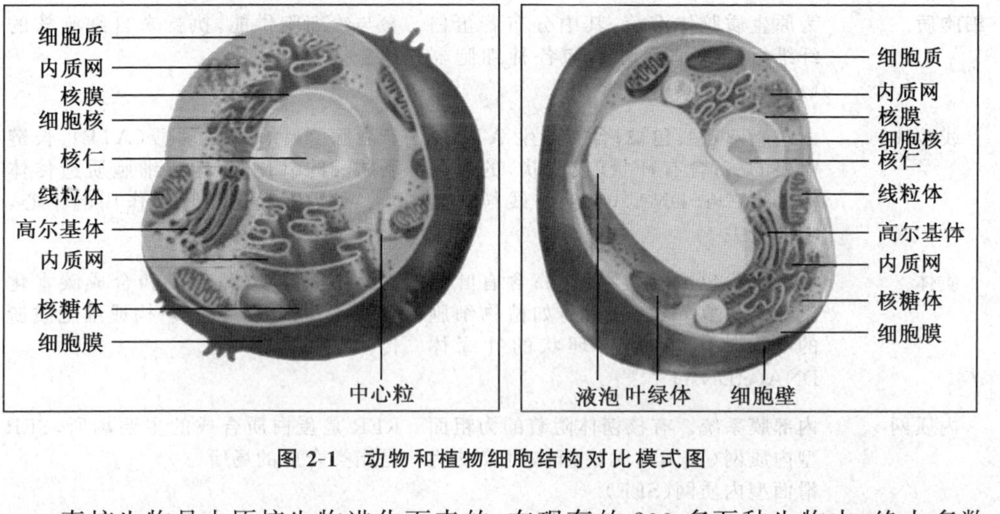

图 2-1　动物和植物细胞结构对比模式图

真核生物是由原核生物进化而来的，在现存的 200 多万种生物中，绝大多数都属于真核生物。它们的细胞结构相对比较复杂，多数细胞器和其他细胞结构非常小，在光学显微镜下无法看到，但在电子显微镜下可以研究它们。真核细胞的细胞器和其他部分的形态特征与功能详见表 2-2。

表 2-2 真核细胞的结构特征和功能

细胞结构	形态特征	功能
细胞壁	动物细胞无。植物中，由纤维素和果胶质构成；细菌中是肽聚糖；真菌中是几丁质（一些细菌还产生由多糖或糖蛋白组成的外夹膜）	坚固细胞
细胞膜	含有蛋白质和固醇（在动物细胞中）的磷脂双层结构。还含有少量的糖类物质和核酸等	主动而有选择地通透某些物质，使胞外营养物质和水等进入细胞而将细胞内的废物或分泌物排出。物质的通过或是主动运输或是被动扩散
细胞核	一般为圆球形。由核膜（双层磷脂膜）包被，核膜上有与内质网通讯的核膜孔。核膜内含有核质、核仁和染色体。是遗传物质集聚的主要场所	核膜控制物质在细胞核和细胞质之间的移动。核内的遗传物质（DNA）对细胞发育和形状遗传等进行最为重要的控制
核仁	圆形，主要由蛋白质和 RNA 聚集而成。在细胞分裂期间会有短暂的消失	不很清楚。一般认为与核糖体的合成有关，可进行核糖体 RNA（rRNA）的合成。是核内蛋白质合成的重要场所
核质	核内非染色质成分。形状不规则的颗粒，主要是蛋白质，少数 RNA 和酶	参与 DNA 复制及基因表达
细胞质	为原生质胶体溶液，其中分布着蛋白纤维组成的细胞骨架和各种细胞器（见下面）以及酶系统	参与给细胞供能，执行来自细胞核的遗传指令
线粒体	由磷脂双层膜包被；含有产生 ATP 所需要的酶；含有环状（或线状）的线粒体 DNA（mt DNA），它们与线粒体的功能有关	产生腺嘌呤核苷三磷酸（ATP）、长链脂肪酸的氧化等，构成细胞质遗传体系。是细胞氧化和呼吸作用的中心，是细胞的动力工厂
质体	由双层膜包被的植物结构；含有叶绿素和类胡萝卜素等色素，如植物细胞的叶绿体；含有闭合环状的叶绿体 DNA（ctDNA）	光合作用的场所；储藏和合成碳水化合物，还能合成蛋白质；构成细胞质遗传体系
内质网	内部膜系统。有核糖体附着的为粗面型内质网（RER），无核糖体附着的为滑面型内质网（SER）	RER 是蛋白质合成的主要场所，SER 是脂类合成的场所
高尔基体	由扁平囊状泡组成，与内质网靠近并有联系。在某些真菌、原生动物和植物细胞中，少数发育较差的泡称为分散高尔基网体	是将内质网上合成的蛋白质加工、分类、包装和发运的场所；是部分脂类转运的场所；是细胞内大分子运输的重要交通枢纽

续表 2-2

细胞结构	形态特征	功能
核糖体	由约 40%蛋白质和 60%rRNA 组成。分为附着核糖体和游离核糖体	按照 mRNA 的指令合成多肽链，是细胞中合成蛋白质的“车间”
中心粒	由微管组成，在每次细胞分裂后能够复制。植物细胞中极少出现	在细胞分裂时形成纺锤体的两极；还与某些生物的纤毛和鞭毛的形成有关
溶酶体	是将消化酶用膜包裹起来的囊泡，存在于所有真核细胞中	帮助消化细胞内的细菌和其他外来颗粒；如果破裂会导致细胞解体
液泡	由膜包被，其内包含水和新陈代谢产物（如氨基酸、糖等）	贮存。植物细胞有 1 个大的中央液泡，充满液体时会产生膨压，使细胞膨胀
细胞骨架	包括微管、微丝和中间纤维等	与细胞形状维持、分裂、运动等有关
细胞溶胶液	细胞质中除去细胞器的液体部分	参与组建生物大分子聚合物和细胞代谢

真核生物中，多细胞生物体的细胞形态和功能不尽相同。例如，多面形的薄壁组织细胞，长柱形的叶肉细胞，长筒形的导管，锥形的纤维细胞，不规则的通气组织细胞，圆盘形的血红细胞，星射状的神经细胞等。这些细胞通常具有不同的功能，如导管输送营养和水分，神经元传导神经冲动，肌肉细胞收缩，血红细胞运输氧等。

二、遗传物质的分布和存在形式

遗传物质 DNA 主要分布在细胞核内，细胞质中的细胞器（如线粒体、叶绿体等）也含有少量的 DNA。因此，真核细胞的遗传体系可分为两类，即细胞核遗传体系和细胞质遗传体系。

（一）细胞核遗传体系

细胞核是真核细胞中最明显、最重要的细胞器。细胞中绝大部分遗传信息贮存在细胞核内，基因的复制和转录过程都在细胞核中进行，因而它是细胞遗传和代谢活动的调控中心。

在每个细胞中一般只有 1 个细胞核，但在某些细胞中也可以有 2 个或多个细胞核。例如，在乳汁管细胞、某些藻类细胞和高等植物花药的绒毡层细胞中就有多个细胞核。

在细胞核的核液中分散着染色质（chromatin）。染色质是间期细胞核内遗传物质的存在形式。染色质又称为染色质线（chromatin fiber），是指间期细胞核内由 DNA、组蛋白、非组蛋白和少量 RNA 组成的线性复合结构，因其易被碱性染料染色而得名。其中 DNA 的含量约占染色质重量的 30%。组蛋白是与 DNA 结合的碱性蛋白，有 H_1、H_{2A}、H_{2B}、H_3 和 H_4 5 种，其比例约为 1∶2∶2∶2∶2。它与DNA的含量比率大致相等，很稳定，在染色质结构上具有决定的作用。非组蛋白在不同细胞间变化很大，在决定染色体结构中作用可能不是很大，但它们可能与基因表达的调控有关。

在细胞核内一般存在1个或几个折光率很强的球形核仁(nucleolus)，其外围没有薄膜包被。核仁的形状、大小和数目因生物种类、细胞类型及细胞的生理状态而变化。一般情况下，生理活动和蛋白质合成旺盛的细胞或生长活跃的细胞，核仁较大，数目较多，例如分泌细胞、卵母细胞、植物的分生组织细胞和肿瘤细胞中都有较大的核仁。而生理代谢活动弱，不具备蛋白质合成能力的细胞中核仁较小，例如休眠的植物细胞、肌肉细胞等，其核仁很小。研究证明，没有核仁的细胞不能完成有丝分裂，也不能较长时间地生活，由此可见核仁在细胞生命活动中的重要性。核仁的主要成分是蛋白质和RNA，还可能存在类脂和少量的DNA。其中蛋白质约占84%，RNA约占11%。

在整个细胞周期中，核仁是一个高度动态的结构，在细胞有丝分裂期间表现出周期性的消失与重聚。核仁的功能还不十分清楚，通过电镜观察和一些试验分析，一般认为核仁的重要功能是与rRNA的合成、加工和核糖体亚单位的装配有关，它主要产生核糖体的大亚基，当这种大亚基到达细胞质内后，与小亚基结合成完整的核糖体，构成了蛋白质合成的主要场所。

通常可观察到在核仁结构中有染色质通过，而在细胞周期中染色质的特定部位上将形成核仁，该部位被称为核仁组织者或核仁组织中心(nucleolar organizer)或核仁区(nucleolar zone)。因此，在细胞核内，核仁总是位于染色体组中一定染色体的特定部位，这种与核仁形成有关的染色体称为核仁组织染色体(nucleolar organizing chromosome)。

(二)细胞质遗传体系

1.线粒体内的遗传物质　线粒体广泛存在于各类真核细胞中，能进行氧化磷酸化反应，可传递和贮存所产生的能量，是细胞内氧化和呼吸的中心，是细胞的动力工厂。

在线粒体的基质中含有DNA、RNA和核糖体，具有独立合成蛋白质的能力。由于含有DNA，所以线粒体有它自己的遗传体系。但试验证明，线粒体的DNA与其同一细胞中的核内DNA的碱基成分有所不同，并且这两种DNA在杂交试验中并不相互作用。线粒体DNA也不与组蛋白相结合，而是像细菌体内的DNA那样形成环状的双链DNA分子。线粒体DNA能够进行自我复制，其复制方式也是按照半保留方式进行，但其复制受细胞核的控制。它复制过程中所需要的聚合酶和其他大多数蛋白质都是由核DNA编码，在细胞质中合成的，然后再转运到线粒体中。因此认为,线粒体遗传与核遗传是两个不同的遗传体系,但线粒体的生长和繁殖是受细胞核和自身基因组两套遗传体系控制的,它是一种半自主性的细胞器。

2. 叶绿体内的遗传物质　植物细胞含有质体(plastid),这是它与动物细胞的重要区别之一。按照色素和功能的不同,质体可分为白色体(leucoplast)、有色体(chromoplast)和叶绿体(chloroplast),它们都是由前质体(proplastid)发育而来。其中最重要和最有代表性的是叶绿体,它是植物细胞所特有的能量转换细胞器,它的主要功能是进行光合作用,将捕获的光能转化成化学能并贮存在糖类中。

在叶绿体的基质中含有DNA、RNA、核糖体、RuBP羧化酶和一些代谢活性物质等。叶绿体DNA与线粒体DNA一样,也是双链环状分子,不与组蛋白结合。叶绿体DNA也能按半保留方式进行自我复制,它的复制过程也仍受细胞核控制。叶绿体内含有进行蛋白质合成的全套机构,能够独立合成蛋白质,具有相对独立的遗传功能。但是,由叶绿体DNA编码合成的蛋白质是有限的。试验表明,叶绿体蛋白质有3种合成方式:一是由叶绿体DNA编码,在叶绿体核糖体上合成;二是由核DNA编码,在细胞质核糖体上合成;三是由核DNA编码,在叶绿体核糖体上合成。因此认为,叶绿体具有特定的遗传功能,是遗传物质的载体之一。同时,叶绿体也和线粒体一样,是一种半自主性的细胞器。

由上述可知,线粒体和叶绿体等细胞器中所含的遗传物质DNA,构成了细胞的细胞质遗传体系。

通过以上叙述可知,在真核细胞中存在的细胞核遗传体系和细胞质遗传体系都含有真核生物生长发育所必需的遗传信息,它们是两个功能上相对独立而又密切相关的部分。但是,由于生物的遗传物质主要集中在细胞核内的染色质中,生物的绝大部分性状都是由核内基因决定的,因此核遗传体系在生物发育和遗传过程中始终处于主导地位。

第二节 染　色　体

染色体(chromosome)是指在细胞分裂期出现的一种能被碱性染料强烈染色,并具有一定形态、结构特征的复合物质。染色体与细胞间期细胞核中的染色质的组成成分是一致的,二者是同一复合物在细胞周期的不同时期所表现出来的不同存在形式。

一、染色体的形态特征和类型

在细胞分裂过程中的不同时期,染色体的形态是不同的,会表现出一系列规律性的变化。其中以有丝分裂中期染色体的表现最为明显和典型。因为这个时期染色体收缩到最粗最短的程度,并且从细胞的极面上观察,可以看到它们分散地排列在赤道板平面上,所以通常都在中期进行染色体形态的认识和研究。

(一)染色体的形态

根据细胞学观察可知,有丝分裂中期的染色体是由 2 条相同的染色单体(chromatid)构成的,它们彼此以着丝粒相连,互称为姊妹染色单体(sister chromatid)。姊妹染色单体是在细胞分裂间期经过复制形成的,它们携带相同的遗传信息。在形态上染色体一般由着丝粒(centromere)、染色体臂(arm)、次缢痕(secondary constriction)、随体(satellite)和端粒(telomere)几部分组成(图 2-2)。

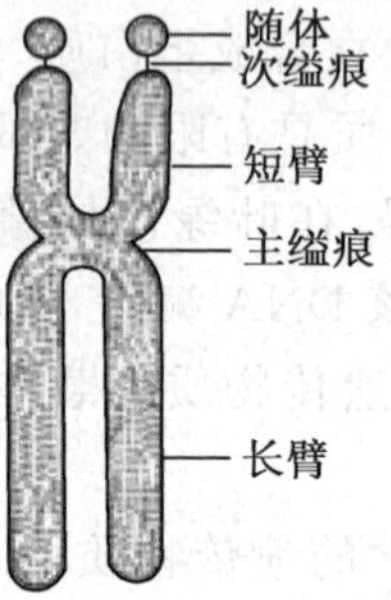

染色体模式图

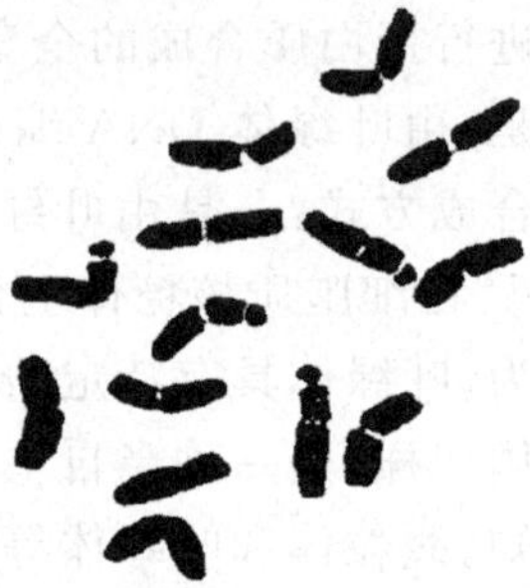

大麦根尖细胞有丝分裂中期染色体

图 2-2 染色体中期形态图

着丝粒是在细胞分裂时纺锤丝附着的区域,这也是通常所称的着丝点(spindle fiber attachment)的部分。每个染色体都有 1 个着丝粒,主要由蛋白质构成,并且其位置是恒定的。当经过碱性染料染色处理后,在光学显微镜下可以看到,着丝粒所在的区域着色浅,并表现缢缩,因此又被称为主缢痕(primary constriction)。着丝粒是细胞分裂过程中纺锤丝(spindle fiber)结合的区域,对细胞分裂过程中染色体向两极的正确分配具有决定性作用。如果某一染色体发生断裂而形成染色体的断片,则缺失了着丝粒的断片将不能正常地随着细胞分裂而分向两极,经常会丢失。而具有着丝粒的断片将不会丢失。该区域的 DNA 链含 110～120 个 bp(碱基对),可分为 3 部分:两端为保守的边界序列,中间为 90 bp 左右的富含 A＋T(A＋T＞90％)的中间序列。中间序列的碱基序列变化大,而较保守的边界序列可能是与纺锤丝结合的识别位点。

染色体臂是指由着丝粒将染色体分成的 2 个臂,通常称为长臂(q)和短臂(p)。长短臂之比称为臂比(q/p)或臂率(arm rate)。不同染色体的染色体臂的大小、形态和臂比各不相同，因此根据这些特征可识别各种染色体。

次缢痕是指在某些染色体的 1 个或 2 个臂上常有的另外的缢缩部位，着色较淡。次缢痕的位置和范围，也与着丝粒一样，都是相对恒定的，通常在短臂的一端。此外，次缢痕与核仁的形成有关，在细胞分裂时，它紧密连系着核仁，因此又称为核仁组织中心。例如，玉米第 6 对染色体的次缢痕就明显地连系着 1 个核仁，而人的第 13，14，15，21 和 22 对染色体的短臂上都各连系着 1 个核仁。

随体是指染色体的次缢痕末端的圆形或略呈长形的染色体节段。随体的有无和大小形态等也是某些染色体所特有的识别特征。

端粒是染色体臂末端的特化部分，对碱性染料着色较深。它是 1 条完整染色体所不能缺少的，它能把染色体末端封闭起来，使得染色体之间不能彼此相连接。当端粒缺失时，染色体就不能正常发挥作用。分析研究表明，其功能可能有：①防止染色体末端被 DNA 酶酶切；②防止染色体末端与其他 DNA 分子结合；③使染色体末端在 DNA 复制中保持完整。对其结构研究发现，所有染色体末端都存在着串联的重复序列，其通式为：$5'\text{-}T_{1-4}\text{-}A_{0-1}\text{-}G_{1-8}\text{-}3'$。例如，人的为 TTAGGG，原生动物嗜热四膜虫的为 TTGGG，拟南芥的为 TTTAGGG。有关端粒的具体结构还有待于进一步研究。

（二）染色体的大小

不同物种或同一物种的染色体之间大小差异都很大。同一物种的染色体在宽度上大致相同，因此染色体的大小主要是指长度而言的。一般染色体长度为 0.2～50.0 μm，宽度为 0.2～2.0 μm。在高等植物中，一般单子叶植物的染色体比双子叶植物的染色体大些。但双子叶植物中牡丹属（*Paeonia*）和鬼臼属（*Podophyllum*）是例外，具有较大的染色体。玉米、小麦、大麦和黑麦的染色体比水稻的大；棉花、苜蓿和三叶草等植物的染色体较小。

（三）染色体的类型

由于各个染色体着丝粒的位置是恒定的，这直接关系到染色体的形态表现。因此，根据着丝粒的位置，可以将染色体分为以下几种类型（图 2-3、图 2-4）。

1. 中间着丝粒染色体（metacentric chromosome，M）　着丝粒基本上在染色体的中部，两臂大致等长，臂比为 1.00～1.67。在细胞分裂后期，当染色体由纺锤丝向两极牵引时表现为“V”形，因此也称为“V”形染色体。

2. 近中着丝粒染色体（sub-metacentric chromosome，SM）　着丝粒略偏离染色体的中部，两臂长度不等，臂比为 1.68～3.00。在细胞分裂后期，当染色体由纺锤丝向两极牵引时表现为“L”形，因此也称为“L”形染色体。

3. 近端着丝粒染色体（acrocentric chromosome，ST）　着丝粒远离染色体中部,两臂长短差异很大,臂比为3.01~7.00。在细胞分裂后期,当染色体由纺锤丝向两极牵引时表现为近似"I"形,因此称为棒状染色体。

4. 端着丝粒染色体(telocentric chromosome,T) 着丝粒在染色体的一端,臂比在7.00以上。由于只有1条臂,故也称为棒状染色体。

5. 粒状染色体 两臂都非常粗短,染色体呈颗粒状。

图2-3 后期染色体的形态示意图

(引自季道藩等,2001)

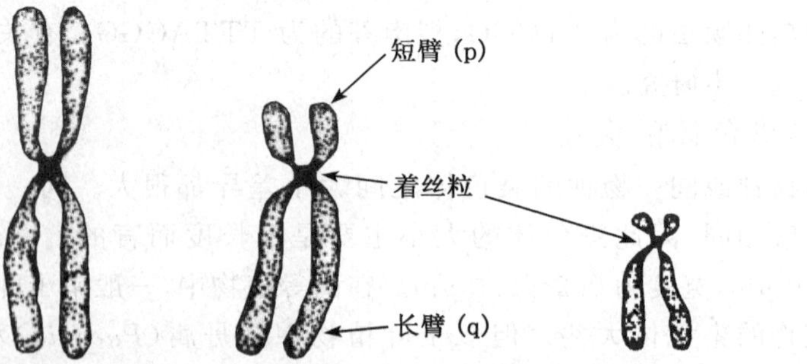

图2-4 人类第1,5,13条染色体

(引自王亚馥等,1999)

二、染色体的结构

(一)染色质的结构

现已证明,细胞有丝分裂中期染色体的每条染色单体就是由一条染色质线折叠压缩而成的。20世纪70年代,Olins(1974,1978)、Kornberg(1974,1977)和Chambon(1978)等人通过电子显微镜的观察和研究,提出了染色质结构的串珠模型。这个模型认为,染色质的基本结构单位是核小体(nucleosome)、连接丝(linker)和1个分子的组蛋白 H_1。每个核小体的核心是由 H_{2A}、H_{2B}、H_3 和 H_4 4种组蛋白各 2 个分子组成的八聚体，其形状近似于扁球，DNA 双螺旋分子就盘绕在这 8 个组蛋白分子的表面（图 2-5）。连接丝把 2 个核小体串联起来，它是 2 个核小体之间的 DNA 双链。组蛋白 H_1 结合于连接丝和核小体的接合部位影响连接丝与核小体结合的长度，并锁住核小体 DNA 的进出口，从而稳定核小体的结构。据测定，一般 1 个核小体及其连接丝的 DNA 含有 180～200 个碱基对（base pair，bp），其中约 146 bp 盘绕在核小体表面 1.75 圈，其余碱基对则为连接丝，其长度变化很大，从 8～114 bp 不等。

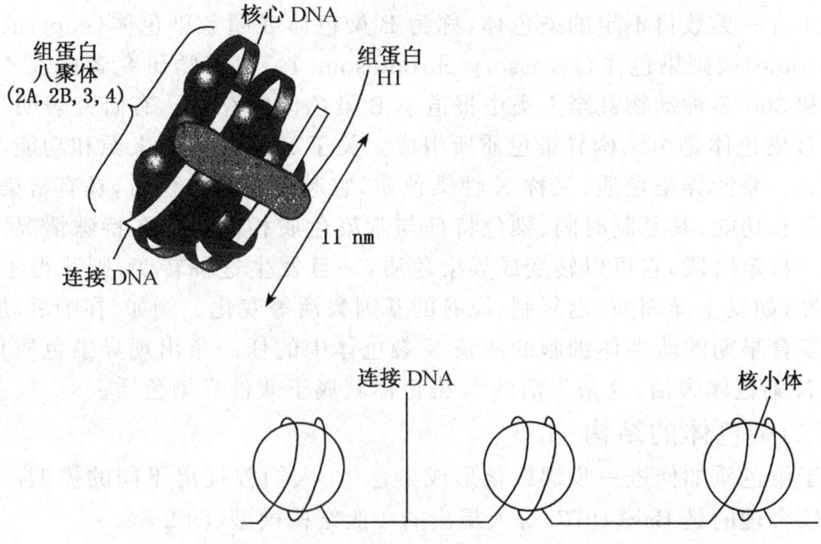

图 2-5　单一的核小体和串珠式的染色质线

（引自 Winter P C，1999）

根据染色反应，可将间期细胞核中的染色质分为常染色质（euchromatin）和异染色质（heterochromatin）两种。对碱性染料着色浅且着色均匀、螺旋化程度低、处于较为伸展状态的染色质为常染色质，是构成染色体 DNA 的主体；对碱性染料着色深、螺旋化程度较高、处于凝集状态的染色质为异染色质。据电镜观察，常染色质和异染色质在结构上是连续的。在同一条染色体上既有常染色质又有异染色质，或者说既有染色浅的区域（解螺旋而呈松散状态）又有染色深的区域（高度螺旋化而呈紧密卷缩状态），这种差异表现称为异固缩（heteropycnosis）现象。构成常染色质的 DNA 主要是单一序列 DNA 和中度重复序列 DNA，其基因具有转录和翻译的功能，是活性区域。异染色质一般不编码蛋白质，是惰性区域，只对维持染色体结构的完整性起作用。放射自显影的试验证明，异染色质的复制时间总是迟于常染色质。异染色质又可分为结构异染色质(constitutive heterochromatin)和兼性异染色质(facultative heterochromatin)。结构异染色质就是通常指的异染色质,它是一种永久性异染色质,在染色体上的位置和大小都较恒定,常出现在端粒、次缢痕、着丝粒附近或染色体臂内某些节段处,在细胞周期中,除复制阶段以外均处于螺旋化状态,染色很深,主要由相对简单、高度重复的DNA序列构成,比常染色质具有较高比例的G、C碱基。结构异染色质可以构成染色体的一部分,也可以组成整条染色体,例如果蝇的Y染色体和第4染色体(点状染色体),几乎完全由结构异染色质组成。此外,在某些动、植物细胞核中除正常染色体(称为A染色体)外,还有一类数目不定的染色体,称为B染色体或超数染色体(supernumerary chromosome)或副染色体(accessory chromosome)。遗传学研究者已在1 000多种植物和300多种动物甚至人类中报道了B染色体的存在。有研究表明,大多数动物的B染色体是由结构异染色质所组成。关于B染色体的来源和功能,目前尚不甚了解。兼性异染色质,又称X性染色质,它起源于常染色质,具有常染色质的全部特点和功能,其复制时间、染色特征与常染色质相同。但在特殊情况下,在个体发育的特定阶段,它可以转变成异染色质,一旦发生这种转变,则获得了异染色质的属性,如发生异固缩、迟复制、原有的基因失活等变化。例如,在哺乳动物和人类胚胎发育早期的雌性体细胞的两条X染色体中的任一条出现异染色质化现象,就称为X染色体失活,这条失活的X染色体就属于兼性异染色质。

(二)染色体的结构

关于染色质如何进一步螺旋化形成染色体,人们曾提出不同的模型。目前被认为比较合理的是Bak(1977)等人提出的4级结构模型(图2-6)。

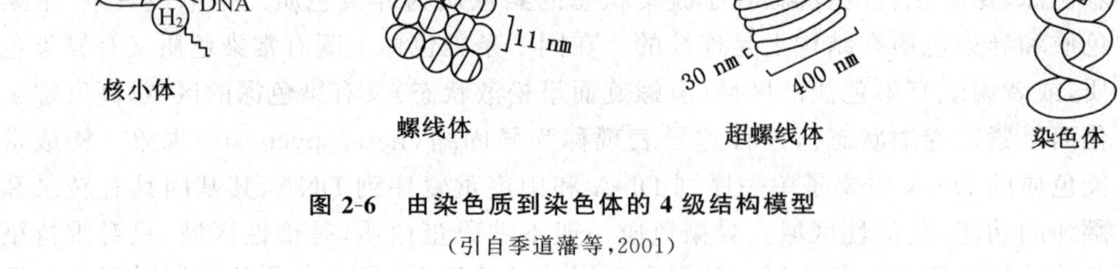

图 2-6 由染色质到染色体的4级结构模型

(引自季道藩等,2001)

按照这个模型，核小体组成的串珠式染色质线是染色体的1级结构。直径为10 nm的染色质线过螺旋化，每一圈包含6个核小体，形成了外径30 nm，内径10 nm，螺距11 nm的螺线体(solenoid)，这是染色体的2级结构。螺线体再螺旋化，形成直径为400 nm的圆筒状超螺线体(supersolenoid)，这是染色体的3级结构。超螺线体再次折叠盘绕和螺旋化，形成直径约1 μm的染色体。在这一过程中，DNA分子的长度经过1，2，3和4级结构分别被压缩了7倍、6倍、40倍和5倍，则DNA分子的长度总的被压缩了7×6×40×5＝8 400(倍)。所以，经过4次压缩后，染色体中的DNA双链分子最初的长度大致被压缩了8 000～10 000倍。例如，人最长的一条染色体，其DNA分子伸展时长85 mm，中期时染色体直径为0.5 μm，长度为10 μm，长度大约缩短了8 500倍。

三、染色体的数目

各种生物的染色体不仅形态结构是相对稳定的，而且数目也是恒定的。它在体细胞中成对，在性细胞中成单。体细胞中成对的染色体形态、结构和遗传功能相似，一个来自于母本，一个来自于父本，称为同源染色体(homologous chromosome或homologue)。对于同一物种，每个个体的染色体数目是相同的，不同的物种之间染色体的数目差异很大，少的只有1对，多的可达数百对。例如，动物中线虫类的一种马蛔虫(*Ascaris spo*)的变种只有1对染色体，而一种蝴蝶(*Lysandra*)的染色体数目为191对；在被子植物中，有一种菊科植物(*Haplopappus gracillis*)也只有2对染色体，但瓶尔小草属(*Ophioglossum*)的一些物种却含有400～600对以上的染色体。通常情况下，被子植物比裸子植物的染色体数目多。但染色体数目的多少与该物种的进化程度一般并无关系。某些低等生物可比高等生物具有更多的染色体，或者相反。但是染色体的数目和形态特征对于鉴定系统发育过程中物种的亲缘关系，特别是对于近缘物种的分类，具有重要的意义。

通常用$2n$代表生物的体细胞染色体数目，n代表性细胞染色体数目，例如：水稻$2n=24$，$n=12$；小麦$2n=42$，$n=21$；人类$2n=46$，$n=23$。表2-3列出了部分动、植物的染色体数目。

表2-3　一些生物的染色体数目(2*n*)

物种名称	染色体数目	物种名称	染色体数目
水稻 *Oryza sativa*	24	西瓜 *Citrullus vulgaris*	22
小麦属 *Triticum*		黄瓜 *Cucumis sativus*	14
一粒小麦 *T. monococcum*	14	南瓜 *Cucubita pepo*	40
二粒小麦 *T. dicoccum*	28	萝卜 *Raphanus sativus*	18

续表 2-3

物种名称	染色体数目	物种名称	染色体数目
普通小麦 *T. aestivum*	42	番茄 *Lycopersicum esculentum*	24
大麦 *Hordeum sativum*	14	洋葱 *Allium cepa*	16
黑麦 *Secale cereale*	14	松 *Pinus* spp.	24
燕麦 *Avena sativa*	42	白杨 *Populus alba*	38
玉米 *Zea mays*	20	人 *Homo sapiens*	46
高粱 *Sorghum vulgare*	20	猕猴 *Macaca mulatta*	42
粟 *Setaria italica*	18	金丝猴 *Rhinopithecus rhinopithecus roxellanae*	44
大豆 *Glycine max*	40	猪 *Sus scrofa*	38
蚕豆 *Vicia faba*	12	马 *Equus calibus*	64
豌豆 *Pisum sativum*	14	驴 *Equus asinus*	62
花生 *Arachis hypogaea*	40	黄牛 *Bos taurus*	60
马铃薯栽培种 *Solanum tuberosum*	48	水牛 *Bobalus buffelus*	48
甘薯 *Ipomoea batatas*	90	山羊 *Capara hircus*	60
甘蔗 *Saccharum officinarum*	80,126	绵羊 *Ovis aries*	54
糖用甜菜 *Beta vulgaris*	18	犬 *Canis familiaris*	78
烟草 *Nicotiana tabacum*	48	猫 *Felis domesticus*	38
向日葵 *Hilianthus annuus*	34	小白鼠 *Mus musculus*	40
芸薹属 *Brassica*		大家鼠 *Rattus norvegicus*	42
白菜型油菜 *B. campestris*	20	水貂 *Mustela vison*	30
芥菜型油菜 *B. juncea*	36	豚鼠 *Cavis cobaya*	34
甘蓝型油菜 *B. napus*	38	兔 *Oryctolagus cuniculus*	44
大白菜 *B. pekinensis*	20	家鸽 *Columba livia domessticus*	80
甘蓝 *B. olericea* var. *capitata*	18	鸡 *Gallus domesticus*	78
棉属 *Gossypium*		火鸡 *Miliagris gallopavo*	80
亚洲棉 *G. arboreum*	26	鸭 *Anas platyrhyncho*	80
陆地棉 *G. hirsutum*	52	家蚕 *Bombyx mori*	56
圆果种麻黄 *Corchorum capsularis*	14	家蝇 *Musca domestica*	12
大麻 *Cannabis sativa*	20	果蝇 *Drosophila melanogaster*	8
茶 *Thea sinensis*	30	蜜蜂 *Apis mellifera*	雌 32,雄 16
桑 *Morus alba*	14	蚊 *Culex pipiens*	6
拟南芥 *Arabidopsis thaliana*	10	佛蝗 *Phlaeoba infumata*	雌 24,雄 23
月见草 *Oenothexa biennis*	14	蛙 *Rana nigromaculata*	26
金鱼草 *Antirrhinum majus*	16		

续表 2-3

物种名称	染色体数目	物种名称	染色体数目
香蕉 *Musa sapientum*	22,23	蟾蜍 *Bufo bufoa*	22
苹果 *Malus pumila*	34	爪蟾 *Xenopus laevis*	36
巴梨 *Pyrus communis*	34	蝾螈 *Salamandra salamandra*	24
桃 *Prunus persica*	16	蚯蚓 *Perichaeta communissima*	32
甜橙 *Citrus sinensis*	18,36	文昌鱼 *Amphioxus lanceolatus*	24

四、染色体核型和核型分析

研究表明，每一生物的染色体的形态特征和数目的多少都是特异的，这种特定的染色体组成称为染色体组型或核型(karyotype)。按照染色体的数目、大小和着丝粒位置、臂比、次缢痕和随体等形态特征，对生物核内的染色体进行配对、分组、归类、编号和分析的过程称为染色体组型分析或核型分析(karyotype analysis)。在进行核型分析的过程中，可将各染色体根据其特征绘制成图，称为核型模式图(idiogram)。随着染色体显带技术的建立(Casperson，1968)和发展，可以利用特殊染料进行处理的方法，使染色体在不同的部位呈现出大小和颜色深浅不同的带纹，所形成的带型不仅具有种、属特征，而且相对稳定。因而根据带型，结合染色体的其他形态特征，能更确切地区分细胞内的各个染色体。

染色体核型分析技术已在医学上得到广泛应用，可用来诊断由于染色体异常而引起的遗传性疾病。该技术在动植物育种、研究物种间的亲缘关系、探讨物种进化机制、鉴定远缘杂种、追踪鉴别外源染色体或染色体片段等方面都具有十分重要的利用价值。

为便于研究起见，目前国际上已根据染色体的形态特征和带型，将人类染色体统一划分为 A、B、C、D、E、F 和 G 7 个组，并分别予以排队、编号。该核型分析结果如表 2-4 所示，图 2-7 显示各对染色体的形态特征，图 2-8 显示各对染色体的带型。

表 2-4　人类染色体组型的分类

类别	染色体编号	染色体长度	着丝粒位置	随体
A	1～3	最长	中间，近中	无
B	4～5	长	近中	无
C	6～12，X	较长	近中	无
D	13～15	中	近端	有
E	16～18	较短	中间，近中	无
F	19～20	短	中间	无
G	21～22，Y	最短	近端	有

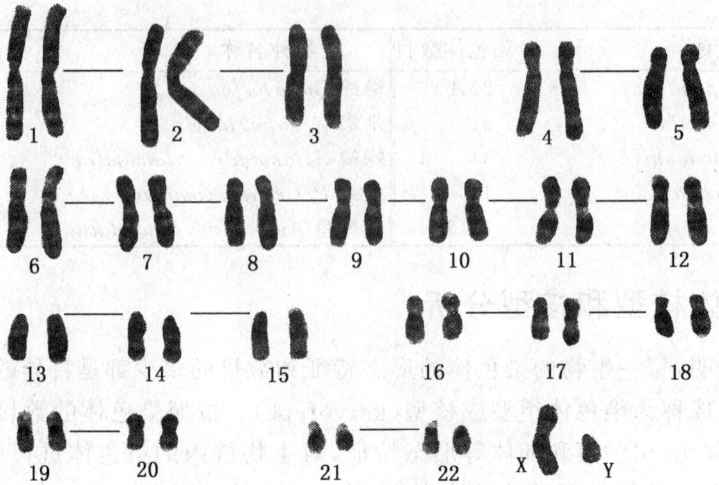

图 2-7　正常男性染色体的形态特征

（引自朱军，2002）

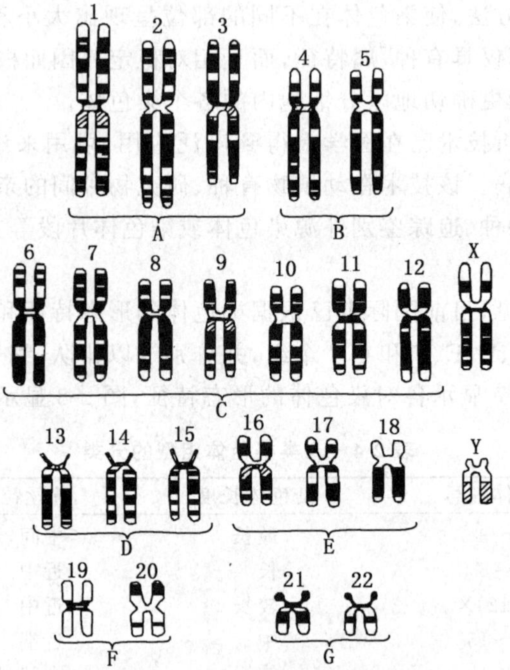

图 2-8　正常男性染色体的带型

（引自杨业华，2001）

五、特化染色体

前面介绍的一般染色体，普遍存在于生物细胞。另外有一些特殊的染色体，则只存在于某些生物的特定组织，或某些群体。这些染色体称为特化染色体。它们大体上可以分为两类，一类是暂时性的，另一类是永久性的。暂时特化染色体与正常染色体之间存在着严格的对应关系，它们只是正常染色体的临时性结构和形态的变化，例如多线染色体(polytene chromosome)和灯刷染色体(lampbrush chromosome)。永久特化染色体是一种特殊类型的染色体，是生物在进化过程中适应特殊的遗传功能而分化出来的，或是因具备某种特殊的传递机制而保留在群体中的一类染色体，例如性染色体(sex chromosome)和超数染色体等。关于性染色体和超数染色体，我们在介绍异染色质时已经提到，这里只介绍多线染色体和灯刷染色体。

(一)多线染色体

1881 年，意大利细胞学家 Balbiani 首先在双翅目摇蚊幼虫的唾腺细胞中发现了多线染色体，以后，陆续在黑腹果蝇和其他一些双翅目昆虫幼虫的唾腺和神经细胞以及蚊子幼虫的肠细胞中也观察到了这种巨大的染色体。其长度是体细胞染色体的 100 倍以上，比一般染色体粗 1 000～2 000 倍。研究发现，黑腹果蝇的这种巨型染色体是体细胞分裂间期染色体的存在形式。它与其他体细胞染色体的主要区别有两点：①同源染色体发生紧密联会；②两条同源染色体的染色线都进行过多次复制，但复制后的染色线彼此不再分开，而是形成 1 024 或 2 048 条的多线体(polyteny)。这种巨型多线体在整个长度上并不是匀质的，染色特性也不相同，因而形成许多染色深浅不同的横带。这种带纹对每一条染色体来讲具有相对的特异性和稳定性，所以具有鲜明的个体性。化学分析表明，染色深的带纹区，其 DNA 和组蛋白的含量比浅带区要高。

图 2-9 是果蝇的唾腺染色体，由该图可见 5 条巨大的染色体臂，包括一条非异染色质的 X 染色体臂、Ⅱ号和Ⅲ号染色体的左右两臂。另外还有一个非常短的Ⅳ号染色体臂。多线染色体上的基因，并非都处于活化状态，只有少数基因活化，大部分都处于失活状态，而且随着幼虫发育阶段的不同，活化的基因座位也不相同。

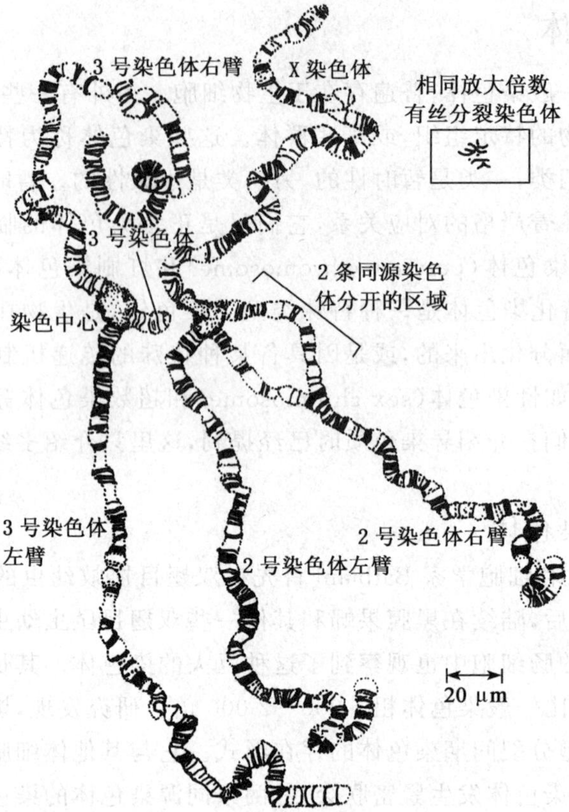

图 2-9 果蝇唾腺细胞多线染色体

(引自杨业华,2001)

多线染色体也能在其他动物或植物中观察到,只不过不像双翅目昆虫那样典型。一般不存在同源染色体联会,横带也不那样清楚。通常发生在营养组织的细胞,例如菜豆(*Phaseolus vulgaris*)的胚柄细胞,以及若干种植物胚囊中的反足细胞等。

利用多线染色体既可鉴别染色体结构和数目的变化,又可研究个体发育中的基因调控现象等,因此,它具有重要的遗传研究价值。

(二)灯刷染色体

灯刷染色体是处于双线期具有特殊形态的染色体,因其外形呈绒毛状,类似灯刷而得名。1882 年,Flemming 在研究美西螈卵巢切片时首次报道了灯刷染色体,

1892年，Rukert在研究鲨鱼卵母细胞时才对其正式命名。之后，在许多动物，如鱼类、鸟类、两栖类、爬行类以及一些无脊椎动物的卵母细胞中发现了这类染色体。其中两栖类动物卵母细胞中的灯刷染色体最为典型，研究也最为深入。在植物中，如玉米和垂花葱(*Allium cernruum*)减数分裂中有时也可出现不典型的灯刷染色体。在大型单细胞的地中海伞藻(*Acetabularia mediter*. ranea)中也观察到了典型的灯刷染色体。

灯刷染色体的形态看起来像是在细胞分裂间期，实际上，同源染色体间早已进行了联会和交换，停留在双线期。在卵细胞成熟之前，染色体的这种状态可以长时间得到保持。例如，在人类母腹中发育6个月的女婴，其卵母细胞就达到这种状态。到女孩降生，长大成人，直至她的最后一个卵子成熟，这种状态可持续长达40余年。适应于卵细胞和受精卵发育的需要，这类染色体有着特殊的转录功能和生化活性。其长度可以扩展数百倍，而且有着明确的形态特征。其结构见图2-10。

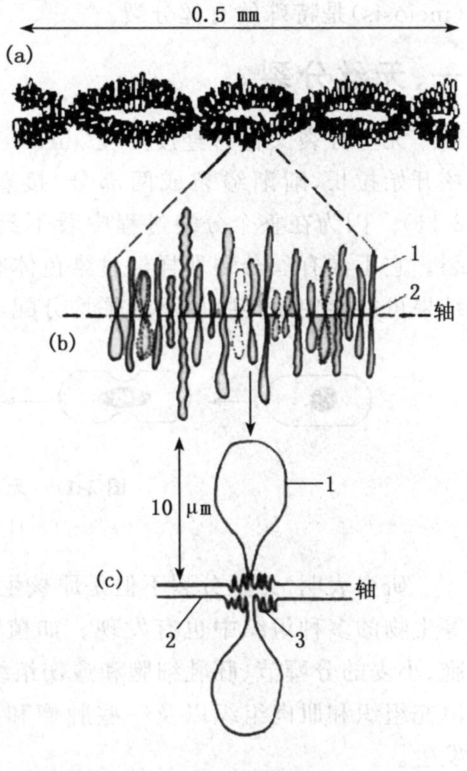

(a)配对的灯刷染色体　(b)单条染色体区域
1.环　2.染色粒　(c)姐妹染色单体的染色体小区　1.侧环中伸展的染色质
2.邻近染色粒的染色质　3.染色粒
(由高度凝缩的染色质组成)

图2-10　灯刷染色体结构图解

(引自杨业华，2001)

第三节　细胞分裂与生殖

细胞来自细胞的过程称为细胞分裂。在细胞分裂过程中，作为遗传物质主要载体的染色体通过一系列有规律的变化使自己得到合理的分配，保证遗传物质能从母细胞精确地传递给子细胞，从而保证生物的正常生长、发育和物种的连续性和稳定性。

细胞分裂的方式包括有无丝分裂(amitosis)和有丝分裂(mitosis)。减数分裂

(meiosis)是特殊的有丝分裂。

一、无丝分裂

无丝分裂又称为直接分裂(direct division)。当细胞生长到一定程度后,细胞核开始拉长,渐渐缢裂成两部分,接着细胞质也分裂,从而成为 2 个子细胞(图 2-11)。因为在整个分裂过程中看不到纺锤丝(spindle fiber),所以被称为无丝分裂。它不像有丝分裂那样经过染色体有规律和准确的分裂过程,因此,无丝分裂的结果可能会使遗传物质不能平均分配,从而导致细胞间的稳定性较差。

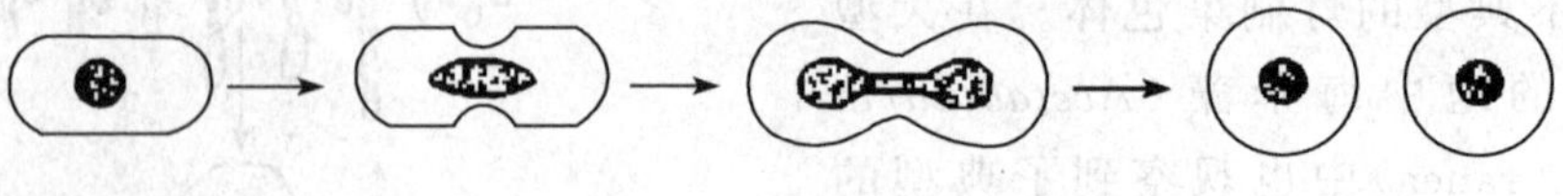

图 2-11 无丝分裂过程模式图

(引自张建民,2005)

研究表明,无丝分裂不但是原核生物(如细菌)主要的细胞分裂方式,而且在高等生物的多种组织中也有发现。如植物的薄壁组织细胞、木质部细胞、毡绒层细胞、小麦的分蘖节、胚乳细胞和愈伤组织的细胞等都发现过无丝分裂;动物的胎膜、填充组织和肌肉组织以及一些肿瘤和愈伤细胞等也经常可以观察到无丝分裂的发生。

二、有丝分裂

(一)有丝分裂的过程

高等生物的细胞增殖和个体生长是通过细胞的多次有丝分裂完成的。从细胞上一次分裂结束到下一次分裂完成的整个过程称为细胞周期(cell cycle)。细胞周期是一个连续的动态变化过程,但为了便于描述,可以人为地将它划分为一个分裂间期(interphase)和一个分裂期(mitosis,M)。

细胞有丝分裂的周期见图 2-12。两次连续有丝分裂之间的时期为分裂间期。在间期,用光学显微镜进行观察,可以看到活体细胞的细胞核是均匀一致的,看不见染色体,这是因为此时染色体伸展到最大程度,处于高度水合的、膨胀的凝胶状态,折射率大体上与核液相似。这时从细胞外表来看似乎是静止的,但实际上,细胞生理生化的研究证明,细胞核在间期进行着染色体的 DNA 复制和组蛋白的加倍合成。同时,核在间期的呼吸作用很低,有利于在分裂期到来之前储备足够多的易于利用的能量。其次,细胞在间期进行生长,使核体积和细胞质体积的比例达到最适的平衡状态，有利于细胞的分裂。

根据间期DNA的合成特点，可将其划分为G_1，S，G_2 3个时期。G_1期为DNA合成前期(pre-DNA synthesis，1st Gap)，是细胞分裂周期中的第一个间隙，主要进行细胞生长，合成各种大分子物质和多种蛋白质等，为DNA的复制做准备。不分裂的细胞就停留在G_1期，也称为G_0期。有的细胞可在G_1期合成一种抑制素，它与细胞停留在G_1期有关。S期是DNA的合成期(period of DNA synthesis)，或称染色体复制期。此期进行DNA的复制，DNA的含量加倍。G_2期是DNA合成后期(post DNA synthesis，2nd Gap)，是从DNA合成后到细胞开始分裂前的间隙，可合成某些蛋白质，引导细胞进入分裂期。这3个时期持续时间的长短因物种、细胞种类和生理状态的不同而不同。一般S期的时间较长，且较稳定；G_1和G_2期的时间较短，变化也较大。

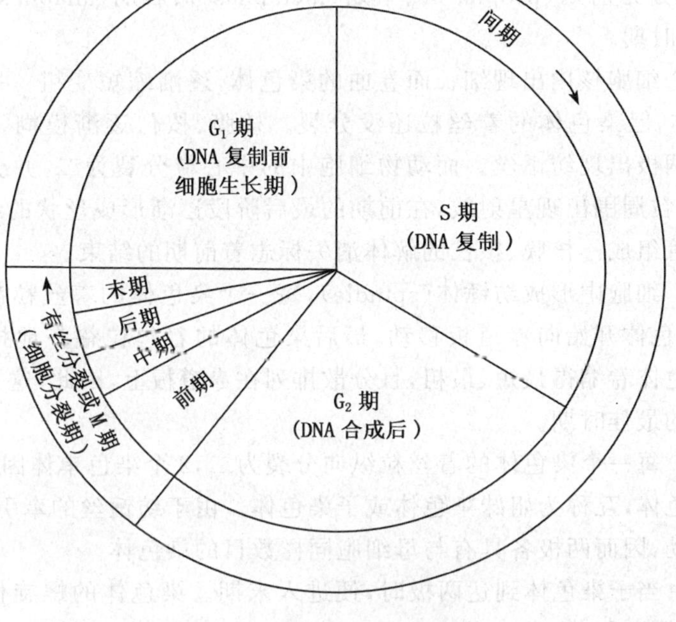

图2-12　细胞周期示意图

(引自埃尔罗德S L等，2004)

在整个细胞周期中，大部分时间都处于间期，分裂期占的时间很短。无论是在体内还是在体外，只有5％～10％的细胞处于分裂期。表2-5列出了几种生物的细胞周期中每一时期的持续时间。

表 2-5 几种生物的细胞周期时间 h

生物类别	G_1	S	G_2	M	合计
蚕豆根尖细胞(19℃)	4.9	7.5	4.9	2.0	19.3
洋葱根尖细胞(21℃)	3.3	12.0	3.7	4.0	23.0
紫鸭跖草根尖细胞	1.0	10.5	2.5	3.0	17.0
小鼠成纤维细胞	9.1	9.9	2.3	0.7	22.0
中国仓鼠成纤维细胞	2.7	5.8	2.1	0.4	11.0
小鼠皮肤上皮细胞	>22 d	30.0	6.5	3.8	>22 d
人宫颈癌细胞(H)	8.0	6.0	4.5	1.5	20.0
骨髓单核细胞性白血病停滞期细胞	47.7	31.0	7.3	0.7	86.7
哺乳动物离体培养细胞	10.0	9.0	4.0	1.0	24.0

细胞分裂是一个连续的过程,但是为了便于描述,一般根据核分裂的变化特征,将分裂期分为前期(prophase)、中期(metaphase)、后期(anaphase)和末期(telophase)4 个时期。

1. 前期　细胞核内出现细长而卷曲的染色体,逐渐缩短变粗。每个染色体有 2 个染色单体,但染色体的着丝粒还没分裂。核膜、核仁逐渐模糊,变得不明显。植物细胞的两极出现纺锤丝。而动物细胞中的中心粒分裂为二,并分开向两极移动,每个中心粒周围出现星射线,在前期的最后阶段逐渐形成丝状的纺锤丝。纺锤丝一般由微管组成。核膜、核仁的解体消失标志着前期的结束。

2. 中期　细胞中形成纺锤体(spindle),每一个染色体的着丝粒都与纺锤丝相连。接着,染色体开始向赤道板移动,最后染色体的着丝粒整齐地排列在赤道板上。中期染色体卷缩得最短、最粗,且分散排列在赤道板上,因此,这是进行染色体鉴别和计数的最佳时期。

3. 后期　每一个染色体的着丝粒纵向分裂为二,2 个染色单体因而各自成为 1 条独立的染色体,互称为姐妹染色体或子染色体。由于纺锤丝的牵引,子染色体分别向两极移动,因而两极各具有与母细胞同样数目的染色体。

4. 末期　当子染色体到达两极时,便进入末期。染色体的螺旋化结构逐渐消失,又变得松散细长,核膜、核仁重新出现,于是在一个母细胞中形成了 2 个子核。接着细胞质也分裂,由 2 个子核中间赤道板区域残留的纺锤丝等形成细胞板,将胞质一分为二。植物细胞在细胞板两侧还会积累多糖,最后形成细胞壁。1 个母细胞变成了 2 个子细胞,分裂结束。每个子细胞又处于下一个细胞周期的间期状态。

细胞有丝分裂的整个过程图解见图 2-13 和图 2-14。

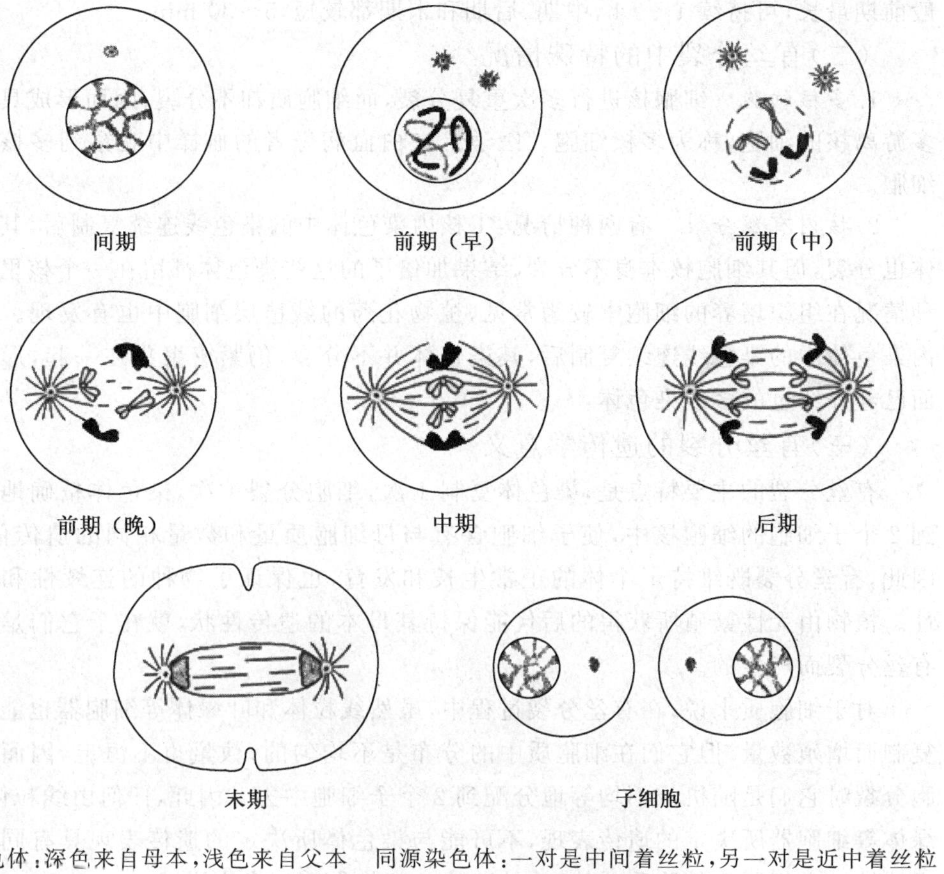

图 2-13　动物细胞有丝分裂模式图($2n=4$)

（引自埃尔罗德 S L 等，2004）

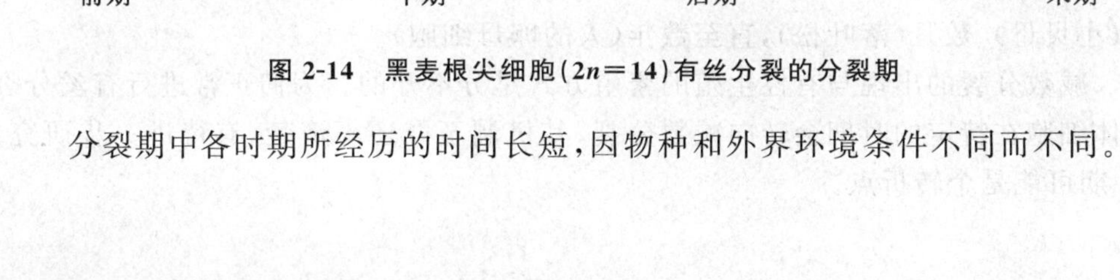

图 2-14　黑麦根尖细胞($2n=14$)有丝分裂的分裂期

分裂期中各时期所经历的时间长短，因物种和外界环境条件不同而不同。一般前期最长，可持续1～2 h，中期、后期和末期都较短，5～30 min。

（二）有丝分裂中的特殊情况

1. *多核细胞*　细胞核进行多次重复分裂，而细胞质却不分裂，因而形成具有许多游离核的细胞，称为多核细胞。医学上在白血病患者的血样中观察到多核的瘤细胞。

2. *核内有丝分裂*　有两种情况：①核内染色体中的染色线连续复制后，其染色体也分裂，但其细胞核本身不分裂，结果加倍了的这些染色体都留在一个核里。这种情况在组织培养的细胞中较为常见，植物花药的绒毡层细胞中也有发现。②核内染色体中的染色线连续复制后，其染色体并不分裂，仍紧密聚集在一起，形成前面已经介绍过的多线染色体。

（三）有丝分裂的遗传学意义

有丝分裂的主要特点是，染色体复制1次，细胞分裂1次，染色体精确地分配到2个子细胞的细胞核中，使子细胞含有与母细胞质量和数量相同的遗传信息。因此，有丝分裂既维持了个体的正常生长和发育，也保证了物种的连续性和稳定性。植物由无性繁殖所获得的后代能保持其母本的遗传性状，就在于它们是通过有丝分裂而产生的。

对于细胞质来说，在有丝分裂过程中，虽然线粒体和叶绿体等细胞器也能通过复制而增殖数量，但它们在细胞质中的分布是不均匀的，数量也不恒定，因而在细胞分裂时它们是随机且不均等地分配到2个子细胞中去。因此，任何由线粒体、叶绿体等细胞器所决定的遗传表现，不可能与染色体所决定的遗传表现具有同样的规律性。它们属于细胞质遗传（核外遗传），这将在第五章中讲述。

三、减数分裂

减数分裂又称为成熟分裂（maturation division），是性母细胞成熟后所发生的一种特殊方式的有丝分裂。染色体复制1次，而细胞连续分裂2次，结果细胞染色体数目由 $2n$ 减为 n，故称为减数分裂。经过减数分裂形成的子细胞，将发育成性细胞（配子）。

减数分裂持续的时间要比有丝分裂长许多倍，从十几个小时（矮牵牛）到十几天（小贝母）、数月（落叶松），直至数年（人的卵母细胞）。

减数分裂的出现与有性生殖的繁殖方式是分不开的。为何正常进行有丝分裂的体细胞在特定的时期会转向减数分裂，其机制至今还不清楚，有待进一步研究。G_2 期可能是个转折点。

(一)减数分裂的过程

性母细胞进行减数分裂之前也有一个间期,称为减数分裂前间期(premeiosis interphase),与有丝分裂前的间期很相似,也划分为 G_1,S 和 G_2 3 个时期,但其 S 期比有丝分裂的 S 期长。

减数分裂包括 2 次连续的细胞分裂。其中,减数第 1 次分裂是减数的,比较复杂;减数第 2 次分裂是等数的,相似于一次简单的有丝分裂。

1. 减数第 1 次分裂　分为前期Ⅰ、中期Ⅰ、后期Ⅰ和末期Ⅰ4 个时期。

(1)前期Ⅰ(prophaseⅠ):持续时间最长,约占全部减数分裂时间的一半。这一时期染色体的变化十分复杂,可进一步分为 5 个亚时期。

①细线期(leptotene):也称为凝线期或花束期。细胞核内出现染色体,细长如线,盘绕成团,每个染色体包括两条染色单体,由一共同的着丝粒连在一起,但在光学显微镜下看不出是由 2 条染色单体组成的。核体积增大,核仁也较大。

②偶线期(zygotene):又称为合线期。染色体进一步缩短变粗,彼此同源的染色体相互靠拢,两两准确配对,称为联会(synapsis)。联会过程中,在同源的染色体之间出现联会复合体(synaptonemal complex),其主要成分是自我集合的蛋白质,具有固定同源染色体的作用。联会的一对同源染色体称为二价体(bivalent),每个二价体实际上包含 4 条染色单体,其中由同一着丝粒连接的 2 条染色单体互称为姐妹染色单体,由不同的着丝粒连接的染色单体互称为非姐妹染色单体。联会的完成是偶线期结束的标志。

③粗线期(pachytene):二价体逐渐缩短加粗,同源染色体联会得很紧密,在非姐妹染色单体之间发生的某些节段的交换(crossing over),造成遗传物质的重组,从而产生遗传变异。此时核仁仍很大,含有很多 RNA。

④双线期(diplotene):染色体继续缩短变粗,联会的同源染色体因非姐妹染色单体之间的相互排斥而分离,联会复合体开始解体。但由于非姐妹染色单体在粗线期的交换,使不同二价体的不同部位出现数目不等的交叉(chiasma),同源染色体在交叉处仍然维持在一起。交叉是交换的结果。交叉数目的多少因染色体的长度而异,一般较长的染色体的交叉数较多。交叉现象的出现,是进入双线期的一个明显标志。

⑤终变期(diakinesis):又称为浓缩期。染色体螺旋化程度更高,更为浓缩粗短,交叉端化(terminalization)。端化是指二价体中的交叉随着同源染色体的相斥分离而沿着染色体向端部移动,交叉数目减少,且逐渐接近末端的过程。终变期因二价体在核内较均匀地分散开,所以是鉴定性母细胞染色体数目的最佳时期。

核膜、核仁消失，标志着前期Ⅰ结束，进入中期Ⅰ。

(2)中期Ⅰ(metaphaseⅠ)：核膜崩溃，核仁消失，出现纺锤体。各二价体排列在赤道板上，但不像有丝分裂中期那样整齐。每个二价体的2个着丝粒分别朝向细胞的两极。二价体中的每条染色体在赤道面上的定位取向是随机的，于是决定了同源染色体的2个成员将要分向细胞两极的去向也是随机的。

(3)后期Ⅰ(anaphaseⅠ)：由于纺锤丝的牵引，各二价体的2个同源染色体分别被拉向细胞的两极，每一极只分到每对同源染色体中的一个，即每一极只获得了n个染色体，染色体数目减少了一半。但每个染色体仍包含2条染色单体，因为着丝粒未分裂，所以DNA量并未减少。

(4)末期Ⅰ(telophaseⅠ)：染色体到达两极后便进入了末期Ⅰ，染色体松散变为细丝状，核膜、核仁重新出现，逐渐形成子核，同时细胞质也分为两部分，形成2个子细胞，称为二分体(dyad)。但有些生物这时细胞质并不发生分裂，实际上只是核进行了一次分裂。例如芍药属(*Paconia*)植物，在末期Ⅰ细胞质就不分裂，而是在减数第2次分裂完成后才进行分裂。

从末期Ⅰ结束到减数第2次分裂开始前，一般有一个短暂的间期，但不进行DNA复制，称为减数间期或中间期(interkinesis)。有些生物几乎没有中间期，而是在末期Ⅰ后紧接着就进入减数第2次分裂。

2.减数第2次分裂　与有丝分裂过程十分相似。分为前期Ⅱ、中期Ⅱ、后期Ⅱ和末期Ⅱ 4个时期。分裂后，每个细胞核内的DNA含量又减少了一半，变成了单倍体核(n)。

(1)前期Ⅱ(prophaseⅡ)：染色体又开始浓缩，每个染色体有2条染色单体，由同一着丝粒连接在一起，但染色单体彼此散得很开。前期Ⅱ晚期，核膜再次解体，纺锤体逐渐形成。

(2)中期Ⅱ(metaphaseⅡ)：每个染色体的着丝粒整齐地排列在细胞的赤道板上，随后着丝粒分裂，进入下一个时期。

(3)后期Ⅱ(anaphaseⅡ)：着丝粒分裂为2，各个染色单体由纺锤丝分别拉向两极，成为子染色体。当此期结束时，每一极都具有n个染色体。

(4)末期Ⅱ(telophaseⅡ)：染色体到达两极并再次松散变为细丝状，核膜、核仁再现。随后细胞质发生分裂，结果产生了4个染色体数为n的子细胞，称为四分体(tetrad)或四分子(quartet)或四分孢子(tetraspore)。

细胞减数分裂整个过程的图解见图2-15、图2-16。

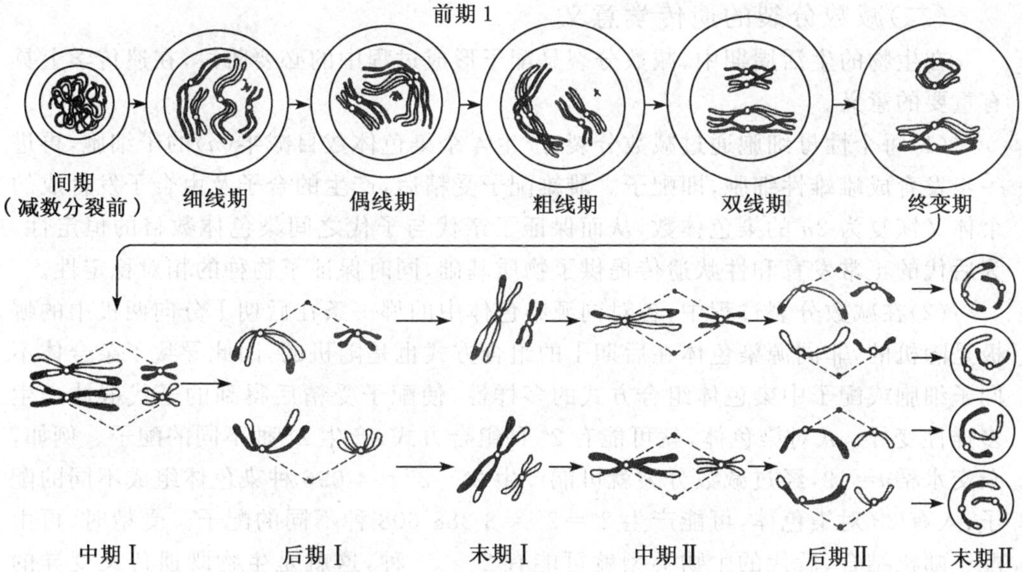

图 2-15　减数分裂过程示意图

（引自王亚馥等，1999）

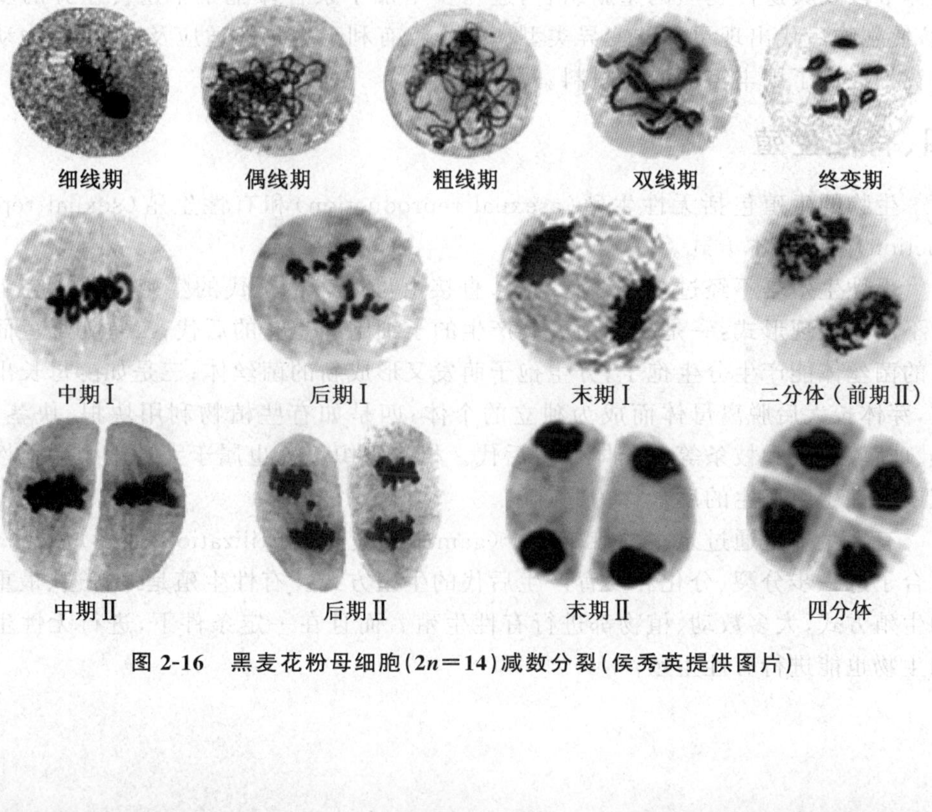

图 2-16　黑麦花粉母细胞（$2n=14$）减数分裂（侯秀英提供图片）

(二)减数分裂的遗传学意义

在生物的生活周期中,减数分裂是配子形成过程中的必要阶段,在遗传学上具有重要的意义。

(1)每个性母细胞通过减数分裂,产生 4 个染色体数目减半(n)的子细胞,再进一步发育成雌雄性细胞,即配子。雌雄配子受精后,产生的合子及由合子发育成的个体又恢复为 $2n$ 的染色体数,从而保证了亲代与子代之间染色体数目的恒定性,为后代的正常发育和性状遗传提供了物质基础,同时保证了物种的相对稳定性。

(2)在减数分裂过程中,各对同源染色体中的哪一条在后期Ⅰ分向两极中的哪极是随机的,非同源染色体在后期Ⅰ的组合方式也是随机的,因此导致了杂合体不同子细胞或配子中染色体组合方式的多样性,使配子受精后得到的子代群体产生多样性变异。n 对染色体,就可能有 2^n 种组合方式,产生 2^n 种不同的配子。例如,杂交水稻$n=12$,经过减数分裂就可能产生 $2^n=2^{12}=4\ 096$ 种染色体组成不同的配子;人有 23 对染色体,可能产生 $2^n=2^{23}=8\ 388\ 608$ 种不同的配子。受精时,再由配子随机结合,后代的生物类型就可能有 $2^n\times2^n$ 种,这就是生物既遗传又变异的主要原因。

(3)在减数分裂过程中,同源染色体的非姐妹染色单体间会发生交换,导致染色体节段及其遗传物质的重新组合,进一步增加了杂合体配子中遗传差异的多样性,使生物后代出现更多的变异类型。这不仅有利于生物的适应及进化,也为动植物育种提供了更丰富的变异材料。

四、有性生殖

生物的生殖包括无性生殖(asexual reproduction)和有性生殖(sexual reproduction)两种基本方式。

无性生殖是不经过生殖细胞结合,直接由母体产生子代的生殖方式。它有几种不同的表现形式:一是如细菌分裂产生的子细胞即是它的后代;二是如红色面包霉的菌丝体能产生分生孢子,分生孢子萌发又形成新的菌丝体;三是如酵母长出芽体,芽体长大后脱离母体而成为独立的个体;四是如有些植物利用块根、块茎、鳞茎、球茎、芽眼和枝条等营养体产生后代。植物组织培养也属于无性生殖。无性生殖或无性生殖产生的后代称为"克隆"。

有性生殖是通过亲本的雌雄配子(gametes)受精(fertilization)而形成合子,再由合子进一步分裂、分化和发育产生后代的生殖方式。有性生殖是最普遍、最重要的生殖方式,大多数动、植物都进行有性生殖。而且在一定条件下,进行无性生殖的生物也能进行有性生殖。

(一)雌雄配子的形成

1. 高等动物的配子形成(以哺乳动物为代表)　高等动物都是雌、雄异体,其生殖细胞分化很早,在胚胎发生过程中就已经形成。这些细胞藏在生殖腺中,待个体发育成熟时,开始进行减数分裂,形成配子。

雄性个体的生殖腺(睾丸)的生精小管的生殖上皮细胞(二倍体的原生细胞),经过反复的有丝分裂,形成一群精原细胞(spermatogonia)。通过生长,精原细胞可以分化为二倍体的初级精母细胞(spermatocyte),它能够进行减数分裂,结果形成 4 个精细胞(spermatid)。精细胞在成熟过程中几乎全部的细胞质挤成一条鞭状长尾,细胞转化为成熟的雄配子,即精子(sperm)。形成过程见图 2-17(a)。

雌性个体的生殖腺(卵巢)的生殖上皮的卵原细胞(oogonia)(二倍体的原生细胞),经过多次有丝分裂转化为二倍体的初级卵母细胞(oocyte),它能够进行减数分裂,结果形成 1 个充满卵黄的卵细胞(ootid)和 3 个次级极体(又称第 2 极体)。通过进一步的生长和分化,卵细胞成为成熟的雌配子,即卵子(ovum)或卵细胞(egg cell)。形成过程见图 2-17(b)。

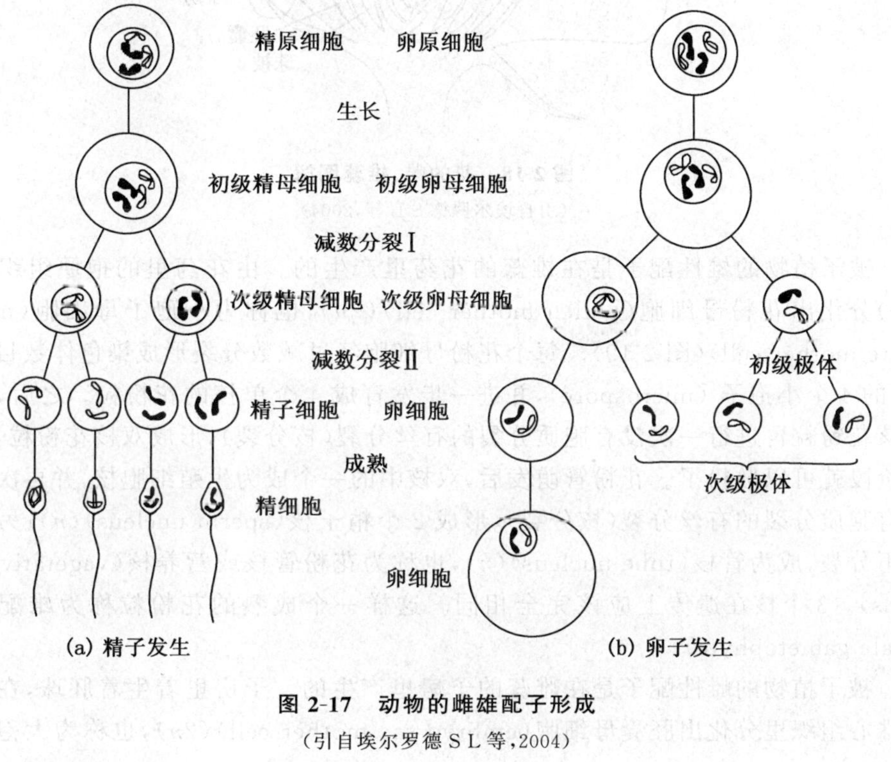

图 2-17　动物的雌雄配子形成

(引自埃尔罗德 S L 等,2004)

2. 高等植物的配子形成(以被子植物为代表) 高等植物不存在早期便分化了的生殖细胞,而是到个体发育成熟后,才从体细胞中分化形成。高等植物有性生殖的全部过程都是在花器里进行的(图 2-18)。由雌蕊和雄蕊内的孢原细胞经过一系列的有丝分裂和分化,最后经过减数分裂产生大、小孢子,再进一步发育成为雌性配子(卵细胞)和雄性配子(精子)。

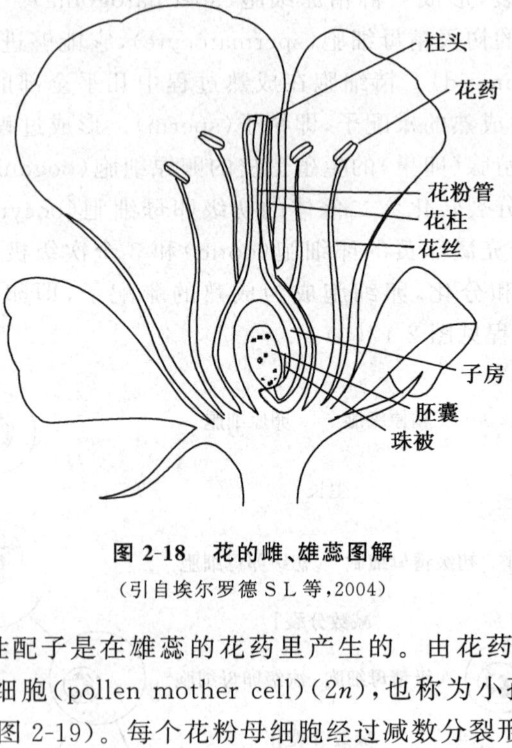

图 2-18 花的雌、雄蕊图解
(引自埃尔罗德 S L 等,2004)

被子植物的雄性配子是在雄蕊的花药里产生的。由花药里的孢原组织细胞($2n$)分化出花粉母细胞(pollen mother cell)($2n$),也称为小孢子母细胞(microspore mother cell)(图 2-19)。每个花粉母细胞经过减数分裂形成染色体数目减半(n)的 4 个小孢子 (microspore),并进一步发育成 4 个单核的花粉粒。之后,每个单核花粉粒再进行一次没有胞质分裂的有丝分裂(核分裂),形成双核花粉粒,通常此阶段就可以散粉了。花粉管萌发后,双核中的一个成为生殖细胞核,并再次进行没有胞质分裂的有丝分裂(核分裂),形成 2 个精子核(sperm nucleus)(n);另一个核不分裂,成为管核(tube nucleus)(n),也称为花粉管核或营养核(vagetative nucleus)。3 个核在遗传上应该完全相同。这样一个成熟的花粉粒称为雄配子体(male gametophyte)。

被子植物的雌性配子是在雌蕊的子房里产生的。子房里着生着胚珠,在胚珠的珠心组织里分化出胚囊母细胞(embryo sac mother cell)($2n$),也称为大孢子母细胞(megaspore mother cell)(图 2-20)。由一个胚囊母细胞经过减数分裂形成 4 个直线排列的染色体数目减半的大孢子(megaspore)(n),即四分孢子。其中 3 个大孢子发生退化而自然解体,养分被吸收利用,只有远离珠孔端的大孢子继续发育,进行 3 次没有胞质分裂的有丝分裂(核分裂),形成一个具有 8 个单倍体核的大细胞(未成熟的胚囊)。8 个核中的 3 个核定位于珠孔端附近,其中的 1 个发育成卵核(egg nucleus),另 2 个变成能分泌吸引花粉管物质的助细胞(synergid);还有 3 个核移至相反的一端,变为 3 个反足细胞(antipodal);剩余的 2 个核称为极核(polar nucleus),移至胚囊的中心附近并融合,形成一个二倍体的融合核(fusion nucleus)。此时的胚囊被称为雌配子体(megagametophyte),已经为受精做好了准备。

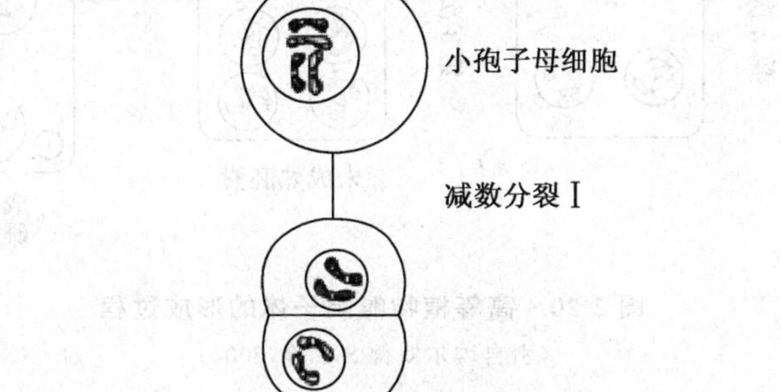

图 2-19 高等植物雄配子体的形成过程

(引自埃尔罗德 S L 等,2004)

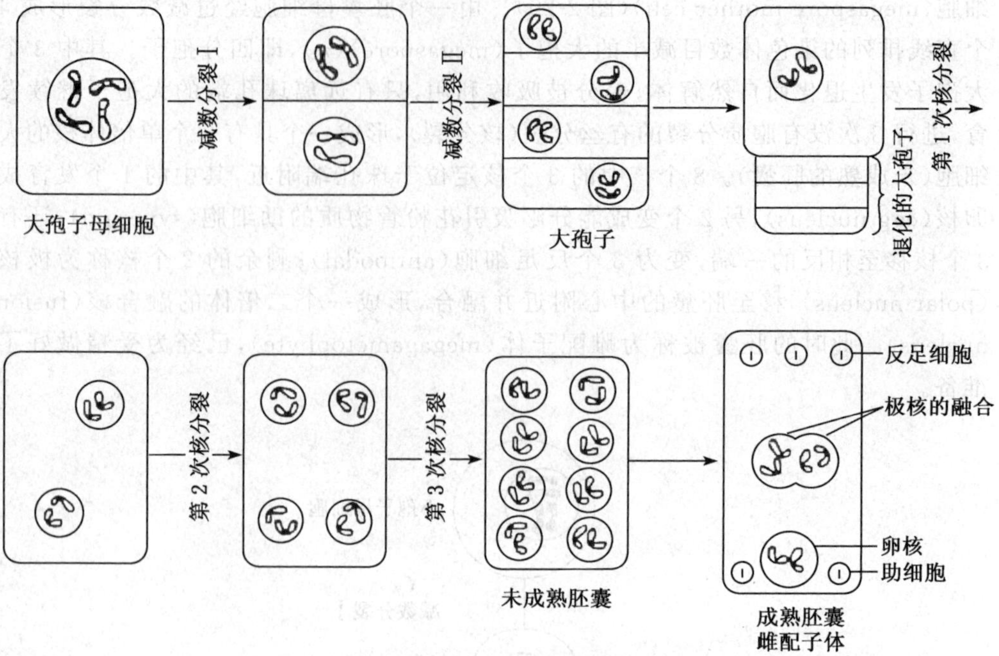

图 2-20 高等植物雌配子体的形成过程

(引自埃尔罗德 S L 等,2004)

(二)受精

雌、雄配子融合成一个合子的过程称为受精。对于植物来说,有一个授粉(pollination)的过程,并且为双受精(double fertilization)。

花粉粒从花药中释放出来传递到雌蕊柱头上的过程称为授粉。授粉后,花粉粒在柱头上萌发,形成花粉管,花粉管穿过花柱、子房和珠孔,进入胚囊。花粉管延伸时,营养核走在2个精核的前端。一旦接触到助细胞,花粉管就破裂,助细胞也同时解体。2个精核进入胚囊,一个与卵细胞结合形成合子($2n$),以后发育成种子胚;另一个与2个极核($n+n$)结合形成胚乳核($3n$),将来发育成胚乳。这一过程称为双受精。

胚($2n$)、胚乳($3n$)和种皮($2n$)组成了种子。胚和胚乳是受精的产物,而种皮却不是。种皮(或果皮)是由母本花朵的营养组织,如胚珠的珠被、子房壁等发育而来的。因此,从遗传组成上来讲,一个正常的种子是由胚、胚乳和母体组织3方面密切结合的嵌合体。

(三)直感现象

如果在 $3n$ 胚乳的性状上由于精核的影响而直接表现父本的某些性状,这种现象称为胚乳直感(xenis)或花粉直感。一些单子叶植物的种子常出现这种现象。例如,将黄粒玉米的花粉授给白粒玉米,当代所结子粒就表现父本的黄粒性状。如果种皮或果皮组织在发育过程中,由于花粉影响而表现父本的某些性状,则称为果实直感(metaxenia)。例如,棉花纤维是由种皮细胞延伸的,在一些杂交试验中,当代棉子的发育常因父本花粉的影响,而使纤维长度、纤维着生密度表现出一定的果实直感现象。

胚乳直感和果实直感虽然由于花粉是否参与受精而有明显的区别,但是,它们都同样是由花粉影响而引起的直感现象。

第四节　生活周期

生活周期(life cycle)就是指个体发育的全过程。不同的生物会有不同的生活周期。一般有性生殖的动植物的生活周期是指从合子到个体成熟再到个体死亡所经历的一系列发育阶段。大多数植物的生活周期都有 2 个显著不同的世代,即二倍体的孢子体世代(sporophytic)和单倍体的配子体世代(gametophytic)。孢子体世代也称无性世代,配子体世代又叫有性世代。无性世代和有性世代交替发生,称为世代交替(alternation of generations)。在低等植物如苔藓类中,配子体是十分明显且独立生活的世代,孢子体小且依赖于配子体。在高等植物(蕨类、裸子植物、被子植物)中,情况正好相反,孢子体是独立、明显的世代,而配子体则不明显。裸子植物和被子植物的配子体,则是完全寄生的世代。例如,被子植物中雄配子体已缩小为一个 3 核花粉粒,雌配子体也仅为一个 8 核胚囊,周围由子房组织包围并提供营养。

一、低等植物的生活周期

现在以红色面包霉为例说明低等植物的世代交替(图 2-21)。红色面包霉属于子囊菌(*Ascomycetes*),是丝状的真菌。它一方面能进行有性生殖,并且具有像高等动、植物那样的染色体;另一方面它又能像细菌那样具有相对较短的世代周期。它的单倍体世代($n=7$)是多细胞的菌丝体和分生孢子,由分生孢子发芽形成新的菌丝,这是它的无性世代。一般情况下,它都循环进行这样的无性繁殖。它的有性世代有两种情况:①它有时会产生不同生理类型的正(+)、负(－)两种接合型，类似于雌、雄性别，通过融合和异型核的接合而形成二倍体的合子（$2n=14$）；②正、负两种接合型的菌丝都可以产生原子囊果和分生孢子。若原子囊果相当于高等植物的卵细胞，则分生孢子相当于精细胞，那么当正接合型（n）与负接合型（n）受精融合后，便形成为二倍体的合子（$2n$）。无论哪种方式，在子囊果（perithecium）里的子囊菌丝细胞中合子形成后，立即进行减数分裂，产生单倍体的4个核，称为四分孢子。四分孢子中每个核进行一次有丝分裂，最后形成8个子囊孢子（ascospore）按顺序排列在子囊中。这8个孢子中，有4个为正接合型，另4个为负接合型，二者呈1∶1的比例分离。

一般真菌和单细胞生物的世代交替与红色面包霉基本上一致，不同点在于这些真菌的二倍体合子经过减数分裂后形成4个孢子，之后不再进行有丝分裂，且这4个孢子是分散在一个子囊内，而不是按顺序排列。

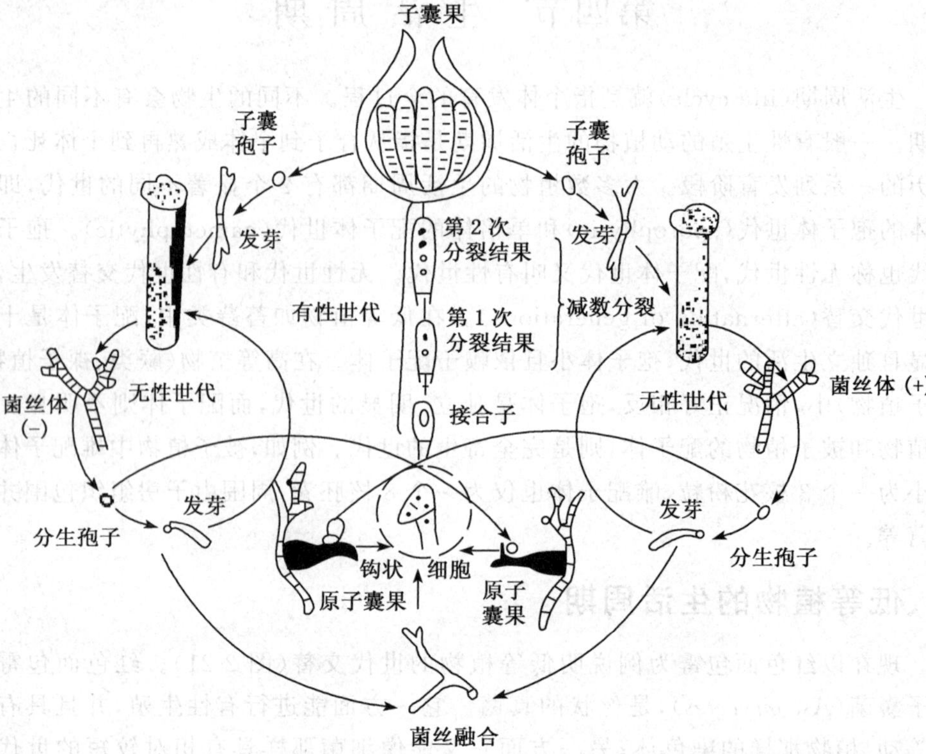

图 2-21 红色面包霉的生活周期

（引自季道藩等，2001）

二、高等植物的生活周期

高等植物的生活周期是从这代种子胚到下代种子胚的发生发育全过程，包括无性世代和有性世代两个阶段。现以玉米为例，说明高等植物的生活周期(图2-22)。

玉米是一年生的禾本科(Gramineae)植物，雌雄花序同株异花。由受精卵发育成一棵完整的植株(孢子体)，这是它的无性世代，孢子体中体细胞的染色体数为二倍体($2n$)。孢子体发育到一定程度后，分化出雌雄花序。在胚珠和花药内发生减数分裂，产生染色体数目减半的大小孢子(n)，这是有性世代的开始。大小孢子经过有丝分裂，形成雌雄配子体。雌雄配子受精结合形成合子后，有性世代随即完成，又进入无性世代，开始下一轮的生活周期。

由此可见，高等植物的配子体世代是很短暂的，而且是在孢子体内度过的。生命越是向高级形式发展，它们的孢子体世代就越长，繁殖方式也越复杂，繁殖器官和繁殖过程也越能受到更好地保护。

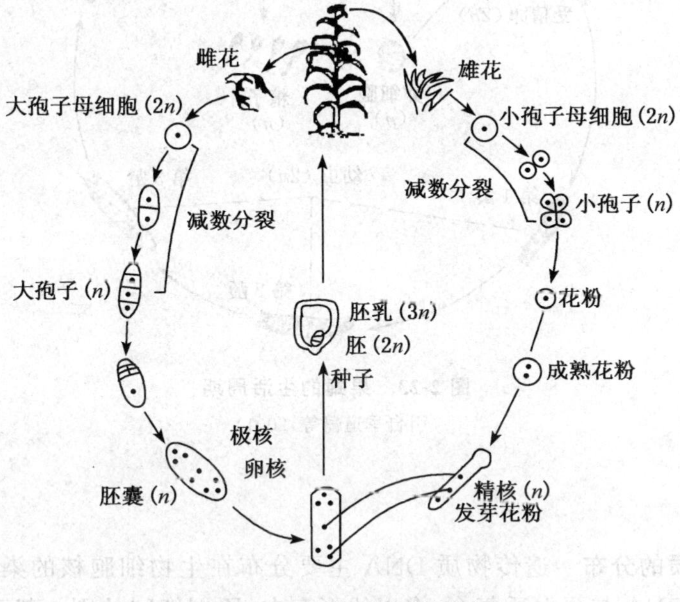

图 2-22　玉米的生活周期

(引自张建民，2005，略有改动)

三、高等动物的生活周期

高等动物都是雌雄异体的，卵子和精子都是在雌雄个体的性原细胞中经过减数分裂产生的，然后通过交配使精子和卵子结合而成为受精卵，逐步发育成子代个体。高等哺乳动物以及人类的受精卵是在母体内发育成为个体的，属于胎生；而果蝇等昆虫的卵受精后就脱离母体独立进行发育，属于卵生，从受精卵发育为成虫的过程中还需要经过幼虫和蛹的变态阶段。图 2-23 为果蝇的生活周期示意图。

果蝇属于双翅目（Diptera）昆虫，由于它的生活周期短（25℃下，12 d 一个周期），繁殖率高，饲养方便，且变异类型丰富，染色体数目少（$2n=8$），有利于观察研究。因此，它一直是遗传学研究的好材料。

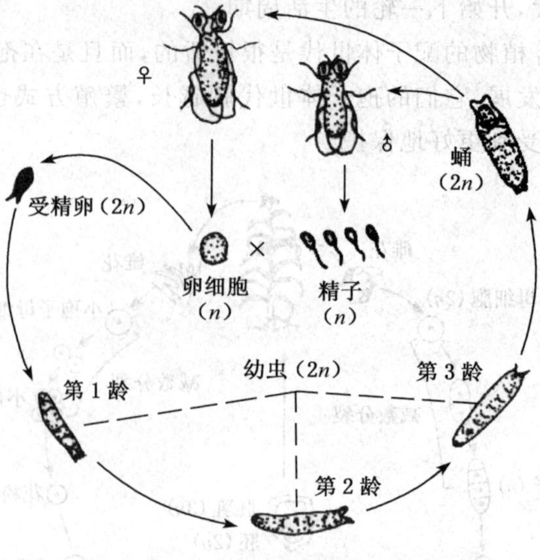

图 2-23 果蝇的生活周期

（引自季道藩等，2001）

内容提要

遗传物质的分布 遗传物质 DNA 主要分布在生物细胞核的染色体中，其中真核细胞的 DNA 与蛋白质复合，多以线形存在；原核细胞的则一般不与蛋白质复合，以环形或线形存在。DNA 少量分布在细胞质的线粒体、叶绿体和质粒中，均不与蛋白质复合，以环形或线形存在。

染色体 真核生物细胞核中的 DNA 主要与蛋白质复合形成染色质。染色质的基本单位是核小体和连接丝。前者是4种组蛋白各2个分子组成的核心(八聚体),DNA双链在核心上盘绕1.75周;后者是相邻核小体之间的DNA双链,附带着一个组蛋白分子。众多核小体和连接丝串联成为染色质线。染色质线在细胞分裂进程中逐级螺旋化,浓缩成为光学显微镜下可见的染色体。染色体在细胞分裂趋向完成时逐步解螺旋,重新回到染色质状态。

染色体的大小取决于染色体臂的长度。一般染色体为着丝粒(主缢痕)所分隔,形成2个臂,着丝粒位置决定两臂的臂比。染色体长度和两臂的臂比,决定着染色体在细胞分裂过程中的形态。有的染色体的短臂又为次缢痕所分隔,外端称为随体,也是识别染色体的标志之一。对染色体以上特征的描述和分析,称为核型分析。现代的核型分析还借助显带技术。

细胞分裂与生殖 细胞分裂的主要方式是有丝分裂和减数分裂。

一次有丝分裂开始,到下一次有丝分裂开始所经历的时间,称为细胞周期。细胞周期中,为细胞分裂准备物质和能量的过程(间期)比较长,而进行分裂的过程(分裂期)比较短。每条染色体在间期复制,成为一对姊妹染色单体,它们在分裂后期发生分离,均等分配到子细胞中,因此子细胞具有与原细胞相同的染色体数目和DNA组成,能保证无性繁殖的遗传稳定性。

生物性成熟时期发生减数分裂,形成雌雄配子。减数分裂过程包含染色体的1次复制和2次分裂,结果配子的染色体数目相当于体细胞染色体的半数。由于减数第1次分裂发生非姊妹染色单体的交换和同源染色体的分离,所以杂合体的配子和有性繁殖后代具有多样性。

生活周期 生活周期指个体发育全过程,包含染色体数目为 n 的配子体世代(又称无性世代)和染色体数目为 $2n$ 的孢子体世代(又称有性世代)。低等生物,例如红色面包霉,配子体世代发达;高等生物,例如玉米,则孢子体世代发达。

复习思考题

1. 解释名词:原核细胞、真核细胞、染色体、姐妹染色单体、单倍体、二倍体、细胞周期、无丝分裂、有丝分裂、同源染色体、联会、多线染色体、灯刷染色体、B染色体、胚乳直感、果实直感、生活周期、世代交替。
2. 与遗传相关的细胞器主要有哪些?它们有什么结构特点?
3. 一般染色体的外部形态包括哪几部分?有哪些类型?
4. 试述染色体的结构。
5. 科学家曾用特定的核酸内切酶消化染色质DNA,结果所产生的DNA片段长度都大约是200个碱基对或是它的倍数。试解释这种现象。

6. 真核生物体细胞染色体数目通常记作 $2n$，核 DNA 含量记作 $2c$；而其性细胞染色体数目记作 n，核 DNA 含量记作 c。试指出：减数分裂间期，DNA 复制后的染色体数目、染色体 DNA 分子数目、核 DNA 含量；减数第 1 次分裂完成后产生的子细胞的染色体数目、染色体 DNA 分子数目、核 DNA 含量；减数第 2 次分裂完成后产生的子细胞的染色体数目、染色体 DNA 分子数目、核 DNA 含量。
7. 比较有丝分裂和减数分裂的异同点，说明有丝分裂和减数分裂的遗传学意义。
8. 植物的 10 个花粉母细胞可以形成（　　）个花粉粒，（　　）个精核，（　　）个管核；10 个卵母细胞可以形成（　　）个胚囊，（　　）个卵细胞，（　　）个极核，（　　）个助细胞，（　　）个反足细胞。
9. 黑麦体细胞中有 14 条染色体，写出其下列各组织细胞中的染色体数目：
(1)根　(2)茎　(3)叶　(4)胚　(5)胚乳　(6)卵细胞　(7)助细胞　(8)反足细胞　(9)花药壁　(10)花粉管核　(11)大孢子母细胞　(12)种皮
10. 某生物有 2 对同源染色体，其中一对为中间着丝粒染色体，另一对为近端着丝粒染色体。请画出以下各期的模式图：
(1)有丝分裂中期 (2)减数第 1 次分裂中期 (3)减数第 2 次分裂中期
11. 假定一个杂种细胞里含有 3 对染色体，其中 A、B、C 来自父本，A′、B′、C′来自母本，通过减数分裂能形成几种配子？写出各种配子的染色体组成。
12. 某植物，当染色体组型为 aa 的个体给染色体组型为 AA 的个体授粉后，其种子将有什么样染色体组型的胚和胚乳？

主要参考书目

[1] 王亚馥，戴灼华．遗传学．北京：高等教育出版社，2000.
[2] 徐晋麟，徐沁，陈淳．现代遗传学原理．北京：科学出版社，2001.
[3] P C Winter，G I Hickey and H L Fletcher．遗传学．翻译版．北京：科学出版社，1999.
[4] 浙江农业大学．遗传学．2 版．北京：中国农业出版社，2001.
[5] 刘祖洞．遗传学．2 版．北京：高等教育出版社，1990.
[6] 杨业华．普通遗传学．北京：高等教育出版社，2001.
[7] 朱军．遗传学．3 版．北京：中国农业出版社，2002.
[8] 李惟基．新编遗传学教程．北京：中国农业大学出版社，2002.
[9] 张建民．现代遗传学．北京：化学工业出版社，2005.

第二单元
遗传信息的传递

第三章　孟德尔遗传

我们已经知道亲代 DNA 携带的遗传信息能通过细胞分裂传递给子代。那么，遗传信息在亲代和子代之间的传递，又表现怎样的规律性呢？首先揭示这个规律的是遗传学的奠基人孟德尔。

孟德尔(Gregor Johann Mendel，1822—1884)原籍奥地利，出身于农民家庭。他原就读于神学院，后因学费无着而辍学，进修道院以传教为生。此后曾被送到维也纳大学研究科学以便获得教师资格，但因未受正规教育而未能通过考核。1856 年起他在修道院的后院种植多种植物并进行杂交试验。其中的"豌豆杂交试验"共进行了 8 年，1865 年发表试验结果，但当时并未引起科学界的注意。35 年后的 1900 年，属于不同国家的 3 位科学家几乎同时得到了与孟德尔相同的试验结论，在收集资料引用文献时，才发现了孟德尔的论文。该论文反映了遗传信息在世代之间传递的基本规律，后人将这些规律称为孟德尔定律，即分离定律(law of segregation)和独立分配定律(law of independent assortment，或称自由组合定律)。遵循这 2 个定律的遗传方式称为孟德尔遗传。

第一节　分离定律

一、1 对性状的杂交试验

分离定律是孟德尔通过豌豆杂交试验发现的。他采用累代稳定遗传的豌豆品种做亲本，在其杂交后代中观察表现稳定的、易于区分的若干性状，并进行了统计分析。生物体所表现的形态特征和生理特性，在遗传学上统称为性状(character)。他在研究豌豆性状的遗传时，把每一种性状作为一个研究对象，称为单位性状(unit character)，如豌豆的花色、种子形状、子叶颜色等。不同个体在单位性状上有不同表现，如豌豆的红花和白花、种子的圆粒和皱粒、子叶的黄色和绿色等，遗传学上将同一单位性状的这类相对差异称为相对性状(contrasting character)。

下面以红花品种×白花品种的杂交组合为例，说明 Mendel 的试验(图 3-1)。

P　红花♀×白花♂

↓

F_1　红花

↓⊗

F_2　红花　白花

株数　705　224

比例　3.15 ∶ 1

图 3-1　豌豆花色的遗传

（引自季道藩，1991）

在图 3-1 中，P 表示亲本（parent），♀表示母本，♂表示父本，×表示杂交。在杂交时，先完全摘除母本的雄蕊（称为去雄），再将父本的花粉授到母本柱头上（称为人工授粉）。去雄和人工授粉后的母本花朵仍然套袋隔离，防止其他植株通过昆虫传粉。F（filial generation）表示杂种后代，F_1 即表示杂种第 1 代，指杂交当代所结的种子及由它所长成的植株。⊗表示自交（selfing），是指雌雄配子来源于同一植株或同一花朵的繁殖方式。F_2 表示杂种第 2 代，是指由 F_1 自交产生的种子及由它所长成的植株，依此类推。

由图 3-1 可见，红花株（♀）×白花株（♂）所产生的 F_1 都是红花株；F_2 群体中红花株和白花株分别为 705 株和 224 株，两者比例接近 3∶1。Mendel 还曾做了反交，即白花株（♀）×红花株（♂）的杂交，所得结果与前一杂交组合完全一致。

孟德尔在豌豆的其他 6 对相对性状的杂交试验中，都获得同样的试验结果（表 3-1）。

表 3-1　孟德尔豌豆 1 对相对性状杂交试验的结果

（引自季道藩，1991）

性　状	杂交组合	F_1 表现的显性性状	F_2 显性性状数量（株）	F_2 隐性性状数量（株）	F_2 显性∶隐性
花色	红花×白花	红花	705 红花	224 红花	3.15∶1
种子形状	圆粒×皱粒	圆粒	5 474 圆粒	1 850 皱粒	2.96∶1
子叶颜色	黄色×绿色	黄色	6 022 黄色	2 001 绿色	3.01∶1
豆荚形状	饱满×不饱满	饱满	882 饱满	299 不饱满	2.95∶1
未熟豆荚色	绿色×黄色	绿色	428 绿色	152 黄色	2.82∶1
花着生位置	腋生×顶生	腋生	651 腋生	207 顶生	3.14∶1
植株高度	高的×矮的	高的	787 高的	277 矮的	2.84∶1

根据以上7对相对性状的杂交结果，Mendel发现：①F_1一致表现其中一个亲本的性状。这样表现出来性状称为显性性状(dominant character)，如红花、圆粒、黄子叶等；F_1未表现出来的性状称为隐性性状(recessive character)，如白花、皱粒、绿子叶等。②F_2植株分别表现两个亲本的性状，这种现象叫做性状的分离现象(character segregation)。③显性性状个体与隐性性状个体在F_2群体中的分离比例大致是3∶1。

二、分离现象的解释

为什么会出现以上分离现象呢？孟德尔对此做出如下解释。

(1)性状由遗传因子(inherited factor)决定，每个单位性状为一对因子所控制。他所说的"遗传因子"后来被Johannsen W L(1909)定名为"基因"。例如，豌豆植株内有一对基因控制花色，有一对基因控制种子形状，其他依此类推。

(2)基因在体细胞内成对存在。F_1植株的细胞存在的一对基因中，一个是控制显性性状的显性基因，另一个是控制隐性性状的隐性基因。这些成对基因后来又称为等位基因(allele)，即位于同源染色体的同一基因位点，控制同一单位性状的基因。至于位于非同源染色体上的基因，以及位于同源染色体不同位点上的基因则称为非等位基因(nonallele)。

(3)生物体在形成配子时，每对基因均等地分配到不同的配子中。每个配子(精子或卵细胞)中只含有成对基因中的一个。结果，F_1植株形成比例相等的含有显性基因和隐性基因的2种配子。

(4)F_1产生的带有显性或隐性基因的雌雄配子，在受精过程中随机结合。

具体到豌豆红花株×白花株的杂交试验来说，若以C表示显性的红花基因，c表示隐性的白花基因，则根据上述解释，红花亲本具有1对红花基因CC，白花亲本具有1对白花基因cc。红花亲本产生的配子只有1个基因C，白花亲本产生的配子只有1个基因c。受精时，雌雄配子结合形成的F_1的基因型是Cc。由于C对c具有显性作用，所以F_1植株表现C基因决定的红花。在F_1植株在形成配子时，由于等位基因C—c分配到不同的配子中去，所产生的雌雄配子都有2种：一种具有C基因，另一种具有c基因，2种配子比例相等。F_1自交时雌雄配子的结合如图3-2所示。

因此，F_2群体的植株按基因的组合方式来说有3种，即CC∶Cc∶cc＝1∶2∶1；但其中CC和Cc都开红花，所以F_2群体表现为红花株∶白花株＝3∶1。

P 红花 CC×白花 cc

↓

配子 C c

F_1 红花 Cc

↓⊗

F_2

♀ \ ♂	1/2 C	1/2 c
1/2 C	1/4 CC	1/4 Cc
1/2 c	1/4 Cc	1/4 cc

基因组合方式：1CC ∶ 2Cc ∶ 1cc

性状表现：3 红 ∶ 1 白

图 3-2 孟德尔对分离现象的解释

（引自刘祖洞，1979，略有改动）

三、基因型和表现型

上面提到的等位基因的基因组合方式，如 CC、Cc 和 cc 等，遗传学上称为基因型(genotype)，它表示性状的遗传基础，不能直接观测到，需要根据杂交试验的结果进行推断。遗传学将等位基因同质构成的基因型，例如 CC 或 cc，称为纯合基因型(homozygous genotype)，简称为纯合体(homozygote)，其中 CC 个体为显性纯合体(dominant homozygote)，cc 个体为隐性纯合体(recessive homozygote)。而将等位基因异质构成的基因型，例如 Cc，称为杂合基因型(heterozygous genotype)，简称为杂合体(heterozygote)。若某基因型是 $AAbb$，虽然有不同的显性和隐性(大写和小写)基因，但等位基因都相同，所以称为纯合体；若某基因型是 $AABb$，由于有 1 对基因是杂合的，所以也称为杂合体。

上面提到的开红花和开白花，圆形种子和皱缩种子，黄子叶和绿子叶等，都是可以直接观测到的性状表现，遗传学上称为表现型(phenotype)，简称表型。表现型是生物体基因型和环境共同作用的结果。

基因型和表现型是否始终一致呢？概括地说，表现型为显性性状(如开红花)时，其基因型有可能是纯合的(如 CC)或者是杂合的(如 Cc)。表现型为隐性性状(如开白花)时，其基因型必定是纯合的(如 cc)。

四、分离定律的验证

上述解释实质上基于这样一种假设：F_1 植株是杂合体，它的等位基因在配子形成过程中彼此分离，互不干扰，每个配子只具有该等位基因中的 1 个，因而含有 1 对杂合基因的杂合体会产生比例相等的 2 种配子。为了证明这一假设的真实性，孟德尔采用以下测交法和自交法进行验证。

（一）测交法

所谓测交（testcross），顾名思义是为测验基因型而做的杂交。其做法是用隐性纯合体作测验种，同需要测验的个体杂交。测交所得后代称为测交子代（Ft）。现在以测验红花豌豆与白花豌豆的 F_1 植株为例，说明孟德尔如何对分离现象的解释进行验证（图 3-3）。

F_1　　红花 *Cc*×白花 *cc*

↓

F_t

♀	♂ *c*
1/2 *C*	1/2 *Cc*
1/2 *c*	1/2 *cc*

Ft 表现：1 红花 *Cc* ：1 白花 *cc*

图 3-3　豌豆红花 F_1 植株的测交

（引自刘祖洞，1979，略有改动）

如图 3-3 所示，孟德尔用开白花的豌豆对开红花的 F_1 植株进行测交。如果该 F_1 的基因型是 *Cc*，它将形成比例相等的 *C* 和 *c* 2 种配子；而作为测验种的白花株 *cc* 只形成 *c* 一种配子，所以该雌雄配子结合产生的后代，预期表现应为 1 红花 *Cc* ：1 白花 *cc*。由于孟德尔的实验结果与这种预期一致，于是，F_1 杂合体的 *C*-*c* 基因彼此分离，产生比例相等 2 种配子的假设得到证实。

（二）自交法

孟德尔用以验证的自交法（seefing），是让 F_2 植株自交产生后代，然后根据后代的性状表现，证实他所推论的 F_2 基因型。

按照 F_1 植株是杂合体 *Cc* 的假设，可推论图 3-2 中的 F_2 红花植株应有 1/3 的 *CC* 纯合体，和 2/3 的 *Cc* 杂合体。那么，如何用实验证实这一点呢？他将 F_2 的 100 个红花植株分别自交，所得种子以植株为单位分别播种成 100 行，每一行称为 1 个株系，意思是同一植株的后代。结果其中 36 个株系，每个株系都一致表现为红花株；另外的 64 个株系，每个株系都出现红花株与白花株的分离。即 F_2 红花植株的后代中，表现一致的株系约占 1/3，表现分离的株系约占 2/3。由此证实，F_2 红花植株确实有 1/3 的 *CC* 纯合体和 2/3 的 *Cc* 杂合体。从而，也进一步证实了杂

合体 F_1 的 *Cc* 基因彼此分离，产生比例相等 2 种配子的假设。

孟德尔还将自交法应用于研究其他 6 对性状，得到了和花色性状相似的结论（表 3-2），甚至连续自交 4～6 代都没有发现和他的结论不相符合的情况。

表 3-2 豌豆 F_2 表现显性性状的个体分别自交后的 F_3 表现型种类及其比例

（引自季道藩，1991）

性状	在 F_3 表现显性：隐性＝3：1 的株数及其比例	在 F_3 完全表现显性性状的株数及其比例	F_3 株系总数
花色	64(1.80)	36(1)	100
种子形状	372(1.93)	193(1)	565
子叶颜色	353(2.13)	166(1)	519
豆荚形状	71(2.45)	29(1)	100
未熟豆荚色	60(1.50)	40(1)	100
花着生位置	67(2.03)	33(1)	100
植株高度	72(2.57)	28(1)	100

（三）F_1 花粉鉴定法

孟德尔以上两种验证方法的共同点，是根据后代表现型推论杂种的等位基因发生分离。在孟德尔之后，又有人通过观察花粉粒的表现，更为直接地了解 F_1 形成的配子携带基因的情况，从而进一步验证分离规律。

例如，玉米的子粒有糯性和非糯性两种，已知它们受一对等位基因控制，控制着子粒及其花粉粒中的淀粉性质。非糯性的以直链淀粉为主，由显性基因 *Wx* 控制；糯性的以支链淀粉为主，由隐性基因 *wx* 控制。以稀碘液处理糯性的花粉或胚乳，呈红棕色反应；以稀碘液处理非糯性的花粉或胚乳，则呈蓝黑色反应。当用稀碘液处理玉米糯性×非糯性的 F_1 植株（*Wxwx*）的花粉时，可在显微镜下看到 2 种不同染色反应的花粉粒，红棕色的和蓝黑色的大致各占一半，表明 F_1 形成具有 *Wx* 基因和具有 *wx* 基因的 2 种配子，且数目相等。

五、经典分离比例实现的条件

分离定律的核心是等位基因的分离。由于等位基因的分离，研究 1 对相对性状时，F_1 植株自交后代（F_2）分离比应为 3：1，测交后代（Ft）分离比应为 1：1。但这些具体分离比的出现必须满足以下条件。

（1）所研究的生物体是正常的二倍体生物，具有成对的同源染色体和成对的等位基因。如果生物体的染色体数目异常，则后代分离比例可能随之改变。

（2）所研究的真核基因位于染色体上。如果位于细胞质中，则不均等分离，不出现一定比例。

(3)F_1 个体形成的 2 种配子的数目相等或接近相等，并且 2 种配子的生活力相同，受精时随机结合。

(4)不同基因型的合子及由合子发育的个体，均具有相同或大致相同的存活率。如果某种基因型在被观察前发生早期死亡，分离比例也会相应地发生改变。

(5)研究的相对性状差异明显，容易区分。

(6)杂种后代都处于相对一致的条件下，而且被分析的群体比较大。

这些条件在一般情况下是具备的，所以大量的试验结果都能符合这个基本的遗传规律。

六、显性的表现类型

在差异明显、容易区分的性状中，有的可被区分为 2 种表现型，有的则可被区分为 3 种表现型。它们在遗传上存在以下几种表现形式。

(一)完全显性

具有相对性状差异的纯合亲本杂交，F_1 只出现亲本之一性状的，称为完全显性(complete dominance)。如豌豆 7 对性状的杂交中 F_1 只表现一个亲本的性状，都属于此类。

(二)不完全显性

若具有相对性状差异的纯合亲本杂交，F_1 呈现双亲性状的中间型，则称为不完全显性(incomplete dominance)。如紫茉莉(*Mirabilis jalapa*)花色的遗传，红花亲本(*RR*)和白花亲本(*rr*)杂交，F_1(*Rr*)的花色不是红色，也不是白色，而是粉红色，属于介于双亲的中间类型。F_2 群体的基因型分离为 1*RR*∶2*Rr*∶1*rr*，表现型是 1/4 的植株开红花，2/4 的植株开粉红花，1/4 的植株开白花。因此，在不完全显性时，表现型和基因型是一致的。

(三)共显性

如果具有相对性状差异的纯合亲本杂交，F_1 同时表现双亲本性状，则称为共显性(codominance)或并显性。例如，正常人红细胞呈碟形，镰形红细胞贫血症患者的红细胞呈镰刀形。这种贫血症患者和正常人结婚所生子女的红细胞，同时存在碟形和镰刀形两种表现型。

(四)镶嵌显性

具有相对性状的纯合亲本杂交，F_1 镶嵌表现双亲本性状，形成镶嵌图式，这种现象称为镶嵌显性(mosaic dominance)。如我国遗传学家谈家桢教授对异色瓢虫

(*Harmonia axyridis*)色斑遗传的研究，他用黑缘型鞘翅($S^{Au}S^{Au}$)瓢虫(鞘翅前缘呈黑色)与均色型鞘翅($S^{E}S^{E}$)瓢虫(鞘翅后缘呈黑色)杂交，子一代杂种($S^{Au}S^{E}$)既不表现黑缘型，也不表现均色型，而出现一种新的色斑，即鞘翅上下缘均呈黑色。在植物中，如玉米花青素的遗传、番茄浆果颜色的遗传也有类似的现象。

七、分离定律的应用

(一)分离定律的理论意义

分离定律从本质上阐明了控制生物性状的遗传物质是以基因为单位存在的。作为遗传单位的基因具有高度的独立性，在体细胞中是成双存在的，形成配子时它们彼此独立地分离，再通过受精结合发生基因重组，在子代继续表现各自的作用。分离定律阐明了生物杂交发生性状分离的原理，指出了纯合体稳定遗传，杂合体经过有性繁殖性状表现分离的遗传规律。

(二)分离定律在农业实践中的应用

1. *在农业生产上鉴定良种的基因型纯合度*　如果某一优良品种在种植过程中接了受外来花粉，则其后代必然分离出各种类型，使产量、品质或抗性降低。为此有必要检验品种的纯合度。检验时通常采用自交法，只鉴定几种主要性状。如以鉴定小麦的抗病性为例，假设抗病对感病是显性，如果样品自交的后代都表现抗病，可认为样品为纯合体，该品种可以推广；若后代出现抗病和感病个体的分离，则认为样品为杂合体，该品种不能推广。

2. *在杂交育种中确定选择优良个体的世代*　因为性状的分离通常从 F_2 代开始，因此选择优良性状个体一般也应从 F_2 代开始。但如果杂交亲本是杂合体(如果树、马铃薯、甘薯等无性繁殖植物)，则杂交的子一代即发生分离，可开始选择。

3. *在育种过程中重视表现型和基因型的区别*　选择显性性状时，选到的显性个体有可能是杂合体，必须经过自交鉴定，自交后代中不分离的株系才是纯合体。选择隐性性状时，隐性个体一旦出现就能稳定遗传。

第二节　独立分配定律

孟德尔在分别研究了豌豆 7 对相对性状的遗传表现之后，提出了一对性状的遗传规律，即分离定律。试验中孟德尔还进一步研究了 2 对和 2 对以上相对性状之间的遗传关系，从而提出了独立分配定律(law of Independent Assortment)，又称为自由组合定律。

一、2 对相对性状的杂交试验

孟德尔选取具有 2 对相对性状差异的纯合亲本进行杂交。一个亲本是黄色子叶、圆粒种子，另一亲本是绿色子叶、皱粒种子。杂交后得到黄色子叶、圆粒的 F_1 种子，这表明黄色子叶和圆粒都是显性性状。这与 7 对性状分别研究的结果是一致的。应该指出，精卵结合发育成胚，已经开始了新的世代。子叶是胚的组成部分，子叶颜色和种子形状都是子叶的性状，黄子叶、圆粒的 F_1 种子是结在母本植株上的。孟德尔由母本植株摘下这些 F_1 种子，分别播种，得到 15 株豌豆 F_1 植株，让这些植株进行自交，得到 556 粒 F_2 种子（结在 F_1 植株上），收获时发现该 556 粒 F_2 种子可分为 4 种表现型，其中两种和亲本相同，分别表现黄子叶、圆粒，绿子叶、皱粒，称为亲型；另两种是亲本性状的重新组合，分别表现黄子叶、皱粒，绿子叶、圆粒，称为重组型。这 4 种表现型之间存在着一定的比例关系（图 3-4）。

P　　黄色、圆粒×绿色、皱粒

↓

F_1　　黄色、圆粒

↓⊗

F_2	黄、圆	黄、皱	绿、圆	绿、皱	总数
实得种子粒数	315	101	108	32	556
理论比例	9：	3：	3：	1	16
按理论比例推算的粒数	312.75	104.25	104.25	34.75	
差数	+2.25	−3.25	+3.75	−2.75	

图 3-4　豌豆 2 对性状的杂交试验

（引自杨业华，2000）

如果分别对每一对性状进行分析，则黄色：绿色＝(315＋101)：(108＋32)＝416：140≈3：1；圆粒：皱粒＝(315＋108)：(101＋32)＝423：133≈3：1。即每对相对性状的 F_2 分离仍然符合 3：1 的比例。如果将 2 对性状的分离，按照 2 个独立事件同时发生的概率来综合考虑，则 F_2 4 种表现型分离的理论比例应该是(3：1)×(3：1)＝9：3：3：1。所得实际结果与该比例推算的理论数值基本一致。

二、独立分配现象的解释

孟德尔假设显性基因 Y 和隐性基因 y 分别决定子叶黄色和绿色，显性基因

R 和隐性基因 r 分别决定种子圆粒和皱粒，因此黄子叶、圆粒纯合亲本的基因型为 $YYRR$，绿子叶、皱粒的基因型为 $yyrr$。据此对杂交结果作如图 3-5 所示解释。

P　　黄、圆($YYRR$)×绿、皱($yyrr$)
配子　　YR　↓　yr
F_1　　$YyRr$(黄、圆)
　　　　↓⊗

F_2	♀ \ ♂	YR	Yr	yR	yr
	YR	$YYRR$(黄、圆)	$YYRr$(黄、圆)	$YyRR$(黄、圆)	$YyRr$(黄、圆)
	Yr	$YYRr$(黄、圆)	$YYrr$(黄、皱)	$YyRr$(黄、圆)	$Yyrr$(黄、皱)
	yR	$YyRR$(黄、圆)	$YyRr$(黄、圆)	$yyRR$(绿、圆)	$yyRr$(绿、圆)
	yr	$YyRr$(黄、圆)	$Yyrr$((黄、皱)	$yyRr$(绿、圆)	$yyrr$(绿、皱)

图 3-5　豌豆 2 对性状独立分配现象的解释

按照他的解释，F_1 植株的基因型是 $YyRr$，它们形成的雌、雄配子均有 YR、Yr、yR 和 yr 4 种，这 4 种配子的比例为 1∶1∶1∶1，其中 YR 和 yr 称为亲型配子，Yr 和 yR 称为重组型配子。雌雄配子随机结合，使得 F_2 群体共有 9 种基因型。因为 Y 对 y 为显性，R 对 r 为显性，所以 F_2 中只有 4 种表现型，黄、圆∶黄、皱∶绿、圆∶绿、皱＝9∶3∶3∶1。

从细胞学的角度来解释，是 Y 和 y 这对基因位于一对同源染色体上，R 和 r 这对基因位于另一对同源染色体上。在减数分裂过程中，Y 和 y 随所在同源染色体的分离而分离，R 和 r 也随所在同源染色体的分离而分离。非同源染色体之间会发生自由组合，所以 Y 与 R、r 进入同一配子的机会相等，y 与 R、r 进入同一配子的机会相等，由此形成相等比例的 4 种配子。相等比例的 4 种雌雄配子的随机结合便产生 9∶3∶3∶1 的分离比例(图 3-6)。

通过以上分析，我们可归纳出独立分配定律的内容为：在减数分裂形成配子过程中，每对同源染色体上的等位基因发生分离的同时，位于非同源染色体上的非等位基因进行自由组合。

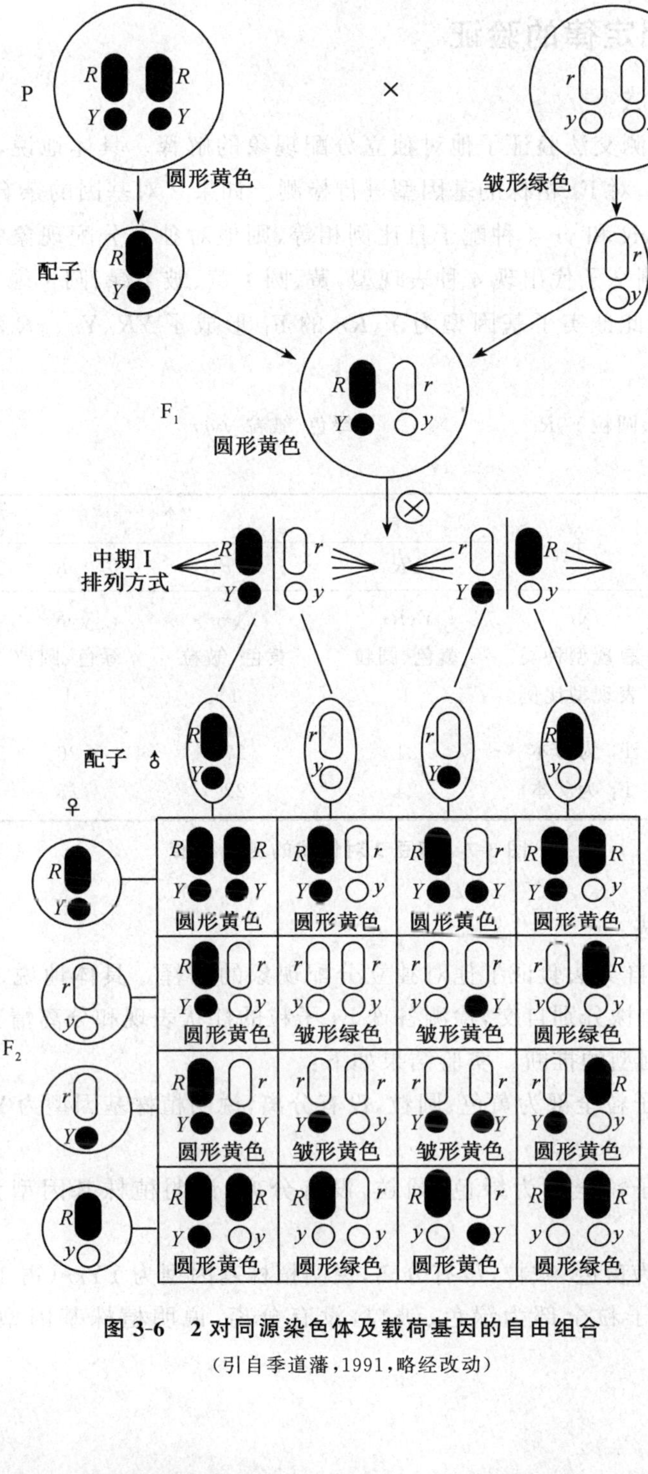

图 3-6　2 对同源染色体及载荷基因的自由组合

（引自季道藩，1991，略经改动）

三、独立分配定律的验证

(一)测交法

孟德尔也用测交法验证了他对独立分配现象的解释。具体地说,他以双隐性纯合体为测验种,对 F_1 植株的基因型进行检测。如果 2 对基因的杂合体 $YyRr$ 确实产生 YR、Yr、yR 和 yr 4 种配子且比例相等,则他对独立分配现象的解释成立。实验结果表明,测交子代出现 4 种表现型,黄、圆∶黄、皱∶绿、圆∶绿、皱=1∶1∶1∶1(图 3-7),因此证实了基因型为 $YyRr$ 的 F_1 形成了 YR、Yr、yR 和 yr 4 种配子。且比例相等。

F_1　　黄色、圆粒 $YyRr$　　×　　绿色、皱粒 $yyrr$

Ft　　　　　　　　　　↓

分项	♀	♂			
		YR	Yr	yR	yr
理论期望的测交后代	yr	$YyRr$	$Yyrr$	$yyRr$	$yyrr$
	表现型种类	黄色、圆粒	黄色、皱粒	绿色、圆粒	绿色、皱粒
	表现型比例	1	1	1	1
孟德尔的实际测交结果	F_1 为母本	31	27	26	26
	F_1 为父本	24	22	25	26

图 3-7　豌豆 2 对性状的测交结果

(二)自交法

孟德尔还用自交法验证了他对独立分配现象的解释。具体地说,就是将总数为 529 个的 F_2 植株分别自交,检测各株 F_3 子粒的性状表现和分离情况,据以证实他对 F_2 植株基因型的推断。实验结果如下:

38 株:所结子粒全部为黄色、圆粒,没有分离,说明植株基因型为 $YYRR$(占 1/16)

35 株:所结子粒全部为绿色、圆粒,没有分离,说明植株基因型为 $yyRR$(占 1/16)

28 株:全部为黄色、皱粒,没有分离,说明植株基因型为 $YYrr$(占 1/16)

30 株:所结子粒全部为绿色、皱粒,没有分离,说明植株基因型为 $yyrr$(占 1/16)

65 株：所结子粒全部为圆粒，子叶颜色为 3 黄：1 绿，说明植株基因型为 *YyRR*（占 2/16）

68 株：所结子粒全部为皱粒，子叶颜色为 3 黄：1 绿，说明植株基因型为 *Yyrr*（占 2/16）

60 株：所结子粒全部为黄色，子粒形状为 3 圆：1 皱，说明植株基因型为 *YYRr*（占 2/16）

67 株：所结子粒全部为绿色，子粒形状为 3 圆：1 皱，说明植株基因型为 *yyRr*（占 2/16）

138 株：所结子粒发生分离：9 黄色、圆粒：3 黄色、皱粒：3 绿色、圆粒：1 绿色、皱粒，说明植株基因型为 *YyRr*（占 4/16）

以上实验结果与图 3-5 所示的对独立分配现象的解释完全一致，所以该解释成立。

四、多对基因的自由组合

具有 3 个或 3 个以上性状差异的植株杂交时，只要控制各对性状的基因分别位于非同源的染色体上，它们的遗传都符合独立分配规律。F_1 杂合基因对数、F_1 的配子种类、F_2 基因型种类、F_2 表现型种类与比例，归结如表 3-3。即 F_1 杂合基因为 n 对时，F_1 配子种类为 2^n，F_2 基因型种类为 3^n，F_2 表现型种类与比例为 $(3:1)^n$。

表 3-3　杂种杂合基因对数与 F_2 表现型和基因型种类的关系

F_1 杂合的基因对数	F_1 形成的配子种类	F_2 雌雄配子组合数	F_2 基因型种类	F_2 纯合基因型种类	F_2 杂合基因型种类	F_2 完全显性时表型种类	F_2 表型比例
1	2	4	3	2	1	2	$(3:1)^1$
2	4	16	9	4	5	4	$(3:1)^2$
3	8	64	27	8	19	8	$(3:1)^3$
4	16	256	81	16	65	16	$(3:1)^4$
⋮	⋮	⋮	⋮	⋮	⋮	⋮	⋮
n	2^n	4^n	3^n	2^n	3^n-2^n	2^n	$(3:1)^n$

五、独立分配定律的应用

（一）预测杂种后代产生遗传变异的种类

通过杂交和非同源染色体自由组合产生的基因重组，是生物产生遗传变异的重要原因。按照独立分配定律，在显性完全的条件下，亲本间有 2 对基因差异时，F_2 有 $2^2=4$ 种表现型；4 对基因差异时，F_2 有 $2^4=16$ 种表现型。若 2 个亲本有 20 对基因的差别，则 F_2 将有 $2^{20}=1\ 048\ 576$ 种不同的表现型。至于 F_2 的基因型数目就更为复杂了。由此可见，亲本间差异越大，产生的杂种的杂合基因位点数就越多，杂种后代形成的遗传变异类型也就越丰富。丰富的变异类型可以广泛适应于各种不同的自然条件，有利于生物的自然进化，更可以提供育种上的选择，育成符合人类需要的新品种。

（二）判断亲本或杂种后代基因型和表现型及其比例

例：设小麦红皮（R）对白皮（r）显性，无芒（A）对有芒（a）显性，高株（T）对矮株（t）显性，3 对基因独立遗传。当以红皮、无芒矮株与红皮、有芒高株两类亲本杂交时，后代可出现 8 种表现型。请推导亲本基因型，子代基因型和表现型的比例。

解：(1)据题意可初步确定亲本基因型为：

$R\_A\_tt \times R\_aaT\_$

红皮无芒矮株 红皮有芒高株

由题目知道后代出现了 8 种表现型，故红与白、有芒与无芒、高与矮均存在，据分离规律可分别推导如下：

①红×红→子代有红和白类型则一定是：

$Rr \times Rr \rightarrow 1RR : 2Rr : 1rr$ 即 3/4 红：1/4 白

②无芒×有芒→子代中出现有芒和无芒，则无芒亲本必为 Aa

$Aa \times aa \rightarrow 1Aa : 1aa$ 1/2 无：1/2 有

③矮×高→子代中出现高和矮，则高亲本为 Tt

$tt \times Tt \rightarrow 1Tt : 1tt$ 1/2 高：1/2 矮

综合以上 3 点，可知亲本基因型为 $RrAatt \times RraaTt$

(2)子代基因型和比例

因亲本基因型为 $RrAatt \times RraaTt$

故子代基因型和比例：$1RR, 2Rr, 1rr$； $1Aa, aa$； $1Tt, 1tt$。3 对基因组合结果为

$1RRAaTt, 1RRAatt, 1RRaaTt, 1RRaatt,$

$2RrAaTt, 2RrAatt, 2RraaTt, 2Rraatt,$

$1rrAaTt, 1rrAatt, 1rraaTt, 1rraatt$。

(3)子代表现型和比例：可以先根据每种基因型确定其表现型：

1 红皮无芒高株，1 红皮无芒矮株，1 红皮有芒高株，1 红皮有芒矮株，

2 红皮无芒高株，2 红皮无芒矮株，2 红皮有芒高株，2 红皮有芒矮株，

1 白皮无芒高株，1 白皮无芒矮株，1 白皮有芒高株，1 白皮有芒矮株。

然后归纳为:3 红皮无芒高株,3 红皮无芒矮株,3 红皮有芒高株,3 红皮有芒矮株,1 白皮无芒高株,1 白皮无芒矮株,1 白皮有芒高株,1 白皮有芒矮株。

也可以根据每对表现型的比例计算:

因为 3 红皮∶1 白皮 1 无芒∶1 有芒 1 高株∶1 矮株

所以 3 红皮无芒高株,3 红皮无芒矮株,3 红皮有芒高株,3 红皮有芒矮株,

1 白皮无芒高株,1 白皮无芒矮株,1 白皮有芒高株,1 白皮有芒矮株。

(三)确定杂交育种分离群体的规模

在杂交育种工作中,根据自由组合定律,可以有目的地组合 2 个亲本的优良性状,并预测在杂交后代中优良性状组合个体出现的概率,从而确定分离群体的规模。例如,水稻某品种无芒、感病,另一品种有芒、抗病。已知有芒(A)对无芒(a)为显性,抗病(R)对感病(r)为显性。若选出无芒抗病品种,可将有芒、抗病($AARR$)与无芒、感病($aarr$)杂交,再自交。F_2 分离出的纯合无芒抗病植株($aaRR$)将占 1/16。因此,如果指望在 F_3 获得 10 个稳定遗传的无芒、抗病($aaRR$)株系,F_2 群体至少要种植 160 株。

第三节　统计学原理在遗传学中的应用

孟德尔在试验时看到,多种分离比如 1∶1、3∶1 等都是子代个体数较多时才比较接近;子代个体数不多时,其实际所得比例与理论比例常表明明显波动。到 20 世纪初期,孟德尔的遗传定律被重新发现以后,通过大量的遗传试验资料的统计分析,才认识到概率原理和统计学分析在遗传研究中的重要性和必要性。

一、概率的应用

根据概率原理和孟德尔定律,如果已知亲代的表型和基因型,就可迅速推算出子代的基因型和表型的种类及比例。具体方法有 2 种。

1. 庞纳特方格(Punnett square,棋盘法)　这种方法是先把亲本产生的配子种类和比例列成表头,一配子在上行,另一配子在左列,然后绘成棋盘格,得到子代的基因组合,最后归纳整理出子代的基因型和表型的种类及比例。

例:玉米的子粒黄色(Y)对白色(y)为显性,非甜粒(Su)对甜粒(su)显性,这 2 对基因分别位于 2 对染色体上。请计算 $YYSusu \times YySusu$ 杂交子代的表型种类和比例各是多少(图 3-8)?

$$YYSusu \times YySusu$$

↓

杂交子代的基因型:

♀	♂			
	YSu	*Ysu*	*ySu*	*ysu*
YSu	*YYSuSu*	*YYSusu*	*YySuSu*	*YySusu*
Ysu	*YYSusu*	*YYsusu*	*YySusu*	*Yysusu*

注:杂交子代表现型:黄色非甜粒∶黄色甜粒=3∶1。

图 3-8 玉米 2 对性状的杂交结果

2. 分支法(process of branching) 在多对基因杂交时,使用棋盘法计算后代的基因型和表型概率非常繁琐,应改用分支法。具体操作步骤是,把每对基因杂交后代的基因型和表型分别列成列;随后把后代的各对基因的概率相乘,再进行归纳,最后总结出后代分离的基因型和表型的种类及比例。

例如,玉米糯性(wx)为隐性,非糯(Wx)为显性,长穗(L)对短穗(l)显性,抗病(R)对感性(r)显性,当以非糯、长穗、感病品种与糯性、短穗、抗病品种杂交,预想在 F_3 得到 5 个糯性、长穗、抗病、不分离的株系,试问 F_2 应选此类型多少株?F_2 群体至少应种多少株?

解:依题意有

P $WxWxLLrr \times wxwxllRR$

F_1 $WxwxLlRr$

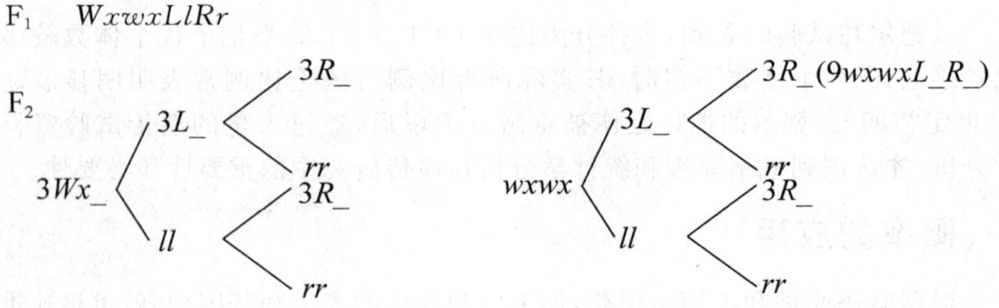

F_2 中纯合体 $wxwxLLRR$ 所占比例是 1/64,F_2 群体至少应种 $64 \times 5 = 320$(株),F_3 才可能得到 5 个 $wxwxLLRR$ 不分离株系。选择类型为 $wxwxL\_R\_$,占 F_2 群体的 9/64,而 $wxwxLLRR$(F_3 不分离的株系)类型占 F_2 $wxwxL\_R\_$ 的 1/9,所以 F_2 至少应种 $wxwxL\_R\_$ 类型 $9 \times 5 = 45$(株)。

二、卡方检验的应用

在遗传学实验中,由于不同因素影响,从分离群体实际获得的各项数值与理论上的期望值常具有一定的偏差。一般说来,如果实验条件控制得严格,群体较大,实验结果的实际数值就会接近预期的理论值。如果两者出现偏差,究竟属于实验误差造成的,还是真实的差异,这通常可用卡方检验(χ^2 检验)进行判断。

卡方检验，还叫适合性测验，通常是先计算衡量观察值和预期值差异大小的统计量 χ^2，再依据 χ^2 表查知对应概率的大小，从而判断差异的性质。卡方检验公式为：

$$\chi^2=\sum\frac{(实测值-理论值)^2}{理论值}$$

求出 χ^2 值之后，要确定自由度。自由度用 df 表示，等于类型数－1。子代为 3∶1、1∶1 的情况，自由度是 1；是 9∶3∶3∶1 或 1∶1∶1∶1 时，自由度是 3。由 χ^2 表（表 3-4）可查出对应的概率 P 值。P 值是指实测值与理论值相差一样大以及更大的积加概率。若 χ^2 值对应的概率 $P \geqslant 0.05$，则认为实测值和理论值的差异是由试验误差造成的，实测值和理论值之间不存在本质差异，实测值与理论值符合；若 P 值 <0.05，则认为，实测值和理论值之间存在真实差异，即实测值与理论值不符合。

举例：孟德尔豌豆杂交试验的 F_2 中圆粒 5 474，皱粒 1 850。问这个比例是否符合 3∶1？

解：由题可知总粒数 7 324，故按 3∶1 理论比例应是圆 5 493，皱 1 831。

$$\begin{aligned}\chi^2&=(5\,474-5\,493)^2/5\,493+(1\,850-1\,831)^2/1\,831\\&=361/5\,493+361/1\,831\\&=0.065\,7+0.197\,1\\&=0.262\,8\end{aligned}$$

查 χ^2 表，当自由度 $df=2-1=1$，$\chi^2=0.262\,8$ 时，P 值位于 0.50～0.70 之间，说明实测值与理论值差异不显著，观察结果的圆粒 5 474∶皱粒 1 850 符合 3∶1 比例。

表 3-4　χ^2 表

df	P										
	0.99	0.95	0.90	0.80	0.70	0.50	0.30	0.20	0.10	0.05	0.01
1	0.000 16	0.04	0.016	0.064	0.148	0.455	1.074	1.642	2.706	3.841	6.635
2	0.020 1	0.103	0.211	0.446	0.713	1.386	2.408	3.219	4.605	5.991	9.210
3	0.115	0.352	0.584	1.005	1.424	2.366	3.665	4.642	6.251	7.815	11.345
4	0.297	0.711	1.064	1.649	2.195	3.357	4.878	5.989	7.779	9.488	13.277
5	0.554	10 145	1.610	2.343	3.00	4.351	6.064	7.269	9.236	11.070	15.086
6	0.872	1.635	2.204	3.070	3.828	5.354	7.231	8.588	10.645	12.592	16.812
7	1.239	2.167	2.833	3.822	4.671	6.346	8.783	9.803	12.017	14.067	18.475
8	1.646	2.733	3.490	4.594	5.527	7.344	9.524	11.303	13.362	15.507	20.090
9	2.088	3.325	4.168	5.380	6.393	8.343	10.656	12.242	14.684	16.919	21.666
10	2.558	3.940	4.865	6.179	7.627	9.342	11.781	13.442	15.987	18.307	23.209

注：表内数字是 χ^2 值，P 是在一定自由度下 χ^2 大于表中数值的概率。

第四节 基因互作

按照独立分配定律，如果决定2对性状的基因分别位于非同源的染色体上，则用具有这2对性状差异的纯合亲本杂交，将在其F_2出现9∶3∶3∶1的分离比例。然而，这是在一对等位基因决定一种性状的条件下发生的。如果2对（或2对以上）等位基因共同决定一种性状，则2对（或2对以上）等位基因的自由组合未必出现9∶3∶3∶1的分离比例，这是因为非等位基因之间可能存在着基因互作（gene interaction）。下面介绍2对等位基因共同决定一种性状条件下，不存在基因互作和存在基因互作时的分离比例。其中基因互作的方式又可分为互补、积加、重叠、显性上位、隐性上位、抑制等6种，在F_2表现出各种9∶3∶3∶1分离比例的变型。

一、无互作

鸡冠形状有4种：豌豆冠、玫瑰冠、核桃冠和单冠。现在知道鸡冠形状是由2对独立基因共同决定的，这2对基因之间不存在基因互作。怎么知道的呢？以下实验可以证明：

豌豆冠×玫瑰冠→F_1：核桃冠；（相互交配，遗传上相当于自交）→F_2 核桃冠：豌豆冠：玫瑰冠：单冠＝9∶3∶3∶1

分析其基因型，上列杂交的遗传图解应是：

$PPrr \times ppRR \rightarrow F_1$：$PpRr$；$\rightarrow F_2$：$PPRR(1), PpRR(2), PPRr(2), PpRr(4)$
$PPrr(1), Pprr(2)$
$ppRR(1), ppRr(2)$
$pprr(1)$

二、互补作用

互补作用（complementary effect）是指：两种显性基因同时存在时，决定某种性状的一种表现；而一种显性基因单独存在，或没有显性基因存在时，决定另一种性状表现。互补作用的F_2表型分离比例为9∶7。

例如，香豌豆（*Lathyrus odoratus*）中有2个白花品种，二者杂交产生的F_1开紫花。F_1植株自交，F_2群体分离为紫花9/16，白花7/16。对照独立分配定律，可知该杂交组合涉及2对基因的分离。如果紫花涉及的2个显性基因为C和P，就可以确定杂交亲本、F_1和F_2各种类型的基因型。

P　　白花 $CCpp$ × 白花 $ccPP$

↓

F_1　　紫花 $CcPp$

↓⊗

F_2　9 紫花($C\_P\_$) ∶ 7 白花($3C\_pp + 3ccP\_ + 1ccpp$)

上述实验中,F_1 和 F_2 的紫花植株表现其野生祖先的性状,这种现象又称为返祖遗传(atavism)。这种野生香豌豆的紫花性状决定于 2 种显性基因(C 和 P)的互补。在进化过程中,显性基因 C 突变成隐性基因 c,产生一种白花品种;显性基因 P 突变成隐性基因 p,可产生另一种白花品种。这 2 个品种杂交后,2 对显性基因同时存在,于是出现祖先的紫花性状。

互补作用在很多动物和植物中都有发现。已知人类的听力正常取决于 40 个以上的基因,但其主基因有 2 个:D 和 E,它们共存时,听力正常;若其中 1 个隐性纯合(dd 或 ee),就表现先天性聋哑。假定现有一对聋哑症夫妇生了 1 个听力正常的孩子,那么这对夫妇的基因型应当是怎样的呢?我们可以根据互补作用的原理进行分析:既然孩子听力正常,这个孩子的基因型必是 $DdEe$,因此父母不可能同时具有 dd 和 ee 基因型,只能 1 个人具有其中的 1 对隐性基因,所以判断这对夫妇的基因型应为 $D\_ee \times ddE\_$。

三、积加作用

积加作用(additive effect)是指:两种显性基因分别存在时,具有相同的性状决定作用;两种显性基因同时存在时,积加出新的性状;无显性基因时表现隐性性状。积加作用的 F_2 表现型有 3 种,分离比例为 9 ∶ 6 ∶ 1。

例如,南瓜(*Cucurbita pepo*)有不同的果形:扁盘形、圆球形和长圆形。当两种圆球形品种杂交时,F_1 为扁盘形,F_2 出现 3 种果形:9/16 扁盘形、6/16 圆球形、1/16 长圆形。这种遗传行为分析如下:

P　　圆球形 $AAbb$ × 圆球形 $aaBB$

↓

F_1　　扁盘形 $AaBb$

↓⊗

F_2　9 扁盘形($A\_B\_$) ∶ 6 圆球形($3A\_bb + 3aaB\_$) + 1 长圆形($aabb$)

可见,基因 A 和基因 B 同时存在时,表现扁盘形;显性基因 A 或基因 B 分别存在时,表现圆球形;基因型为 $aabb$ 时,表现长圆形。

四、重叠作用

重叠作用(duplicate effect)是指:2 种显性基因分别存在或同时存在均决定相同的性状;无显性基因时,表现隐性性状。重叠作用的 F_2 表现型分离比例为 15∶1。

例如,荠菜(*Bursa pursa-pastoria*)中常见的植株是三角形蒴果,极少数植株是卵形蒴果。将这 2 种植株杂交,F_1 全是三角形蒴果,F_2 分离为 15/16 三角形蒴果,1/16 卵形蒴果。由此可知,试验中 F_2 出现 15∶1 的比例,实际上也是 9∶3∶3∶1 比例的变型,只是前 3 种表现型没有区别。这是由于任一个显性基因都可使蒴果表现为三角形,只有 2 对基因都是隐性时,才表现卵形蒴果。

P　　三角形 $T_1T_1T_2T_2$ × 卵形 $t_1t_1t_2t_2$

↓

F_1　　三角形 $T_1t_1T_2t_2$

↓ ⊗

F_2　　15 三角形($9T_1\_T_2\_$∶$3T_1\_t_2t_2+3t_1t_1T_2\_$)+1 卵形($t_1t_1t_2t_2$)

当杂交实验涉及 3 对独立重叠基因时,则 F_2 的分离比例将相应地为 63∶1,余类推。在这里它们的显性基因作用虽然相同,但并不表现累积的效应。

五、显性上位作用

显性上位作用(epistatic dominance)是指:2 种显性基因各自都有性状决定作用,但其中一种基因显性时对另一种基因的表现有遮盖作用。起遮盖作用的基因称为上位基因。当上位基因处于隐性纯合状态时,另一种基因,即下位基因的作用才得到表现。显性上位作用的 F_2 表现型分离比例为 12∶3∶1。

例如,在燕麦(*Avena sativa*)中,黑颖品系和黄颖品系杂交,F_1 全是黑颖,F_2 出现性状分离,黑颖∶黄颖∶白颖=12∶3∶1。

P　　黑颖 $BByy$ × 黄颖 $bbYY$

↓

F_1　　黑颖 $BbYy$

↓ ⊗

F_2　　12 黑颖($9B\_Y\_+3B\_yy$)∶3 黄颖($bbY\_$)+1 白颖($bbyy$)

这里显性基因 B 是上位基因,控制黑色素的合成,Y 是下位基因,控制黄色素的合成。在基因型 $B\_Y\_$ 个体中,2 种色素均能产生,但黑色素遮盖黄色素的表现,结果外颖黑色;在基因型 B_yy 个体中,仅有黑色素,当然表现黑色;在基因型 $bbY\_$

个体中，显性上位基因不存在，下位基因 Y 才得以表现，合成黄色素，外颖黄色；但在基因型 $bbyy$ 个体中，由于无法合成色素，故表现白色。

六、隐性上位作用

隐性上位作用(epistatic recessiveness)与显性上位作用的互作方式类似，同样是两种基因共同决定一种性状的表现，只是起上位作用的是隐性基因。当上位基因处于隐性纯合状态时，对下位基因起遮盖作用，下位基因的作用不表现；当上位基因处于显性杂合或显性纯合状态时，下位基因作用才得到表现。隐性上位作用的 F_2 表现型分离比例为 9∶3∶4。

例如玉米胚乳蛋白质层颜色的遗传，当基本色泽基因 C 存在时，另一对基因 Pr-pr 都能表现各自的作用，Pr 为紫色，pr 为红色。缺 C 基因时，cc 起上位作用，使得 Pr 和 pr 都不能起作用，玉米蛋白质层为白色。

P　　红色胚乳蛋白质层 $CCprpr$ × 白色胚乳蛋白质层 $ccPrPr$

↓

F_1　　紫色 $CcPrpr$

↓⊗

F_2　　9 紫色($9C\_Pr\_$)＋3 红色(C_prpr)∶4 白色($3ccPr\_+1ccprpr$)

七、抑制作用

有些基因本身没有性状决定作用，但它处于显性纯合或杂合状态时却能抑制另一种显性基因的作用，这类表现抑制作用(inhibiting effect)的基因称为抑制基因。抑制作用的 F_2 表现型分离比例为 13∶3。

例如玉米胚乳蛋白质层颜色的遗传，基因 C 存在时表现有色；C 不存在时(即基因型为 cc 时)，表现白色。如果抑制基因 I 存在，基因 C 被抑制，不能表达，胚乳的蛋白质层也表现白色。

P　　白色蛋白质层 $CCII$ × 白色蛋白质层 $ccii$

↓

F_1　　白色 $CcIi$

↓⊗

F_2　　13 白色($9C\_I\_+3ccI\_+1ccii$)3 有色(C_ii)

抑制作用和上位作用不同，抑制基因本身不能决定性状，而显性上位基因除遮盖其他基因的表现外，本身还能决定性状。现代遗传学的研究结果表明，玉米的抑制基因是一种能够跳跃的 DNA 片段，所到之处的邻近基因将失去表达功能。

从以上介绍的情况可知，基因与性状之间并不总是一对一的关系。这是因为 2 个杂交亲本之间的性状差异，并不总是由于一对等位基因的差别。它们之间还有可能存在 2 对(或 2 对以上)等位基因的差别。但这些性状的遗传方式仍然遵循"等位基因分离"和"非同源染色体上的非等位基因自由组合"2 个基本规律。由于非等位基因之间存在不同形式的相互作用，才使得 F_2 性状表现出孟德尔式分离的变型比例。

内容提要

分离定律 一对基因的杂合体(Aa)，在减数分裂时，等位基因 A 和 a 分离，最终形成比例相等的 A 配子 a 的配子。因此，该杂合体测交子代(F_t)表现型分离比例为 1∶1；该杂合体自交子代(F_2)基因型分离比例为 AA∶Aa∶aa＝1∶2∶1，在完全显性情况下，显性表型和隐性表型的比例为 3∶1。

在不完全显性、共显性、镶嵌显性情况下，F_t 或 F_2 的表型分离比例，均与基因型分离比例一致。

分离定律从本质上阐明了控制生物性状的遗传物质是以基因为单位存在的。分离定律从理论上揭示纯合体稳定遗传、杂合体有性生殖后代发生分离的实质。

在分离定律指导下，可以根据自交后代的表现鉴定良种的纯合度；通过自交鉴定的方法选到显性纯合体；通过自交分离的方法得到隐性纯合体。

独立分配定律 具有 2 对独立基因的杂合体，在减数分裂时，等位基因 A 与 a，B 与 b 彼此分离，非等位基因 A 与 B、b 以同等机会组合，a 与 B、b 以同等机会组合，分别进入不同的子细胞，最终形成 AB，Ab，aB，ab 4 种比例相等的配子。因此，该杂合体测交子代(F_t)表现型分离比例为 1∶1∶1∶1；自交子代(F_2)表现型分离比例为 9∶3∶3∶1。

多对独立基因的自由组合是产生广泛遗传变异的重要原因之一。

在独立分配定律指导下，能够根据后代表现判断亲本多对基因的基因型，或根据亲本基因型预测后代的基因型、表现型的分离比例。

统计学的应用 在已知亲本基因型条件下，概率可用于推算子代基因型、表现型的种类和比例，具体方法主要有庞纳特方格法和分支法。

用卡方法可以检验实得比数与理论比数是否符合。

基因互作 在 2 对独立基因共同决定一种性状时，在独立分配定律的支配下，$AaBb$ 自交子代(F_2)的表现型分离比例为 9∶3∶3∶1，或 9∶3∶3∶1 的变型。前者出现在 2 对独立基因之间无互作的情况下；后者出现在 2 对独立基因之间存在互作的情况下。尽管 F_2 的各种基因型种类和比例不变，F_2 表现型的种类和比例却因互作形式的不同而有所改变：互补作用为 9∶7，积加作用为 9∶6∶1，重叠作用为 15∶1，显性上位作用为 12∶3∶1，隐性上位作用为 9∶3∶4，抑制作用为 13∶3。

复习思考题

1. 分离定律的实质是什么？遗传方式遵循分离定律的性状，在 F_2 代的表型分离比例是否都应该是 3∶1？为什么？
2. 已知柿子椒果实圆锥形(A)对灯笼形(a)为显性，红色(B)对黄色(b)为显性，辣味(C)对甜味(c)为显性，假定这 3 对基因独立分配。现有以下 4 个纯合亲本：

亲本	果形	果色	果味
甲	灯笼形	红色	辣味
乙	灯笼形	黄色	辣味
丙	圆锥形	红色	甜味
丁	圆锥形	黄色	甜味

问：(1)利用以上亲本进行杂交，F_2 能出现灯笼形、黄色、甜味果实的植株的亲本组合有哪些？(2)在上述亲本组合中，F_2 出现灯笼形、黄色、甜味果实的植株的比例最高的组合是哪一个，请写出其基因型。这个组合的 F_1 的基因型和表现型如何？这个组合的 F_2 出现的全部表现型有哪些，其中灯笼形、黄色、甜味果实的植株所占的比例是多少？

3. 番茄紫茎、缺刻叶纯合植株($AACC$)与绿茎、马铃薯叶植株($aacc$)杂交，F_2 表现型如下：紫茎、缺刻叶 247 株，紫茎、马铃薯叶 90 株，绿茎、缺刻叶 83 株，绿茎、马铃薯叶 34 株。试问上述 F_2 表现型的比例是否符合独立分配定律？为什么？
4. 孟德尔的豌豆杂交实验中，黄子叶的子粒和绿子叶的子粒的比例为 3∶1。试问这是统计哪一代植株所结的子粒的结果？请说明你的理由。
5. 已知玉米红色果皮对白色果皮为显性，黄色胚乳对白色胚乳为显性。今以白色果皮、白色胚乳的玉米纯合体为母本，与红色果皮、黄色胚乳的玉米纯合体杂交，试问杂交当代母本植株所结的子粒，具有什么颜色的果皮，什么颜色的胚乳？为什么？
6. 某地配制杂交高粱时，以白色种皮的纯合体为母本，以红色种皮的纯合体为父本。将所得 F_1 杂交种播种于生产田时，看到种子种皮都是白色的，然而长出的植株都结红色种皮的子粒。试解释这种遗传现象。

7. 某农户用的小麦品种本是无芒的。有一年看到生产田里出现一部分有芒的杂株，于是将杂株全部拔掉之后才留种。但是第 2 年又出现许多有芒的杂株。已知小麦无芒对有芒是显性，试解释上述现象，并提出就地解决的方法。
8. 今有结紫色非甜粒、紫白甜粒、白色非甜粒和白色甜粒四种子粒的一个玉米果穗。试问你如何用它制备验证独立分配规律的实验材料。已知紫色和非甜均为显性，每对性状由一对基因控制，两对基因独立分配。
9. 甲、乙两株玉米各自自交，后代均分离出 3/4 绿苗和 1/4 白化苗。若让甲株与乙株杂交，则 F_1 全为绿苗。该 F_1 代中，有 1/4 植株其自交后代全部绿苗；1/2 植株其自交后代为 3/4 绿苗和 1/4 白化苗；1/4 植株其自交后代为 9/16 绿苗和 7/16 白化苗。试以自己假设的基因符号推断甲、乙的基因型和上述 F_1 代的基因型。
10. 已知香豌豆花色由两对独立基因控制，当显性基因 C 和 P 均存在时为紫色，其他情况为白色。试分析下列香豌豆各杂交组合中的双亲基因型。

 ①白花×白花→35 紫花：36 白花

 ②白花×白花→35 紫花：105 白花

 ③紫花×白花→35 紫花：36 白花

 ④紫花×白花→35 紫花：105 白花

 ⑤紫花×紫花→105 紫花：36 白花

主要参考书目

[1] 孟德尔，等. 遗传学经典论文集. 梁宏，王斌译. 北京：科学出版社，1984.
[2] 杨业华. 普通遗传学. 2 版. 北京：高等教育出版社，2006.
[3] 李惟基. 新编遗传学教程. 北京：中国农业大学出版社，2002.
[4] 季道藩. 遗传学. 2 版. 北京：农业出版社，1991.
[5] 刘祖洞，江绍慧. 遗传学. 上. 北京：人民教育出版社，1979.
[6] Winter，等. 遗传学. 现代生物学精要速览. 谢雍主译. 北京：科学出版社，2001.

第四章 连锁遗传

自 1900 年孟德尔定律重新发现后，许多生物学家以更多的动、植物为材料进行杂交试验，进一步证实了分离定律和独立分配定律；但一部分试验并没有取得 2 对性状自由组合的预期结果。摩尔根(Morgan)通过果蝇杂交试验确定了这种例外现象属于另一类遗传，即连锁遗传(linkage)，并提出了遗传信息传递的第 3 个基本定律——连锁遗传定律。摩尔根还根据自己的研究结果创立了基因论(theory of the gene)，将抽象的基因概念落实在具体的染色体上。连锁遗传定律的发现和基因论的创立，是遗传学发展史上一个重要的里程碑。

第一节 连锁与交换

一、性状连锁的发现

1906 年，贝特森和普纳特(W Bateson. 和 R C Punnett)在香豌豆 2 对性状的杂交试验验中首次发现了连锁遗传现象。参加杂交的纯合亲本，一个表现紫花、长花粉粒，另一个表现红花、圆花粉粒。杂交 F_1 表现紫花、长花粉粒，由此可知紫花和长花粉粒是显性，红花和圆花粉粒是隐性。该 F_1 自交产生的 F_2 代，按花色区分表现紫：红＝3：1 的分离，按花粉粒形状区分表现长：圆＝3：1 的分离，都符合分离定律。但是，同时分析该 2 对性状时，F_2 代中紫、长：紫、圆：红、长：红、圆并不等于 9：3：3：1，不符合独立分配定律。F_2 代的这 4 种表现型中，亲本类型(紫花、长花粉粒和红花、圆花粉粒)所占比例分别超过 9/16 和 1/16，重组类型(紫花、圆花粉粒和红花、长花粉粒)所占比例都低于 3/16 (图 4-1)。

与此同时，贝特森等又做了紫花、圆花粉粒与红花、长花粉粒的杂交，取得了基本相同的结果，即 F_2 代 4 种表型的分离不符合孟德尔 9：3：3：1 的比例，其中 2 个亲本类型紫、圆和红、长的比例均显著大于 3/16，而 2 个重组类型紫、长和红、圆的比例分别显著小于 9/16 和 1/16(图 4-2)。

P		*PPLL* 紫花、长花粉粒	× ↓	*ppll* 红花、圆花粉粒	
F_1			*PpLl*⊗ 紫花、长花粉粒 ↓		
F_2	紫、长 *P-L-*	紫、圆 *P-ll*	红、长 *ppL-*	红、圆 *ppll*	总数
实际个体数	4 831	390	393	1 338	6 952
按 9∶3∶3∶1 比例的理论值	3 910.5	1 303.5	1 303.5	434.5	6 952

图 4-1 香豌豆相引相 2 对性状的连锁遗传

（引自季道藩，1991）

P		*PPll* 紫花、圆花粉粒	× ↓	*ppLL* 红花、长花粉粒	
F_1			*PpLl*⊗ 紫花、↓长花粉粒		
F_2	*P-L-* 紫长	*P-ll* 紫圆	*ppL-* 红长	*ppll* 红圆	
实际个体数	226	95	97	1	419
按 9∶3∶3∶1 比例的理论值	235.8	78.5	78.5	26.2	419

图 4-2 香豌豆相斥相 2 对性状的连锁遗传

（引自季道藩，1991）

上述 2 个试验结果都表明，原来为同一亲本所具有的 2 个性状，在 F_2 代存在联系在一起的倾向，即表现连锁遗传现象。贝特森将图 4-1 甲、乙 2 个显性性状联系在一起，而甲、乙 2 个隐性性状联系在一起的杂交组合，称为相引相或相引组（coupling phase）；将图 4-2 甲显性性状与乙隐性性状联系在一起，而甲隐性性状与乙显性性状联系在一起的杂交组合称为相斥相或相斥组（repulsion phase）。

贝特森等虽然通过以上试验首次发现了连锁遗传现象，但是对这种连锁遗传现象的正确解释，是后来摩尔根（1910）根据果蝇杂交试验的结果做出的。

二、基因连锁的证实

摩尔根对性状连锁遗传现象的解释是：位于同一条染色体的 2 个基因，以该染色体为单位进行传递。他的这种解释，得到了以下实验的证实。

当时已知果蝇红眼对白眼为显性，褐体对黄体为显性，两对基因都位于 X 染色体，Y 染色体不存在它们的等位基因。摩尔根用白眼黄体雌蝇（$wwbb$）与红眼褐体雄蝇（WB）杂交，结果子 1 代雌蝇都是红眼褐体（$WwBb$），雄蝇都是白眼黄体（wb）。再让 F_1 雌、雄蝇交配（即 $WwBb\times wb$，相当于测交），结果测交子代（Ft）出现如下类型和比例：

白眼黄体	白眼褐体	红眼黄体	红眼褐体
$wwbb$	$wwBb$	$Wwbb$	$WwBb$
49.45％	0.55％	0.55％	49.45％

由此可看到上述 F_1 的雌蝇在减数分裂形成配子时，是 w 和 b 连锁，$\overline{W}$ 和 B 连锁。

以上杂交组合属于相引组。与此同时，他又做了相斥组的杂交，即用白眼褐体的雌蝇（$wwBB$）与红眼黄体的雄蝇（Wb）杂交，结果子 1 代雌蝇都是红眼褐体（$WwBb$），雄蝇都是白眼褐体（wB）。然后，另外选用白眼黄体雄蝇（wb），对该子 1 代的红眼褐体雌蝇进行测交（即 $WwBb\times wb$），结果测交子代（Ft）出现以下类型和比例：

白眼黄体	白眼褐体	红眼黄体	红眼褐体
$wwbb$	$wwBb$	$Wwbb$	$WwBb$
0.55％	49.45％	49.45％	0.55％

由此可看到上述 F_1 的雌蝇在减数分裂形成配子时，是 w 和 B 连锁，W 和 b 连锁。

以上两组杂交、测交结果证实，在 F_1 杂合体进行减数分裂时，位于同一条染色体上的基因以染色体为单位进入配子。至此，摩尔根证实了基因的连锁传递，从而使他对于性状连锁遗传现象的解释得以成立。

三、交换的发生

现在我们知道了位于一对同源染色体的 2 对基因在传递时表现连锁。不过，既然是连锁，那又如何解释上述连锁遗传试验中出现的重组类型呢？

比利时的细胞学家詹生斯（Janssens）根据他对两栖类和直翅目昆虫减数分裂的观察研究，在 1909 年就提出了一个交叉型假说（chiasmatype hypothesis），其要点是：在减数分裂的前期，联会的染色体在某些点上出现的交叉（chisma），是同源染色体间对应片段发生过交换(crossing over)的地方(图 4-3)。如果染色体的交换发生在连锁的 2 个基因之间,则将导致这 2 个连锁基因的重组(recombination)。

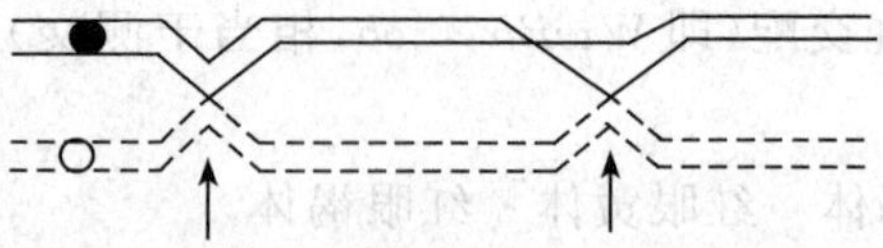

图 4-3 联合的 1 对同源染色体出现 2 个交叉,表示非姊妹染色单体间发生过交换

(引自刘祖洞,江绍慧,1979)

这个假说中关于染色体交换导致基因重组的论点,后来在 McClintock(1931)的玉米遗传实验中得到了证实。

第二节 连锁和交换的遗传机理

一、完全连锁和不完全连锁

(一)完全连锁

完全连锁(complete linkage)指连锁基因在传递过程中完全不发生重组的现象。它是连锁遗传中的一种特殊表现,在生物界很少存在,目前仅在雄果蝇和雌蚕中发现,而且机理还不清楚。例如,在黑腹果蝇中,灰体(B)对黑体(b)显性,长翅(Vg)对残翅(vg)显性,2 对基因都位于果蝇的第 2 染色体上。用纯合的灰体、长翅($BBVgVg$)果蝇与黑体、残翅($bbvgvg$)果蝇杂交,F_1 雌雄蝇都是灰体、长翅($BbVgvg$)。如从 F_1 选取雄蝇,以黑体、残翅雌果蝇进行测交,则 Ft 只出现灰体、长翅和黑体、残翅两种亲本类型,各占 50%,而不出现重组类型(图 4-4)。这是因为 F_1 雄果蝇的 B 和 Vg 基因连锁在一起,b 和 vg 基因连锁在一起,各自作为一个整体进入配子。其结果是只形成比例相等的 BVg 和 bvg 两种亲型配子,而不产生重组型配子。测交或自交的后代都因此不出现重组类型。

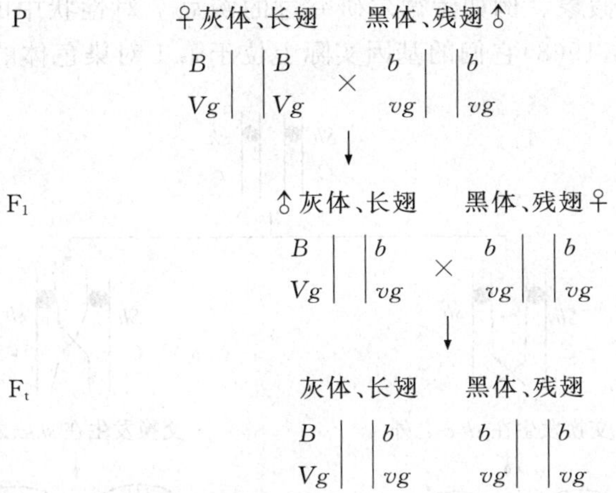

图 4-4　雄果蝇的完全连锁遗传

(二)不完全连锁

不完全连锁(incomplete linkage)广泛存在于生物界,几乎发生在所有二倍体和多倍体生物中。它的遗传表现主要是,同源染色体在连锁基因的区域,发生了非姊妹染色单体交换,因此所产生的配子中,除有亲本型配子外,还有重组型配子,自交和测交后代也因此出现重组类型。在上面的果蝇杂交试验中,如从 F_1(*BbVgvg*)选雌蝇与残翅、黑体(*bbvgvg*)雄蝇测交,则测交子代(F_t)将出现 4 种表型,即灰体、长翅和黑体、残翅 2 种亲本类型,灰体、残翅和黑体、长翅 2 种重组类型。这个结果说明雌蝇的该 2 对基因之间发生了重组,导致该 2 对性状的遗传表现不完全连锁。

二、不完全连锁的形成

那么,连锁基因之间的染色体区域发生的交换,又是怎样导致重组型配子形成的呢?现在以玉米第 9 对染色体上的 *Cc* 和 *Shsh* 2 对基因为例加以说明(图 4-5)。图中的 F_1 为 2 对不完全连锁基因的杂合体。F_1 在减数分裂时,第 9 染色体上的交换如果发生在 *sh* 和 *c* 之外,将形成$\underline{ShC}$和$\underline{shc}$两种亲型配子。如果发生在 *sh* 和 *c* 基因之间,则将形成 4 种类型配子:亲型配子$\underline{ShC}$和$\underline{shc}$,重组型配子$\underline{Shc}$和$\underline{shC}$,其中重组型配子占 50%。但在任何一个 F_1 植株或 F_1 群体中,通常以上 2 种情况都存在,所以重组型配子所占的百分率一般总是低于 50%。

例外的是,连锁的 2 对基因相距很远时,由于交换几乎都发生在它们之间,所以重组率有可能达到 50%,即杂合体测交子代的表型比例接近 1∶1∶1∶1,出现类似自由组合的假象。例如孟德尔研究过的豌豆7对性状中的花色与粒色，后人证明(Lamprecht,1968)它们的基因实际上位于第1对染色体的两端。

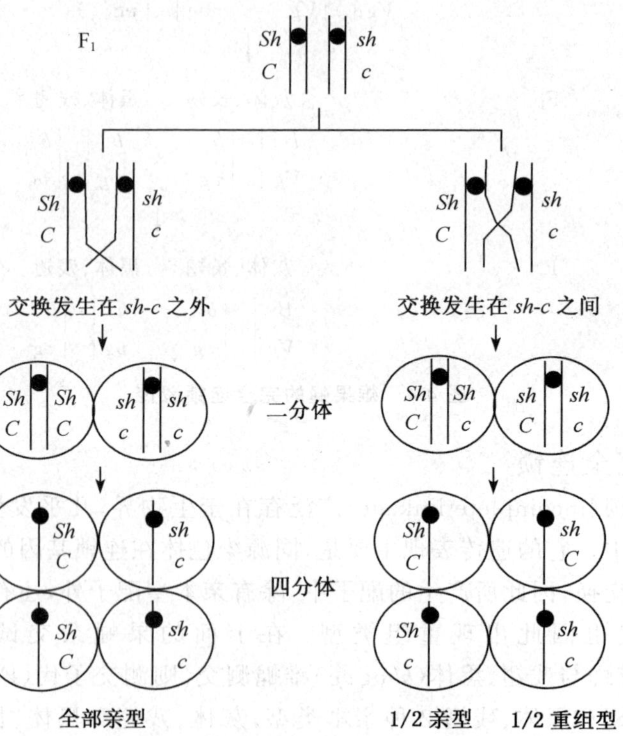

图4-5 交换与重组型配子的形成

三、重组率

各种连锁基因的杂合体，产生重组型配子的比例可以不相同。重组型配子在该杂合体产生的全部配子中所占的百分率，称为重组率(recombination frequency，简写为 *RF*)。估算重组率的常用方法如下：

(一)测交法

重组率的定义是重组型配子数占总配子数的百分率，所以，我们可以通过统计测交子代中重组类型所占的百分率，来求得重组率。

例：玉米绿色花丝(*Sm*)对橙红色花丝(*sm*)为显性，正常植株(*Py*)对矮小植株(*py*)为显性，已知这2对基因连锁，求它们之间的重组率。

解：以该2对性状存在差异的纯合亲本杂交，然后对所得F_1杂合体进行测交：

$$Sm\,Sm\,Py\,Py \times sm\,sm\,py\,py$$

$$\downarrow$$

$$Sm\,sm\,Py\,py \times sm\,sm\,py\,py$$

$$\downarrow$$

$Sm\,sm\,Py\,py$	$Sm\,sm\,py\,py$	$sm\,sm\,Py\,py$	$sm\,sm\,py\,py$
绿花丝正常株	绿花丝矮小株	橙红花丝正常株	橙红花丝矮小株
903	105	95	897

重组率：$RF(sm\text{-}py)=\frac{105+95}{903+105+95+897}\times100\%=\frac{200}{2\ 000}\times100\%=10\%$

（二）自交法

测交法已被广泛应用于连锁基因的分析。但对一些自花授粉植物来说，由于测交需要进行的去雄操作比较困难，所以往往改用自交法。实际上存在多种估算重组率的自交法，这里只介绍利用 F_1 自交所得 F_2 群体中，双隐性纯合个体的比率进行估算的方法。

举例：在贝特森相引相的香豌豆试验中（图 4-1），F_2 群体中双隐性纯合个体 $ppll$ 出现的比率为 1 338/6 952＝0.192。而 $ppll$ 个体是由基因型为 pl 的雌、雄配子随机结合而成的，假设 F_1 杂合体 $PpLl$ 产生 pl 配子的几率为 a，则 $a\times a=a^2=0.192$，$a=\sqrt{0.192}=0.44$，即 44%。在相引相中，pl 配子是亲型配子，理论上它和另一亲型配子 PL 出现的几率相等，均为 44%。两种亲型配子占总配子的比率为 44%×2＝88%，那么 2 个重组型配子 Pl、pL 总的比率为 1－88%＝12%，即 p 和 l 这 2 对基因间的重组率为 12%。

同理，在贝特森相斥相的香豌豆试验中（图 4-2），F_2 群体中双隐性纯合个体 $ppll$ 出现的比率为 $a^2=1/419=0.002\ 386$，$a=\sqrt{0.002\ 386}=0.048\ 85=4.9\%$。在相斥相中，$pl$ 配子是重组型配子，理论上它和另一重组型配子 PL 出现的几率相等，均为 4.9%，则两种重组型配子占总配子的比率为 4.9%×2＝9.8%，即 pl 基因间的重组率为 9.8%。同相引相的结果进行比较可以看出，这两种杂交方式估算的重组率比较接近；存在差异的原因之一是相斥相 F_2 群体太小。

四、交换值

用以上方法估算出来的重组率，可用以计算交换值（crossing over value，简写为 COV）。交换值反映的是孢母细胞在连锁基因之间的染色体区域发生交换的机会。

那么,我们如何利用重组率计算交换值呢?如果某2对基因之间距离很小,孢母细胞在此处只能出现1个交换(图4-6 A),则交换值在数值上与重组率相等。如果距离比较大,部分孢母细胞在该处存在2个交换,即双交换(图4-6 B),则交换值高于重组率。这是因为:前一种情况下,所有交换都导致重组型配子的产生,重组率能反映全部交换的发生频率;而后一种情况下,双交换不产生重组型配子,重组率只反映其中单交换的发生频率。

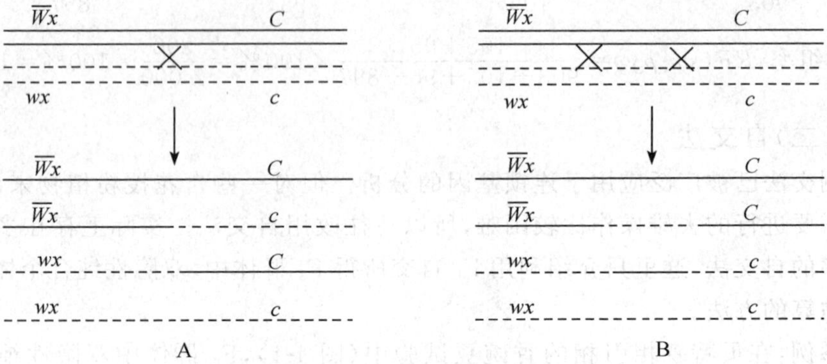

图4-6 单交换(A)和双交换(B)产生的配子类型

因此,计算交换值的一般公式是:

$$交换值(\%)=重组率(\%)+ 双交换值(\%)$$

在前一种情况下,双交换值=0。后一种情况下计算双交换值的方法,以及利用交换值确定基因距离的方法,将在本章第三节介绍。

第三节 基因定位与遗传图

生物体的各对基因在染色体上的位置是相对恒定的,这个理论的重要证据是特定的2对基因之间交换值恒定,而不同基因之间交换值不同。2基因之间的染色体区域的交换值大小,与基因在染色体上距离的远近一致。因此,交换值可直接表示基因的距离,两者数值相同,只是作遗传距离时,将交换值的"%"去掉,称之为遗传单位。于是可以根据交换值来确定基因在染色体上的相对位置,包括距离和顺序。这就是遗传学上进行基因定位(gene localization)的传统方法。下面分别介绍其中两种常用的具体方法。

一、两点测验

两点测验(two point test cross)是基因定位最基本的一种方法。它在确定 3 对基因的顺序和距离时,需要经过 3 组杂交、测交;在计算交换值时忽略双交换值的存在,即将双交换值视为 0。

例:已知玉米胚乳的有色(*C*)对无色(*c*)显性,饱满(*Sh*)对凹陷(*sh*)显性,非糯(*Wx*)对糯性(*wx*)显性,这 3 对基因位于 1 对同源染色体上。试求其在染色体上的顺序和距离。

解:(1)P　有色、饱满　*CCShSh* × 无色、凹陷 *ccshsh*

↓

F_1　*CcShsh* × *ccshsh*

↓

F_t	*CcShsh*	*Ccshsh*	*ccShsh*	*ccshsh*	总数
	4 032	149	152	4 035	8 368

因本法忽略双交换值,所以

$$\text{交换值}: RF(c\text{-}sh)=\frac{149+152}{8\ 368}\times 100\%=\frac{301}{8\ 368}\times 100\%=3.6\%$$

(2)P　糯性、饱满　*wxwxShSh* × 非糯、凹陷　*WxWxshsh*

↓

F_1　*WwShsh* × *wwshsh*

↓

F_t	*WxwxShsh*	*Wxwxshsh*	*wxwxShsh*	*wxwxshsh*	总数
	1 531	5 885	5 991	1 488	14 895

因本法忽略双交换值,所以

$$\text{交换值}: RF(wx\text{-}sh)=\frac{1\ 531+1\ 488}{14\ 895}\times 100\%=\frac{3\ 019}{14\ 895}\times 100\%=20\%$$

这里,从计算的交换值知道,*c-sh* 距离为 3.6 个遗传单位,*wx-sh* 距离为 20 个遗传单位,那么,它们在染色体上排列就有如下两种可能:

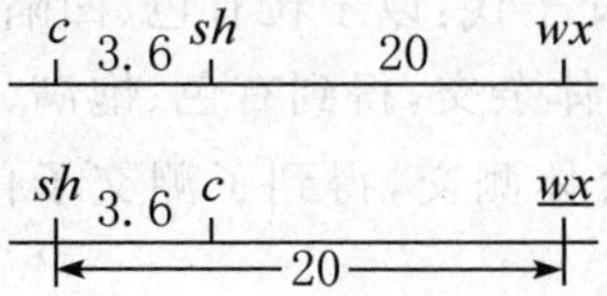

如果是第 1 种排列，则 c-wx 距离为 23.6 个遗传单位，如果是第 2 种排列，则 c-wx 距离为 20－3.6＝16.4 个遗传单位。为了确定其中哪一种排列是正确的，还需要测定 c-wx 距离，于是进行以下第 3 组杂交、测交。

(3)P　非糯、有色 $WxWxCC$ × 糯性、无色　$wxwxcc$

↓

F_1　　$WxwxCc$ × $wxwxcc$

↓

F_t	$WxwxCc$	$Wxwxcc$	$wxwxCc$	$wxwxcc$	总数
	2 542	739	717	2 716	6 714

因本法忽略双交换值，所以

$$\text{交换值}: RF(c\text{-}wx)=\frac{739+717}{6\ 714}\times 100\%=\frac{1\ 456}{6\ 714}\times 100\%=22\%$$

这里 c-wx 距离为 22 个遗传单位，这和第 1 种排法所推论的 23.6 个遗传单位比较接近，与第 2 种排法所推论的 16.4 个遗传单位相差比较大，因而可以确认第 1 种排法符合这 3 对基因之间连锁关系的实际情况，即

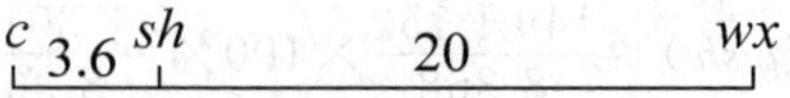

用同样的方法和步骤，还可把 4 对、5 对及更多对基因的位置确定下来。但两点测验法进行基因定位在操作上很繁杂，确定 3 个基因位置须进行 3 次杂交和 3 次测交；而且在基因距离超过 5 个遗传单位时难免发生的双交换被忽略，准确度差，因而，它的使用存在局限性。

二、三点测验

三点测验(three point test cross)是 3 对连锁基因定位最常用的方法，首先用 3 对相对性状均有差异的 2 个纯合亲本进行一次杂交，然后用所得杂种 F_1 与隐性纯合个体进行一次测交，根据测交子代不同类型在群体中的百分数，同时确定 3 对基因在染色体上的位置。

现仍以玉米 Cc、$Shsh$ 和 $Wxwx$ 3 对基因为例，说明三点测验的具体做法。

(1)杂交、测交，获得测交子代：以子粒有色、凹陷、非糯性的玉米纯合体与子粒无色、饱满、糯性的玉米纯合体杂交，得到有色、饱满、非糯性杂种 F_1，再使该 F_1 与无色、凹陷、糯性的隐性纯合体测交，得到了测交子代 6 708 个子粒(结在杂种 F_1 植株上)。

(2)分类统计测交子代表型数据，推论 F_1 配子类型。本例结果如下：

测交子代的表现型	由测交子代的表现型推知的 F_1 配子基因型			粒数	配子所属类型（根据来源）
饱满、糯性、无色	+	*wx*	*c*	2 708	亲型
凹陷、非糯性、有色	*sh*	+	+	2 538	亲型
饱满、非糯性、无色	+	+	*c*	626	单交换型
凹陷、糯性、有色	*sh*	*wx*	+	601	单交换型
凹陷、非糯性、无色	*sh*	+	*c*	113	单交换型
饱满、糯性、有色	+	*wx*	+	116	单交换型
饱满、非糯性、有色	+	+	+	4	双交换型
凹陷、糯性、无色	*sh*	*wx*	*c*	2	双交换型
总数				6 708	

结果显示，测交产生 8 种表现型的子粒，由此推知杂种 F_1 产生了 8 种类型的配子；根据各种子粒的粒数，又能看出 F_1 产生的配子有 4 种比例。这种比例是典型的 3 对基因连锁遗传的表现。如果 3 对基因是独立遗传的，杂合体测交子代应是 8 种表型一种比例，如果 3 对基因中，2 对连锁，1 对独立遗传，则杂合体测交子代应是 8 种表型 2 种比例。

(3)确定 3 对基因的顺序：要确定 3 对基因在染色体上的顺序，主要依赖于 F_1 产生的配子中的亲型和双交换型的对比。根据重组率低于 50%和双交换发生频率低于单交换的理论，本例出现比率最高的 $+\,wx\,c$ 和 $sh\,+\,+$ 应是亲型配子，出现比率最低的 $+\,+\,+$ 和 $sh\,wx\,c$ 应该是双交换型配子。根据两种亲型配子的基因组成可以假设 F_1 杂合体 3 对连锁基因的顺序有 3 种可能：

第 1 种　*wx* 基因在 *sh* 和 *c* 基因之间：即 $\dfrac{sh\ \ +\ \ +}{+\ \ wx\ \ c}$

第 2 种　*sh* 基因在 *wx* 和 *c* 基因之间：即 $\dfrac{+\ \ sh\ \ +}{wx\ \ +\ \ c}$

第 3 种　*c* 基因在 *sh* 和 *wx* 基因之间：即 $\dfrac{sh\ \ +\ \ +}{+\ \ c\ \ wx}$

在 F_1 杂合体的这 3 种可能中，哪一种基因顺序经过双交换后能产生 $+\,+\,+$ 和 $sh\,wx\,c$ 这两种双交换型配子呢？不难看出，是其中的第 2 种。据此可以确定本例 3 对连锁基因在染色体上顺序是 $\underline{wx\ sh\ c}$。

(4)计算相邻基因的交换值，确定基因之间的距离：在本例中，按照已经确定的

基因顺序 *wx sh c*，需要具体计算 *wx* 和 *sh* 之间的交换值，以及 *sh* 和 *c* 之间的交换值。根据交换值＝重组率＋双交换值的公式，首先需要估算双交换值。双交换值等于杂种 F_1 产生的双交换型配子占总配子的百分数，在本例中是[(4＋2)/6 708]×100%＝0.09%。

根据公式计算相邻基因间的交换值之前，还需要先分清重组型配子中的两种单交换类型分别是由哪一种交换产生的。这个问题，在 3 对基因的顺序确定之后就不难解决。在本例中，F_1 杂合体＋ *sh*＋/ *wx* ＋ c 由于 *wx* 和 *sh* 基因之间的单交换将产生 *wx sh* ＋和＋＋ c 两种重组型配子，这两种配子相应测交后代的粒数分别为 601 和 626，因此，*wx-sh* 交换值：

$$\mathrm{COV}(wx\text{-}sh)=\frac{601+626}{6\ 708}\times 100\%+0.09\%=18.4\%$$

同理，杂合体＋ *sh* ＋/ *wx* ＋ *c* 由于 *sh* 和 *c* 基因之间的单交换将产生＋ *sh c* 和 *wx* ＋＋两种重组型配子，这两种配子相应测交后代的粒数分别为 113 和 116，因此，*sh-c* 交换值：

$$\mathrm{COV}(sh\text{-}c)=\frac{113+116}{6\ 708}\times 100\%+0.09\%=3.5\%$$

这样，3 对基因在染色体上的顺序和距离就可以确定下来了。现在图示如下：

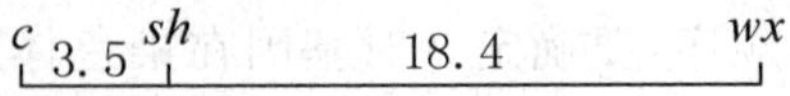

比较以上两种基因定位方法，我们可看出三点测验的田间工作量大大减轻，而且杂交和测交在同一环境下进行，减少了环境差异对试验结果的影响。同时，由于能够将双交换也估计进去，所以准确性更高。但是，所使用的 2 个纯合亲本之间，必须具有 3 对性状差别。

三、交换和干涉

理论上讲，沿着染色体的任何一点都有发生交换的可能，但是一个单交换的发生是否影响到邻近另一单交换的发生呢？根据概率定律，如果 2 个事件是独立事件，那么，这 2 个事件共同发生的概率应当是它们各自概率的乘积。也就是说，如果同一染色体上邻近 2 个单交换是独立的，互不影响地发生，那么，它们的双交换值理论上应等于 2 个单交换值的乘积。但实际上并非这样，在上面例子中，*wx-sh* 单交换值为 18.4%，*sh-c* 单交换值为 3.5%，理论上的双交换值＝18.4%×3.5%＝ 0.64%，但实际的双交换值为 0.09%，这说明在一个单交换发生后，在它邻近发生第 2 次交换的机会就会减少，这种现象叫干扰(interference)。对于双交换干扰的程度，可用并发系数(coefficient of coincidence)或符合系数来表示：

$$并发系数(符合系数)=\frac{实际双交换值}{理论双交换值}$$

依公式，本例的符合系数＝0.09/0.64＝0.14。符合系数通常变动在 0～1 之间，当符合系数等于 1 时，表示 2 个单交换独立发生，完全没有干扰；当符合系数等于 0 时，表示发生了完全干扰，即一点发生交换，其邻近点就不会再发生交换。

四、遗传图

根据连锁遗传理论，生物的每对染色体上都存在着许许多多的基因，遗传学上把位于同一对染色体上的所有基因称为一个连锁群(linkage group)。研究表明，一个生物连锁群的数目和染色体的对数是一致的，如果某生物有 n 对染色体，那么它就有 n 个连锁群，例如水稻染色体 $2n=24$，具有 12 对染色体，所以水稻有 12 个连锁群。在具有 2 条不同的性染色体的两性生物中，2 条性染色体所携带的基因不同，所以，这类生物的连锁群数等于其染色体对数加 1，例如果蝇 $2n=8$，有 4 对染色体，连锁群则有 5 个。同一生物的连锁群的数目是恒定的，它不因染色体数目的变异而变化。

把一个连锁群上的各个基因按确定了的顺序和相对距离标示出来，所构成的图形即是染色体图(chromosome map)，又称为连锁图(linkage map)或遗传图(genetic map)。表示 2 个基因在连锁图上距离的数量单位称为图距(map distance)，1%交换值去掉百分率符号的数值，定义为 1 个图距单位(map unit)。后人为了纪念细胞遗传学的奠基人 Morgan T H，将图距单位称为“厘摩”(centimorgan，cM)，1 cM ＝1 个图距单位。图 4-7 是玉米遗传图中的部分基因。

在认识遗传图时应当注意的是，遗传图仅反映的是人们目前已经认识的部分基因，而不是这一染色体上的所有基因。基因在遗传图上有一定的位置，这个位置称为座位，一般以最先端的基因位置为 0，但随着研究的进展，发现有基因在更先端位置时，便把 0 点让给新的基因，其余的基因位置作相应的移动。交换值实际上变动在 0～50%之间，遗传图上出现的 50 单位以上的图距是累加的结果，只有邻近基因的图距才代表交换值。

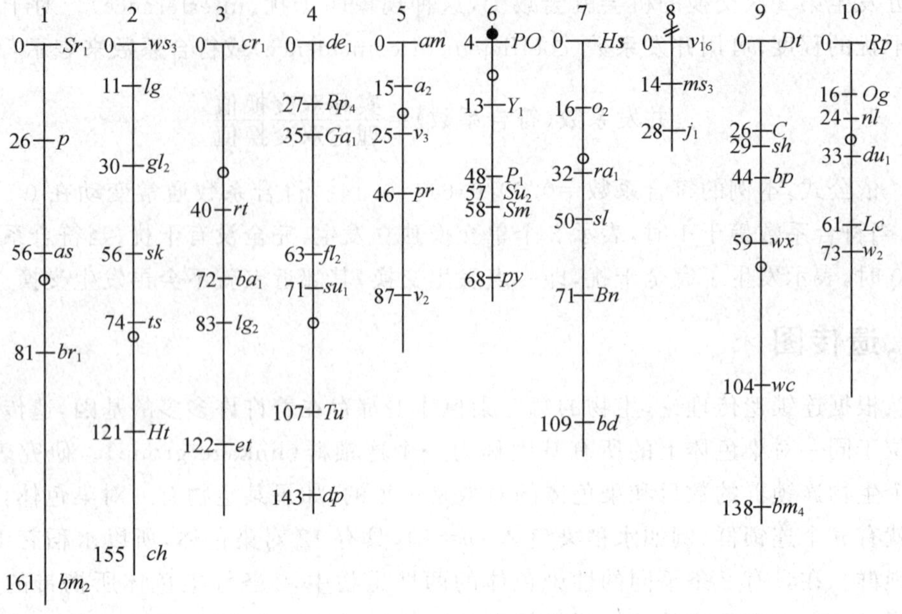

图 4-7　玉米遗传图中的部分基因

（引自季道藩，1991）

第四节　真菌类的遗传分析

真菌是生物界一个大的类群，有性过程中也存在着基因的连锁和交换，可用于遗传作图。本节我们以第二章介绍过生活史的链孢霉（红色面包霉）为例，说明真菌类的遗传分析方法。

链孢霉二倍体合子减数分裂产生的 4 个单倍体子囊孢子，遗传学上称为四分子（tetrad），所以对四分子进行的遗传分析称为四分子分析（tetrad analysis）。通过四分子分析，能够计算出基因和着丝粒之间的重组率，进而绘制遗传图。这种作图方法称为着丝粒作图（centromere mapping）。现在举例说明如下。

野生型的链孢霉在基本培养基上可以生长，用“＋”表示，赖氨酸缺陷型（lys^-）链孢霉只能在附加赖氨酸的基本培养基上生长，用“－”表示。它们有一对基因的差异，两种结合型杂交后，结合成为二倍体杂合子（＋/－）。在减数分裂中，等位基因（＋/－）有两种分离方式。如果基因与着丝粒间未发生交换，等位基因随着同源染色体的分离而分离，这称为第 1 次分裂分离（M_1）。如图 4-8 所示，在这种分离方式中，等位基因在减数第1次分裂时就进入不同的子细胞，而减数第2次分裂分离只是相同基因间的分离，因此在减数分裂的4个产物中，带有"+"基因的2个产物在一起，带有"-"基因的两个产物在一起，再经过一次有丝分裂，将形成8个子囊孢子的基因型排列顺序为++++----或----++++的亲型子囊。由于野生型子囊孢子发育快，在显微镜下显示黑色，缺陷型子囊孢子发育慢，显示灰色，所以在每个子囊里，8个子囊孢子4个都是黑色，4个都是灰色，这种 M_1 式的分离，将产生4个黑色子囊孢子在一起，4个灰色子囊孢子在一起的子囊。

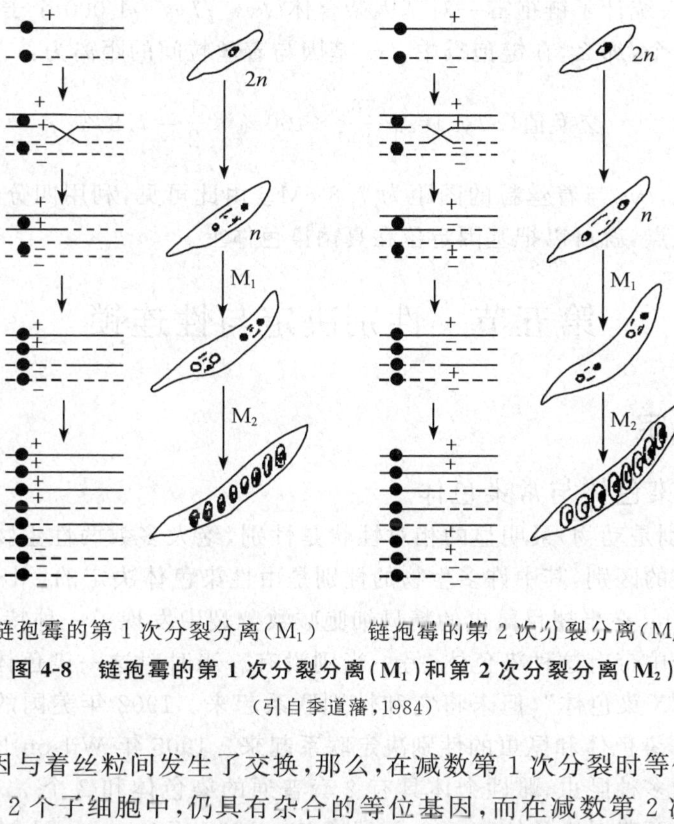

链孢霉的第1次分裂分离(M_1)　　链孢霉的第2次分裂分离(M_2)

图4-8　链孢霉的第1次分裂分离(M_1)和第2次分裂分离(M_2)

(引自季道藩，1984)

如果基因与着丝粒间发生了交换，那么，在减数第1次分裂时等位基因没有分离，在产生的2个子细胞中，仍具有杂合的等位基因，而在减数第2次分裂时等位基因才彼此分离，这称为第2次分裂分离(M_2)。这种 M_2 式分离的减数分裂4个产物中，含"+"和"-"基因的子囊孢子是相间出现的，再经过一次有丝分裂，将形成8个子囊孢子的基因型排列顺序为++--++--，++ ----++，--++--++，--++++--的4种交换型子囊。

从上面的分析可以看出，链孢霉一对基因杂合体在减数分裂后，可形成6种类型的子囊，包括 2 种亲型和 4 种交换型。亲型和交换型出现的比例与基因和着丝点的距离大小有关，两者距离近则交换型子囊少，反之交换型子囊多。因此，利用交换型子囊出现的比例，就可估算基因与着丝点的重组率。由于每个交换型子囊中只有半数是经过了染色体交换的重组型孢子，因此，其重组率应是交换型子囊几率的一半。假设不发生双交换（交换值＝重组率 RF），则交换值的计算公式为：

$$\text{着丝粒与某基因间的交换值}=\frac{\text{交换型子囊数}}{\text{总子囊数}}\times 100\%\times\frac{1}{2}$$

例如：有人统计了链孢霉一对基因杂合体（lys^+/lys^-）1 000 个子囊，结果交换型子囊为 156 个，那么，在链孢霉中，*lys* 基因与着丝粒间的距离为：

$$\text{交换值}(c\text{-}lys)=\frac{156}{1\ 000}\times 100\%\times\frac{1}{2}=7.8\%$$

也就是说，*lys* 与着丝粒的图距为 7.8 cM。由此可见，利用四分子分析，以着丝粒为一个位点，就可以把基因定位在真菌染色体上。

第五节　性别决定与性连锁

一、性别决定

（一）性染色体与常染色体

生物（特别是动物）最明显的相对性状是性别，绝大多数两性生物都有雌性个体和雄性个体的区别，其中许多生物的性别是由性染色体决定的。1891 年德国细胞学家 Henking 在半翅目昆虫的精母细胞减数分裂中发现了一种特殊的染色体，在一半的精子中带有这种染色体，另一半则没有。当时对这一染色体的性质不理解，所以称为“X 染色体”，但未将它和性别联系起来。1902 年美国的 McClung C E 第 1 次把 X 染色体和昆虫的性别决定联系起来。1905 年 Wilson E B 发现半翅目和直翅目的多种昆虫，雌性个体具有 2 套普通的染色体和 2 个 X 染色体，而雄性个体具有 2 套普通染色体和一个 X 染色体。1908 年 Stevens N M 发现果蝇的性染色体为 *XY* 型，即精母细胞中有一个 X 染色体和一个与它同源的 Y 染色体（图 4-9）。后来大量的研究证明，在许多两性生物的细胞，都含有 2 套普通的染色体和与性别有关的一条或一对染色体。遗传学上把前一类染色体称为常染色体（autosome，A），把后一类染色体称为性染色体（sex-chromosome）。

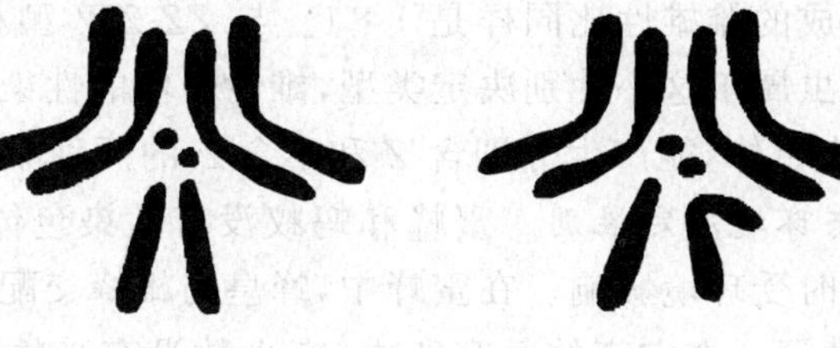

图 4-9　果蝇的常染色体和性染色体

（引自朱军，2002）

（二）性别决定

1．性染色体决定性别　由性染色体决定性别的类型主要有 2 种：

（1）*XX-XY* 型性别决定　这是生物界两性生物中较为普遍的性别决定类型，人类、哺乳类、某些两栖类、鱼类、某些昆虫和雌雄异株植物（大麻等）等的性别决定都是属于这种类型。这种类型中，雌性性别是同配性别（homogametic sex）*XX*，只产生一种带有 X 染色体的雌配子；雄性个体是异配性别（heterogametic sex）*XY*，能产生分别含有 X 染色体和 Y 染色体的 2 种雄配子。因此，当雌雄配子结合受精时，含 X 染色体的卵细胞和含 X 染色体的精子结合成受精卵 *XX*，将发育为雌性；含 X 染色体的卵细胞和含 Y 染色体的精子结合成受精卵 *XY*，将发育为雄性；雌性和雄性的比例一般为 1∶1。

在人类的 46 条染色体中，22 对是常染色体，另一对 *XX* 或 *XY* 是性染色体，性别遗传图解如下：

男性　22 对 +*XY*　　　　女性　22 对 +*XX*

配子：22 个 +*X*　　　　配子：22 个 +*X*

　　　22 个 +*Y*

22 对 *XY*　　　　22 对 *XX*

男性　　　　女性

与 *XX-XY* 型相似的还有 *XX-XO* 型性别决定，雌性个体的性染色体为 *XX*，雄性个体的性染色体只有 1 条 X 染色体，能产生含 *X* 和不含 *X* 的两种雄配子。蝗虫、蟋蟀及某些植物（花椒）等属于这一类。

（2）*ZZ-ZW* 型性别决定：家蚕、鸟类、蛾类、蝶类及某些植物（草莓）等属于这一类型。这类性别决定与 *XX-XY* 型性别决定相反，雄性个体是同配性别 *ZZ*，只产生一种含 *Z* 的雄配子，雌性个体是异配性别 *ZW*，产生分别 *Z* 和 *W* 的两种配子。

雌雄配子结合，所形成的雌雄性比同样是 1∶1。与 *ZZ-ZW* 型相似的还有 *ZZ-ZO* 型，只有极少数的昆虫属于这一性别决定类型，雄性个体的性染色体是 *ZZ*，而雌性个体只含有 1 条 Z 染色体，能产生分别含 *Z* 和不含 *Z* 的两种雌配子。

2. 染色体倍数与环境决定性别　蜜蜂和蚂蚁没有性染色体的分化，性别由染色体的倍数决定，同时受环境影响。在蜜蜂中，蜂皇与雄蜂交配后，雄蜂死亡，蜂皇得到了一生需要的精子。在它产的每窝卵中，有少数没有受精，发育成雄蜂，只有 16 条染色体；而含有 32 条染色体的受精卵，当它获得 5 d 蜂皇浆这一特殊营养环境后，将发育成蜂皇（可育雌蜂），而仅获得 2～3 d 蜂皇浆的受精卵将发育成职蜂（不育雌蜂）。

3. 基因决定性别　玉米的性别由有关基因支配。隐性基因 *ba* 可使植株不形成雌花序，另一隐性基因 *ts* 可使雄花序发育成雌花序。因此，不同基因型的植株，其花序发育不同。在玉米中，*Ba_Ts_* 为正常雌雄植株，*Ba_tsts* 顶部和叶腋均为雌花序，*babaTs_* 仅有雄花序，*babatsts* 仅顶部有雌花序。若用雌性玉米植株与雄性杂合玉米植株杂交，子代仍然是雌性植株和雄性植株，比例为 1∶1：

ba ba tsts（♀）×（♂）*ba ba Ts ts*

↓

ba ba tsts　　　　*ba ba Ts ts*

♀　　　　　　♂　　　　比例为 1∶1

（三）性别畸形

性别畸形是两性生物中由于性染色体的增加、减少或其他因素影响使性别表现不正常的现象。人类性别畸形主要是由于性染色体的增加或减少、性决定的机制受到干扰而引起的。性染色体的增加或减少，产生了人类的几种性别畸形：①睾丸退化症（Klinefelter 综合征）：染色体组型为 *XXY*（47 条），多 1 条 X 染色体，外貌男性，身体比一般男性高，睾丸发育不全，不育；②卵巢退化症（Turner 综合征）：染色体组型 *XO*（45 条），缺 1 条 X 染色体，外貌女性，无生育能力，身体一般较矮，第 2 性征发育不良；③*XYY*（47 条）个体，多 1 条 Y 染色体：外貌男性，比普通人高，性情粗暴孤僻，有的智力较高，多数不育；④多 X 女性：X 染色体在 3 条以上，又称超雌体，组合为 *XXX*（47）和 *XXXX*（48），体形正常，除智力较差和有心理变态外，无其他症状，能正常生育；⑤多 X 男性：染色体组型为 *XXXY*（48）和 *XXXXY*（49），智力发育不良，眼距较宽，鼻梁扁平，无生育能力。

性别畸形发生的机理，主要是由于亲体生殖细胞在减数分裂过程中，性染色体的不分离而引起的，这种不分离在雌性细胞中产生 *XX* 卵子和不带性染色体的卵子，在雄性细胞中产生 XY 精子和不带性染色体的精子。

果蝇性别的畸变是由于性染色体 X 与常染色体组数平衡的变化引起的，当 $XX:AA=2:2=1$ 时为雌性果蝇，当 $X:AA=1:2=0.5$ 时为雄蝇，当 $XXX:AA=3:2=1.5$ 时为超雌蝇，当 $X:AAA=1:3=0.33$ 时为超雄蝇，当 $XX:AAA=2:3=0.67$ 时为中间型。

(四)性别的分化

性分化是指受精卵在性遗传决定的基础上，进行雄性或者雌性性状分化和发育的过程。这个过程和环境条件具有密切的关系，当环境条件符合正常性分化要求时，就会按照遗传基础所规定的方向分化为正常的雄体和雌体；反之就会偏离遗传基础所规定的性分化方向。我们讲的蜜蜂，受精卵决定了雌蜂性别，能否成为能育的雌蜂，取决于摄取蜂皇浆的多少。某些蛙类，雄性为 XY，雌性为 XX，如果让它们的蝌蚪在 20℃下发育，雌：雄＝1：1，在 30℃下发育则多为雄蛙。

雌雄异株的植物，性别往往决定于性染色体，雌雄同株的植物则没有性别决定，只有性别分化。在许多植物中，环境可直接影响到雌雄分化，栽培黄瓜、西瓜、南瓜时，在早期提供较多的氮肥，可以有效提高雌花数量；南瓜的某些品种在花形成期，若夜间温度降到 10℃左右时，可提高雌花的数量；给黄瓜连续光照几乎都开雄花，缩短光照则雌花多于雄花。

(五)性反转

在一些动物中，还存在着性反转现象，常听说的“牝鸡司晨”现象就是性反转的一个典型例子。一只母鸡原本能产蛋，后来突然停止产蛋，出现打鸣、羽毛艳丽等雄鸡的表征，甚至能和正常母鸡交配使后者产蛋并孵出小鸡。刘祖洞的研究表明，它的性染色体并没有改变而只是性器官发生了改变，其实验证据如下：

(母鸡)$ZW \times ZW$(性反转后的母鸡)

↓

ZZ，　ZW，ZW，　WW

1　　　2　　　死亡　故雄：雌＝1：2

据分析，“牝鸡司晨”的原因是母鸡的卵巢因病退化，本来已经退化为痕迹状态的精巢又发育起来，产生了精子。实际上许多动物在胚胎时期都形成雌雄两种生殖腺，如果性染色体决定将来发育成雌体，它的雌性生殖腺就继续发育起来，并且产生雌性激素，促进雌性性征的发育，同时抑制雄性生殖腺的发育；如果性染色体决定将来发育成雄体，则结果相反。这就是说，在大部分的脊椎动物里，虽然性别最初是由性染色体决定的，但是在性别发育的过程中还受到性激素的影响。

二、伴性遗传

1910年，摩尔根等在黑腹果蝇的群体中发现一只白眼雄蝇，研究表明，果蝇白眼性状的遗传与性别有关。随后，英国科学家 Doncaster L 发现舞毒蛾(*Lymantria dispar*)体躯颜色(黑色与白色)的遗传也与性别有关。之后，人们相继在家蚕、家鸡等由性染色体决定性别的生物及人类中发现了类似的现象。现在知道，很多两性高等生物具有性染色体，而染色体是基因的载体，于是不难理解一些控制其他性状的基因也在性染色体上。我们通常将位于性染色体上的基因所控制的某些性状总是伴随性别而遗传的现象称为性连锁(sex-linked)。其中，基因位于雌雄体共有的性染色体(X 或 Z)的，特称为伴性遗传(sex-linked inheritance)。

(一)果蝇的伴性遗传

果蝇许多性状如红眼白眼、褐体黄体等都是伴性遗传的。摩尔根用发现的白眼突变雄蝇与野生型的红眼雌蝇进行杂交试验，获得了以下结果(图 4-10)。

P　　红眼雌蝇 × 白眼雄蝇

↓

F_1　　红眼(雌蝇、雄蝇)

↓ 相互交配

F_2　　红眼 ：白眼 3 ：1

但：雌蝇全为红眼，雄蝇中，红眼：白眼＝1：1

图 4-10　果蝇眼色性状的伴性遗传试验

在这一杂交试验中，F_1 代为红眼，F_2 代红眼与白眼表现 3：1 的分离比率，说明果蝇红、白眼色性状是一对基因决定的遗传。但与一般孟德尔比率不同的是，F_2 雌蝇全部是红眼，没有白眼，而雄蝇的红眼和白眼各占一半，表明果蝇红、白眼色性状遗传与性别有关。摩尔根对这一现象的解释，是控制果蝇白眼性状的基因(w)在 X 染色体上，并且是隐性的，Y 染色体上没有这个基因的等位基因，因而白眼雄蝇亲本的基因型为 $X^w Y$；与白眼雄蝇交配的红眼雌蝇是一个纯合体，基因型为 $X^{\overline{W}}X^{\overline{W}}$；决定白眼、红眼性状的 w、$\overline{W}$ 基因随着性染色体的分离而分离，因此亲代中雌蝇产生一种基因型的卵子 $X^{\overline{W}}$，而雄蝇产生两种基因型的精子 X^w 和 Y，子 1 代的基因型为 $X^{\overline{W}}X^w$ 和 $X^{\overline{W}}Y$，雌雄个体均表现为红眼，所以 F_1 相互交配产生的 F_2 中，雌个体全为红眼，雄个体的一半为红眼，一半为白眼(图 4-11)。

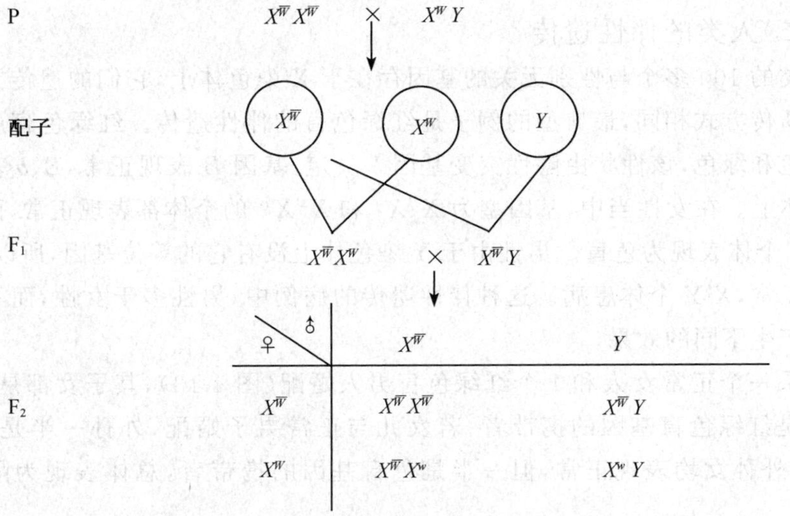

图 4-11　果蝇眼色性状伴性遗传实验的解释

这一解释是否正确呢？摩尔根从几个方面进行了验证，这里只介绍其中最重要的一个。根据以上解释，则白眼雌蝇应是一个基因型纯合的个体，与红眼雄蝇交配产生的子代中，雌蝇应该全部是红眼，雄蝇应该全部是白眼，即父亲将其性状传给了女儿，母亲的性状传给了儿子，表现交叉遗传现象（图 4-12）。摩尔根这方面的试验结果和预期的完全相同，其他方面的试验结果也都和预期的相同，于是他的解释得到了充分的验证。

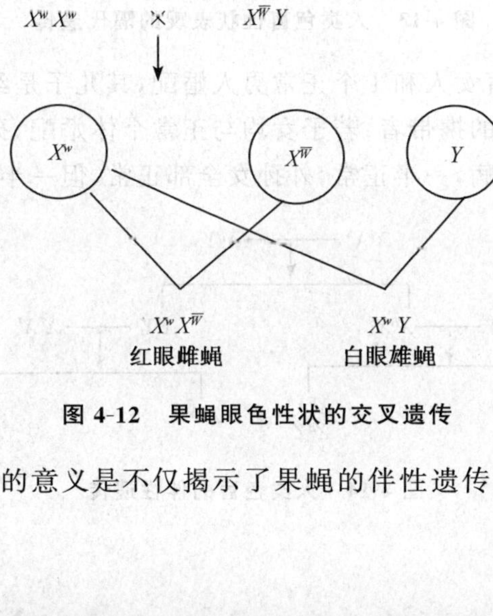

图 4-12　果蝇眼色性状的交叉遗传

摩尔根这一工作的意义是不仅揭示了果蝇的伴性遗传规律，而且第 1 次把一个特定的基因定位在一个特定的染色体上。

（二）人类的伴性遗传

人类的100多个与性别无关的基因存在于X染色体上，它们的遗传方式与果蝇伴性遗传方式相同，最典型的例子是红绿色盲的伴性遗传。红绿色盲患者不能分辨红色和绿色，该性状由隐性突变基因 b 决定，基因 B 表现正常，B、b 基因位于X染色体上。在女性当中，基因型为 X^BX^b 和 X^BX^B 的个体都表现正常，而只有纯合 X^bX^b 个体表现为色盲。男性由于Y染色体上没有它的等位基因，所以 X^BY 个体表现正常，X^bY 个体患病。这种伴性遗传的病例中，男性多于女性，而不同的婚配方式产生不同的效果。

如果一个正常女人和1个红绿色盲男人婚配（图4-13），其子女都是正常的，但女儿是红绿色盲基因的携带者；若女儿与正常男子婚配，外孙一半是患病，一半正常，外孙女均表现正常，但一半是色盲基因的携带者，总体表现为隔代遗传现象。

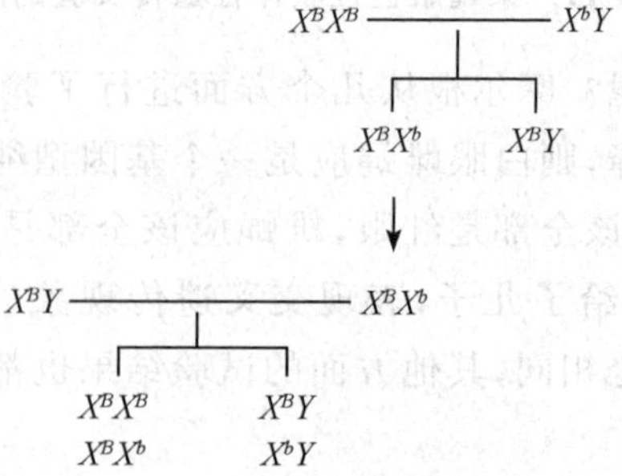

图4-13 人类色盲性状表现的隔代遗传

如果1个红绿色盲女人和1个正常男人婚配，其儿子是红绿色盲患者，女儿正常，但为红绿色盲基因的携带者；若子女均与正常个体婚配，孙子正常，孙女正常但为携带者，外孙一半患病，一半正常，外孙女全部正常，但一半为携带者（图4-14）。

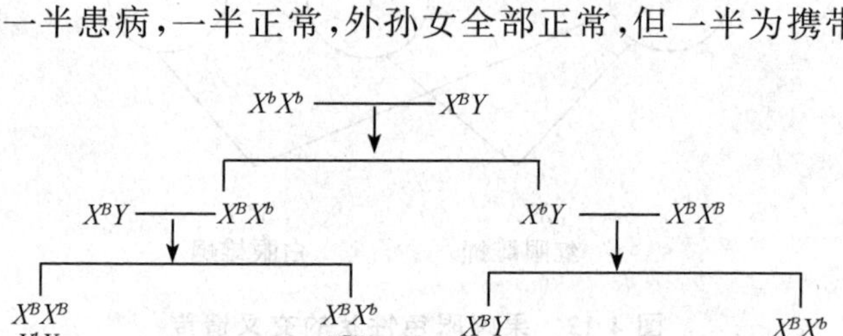

图4-14 人类色盲的伴性遗传

人类的血友病也是伴性遗传的，由 h 基因决定，患者的血液中缺少一种凝血因子——因子Ⅷ（抗血友病球蛋白），所以受伤流血时，血液不易凝结，大多因很小的伤口而引起死亡。此外，γ-球蛋白贫血症也是一种常见的伴性遗传病。由于缺少抗体，容易受细菌侵染而得病。人类伴性遗传的性状还有葡萄糖-6-磷酸脱氢酶（G-6-PD）缺乏症、Duchenne 型肌营养不良、次黄嘌呤鸟嘌呤酸核糖核苷转移酶（HGPRT）缺乏症等。

（三）鸡的伴性遗传

在家鸡中，芦花色的羽毛性状是伴性遗传性状，芦花基因 B 对非芦花基因 b 为显性，位于 Z 染色体。如用芦花的母鸡与非芦花的公鸡杂交，子代产生非芦花母鸡和芦花公鸡，表现为交叉遗传（图 4-15）。

P　　芦花母鸡　$Z^BW \times Z^bZ^b$　非芦花公鸡

↓

子 1 代　　Z^BZ^b　　Z^bW

芦花公鸡　　非芦花母鸡

图 4-15　家鸡羽毛性状的伴性遗传(1)

若用非芦花的母鸡与芦花的公鸡杂交，子 1 代公、母鸡全为芦花鸡，子 1 代公、母鸡交配后，子 2 代中的公鸡全为芦花，母鸡有一半是芦花，一半是非芦花（图 4-16）。

P　　非芦花母鸡　$Z^bW \times Z^BZ^B$　芦花公鸡

↓

子 1 代　　$Z^BZ^b \times Z^BW$　　全为芦花

↓

子 2 代　　Z^BZ^B　Z^BZ^b　Z^BW　Z^bW

芦花公鸡　芦花母鸡　非芦花母鸡

图 4-16　家鸡羽毛性状的伴性遗传(2)

（四）高等植物的伴性遗传

女娄菜的性别决定为 $XX-XY$ 型，有阔叶和细叶 2 种类型，阔叶基因 B 对细叶基因 b 显性，位于 X 染色体上，Y 染色体上没有等位基因，同时还有一种现象是带有 b 基因的花粉是致死的，因而没有 X^bX^b 纯合细叶雌株存在。有人进行了下面 3 个实验：

用显性纯合的阔叶作母本，与细叶父本杂交，子代只得到阔叶雄株个体。

$X^BX^B \times X^bY$

↓

♀ \ ♂	X^b	Y	
X^B	—	X^BY	阔叶

用杂合的阔叶作母本，与细叶父本杂交，子代全为雄株，且阔、细叶各占一半。

$X^BX^b \times X^bY$

↓

♀ \ ♂	X^b	Y	
X^B	—	X^BY	雄株阔叶
X^b	—	X^bY	雄株细叶

用杂合阔叶作母本，与阔叶父本杂交，子代雌株全为阔叶，雄株中阔、细叶各占一半。

$X^BX^b \times X^BY$

↓

♀ \ ♂	X^B	Y	
X^B	X^BX^B	X^BY	雌株全阔叶
X^b	X^BX^b	X^bY	雄株阔：细叶＝1：1

三、限性遗传和从性遗传

限性遗传(sex-limited inheritance)指那些只在某一性别表现的性状的遗传。

这类性状的遗传，有一部分是由于基因位于雌雄的一方所特有的性染色体(Y或W)。例如人类的耳廓多毛症是Y染色体上基因决定的性状。经系谱调查，毛耳性状只能由父亲传给儿子，不传给女儿，所以在人群体中，凡是毛耳者都是男性。人类鱼鳞皮病也属限雄遗传。

还有一部分则是基因位于常染色体上，但受生物体性别、年龄等内在环境影响，因而只在一种性别的个体上表现。例如奶牛的泌乳量、产仔数、家鸡的产蛋量等性状，就只在雌性中表现。实际上这些基因在雄体中同样存在，所以通过对公牛的选择可以提高其女儿的泌乳量。

从性遗传(sex-conditioned inheritance)是指在2个性别中都表现的，由常染色体上的基因决定的性状，由于内分泌等因素的影响，在一种性别表现显性，在另一种性别表现隐性。例如，人类的早秃基因，对男性的影响大于女性，男性中秃顶对非秃顶为显性，而在女性中则为隐性，所以杂合体男性表现为秃顶，而女性则正常。在动物中，某些绵羊角的遗传属于从性遗传，受常染色体上的一对基因(H和h)控制。基因型为HH的羊，雌雄个体均有角，基因型为hh的羊雌雄均无角。用一只有角的雌羊HH与一只无角的雄羊hh交配，子1代Hh雌性无角，雄性有角。子2代中，雌性有角与无角之比为1∶3，而雄性的有角与无角之比为3∶1，由此可见，在雌羊中h无角是显性，在雄羊中h有角是隐性(图4-17)。

P　　有角雌羊　$HH \times hh$　无角雄羊

↓

子1代　　Hh(雌性无角，雄性有角)

↓

子2代	$1HH$	$2Hh$	$1hh$
雌性：	有角	无角	无角
雄性：	有角	有角	无角

图4-17　绵羊角的从性遗传

第六节　连锁遗传的应用

摩尔根在发现连锁遗传规律的同时，首次将基因定位在染色体上。连锁基因间染色体区段的交换是基因重组的基础，通过连锁遗传分析可以确定连锁基因在染色体上的顺序和距离，知道它们之间的连锁程度。遗传图所包含的这些信息，在动、植物育种中为重要基因的重组与选择提供了重要的依据。

一、交换值与育种群体规模

在育种工作中，根据连锁基因间的距离(或交换值)，可以估计杂种后代各性状重组个体出现的概率。交换值大的性状之间，发生重组可能性大，选择所需群体小，育种工作量小；而交换值小的性状，重组个体出现机会少，后代选择需要较大的群体。如果连锁紧密，重组机会更少，为获得重组类型，往往需要采用辐射、回交等方法，增加重组类型出现的机会。在杂交育种过程中，育种家能够根据基因间的连锁程度、涉及的基因对数等，估算理想类型出现几率，确定选择群体规模，提高育种工作预见性。

例：在 4 对优良基因的选择中，假设杂交两亲本的基因型为 *AABBccdd* 和 *aabbCCDD*，从连锁图上知 *a*、*b* 基因在一个连锁群上，交换值为 20%，*c*、*d* 基因在另一连锁群上，交换值为 10%。育种要求在 F_3 代形成基因型为 *AABBCCDD* 的优良株系 5 个，问 F_2 至少应种植多大群体？

解：为在 F_3 代形成基因型 *AABBCCDD* 的 5 个株系，则 F_2 代至少需要获得该基因型的个体 5 株。而 F_2 代中的该基因型个体是由 F_1 代产生的 *ABCD* 雌、雄配子结合而成。由 *ABCD* 配子的几率能估算出 *AABBCCDD* 出现的几率，进而估算出 F_2 应种植的群体。

已知 *a*、*b* 基因的交换值为 20%，亲型的 *AB* 产生的几率应为（1－20%）×1/2＝40%；*c*、*d* 基因的交换值为 10%，亲型的 *CD* 产生的几率应为（1－10%）×1/2＝45%。两者自由组合，则 *ABCD* 配子的几率为 40%×45%＝18%。所以 *AABBCCDD* 出现的几率为 18%×18%＝3.24%，为获得该基因型个体 5 株，至少需要种植 154 株。

二、连锁与间接选择

基因连锁也是性状间存在遗传相关的原因之一，因而，对于那些连锁比较紧密的性状，利用性状间的遗传相关进行间接选择，可以大大提高育种效率。例如，大麦秆锈病基因与抗散黑穗病基因有紧密的连锁关系，如果注意选择抗秆锈病的个体，就有很大可能同时得到抗散黑穗病的材料。

三、性连锁理论的应用

家养动物的价值有时因性别不同而不同，控制性别有时会产生更大的经济效益。例如，雄蚕吐的丝，品质和产量都比雌蚕的高，所以蚕农喜欢养雄蚕。育种家用 X 射线处理蚕蛹，使蚕第 2 染色体上载有斑纹基因的片段易位到 W 染色体上，因雌蚕为 *ZW* 型，故有斑纹者为雌蚕，而雄蚕为白色，使蚕农可以在幼蚕期将雄蚕挑出来饲养。

性连锁理论在控制人类一些不良的伴性遗传上也有重要意义。例如，人类的红绿色盲、血友病等由 X 染色体上隐性基因控制的疾病，大多是在男性个体上发病，如果正常男性与患病女性婚配，子女中，女孩将表现正常，男孩将患病。因此，可选择性地生女孩而不生男孩。

内容提要

连锁遗传的表现　位于同一染色体上的基因常有连锁在一起传递的现象。杂合体的 2 对基因完全连锁时只产生两种亲型配子，不完全连锁则产生两种亲型配子(多)和两种重组型配子(少)。

连锁遗传的细胞学基础　位于同一条染色体上的基因,减数分裂时多以染色体为单位进入配子。2对基因间的染色体区段发生交换时,可导致基因重组,于是形成一定数目的重组型配子。基因间的距离越大,则发生交换的频率越高,形成重组型配子的频率也越高。

重组率　重组型配子数目占配子总数的百分率称为重组率。

$$重组率(RF)=\frac{重组型配子}{总配子}\times 100\%$$

交换值　反映孢母细胞在连锁基因之间的染色体区域发生交换的机会,包括单交换和双交换。双交换是连锁基因之间的染色体区域同时发生2个交换的现象,这种交换将不产生重组型配子。

$$交换值(\%)=重组率(\%)+双交换值(\%)$$

基因定位　通过两点测验和三点测验可对3对或3对以上的连锁基因进行基因定位。

两点测验在确定3对基因的位置时,需进行3次杂交和3次测交,分别计算两两基因间的交换值;再通过比较各基因间交换值的大小,确定基因的排列顺序。两点测验在基因距离超过5个遗传单位时难免发生的双交换被忽略,准确度略低。

三点测验在确定3对基因的位置时,只进行1次杂交和1次测交。首先根据测交子代所反映的亲型配子和双交换型配子,确定3对基因的顺序;再根据重组率和双交换值估算相邻基因间的交换值。三点测验减少了环境对试验的影响,同时,能够将双交换也估计进去,因而准确性高。

遗传图　同一染色体的连锁基因构成一个连锁群,将各个连锁群的基因顺序和相对距离标示出来,即构成遗传图,或称为染色体图。2个基因在遗传图上的距离称为图距,图距单位为“厘摩”(cM),1 cM相当于1%的交换值。

四分子分析与着丝粒作图　是真菌遗传分析的主要方法。它以着丝粒为位点,计算基因与着丝粒之间的距离,并绘制遗传图。基本原理是发生交换和不发生交换所形成的四分子产物,等位基因在排列方式上不相同。根据重组率可估算出基因与着丝点的距离:

$$着丝粒与某基因间的重组率\ RF=\frac{交换型子囊数}{总子囊数}\times 100\%\times\frac{1}{2}$$

性别决定　性别决定是两性生物性别分化的基础。其主要形式是性染色体决定，常见的有 *XX-XY* 决定，和 *ZZ-ZW* 决定，前者称为雄性异配子型，后者称为雌性异配子型。

性连锁 性染色体上还存在着许多与性别无关的其他基因，这些基因决定的性状与生物体性别之间表现连锁遗传，称为性连锁。其中，基因位于 X 或 Z 染色体上的，特称为伴性遗传；基因位于 Y 或 W 染色体上的，特称为限性遗传。

复习思考题

1. 试述完全连锁和不完全连锁遗传的特点及规律。
2. 简述 2 对基因连锁遗传和独立遗传的表现特征。
3. 简述四分子分析与着丝粒作图的基本原理。
4. 何谓同配性别和异配性别，在 *XX-XY* 和 *ZZ-ZW* 两种性别决定中有何不同？
5. 何谓限性遗传和从性遗传。
6. *a*、*b* 2 基因位点的染色体距离为 10 个遗传单位，假定有 1 000 个孢母细胞的基因型为 *Ab*/*aB*，试求在减数分裂中，有多少个孢母细胞可能在 *a*、*b* 两基因之间发生交换，能形成哪几种配子？其比例如何？
7. 在玉米中，茎秆红色(*G*)对绿色(*g*)显性，高秆(*H*)对矮秆(*h*)显性，用纯合的红色、高秆品系与纯合的绿色、矮秆品系杂交，F_1 为红色、高秆，F_1 与纯合隐性亲本绿色、矮秆品系测交，得到下列子代：
   红色、高秆 265 株；绿色、矮秆 275 株；红色、矮秆 31 株；绿色、高秆 29 株。试问：(1)这 2 对基因是否连锁？若连锁，交换值是多少？(2)若红色、高秆的 F_1 代自交，F_2 代中出现纯合的红色、矮秆个体的几率是多少？
8. 已知连锁遗传的基因 *t*、*r* 的交换值为 20%，(1)试写出杂合体 *Tr*/*tR* 与隐性纯合个体测交，测交子代的基因型和比例。(2)杂合体 *Tr*/*tR* 自交，自交子代中 *TTRR* 个体出现的几率。
9. 家鸡的羽色只要有 *c* 和 *o* 基因两者纯合或任何一个处于纯合状态就表现白色，有色要有 2 个显性基因 *C* 和 *O* 同时存在。今有一基因型为 *CCoo* 的雌性个体与一基因型为 *ccOO* 的雄性个体交配，子 1 代为有色个体，子 1 代与双隐性个体 *ccoo* 测交，测交子代中有色个体 68 只，白色个体 204 只，问 *o*-*c* 基因之间有连锁吗？如有连锁，交换值是多少？
10. 番茄的 3 个突变基因 *o*(扁圆果实)、*p*(茸毛果)、*s*(复合花序)位于第 2 染色体上，用这 3 对基因完全杂合的杂种 F_1 个体与 3 对基因隐性纯合的个体进行测交，得到了下列结果：

测交子代表现型			数目
+	+	+	73
+	+	*s*	348
+	*p*	+	2
+	*p*	*s*	96
o	+	+	110
o	+	*s*	2
o	*p*	+	306
o	*p*	*s*	63
总　数			1 000

(1)确定这 3 个基因在第 2 染色体上的顺序和距离。

(2)计算符合系数。

11. 已知连锁遗传杂合体 Abc/aBC 中，a、b 之间的交换值为 20%，b、c 基因之间的交换值为 10%，在无干扰情况下，杂合体自交产生 8 种类型的配子。问：(1)由于 a、b 基因之间的单交换将产生哪 2 类配子？(2)3 对基因间双交换将产生那两类配子？(3)在无干扰情况下，由于 a、b 基因之间的单交换产生两类配子占总配子的比例，在符合系数 0.5 时，由于 a、b 基因之间的单交换产生两类配子占总配子的比例。

12. 基因型为 $AABBDD$ 的个体与基因型为 $aabbdd$ 的个体杂交，F_1 杂合体再与 3 隐性亲本测交，根据测交子代表现型推断 F_1 产生的配子类型和比例为：

ABD 20，abd 20，abD 20，ABd 20，Abd 5，aBD 5，aBd 5，AbD 5

据此推断 abd 基因是否连锁，若连锁，交换值是多少？

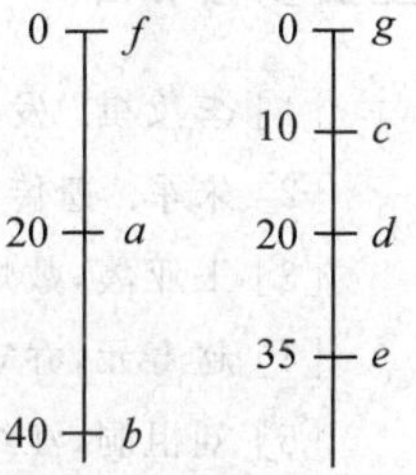

13. 已知某生物的连锁群如右图，假设基因型为 $AAbbCCdd$ 的个体与基因型为 $aaBBccDD$ 个体杂交，试问：(1)杂种 F_1 个体可产生哪些基因型的配子？比例如何？(2)F_2 产生基因型为 $aabbCCDD$ 个体的几率多大？

14. 果蝇的长翅(Vg)对残翅(vg)显性，灰体(B)对黑体(b)显性，2 对基因均位于果蝇第 2 对染色体上，vg 与 b 基因相距 18 个遗传单位，用长翅灰体的纯合雌蝇与残翅黑体的纯合雄蝇杂交，杂种 F_1 雌、雄蝇全为长翅灰体。问：

(1)取 F_1 长翅灰体雌蝇与残翅黑体雄蝇测交，测交子代基因型、表现型的种类与比例？

(2)取 F_1 长翅灰体雄蝇与残翅黑体雌蝇测交，测交子代基因型、表现型的种类与比例？

15. 要识别刚孵化小鸡的性别是困难的，但很容易区分它们的羽毛是芦花的还是非芦花的，利用芦花性状是位于 Z 染色体上显性基因(B)这一事实，试提出一个能在孵化后就可以鉴别出小鸡性别的杂交方案。

16. 果蝇的灰体(E)对黑檀体(e)是显性，该基因位于果蝇的第 3 染色体上，红眼(W)对白眼(w)显性，该基因位于 X 染色体上，用红眼灰体双杂合雌蝇与白眼黑檀体纯合雄蝇交配，后代基因型、表现型如何？

17. 纯合粉红眼雌果蝇与纯合猩红眼雄果蝇杂交，F_1 代雌果蝇为紫眼，雄果蝇为粉红眼，F_1 代雌雄果蝇杂交，F_2 获得了如下结果：

雌果蝇		雄果蝇	
紫　眼	500	粉红眼	400
粉红眼	500	猩红眼	400
		白　眼	100
		紫　眼	100

试问：(1)控制该性状的基因可能位于什么染色体上？

(2)该性状受几对基因控制？基因间的作用如何？请验证。

(3)控制性状的基因是否连锁？如果连锁，计算其遗传距离，如无连锁，请说明其原理。

主要参考书目

[1] 李汝祺．发生遗传学．北京：科学出版社，1985.

[2] 朱军．遗传学．3 版．北京：中国农业出版社，2001.

[3] 王亚馥，戴灼华．遗传学．北京：高等教育出版社，2003.

[4] 赵寿元，乔守怡．现代遗传学．北京：高等教育出版社，2001.

[5] 刘祖洞，江绍慧．遗传学．上册．2 版．北京：高等教育出版社，1996.

[6] Gardner，E J et al. Principles of Genetics. 8. ed. New York：John & Wiley Inc.，1991.

[7] Russell，P J Essential Eenetics. 2nd ed. London：Blackwell Scientific Publications，1990.

[8] Klug W S et al. Concept of genetics. New York：Macmillan Publishing Company，1991.

[9] Suzuki D T et al. An Introduction to Genetic Analysis. New York：W H Freeman and Company，1989.

[10] George H Liang. 植物遗传学. 顾铭洪，黄铁城等译. 北京：北京农业大学出版社，1989.

第五章　细胞质遗传

遗传信息传递的3个基本定律反映细胞核(染色体)基因控制的性状的遗传方式。这种遗传方式称为细胞核遗传(nuclear inheritance)。后来人们发现,生物除大多数性状受核基因控制外,还有一些性状受细胞质基因控制,如绿色植物的光合与呼吸就与细胞质基因有关,20世纪60年代更获得了叶绿体和线粒体存在DNA的直接证据。现在知道,由细胞质基因控制的性状具有其特殊的遗传方式。

第一节　细胞质遗传的一般特征

一、细胞质遗传的概念

生物的细胞质基因存在于叶绿体、线粒体、中心粒、动粒、膜体系等细胞器,以及质粒、共生体等非细胞器。

由细胞质基因所决定的遗传方式,称细胞质遗传(cytoplasmic inheritance),又称为核外遗传(extra-nuclear inheritance)或非染色体遗传(non-chromosomal inheritance)。这种遗传方式不遵循孟德尔的遗传规律,所以又称为非孟德尔式遗传(non Mendelian inheritance)。

二、细胞质遗传的发现

1909年,Carl Correns研究了紫茉莉花斑叶色遗传。紫茉莉俗称胭脂花,因花瓣可提取胭脂而得名。在紫茉莉中有一种花斑植株,长有3种不同类型的枝条。除正常绿色枝条以外,有白色枝条,上面长出的叶片也是白色的;还有白色、绿色相间排列的花斑状枝条,其上长出的叶片也是花斑状。花斑叶片的白色部分和绿色部分有明显的界限。用显微镜检查绿色的叶片或花斑叶的绿色部分,细胞中含有正常的叶绿体,而检查白色的叶片和花斑叶的白色部分,则细胞中缺乏正常的叶绿体,而是一些败育的无色颗粒。在紫茉莉花斑植株中,不论是绿色枝条、白色枝条或花斑枝条,其上都可开花。用3种类型枝条上的花进行杂交试验(表5-1),结果同一杂交组合正反交 F_1 的表型不同,与孟德尔定律不相符合。例如,绿色×白色→绿色,白色×绿色→白色。其次,所有 F_1 的表型与母本相同,而与父本无关。如白色×绿色→白色,白色×花斑→白色。在以花斑叶枝条为母本时,则无论用哪一种类型枝条的花粉授粉,其后代都有白色、绿色和花斑叶 3 种类型,而且这些类型之间没有一定的比例。据分析,这是因为母本卵细胞质中的叶绿体和白色体,在受精卵分裂和个体发育过程中分配不均等的缘故。

表 5-1 紫茉莉花斑植株不同类型枝条花的杂交试验结果

接受花粉的枝条	提供花粉的枝条	杂种植株的表现
白色	白色	白色
	绿色	
	花斑	
绿色	白色	绿色
	绿色	
	花斑	
花斑	白色	白色、绿色、花斑
	绿色	
	花斑	

继 Correns 的紫茉莉杂交试验后,在藏报春、月见草、玉米、菜豆、天竺葵等植物中也报道了类似的结果。人们把这类遗传现象称为细胞质遗传。1962 年 Ris H 和 Plaut W 用电子显微镜和细胞化学方法证明衣藻叶绿体中含有 DNA。同年在小鸡线粒体中也发现了 DNA。这些细胞器 DNA 正是细胞质遗传的物质基础。

三、细胞质遗传的特征

在真核生物的有性繁殖过程中,卵细胞内除细胞核外,还有大量的细胞质及各种细胞器;而精细胞内除细胞核外,没有或极少含有细胞质。因此,就细胞质来说,雌雄两性配子的贡献不同。在受精后形成的双倍体合子中,细胞核基因组是由双亲提供的,细胞质基因组则主要由母本提供。因此,细胞质基因主要通过卵细胞传递给子代(图 5-1)。这样,由细胞质基因决定的性状,遗传方式与细胞核基因决定的性状有着不同的特点:①正交和反交的结果不同,F_1 通常只表现母本的性状,所以细胞质遗传又称为母性遗传;②遗传方式是非孟德尔式的,杂种后代一般不表现一定比例的分离;③连续回交时,作为母本的非轮回亲本的细胞质基因不会被轮回亲本的所替换。

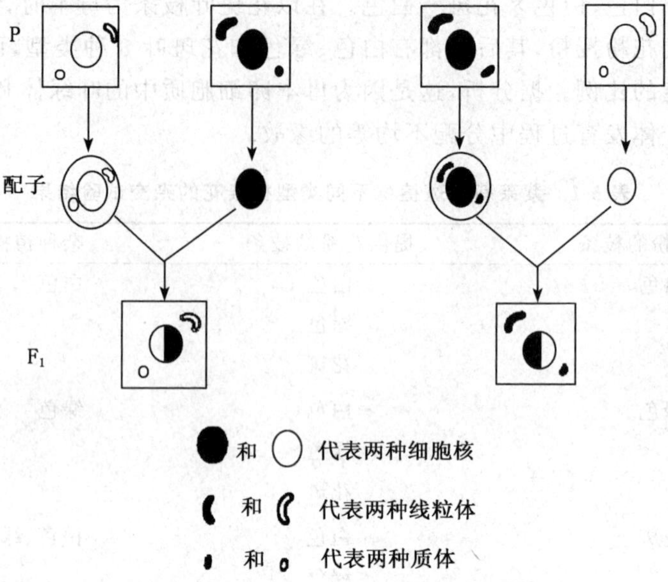

图 5-1 细胞质遗传正反交遗传差异模式图

(引自朱军,2002)

第二节 母性影响与基因组印记

生物界有 2 种遗传现象需要同细胞质遗传加以区别。它们分别是母性影响和基因组印记。

一、母性影响

母性影响又称为母性效应(maternal effect)。它是指子代个体某一性状的表现由母体的核基因型,或积累在卵细胞中的核基因产物所决定,而不受子代个体本身基因型的支配,从而导致子代表型与母本表型相同的现象。

我们知道,高等动植物中的卵细胞,含有多种母体基因的产物,而这些基因产物对合子的发育是十分重要的。母体基因产物的合成以及在卵细胞中的分布严格受母体核基因控制。如果这些核基因发生突变,将导致卵细胞质的组成发生改变,进而影响合子的正常发育或子代表型的异常。我们把这些基因称为母性影响基因(maternal-effect gene)。研究母性影响基因在胚胎发育过程中的作用,有助于人类对胚胎发育过程的了解。因此，母性影响基因的研究已成为现代遗传学中最活跃的研究领域之一。

作为母性影响的一个典型实例是椎实螺外壳旋转方向的遗传。

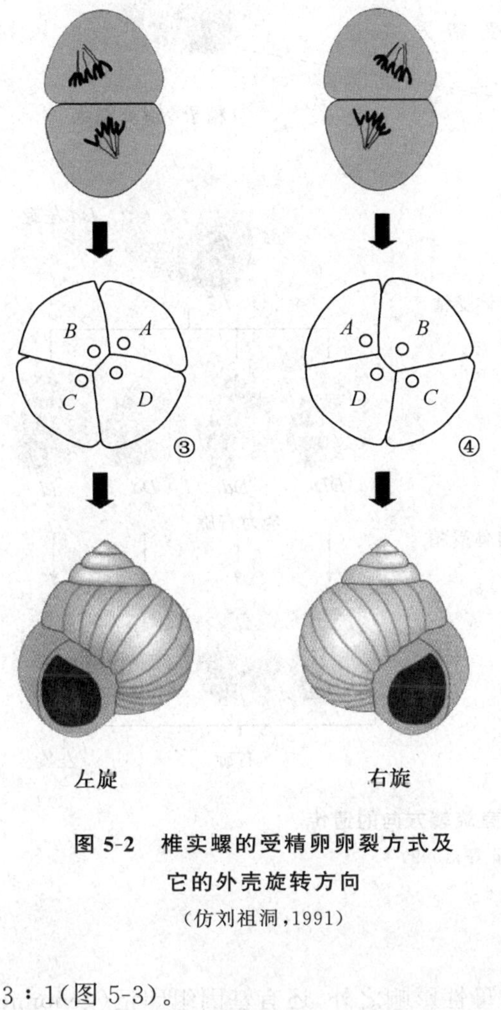

图 5-2　椎实螺的受精卵卵裂方式及它的外壳旋转方向

（仿刘祖洞，1991）

椎实螺是一种雌雄同体的软体动物，每一个体能同时产生卵子和精子。椎实螺一般通过异体受精进行繁殖，若把椎实螺单独培养，它们又可进行自体受精。螺类的受精卵是螺旋式卵裂。如图 5-2 所示，椎实螺外壳旋转方向是由受精卵第 1 次和第 2 次分裂时的纺锤体分裂方向所决定的。受精卵纺锤体向中线的右侧分裂时为右旋，向中线的左侧分裂时为左旋。

椎实螺外壳右旋对左旋为显性，如果 *DD*（母本）×*dd*（父本），*D* 基因的产物存在卵细胞质中，受精卵第 1 次和第 2 次分裂时纺锤体向中线的右侧分裂，子 1 代个体为右旋。子 1 代个体基因型是 *Dd*，决定了子 2 代是右旋。但子 2 代基因型有 *DD*、*Dd* 和 *dd*，所以子 3 代表现右旋∶左旋＝3∶1。如果 *dd*（母本）×*DD*（父本），则 *dd* 基因的产物在卵细胞质中，受精卵纺锤体向中线的左侧分裂，子 1 代个体为左旋。子 1 代个体基因型为 *Dd*，所以子 2 代表现右旋。子 2 代基因型有 *DD*、*Dd* 和 *dd*，所以子 3 代表现右旋∶左旋＝3∶1（图 5-3）。

从以上实例可看到，母性影响属于细胞核遗传，而不属于细胞质遗传，它的表现具有以下特点：①正反交的结果不同，F_1 的表型同母本一样；②子代的表型由受精前的母本卵细胞状态决定；③遗传方式遵循孟德尔定律，只是子代的分离比例延迟表现，所以又称为延迟遗传（delayed inheritance）。

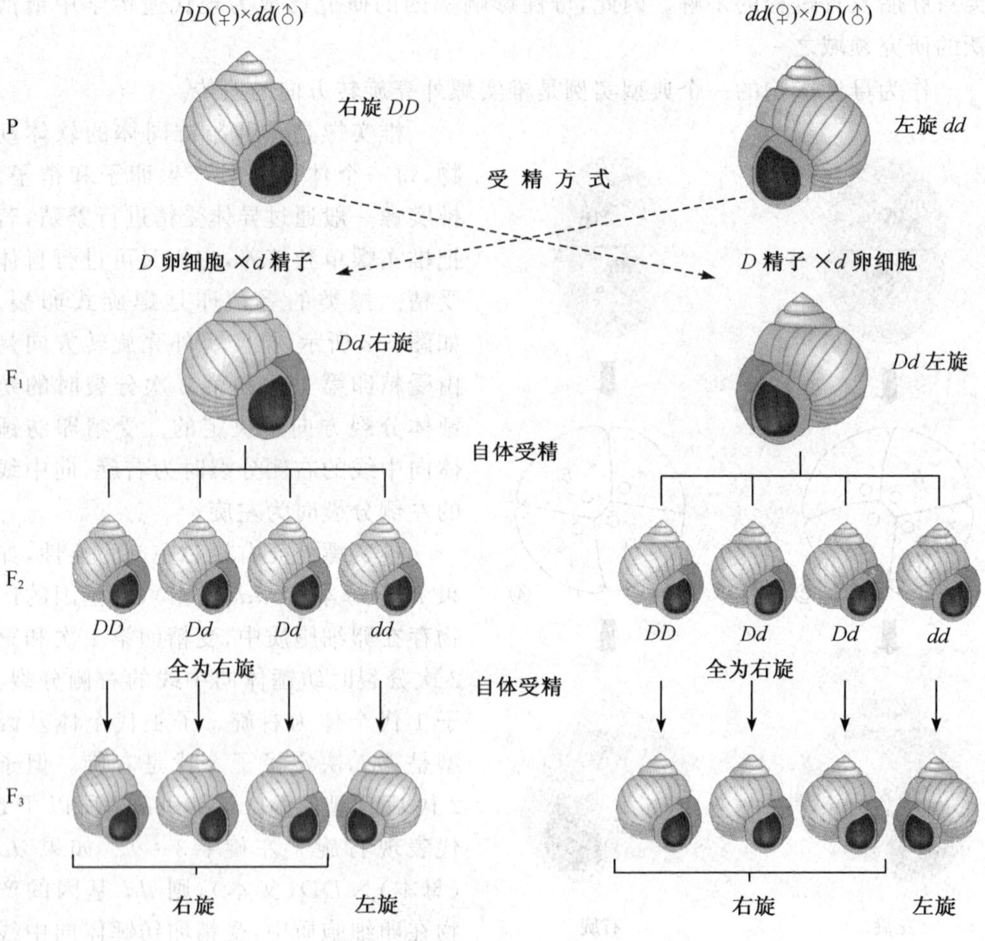

图 5-3　椎实螺外壳旋转方向的遗传

(引自 Klug 等,1999)

二、基因组印记

需要同细胞质遗传加以区别的,除了母性影响之外,还有基因组印记(genomic imprinting)。经典遗传学理论认为,在二倍体生物的基因组中,同一位点的等位基因,无论是父源的还是母源的,其遗传性质和表型特征是相同的。如正交♀AA×♂aa和反交♀aa×♂AA,子代基因型都是Aa,同一环境下正反交的表型是相同的。但是后来有一些实验结果出现了例外。

小鼠 *Igf2* 基因编码的胰岛素样生长因子-2,对小鼠的正常发育是必需的,

*Igf*2 基因突变(*Igf2m*)导致小鼠矮小。当正常小鼠(雌)与突变的矮小小鼠(雄)杂交时,子 1 代为矮小的小鼠。若反交,则产生正常的子 1 代。

♀*Igf2 Igf2* × ♂*Igf2m Igf2m*	♀*Igf2m Igf2m* × ♂*Igf2 Igf2*
正常小鼠 ↓ 矮小小鼠	矮小小鼠 ↓ 正常小鼠
F_1　*Igf2Igf2m* 矮小小鼠	F_1　*Igf2Igf2m* 正常小鼠

上述杂交结果与母性影响十分相似,但它并不属于母性影响。因为 F_1 小鼠生长发育过程中所需要的胰岛素样生长因子-2 是由自身的(而不是母本的)*Igf*2 基因控制的。那么,究竟是什么原因导致上述杂交结果呢?研究发现,在 F_1 小鼠中,只有来自父本基因组的 *Igf*2 可以表达,而来自母本基因组的 *Igf*2 基因处于失活状态。虽然上述 2 个杂交实验的子代基因型均为杂合的 *Igf2Igf2m*,但第 1 个杂交中的 *Igf*2 基因来自母本,在子代中不能表达,所以表型为突变型。而在反交中,*Igf*2 基因来自父本,在子代中可以正常表达,所以表型正常。可见,小鼠 *Igf2-Igf2m* 等位基因的功能受到雌雄双亲基因组的影响,被打上了基因组的印记。

后来在高等植物中也发现了类似的遗传现象。如玉米有色糊粉层(*R*,花青素合成调节基因)对无色糊粉层(*r*)为显性,♀子粒有色(*RR*)×♂无色(*rr*),其子代为有色;若反交,即♀子粒无色(*rr*)×♂有色(*RR*),则其子代为花斑子粒或无色子粒。进一步研究证实这种现象与也与基因组印记有关。

基因组印记是指控制某一表型的等位基因依亲缘(父源或母源)的不同而呈现差异性表达。这种差异性表达称为亲缘性差异表达。有的只有父源的基因在子代中有转录活性,而母源的同一基因始终处于沉默状态。而另外一些基因的情况正好相反。现在我们把父源等位基因无转录活性者称为父系印记(paternal imprinting);把母源等位基因无转录活性者称为母系印记(maternal imprinting)。呈现上述现象的基因称为印记基因(imprinted gene)。

基因组印记是由于 DNA 结构的修饰导致基因表达的沉默,如 DNA 甲基化,组蛋白乙酰化、甲基化等。受精前来自父方和母方的等位基因具有不同的甲基化模式是导致基因亲缘性差异表达的主要原因。基因组印记过程是在配子形成时就已开始,使个体表现出上代遗传下来的基因组印记的效应。但当该个体产生自身的配子时,来自父方和母方的印记将全部被消除,然后再重新打上自身的基因组印记。

以上介绍的基因组印记,属于基因型未变化而表型发生可遗传变化的现象。这类现象统称为表观遗传变异(epigenetic variation),基因组印记是其中一种。

第三节 叶绿体遗传

一、叶绿体基因组

叶绿体是绿色植物细胞质基因存在的主要场所之一。我们通常将存在于叶绿体的所有基因，统称为叶绿体基因组。叶绿体基因组(chloroplast DNA,cpDNA)是裸露的(没有蛋白质同它复合的)环状双链 DNA 分子，大小在 120～200 kb 之间，在高等植物每个叶绿体内含有 30～60 个拷贝。每个拷贝都含有编码 tRNA、rRNA 以及 RNA 聚合酶、核糖体蛋白等 50 多种蛋白质的基因。据估计叶绿体 DNA 只占细胞 DNA 总量的 2%～4%。

被称为叶绿体基因组的这种 DNA 分子，能够独立地进行复制、转录以及蛋白质合成。但并不意味着它在遗传上的作用完全独立于细胞核遗传体系。如叶绿体的类囊体膜蛋白有 7 种由核基因编码，12 种由叶绿体基因编码。又如光合作用的关键性酶-1,5-二磷酸核酮糖羧化酶，由 8 个大亚基和 8 个小亚基组成，其中大亚基由叶绿体基因编码，而小亚基则由核基因编码。另外，叶绿素合成的酶系，电子传递系统以及光合作用中 CO_2 固定途径有关的许多酶，都由核基因编码。因此，叶绿体的自身结构和生理活动都需要核基因的参与并受其控制，这说明叶绿体基因组仅有相对的自主性或半自主性。

二、叶绿体遗传

Rhoades(1943)报道，玉米中有一种埃型条斑，表现为绿色植株上出现白色条斑，它是由玉米第 7 连锁群 *Ij* 基因突变为 *ij* 并达到纯合状态而产生的。*ijij* 基因型产生白色体，形成白化苗或条斑植株。白色体一旦产生，则通过母本自主传递。如果我们用 *ijij* 条斑株做父本，与 *IjIj* 正常绿株杂交，则 F_1 代(*Ijij*)表现绿色；F_2 代可存在 3 种基因型：*IjIj*，2*Ijij*，*ijij*，其中 *IjIj* 和 2*Ijij* 的细胞质含有叶绿体而无白色体，所以表现绿色，在群体中占 3/4；*ijij* 产生白色体，所以表现条斑或白化，在群体中占 1/4。若做反交，即以 *ijij* 条斑株为母本，与 *IjIj* 正常绿株杂交，则 F_1 代(*Ijij*)中可存在绿株、条斑株和白化苗，且没有一定的比例，这是母本的叶绿体和白色体不均等分配所致。再将 F_1 中的条斑株 *Ijij* 与正常绿株 *IjIj* 杂交，则后代中的 *IjIj* 和 *Ijij* 都可能因母本的叶绿体和白色体不均等分配而存在绿色株、条斑株和白化苗，表现细胞质遗传的特征。

P　♀正常绿 $IjIj$ × ♂ $ijij$ 条斑　　条斑 ♀ $ijij$ × ♂ $IjIj$ 正常绿
　　　　　　↓　　　　　　　　　　　　↓
F_1　　　$Ij\,ij$　正常绿　　　　　　$Ijij$（白色、绿色、条斑）
　　　　　　↓自交　　　　F_1　♀条斑　$Ij\,ij$ × ♂ $IjIj$ 正常绿
F_2　　$1IjIj$　$2Ijij$　$1ij\,ij$　　　　　↓
　　　　3 正常绿：1 条斑（或白色）　　　　绿色、白色、条斑

由上述杂交结果可以看出，玉米条斑叶未形成之前，Ij 基因具有细胞核遗传的行为。在核基因隐性纯合（$ijij$）时，会引起质体发生变异；一旦质体发生变异，就显示出细胞质遗传的特征，一直被持续下去，它的保持不再需要纯合 $ijij$ 基因的存在。

第四节　线粒体遗传

一、线粒体基因组

线粒体基因组一般是双链环状 DNA 分子（mitochondrial DNA，mtDNA），但也有线性的（一些低等真核生物，如绿藻）。不同物种的线粒体基因组大小变化较大，动物为 14～39 kb，植物为 200～2 500 kb。它在每个线粒体中至少有几个拷贝，有的多达 100 个。

线粒体体基因组主要包括和呼吸有关的基因，如细胞色素氧化酶的 3 个大亚基、细胞色素 b-c1 复合物的一个大亚基、ATP 酶的几个亚基、内膜几种蛋白质，以及 tRNA 和 rRNA 的基因。但线粒体上的其他 90 多种蛋白都是由核基因编码的，包括线粒体基质、内膜、外膜以及转录和翻译机构所需的大部分蛋白质。另外，线粒体 DNA 编码蛋白质的遗传密码与一般通用的密码有几处不同。如密码子 AUA 编码甲硫氨酸并作为起始密码子，而不是异亮氨酸密码子；AGA、AGG 则是终止密码子而不是精氨酸密码子。

综上所述，线粒体含有 DNA，具有复制、转录和翻译的功能，能合成与自身结构有关的一部分蛋白质，同时又依赖于核基因编码的蛋白质的输入。另外，它又能产生一种阻遏蛋白，阻遏核基因的表达。因此，线粒体是半自主性的细胞器，它与核遗传体系处于相互依存之中。

二、线粒体遗传

在细胞分裂过程中，线粒体在子细胞中的分配也是不均等的，但每个子细胞至少有一个线粒体。已知在真核生物有性生殖中，精子虽携带少量线粒体 DNA 进入卵细胞质，但随即扩散稀释，所以子代线粒体 DNA 来自母本，线粒体基因决定的性状表现细胞质遗传特点。例如，链孢霉的生长缓慢型(poky)是由于线粒体结构不正常，链孢霉不产生细胞色素氧化酶。如果我们用生长缓慢型与正常型链孢霉杂交，其中的原子囊果(相当于母本)属于正常型(+)而分生孢子(相当于父本)来自生长缓慢型(poky)，则所形成的全部子囊孢子都是正常型的。在反交情况下，则所形成的全部子囊孢子都是生长缓慢型的。这个结果与核基因决定的腺嘌呤缺陷型(ad^-)的遗传显然不相同，后者不论是正交还是反交，其结果基因型 ad^+ 和 ad^- 的子囊孢子都各占一半(图 5-4)。

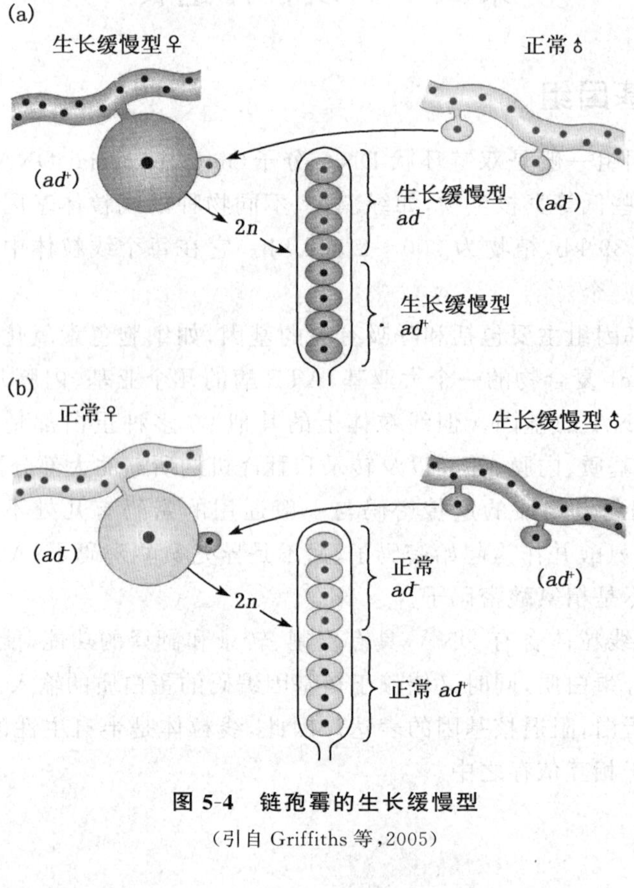

图 5-4 链孢霉的生长缓慢型

(引自 Griffiths 等，2005)

1949 年，Phrussi E 等人发现在正常通气的情况下，每个酵母细胞在固体培养基上都能产生多个圆形菌落，大小相近，但有 1%～2%的菌落比正常的小，其直径只有正常菌落的 1/3～1/2，称之为小菌落。这是因为小菌落酵母的细胞内缺少细胞色素 a 和 b 以及细胞色素氧化酶，不能进行正常的有氧呼吸，因而不能有效地利用有机物。由于线粒体是细胞的呼吸代谢中心，上述有关酶类也存在于线粒体中，因此推断这种小菌落的出现与线粒体基因组的变异有关。

第五节　共生体的遗传

在某些真核生物中存在着一种细胞质颗粒，它们并不是细胞生存的必需组成部分，而是以某种共生的形式存在于细胞中，因而被称为共生体(symbiont)。这种共生体颗粒能够自我复制，或在寄主细胞核基因组的作用下进行复制，连续地保持在寄主细胞中，并对寄主的表现产生一定的影响。

一、草履虫的繁殖

草履虫是一种常见的原生动物，种类很多。一般有 1 个大核，是多倍体，主要负责营养；2 个小核是二倍体，主要负责遗传(图 5-5)。草履虫既能进行无性生殖，又能进行有性生殖。无性生殖时，1 个个体经有丝分裂成为 2 个个体，基因型与原来一样。有性生殖采取接合的方式，分自体接合和异体接合两种。

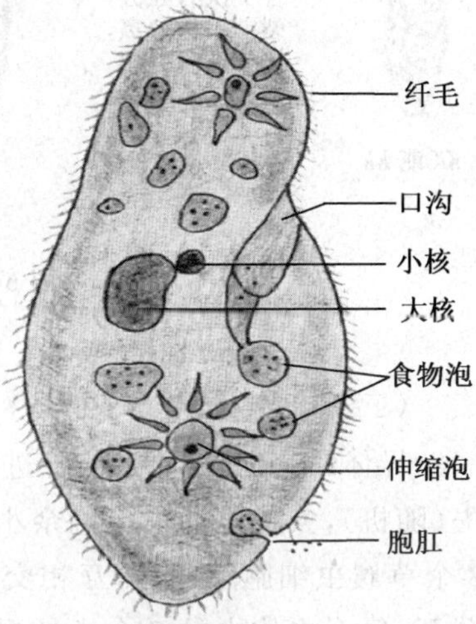

图 5-5　草履虫的结构示意图

(一)自体接合

自体接合也称为自体受精。草履虫自体接合时，大核逐渐消失，2 个小核各进行一次减数分裂，形成 8 个小核，其中 7 个小核退化(随机)。剩余的小核经过一次有丝分裂，形成 2 个单倍体核，2 个小核进行核融合，接着进行 2 次有丝分裂，形成 4 个核，最后形成 2 个新个体。具体过程见图 5-6。杂合体(Kk)通过自体接合后，最后产生的 2 个个体都是纯合体(KK 或 kk)。

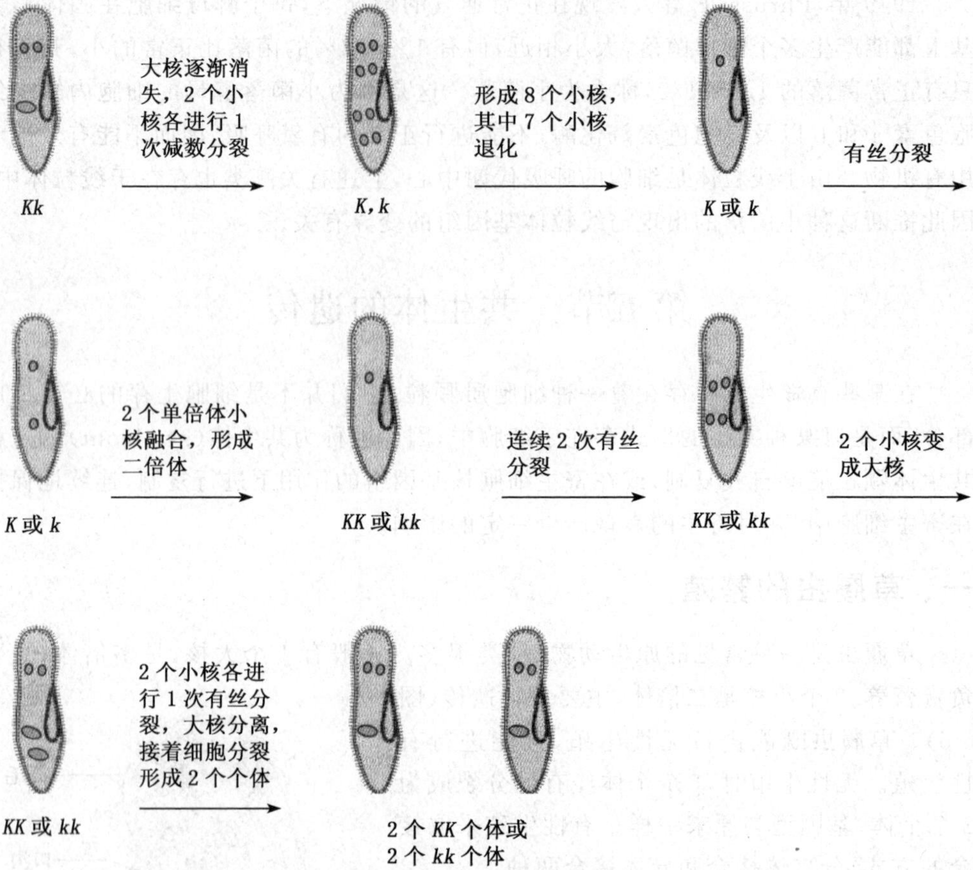

图 5-6　草履虫自体受精示意图

（引自 Tamarin 等，2002）

（二）异体接合

异体结合时，2 个小核各进行 1 次减数分裂，形成 8 个小核，其中 7 个小核消失（随机），大核也消失。剩余小核有丝分裂 1 次，产生 2 个单倍体核。异体接合的 2 个草履虫细胞膜融合，互相交换 1 个小核，从而发生遗传物质的交换。随后虫体分开，每个虫体内的 2 个小核融合形成二倍体的核。这个融合的二倍体核经过 2 次有丝分裂，形成 4 个核，其中 2 个小核变成大核。然后 2 个小核各进行 1 次有丝分裂，大核分离，接着细胞分裂形成 2 个个体（图 5-7）。

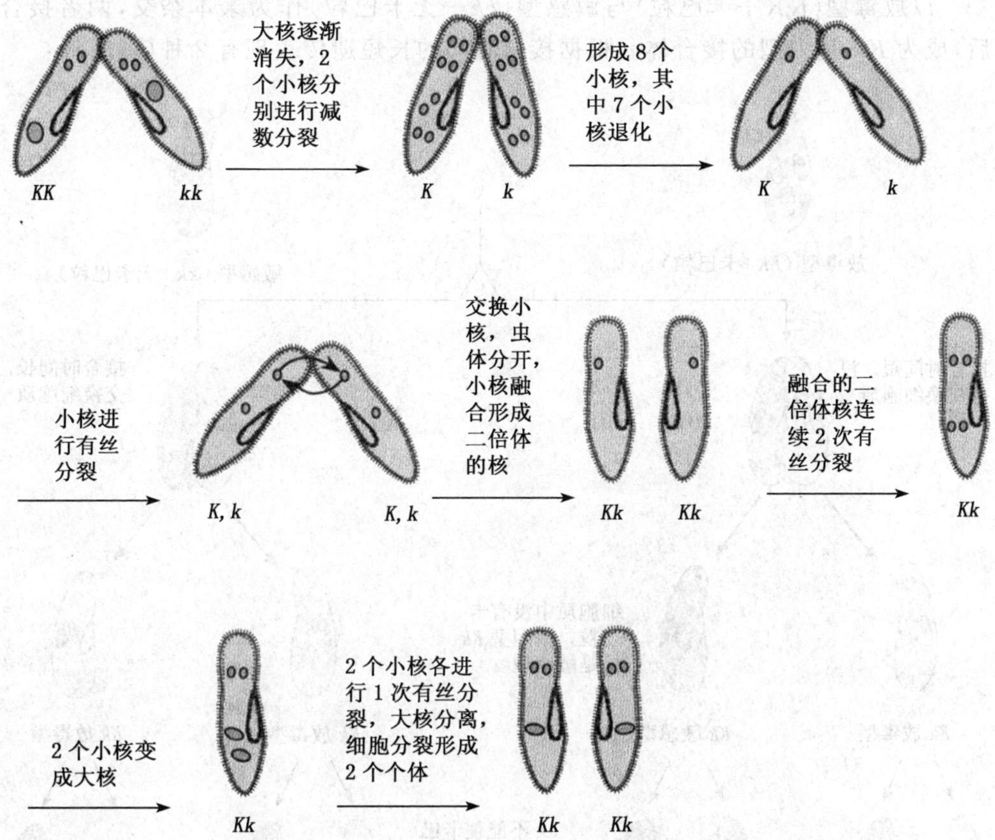

图 5-7　草履虫异体接合示意图

（引自 Tamarin 等，2002）

二、草履虫放毒性的遗传

有一种草履虫能产生毒素，这种物质对其本身无害，但能抑制或杀死其他某些品系。这种品系称为放毒品系，对毒素敏感的称为敏感品系。草履虫放毒型品系的细胞质内有一种称为“卡巴粒”（kappa）的颗粒，其直径 0.2 μm，外有双层膜，内含 DNA、RNA、蛋白质、脂类，能产生草履虫毒素。卡巴粒的存在，依赖于核基因 *K*，也就是说，只有当核内存在 *K* 基因时，细胞质中的卡巴粒才能复制、增殖，在世代间持续存在。因而放毒型的遗传组成为：细胞质中有卡巴粒，同时核内存在 *KK* 基因。敏感型的遗传组成为：细胞质中无卡巴粒，核内存在一对隐性的 *kk* 基因。

以放毒型(KK+卡巴粒)与敏感型(kk+无卡巴粒)作为亲本杂交，两者接合后，成为 Kk 基因型的接合体。根据接合时间的长短遗传表现有 2 种(图 5-8)：

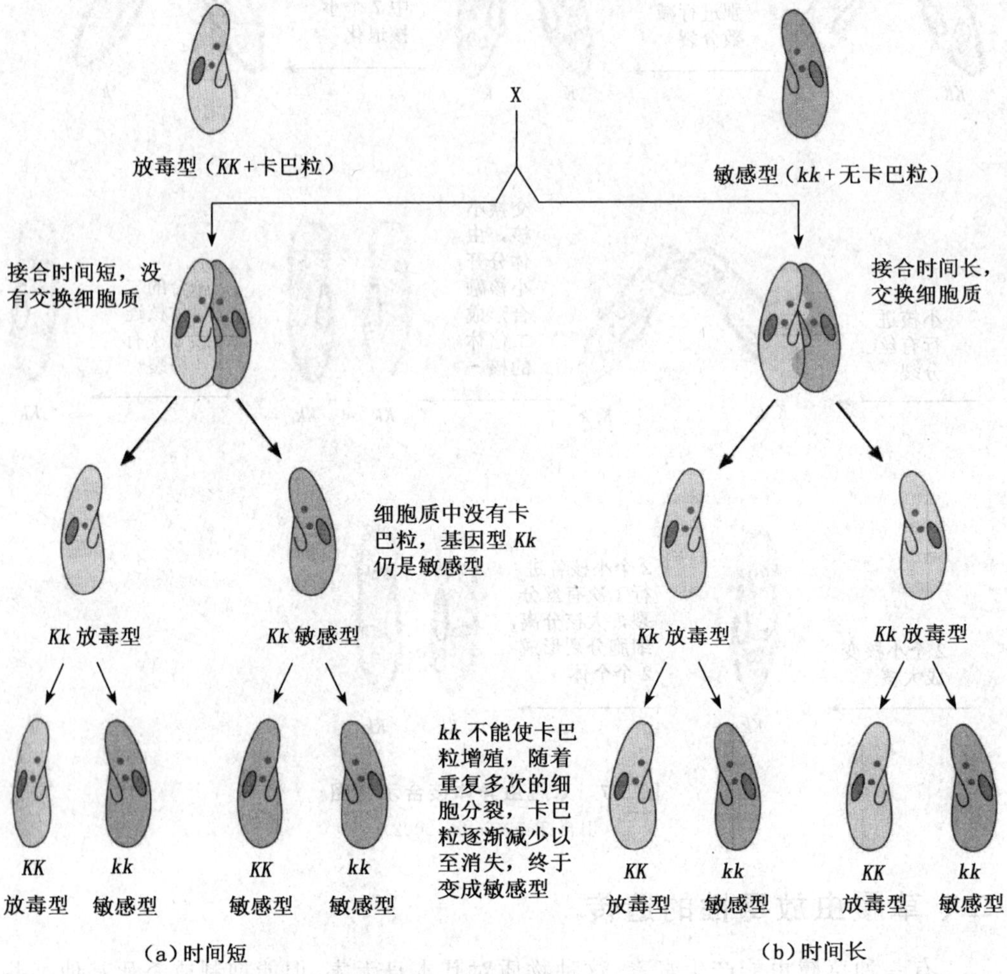

图 5-8 草履虫放毒性的遗传

(引自 Atherly 等，1999)

如果接合时间短，一般在接合过程中并不交换细胞质。尽管接合后 2 个个体的基因型全为 Kk，但一个个体是放毒型，因为细胞质中有卡巴粒；另一个却是敏感型，因为细胞质中没有卡巴粒。这 2 个个体各自经过自体受精，都产生 1/2KK 和 1/2kk 的后代。其中放毒型接合体 Kk 的后代，1/2(KK+卡巴粒)是稳定的放毒型，1/2（kk＋卡巴粒）因为从上代得到部分卡巴粒而暂时表现放毒型，但经过几代以后，由于 kk 使卡巴粒不能增殖，随着重复多次的细胞分裂，卡巴粒逐渐减少以至消失，终于变成敏感型。另一个接合后体 Kk，其后代是 1/2（KK＋无卡巴粒）和 1/2（kk＋无卡巴粒），都是敏感型。

如果放毒型与敏感型接合时间延长，则在接合时除了交换小核外，还交换细胞质。这时接合后个体核基因都是 Kk，细胞质中的卡巴粒也部分地从放毒型草履虫转移到敏感型草履虫中，因而接合后个体都是放毒型（Kk＋卡巴粒）。它们各自自体受精后，核基因纯合化而产生 1/2KK 和 1/2kk，尽管细胞质中都有卡巴粒，但前者为稳定的放毒型，后者则因核基因型为 kk，所以起初是放毒型，经若干次细胞分裂后，随着卡巴粒消失而变为敏感型。

第六节　植物雄性不育的遗传

细胞质遗传在农业上的应用，成就最显著的是利用雄性不育性配制杂交种子。植物雄性不育是指花粉败育，但雌蕊发育正常的现象，能接受外来的正常花粉而受精结实。现在人们能以雄性不育植株为母本，不经人工去雄而获得杂交种子。据统计已经在 43 科 162 属 320 个种和 297 个种间杂种植物中发现了雄性不育现象，并且这个数目还在不断增加。其中水稻、油菜、玉米的雄性不育性已用于大田生产之中。

一、雄性不育的类别及其遗传特点

植物雄性不育，根据所发生遗传机制的不同，可分为核不育型和质核互作不育型。

（一）核不育型

由核内染色体基因所决定的雄性不育类型，简称核不育型。水稻、小麦、大麦、玉米、谷子、番茄和洋葱等许多作物中都发现了核不育型。这种不育型的败育过程发生于花粉母细胞减数分裂期间，花粉败育得十分彻底。因此，在含有这种不育株的群体中，能育株与不育株具有明显的界限。

1. 隐性核不育型　多数核不育型受简单的一对隐性基因（ms）控制，纯合体（$msms$）表现雄性不育。用雄性可育株（$MsMs$）杂交，F_1 育性正常。杂合体（$Msms$）后代呈简单的孟德尔式分离。

2. 显性核不育型　受显性核不育基因控制的核不育型，不育株与可育株杂交，F_1 表现不育。小麦、棉花、亚麻、谷子等植物中已发现显性核不育。

3. 光温敏核不育　1973 年我国学者石明松从晚粳品种农垦 58 中发现“湖北光敏核不育水稻”——“农垦 58S”。从此光温敏核不育型的利用受到极大关注。

这类核不育的不育性受光周期、温度或这两者互作的控制。大麦、大豆、水稻、棉花、油菜和小麦等作物中先后都发现温敏型核不育系。这些不育系在正常气候条件下均表现不育，在高温或低温下表现可育，但育性有波动。光敏型核不育的育性转换主要由日照长度控制，较长日照（$>$14 h）诱导不育，较短日照（$<$14 h）诱导可育。

光温敏核不育型在一定条件下（光照长度、温度等）表现可育，可以自交繁殖不育植株；又可在特定条件下表现不育，用于产生杂交种子。

（二）质-核不育型

1. 质-核不育型的基因组成和育性　由细胞质基因和核基因相互作用控制的雄性不育类型，简称质核型雄性不育，又称为胞质雄性不育型（cytoplasmic male sterility, CMS）。在小麦、水稻、玉米、高粱等作物中均有发现。质核型不育性的胞质不育基因通常记作 S，胞质可育基因记作 N，核不育基因记作 rf，核可育基因记作 Rf。核基因与细胞质基因的相互关系见表 5-2。

表 5-2　质-核不育型的基因组成和育性

胞质基因	核基因	
	$RfRf$	$rfrf$
S	$S(RfRf)$可育	$S(rfrf)$雄性不育
N	$N(RfRf)$可育	$N(rfrf)$可育

2. 质-核不育的遗传特点　若将质-核不育型中的雄性不育基因型 $S(rfrf)$分别与多种可育基因型杂交，则有如下的遗传表现：

$S(rfrf)\times N(rfrf)\rightarrow S(rfrf)$，$F_1$ 表现不育。$N(rfrf)$ 具有保持母本不育性在世代间稳定遗传的能力，故称为保持系（记作 B）。$S(rfrf)$ 个体由于能够被 $N(rfrf)$个体所保持，其后代全部为稳定不育的个体，故称为不育系（记作 A）。

$S(rfrf)\times N(RfRf)$或 $S(RfRf)\rightarrow S(Rfrf)$，$F_1$ 全部正常可育。$N(RfRf)$或 $S(RfRf)$个体具有恢复育性的能力，故称为恢复系（记作 R）。

$S(rfrf)\times N(Rfrf)$或 $S(Rfrf)\rightarrow F_1$ 表现育性分离。$N(Rfrf)$或 $S(Rfrf)$对 $S(rfrf)$具有杂合的恢复能力，故称为恢复性杂合体。

二、质核型不育性的多样性

生产实践和理论研究表明，质核型不育性具有多种类型。

（一）孢子体不育和配子体不育

孢子体不育是指花粉的育性受孢子体（植株）基因型控制，而与花粉本身所含基因无关，例如，由 $S(rfrf)$植株产生的花粉（rf）全部败育，$S(Rfrf)$产生的两种花粉(rf)、(Rf)都可育，$S(RfRf)$植株产生的花粉(Rf)也是全部可育。配子体不育是指花粉育性直接由雄配子体(花粉)本身的基因决定，例如$S(Rfrf)$杂合基因型植株产生的Rf花粉可育，rf花粉不育，表现为穗上的分离。

(二)胞质不育基因的多样性与核育性基因的对应性

同一种植物可能存在多种不同的细胞质不育基因，每一不育胞质基因在细胞核中又具有与它相对应的育性基因。例如，不育胞质基因可以是$S1$，$S2$，$S3$，……Sn；核内染色体上又具有相对应的不育基因$rf1$，$rf2$，$rf3$，……rfn，或相对应的恢复基因$Rf1$，$Rf2$，$Rf3$，……Rfn。目前已发现小麦存在19种不同来源的不育胞质基因，玉米存在38种不同来源的不育胞质基因。不同来源的不育胞质基因，及其相应的核育性基因，构成该作物的各种不育类型。在每一种不育类型中，核育性基因与胞质不育基因发生作用，产生保持不育或恢复可育的效应。

(三)单基因不育性和多基因不育性

核不育多表现为单基因控制，质核型不育则可分为单基因控制和多基因控制。单基因控制是指一二对核基因与对应的不育胞质基因决定的不育特性。多基因不育性是指多对核基因与对应的胞质基因共同决定不育性。例如，玉米T-型雄性不育与两对核基因有关。基因型为$S(rf1rf1rf2rf2)$，$S(Rf1_rf2rf2)$或$S(rf1rf1Rf2)$均表现雄性不育，而$S(Rf1_Rf2_)$，育性恢复正常，$Rf1$，$Rf2$基因之间表现互补关系。但有一些植物的雄性不育育性恢复还涉及更多对的基因。

三、质核不育的遗传机理

由于细胞质雄性不育系统在研究核质互作、细胞器遗传转化、杂种优势等方面都具有重要的理论和实践意义。因此，植物细胞质雄性不育性与育性恢复的机理一直是生物学中的研究热点。

(一)线粒体与胞质雄性不育

由于核质互作雄性不育具有细胞质遗传的特性，人们自然联系到叶绿体和线粒体可能是不育胞质基因的载体。现有的研究表明，大多数植物的雄性不育主要与线粒体基因组有关。玉米、矮牵牛、油菜、菜豆、向日葵、水稻、小麦等植物都已确定雄性不育相关的线粒体基因组DNA区域。

尽管在一些植物中已经鉴定出与CMS有关的线粒体DNA片段，但是对植物细胞质雄性不育的机理仍然知之甚少。玉米、水稻等植物的研究发现，雄性不育相关的线粒体基因编码一个毒性蛋白，这些蛋白通过干扰线粒体上一些重要基因的表达活性，或干扰花药发育的生理生化过程，而使花粉败育。例如，玉米T型不育系线粒体不育T-$urf13$基因，编码一个相对分子质量为13 000的毒蛋白质，它的表达导致花粉败育。又例如 BT 型水稻细胞质雄性 *orf*79 基因，和 *atp*6 基因共同转录，编码一个细胞毒素肽（ORF79 蛋白）而导致水稻雄性不育。

除了线粒体基因组以外，有少数学者认为叶绿体基因组也与雄性不育有关。例如，在烟草和棉花中，胞质雄性不育与 RuBP 羧化酶（1,5 -二磷酸核酮糖羧化酶）大亚基结构的异常有关；又例如在油菜的不育系与可育系之间，叶绿体类囊体膜上 ATP 酶偶联因子的 β-CD 亚基存在差异。而这些蛋白质都由叶绿体的 DNA 编码。

（二）育性恢复基因

在 *Rf* 基因存在的背景下，有可能通过这种基因的表达，使线粒体 DNA 的突变表型得到有效校正。例如，玉米 *Rf*2 基因是最早被克隆的恢复基因，它可能编码一个类似乙醛脱氢酶（ALDH）的蛋白质，通过补偿机制或互作机制改善线粒体因不育胞质基因表达所产生的损伤（图 5-9），而使育性得以恢复。又例如，矮牵牛中的一个 *Rf* 基因，通过影响矮牵牛不育胞质基因 *PCF* 基因的表达，减少 PCF 蛋白的含量而使花粉发育正常。最近华南农业大学还发现水稻第 10 号染色体上有 2 个基因，所编码的蛋白质转运到线粒体内，阻止 ORF79 蛋白的产生或通过降解其 mRNA 而使育性得到恢复。

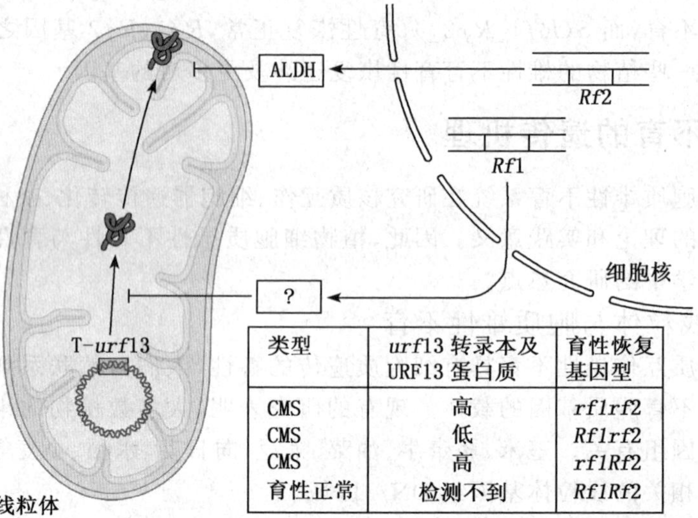

类型	*urf*13 转录本及 URF13 蛋白质	育性恢复基因型
CMS	高	*rf*1*rf*2
CMS	低	*Rf*1*rf*2
CMS	高	*rf*1*Rf*2
育性正常	检测不到	*Rf*1*Rf*2

图 5-9 玉米胞质不育基因与 *Rf* 基因的关系

玉米 *Rf*1、*Rf*2 基因对 T 型雄性不育的育性恢复都是必需的，*Rf*1 基因明显降低 *urf*13 转录产物的积累，但具体的作用机制目前还不清楚。*Rf*2 基因编码一个乙醛脱氢酶（ALDH），对 *urf*13 转录产物的丰度没有影响。ALDH 可能消除 URF13 蛋白产生的有毒化合物

（引自 Buchanan 等，2000）

四、雄性不育性的利用

雄性不育在农业上主要用于生产杂交种。雄性不育性可以免去大面积繁育制种时的去雄工作,并保证杂交种子的纯度。这在水稻、小麦等自花授粉以及人工去雄十分困难的其他作物,更具有重要的意义。目前生产上推广应用的主要是质核型雄性不育性。三系配套是杂种优势利用中应用质核型雄性不育的必要条件。所谓"三系配套"是指配制一个优良杂交种所需要的特定的3个亲本,即不育系、保持系、恢复系。应用三系配套配制杂交种的方法如图5-10所示。我国育种学家袁隆平发现野生稻的雄性不育株,经过杂交转育获得的水稻雄性不育系和保持系被各地广泛用于配制杂交组合,实现了我国水稻大面积增产。他因此荣膺我国首届国家最高科学技术奖。

不育系 A　　保持系 B　　　不育系 A　　　恢复系 R

S(*rr*)　×　*N*(*rr*)　　　*S*(*rr*)　×　*S*(*RR*)或*N*(*RR*)

↓　　　　　　　　　　　↓

不育系 A　　　　　　　杂交种子

S(*rr*)　　　　　　　*S*(*Rr*)

作为亲本　　　　　　　用于大田播种

隔离区 1:不育系繁殖区　　隔离区 2:杂交制种区

图 5-10　应用三系配套配制杂交种示意图

内容提要

细胞质遗传　由细胞质基因所决定的遗传方式称为细胞质遗传。细胞质DNA和核DNA一样能够进行半保留复制,能够在一定条件下转录和翻译,从而控制某些性状。

细胞质遗传的表现　同核基因相比,这些细胞质基因的传递方式和遗传效应具有一些特殊性。①正交和反交的遗传表现不同,F_1 通常只表现母本的性状;②遗传方式是非孟德尔式的,杂交后代一般不表现一定比例的分离;③通过连续回交能将作为非轮回亲本的母本的核基因几乎全部置换掉,但母本的细胞质基因及其所控制的性状仍不消失。

母性影响　母性影响是指子代某一性状的表现由母体的核基因型或积累在卵子中的核基因产物所决定,而不受本身基因型的支配,从而导致子代表型与母本表型相同的现象。其遗传特点有:①正反交的结果不同,F_1 表型同母体一样;②子代的表型是由受精前母体卵细胞状态决定的，属于细胞核遗传；③遗传方式遵循孟德尔定律，只是子代的分离比例延迟表现。

基因组印记 基因组印记是指控制某一表型的等位基因依亲缘（父源或母源）的不同而呈现差异性表达。正反交结果不同，F_1 杂合体的表现取决于哪一个亲本（父本或母本）的基因具有转录活性。

植物雄性不育 高等植物中存在的一种雄性不育现象，主要表现为雌配子正常，而雄配子败育。其中一种雄性不育，由细胞质基因和核基因共同决定，称为质核互作雄性不育。当线粒体 DNA 存在不育基因（*S*），染色体 DNA 也存在不育基因（*rfrf*）时，表现雄性不育；而其他情况如 *S*(*RfRf*)，*S*(*Rfrf*)，*N*(*rfrf*)等，则表现雄性可育。这种雄性不育已广泛应用于配制农作物杂交种的生产实践。人们以称为不育系的 *S*(*rfrf*)为母本，以称为恢复系的 *N*(*RfRf*)或 *S*(*RfRf*)为父本，可以不经人工去雄而获得雄性可育、能自交结实的 *S*(*Rfrf*)，这就是生产田播种用的杂交种。为了繁殖不育系 *S*(*rfrf*)，以便年年配制杂交种，还需要一种称为保持系的 *N*(*rfrf*)做父本同它杂交。于是不育系、恢复系和保持系就合称为制种程序中的“三系”，三系配套是杂种优势利用中应用质核互作雄性不育的必要条件。

复习思考题

1. 名词解释：细胞质遗传、细胞质基因、母性影响、基因组印记、表观遗传变异、质核互作雄性不育、孢子体不育、配子体不育。
2. 母性影响和细胞质遗传有什么不同？
3. 细胞质基因和核基因有何异同？
4. 向日葵 *Tsm* 基因突变（*tsm tsm*）产生双茎（twised stems）。♀双茎×单茎♂→子 1 代全为双茎，子 2 代却全为单茎。♀单茎×双茎♂→子 1 代全为单茎，但子 2 代仍全为单茎。

   (1)请解释上述实验结果的遗传机制。

   (2)推测上述 2 个杂交试验中 F_3 的基因型和表现型

   (3)在上述 2 个杂交试验所得的 F_1 分别用双茎（twised stems）植株的花粉进行回交，则回交 1 代、回交 2 代的基因型及表现型。
5. 酵母菌的“小菌落”的遗传方式同时受线粒体 DNA 和核基因的控制，隐性的突变核基因造成线粒体的功能缺陷而成小菌落；当线粒体 DNA 缺陷时也形成小菌落。一种小菌落具有纯合、正常的核基因，但线粒体 DNA 缺陷；另一种小菌落具有正常的线粒体 DNA，但核基因为纯合隐性突变基因。如果将这两种小菌落杂交，那么，①二倍体的 F_1 的表现型如何？②二倍体个体产生的子囊孢子发育而成的单倍体个体的表现型如何？

6.“遗传上分离的”小菌落酵母菌在表型上跟我们讲过的“细胞质”小菌落酵母相似。当1个遗传上分离的小菌落酵母菌与1个正常酵母菌杂交，二倍体细胞是正常的，以后形成子囊孢子时，每个子囊中2个孢子是正常的，2个孢子产生小菌落酵母菌。用图说明这些结果，并注明相应的基因型。

7.1个雄性不育植株，用对育性恢复基因 Rf 是纯合的花粉授粉，F_1 的基因型怎样？表型怎样？F_1 植株作为母本，用1个正常植株($rfrf$)的花粉测交，测交的结果应该怎样？写出基因型和表现型，注明细胞质种类。

8.1个 Dd 的实螺自交，子代的基因型和表现型怎样？如子代个体自交，它们的下一代表现型又怎样？本题中开始做实验所用的 Dd 椎实螺的表现型是怎样的？

9.正反交在 F_1 往往得出不同的结果。这可能由于①基因组印记；②细胞质遗传；③母性影响。如果你得到这样的一种结果，怎样用实验方法来确定是属于哪一种范畴？

10.从现有科学事实，怎样正确理解在遗传中细胞核与细胞质之间的关系。

主要参考书目

[1] 刘祖洞. 遗传学. 2版. 北京：高等教育出版社，1995.

[2] 杨业华. 普通遗传学. 2版. 北京：高等教育出版社，2006.

[3] 朱军. 遗传学. 3版. 北京：中国农业出版社，2002.

[4] Anthony J F Griffiths et al. An introduction to genetic analysis 8ed. Nwm York：Freeman and Company，2005.

[5] Robert H Tamarin et al. Principles of Genetics. 7ed. McGeaw-Highe Education, 2002.

[6] Atherly A G，et al. The science of genetics Saunders College Publishing, 1999.

[7] Daniel L Hartl, et al. Essential Gentics. 4ed. Jones and Bartlett Publication，2006.

[8] William S Klug and Michael R Cummings. Essentials of Genetics. 3ed. Prentice Hall, 1999.

[9] Sokolov V A. Imprinting in plants. Russian Journal of Genetics. 2006，42(9)：1043-1052.

第六章 细菌和病毒的遗传

以细菌和病毒为典型的原核生物，结构和繁殖过程不同于真核生物。因此，原核生物的遗传信息传递既遵循遗传的基本规律，又具有自己的特殊方式。

第一节 细菌和病毒的结构

一、细菌的结构

所有的细菌都是单细胞，大小不一，一般长 1～2 μm，宽 0.5 μm，为一层或多层膜或细胞壁所包围。部分细菌还有某些特殊的结构，如鞭毛、伞毛、荚膜等。

细菌的细胞核没有核膜，其中的染色体是一个很长的共价闭合环状双链 DNA 分子，长度 250～3 500 μm 不等，一般不与蛋白质复合。很多细菌细胞在细胞核外还有一个或多个能自主复制的小型环状 DNA，这些 DNA 分子对细菌的生长并非必需，但可赋予细菌某些特性，如抗药性、抗盐性、抗噬菌体侵染等。这些小分子 DNA 称为质粒(plasmid)。

细菌可以在液体培养基或在固体(如琼脂)培养基上培养。如在固体培养基上培养，单一细胞经过分裂而增殖，大致 20 min 繁殖一代，逐渐形成肉眼可见的菌落。

细菌能在成分十分简单的培养基上(表 6-1)生长，这种培养基称为基本培养基。细菌在这种培养基上能合成生长所必需的各种有机物。然而，如果某个基因发生突变，导致细菌丧失合成某种有机物的能力，则只能在添加了这种有机物的培养基中生长。这种突变体称为营养缺陷型。如丝氨酸营养缺陷型(ser^-)细菌，只有在培养基中添加丝氨酸时才能生长。此外，细菌中还有分解代谢功能的突变体，如不能利用的乳糖突变体(lac^-)，因为丧失乳糖代谢的功能，所以在以乳糖为唯一碳源的培养基上不能生长。细菌中还有各种抗性突变体，如抗药性，对噬菌体侵染的抗性等。由于细菌只具有一条染色体，基因成单存在，因此所发生的突变能立即表现，而不存在显性掩盖隐性的问题。

表 6-1　细菌的基本培养基

成分	含量(g/L)
$NH_4H_2PO_4$	1
NaCl	5
$MgSO_4 \cdot 7H_2O$	0.2
K_2HPO_4	1
葡萄糖	5
H_2O	1 000 mL

二、病毒的结构

病毒为非细胞结构，没有自身的代谢机能，不能独立地生长和繁殖，必须寄生在活细胞中，利用活细胞的代谢合成机器，才能合成新的病毒后代。但繁殖迅速，每小时可增殖百倍。

病毒个体微小，形态多样，只有通过电子显微镜才能观察到病毒颗粒。病毒结构十分简单，仅含一种核酸(DNA 或 RNA)和一个蛋白质外壳。依其遗传物质的性质，可以分单链 DNA、单链 RNA、双链 DNA 和双链 RNA 病毒等 4 种类型。按照它们所感染的细胞类型可分为感染细菌、真菌及藻类的菌类病毒，以及感染动植物的动物病毒和植物病毒。

遗传学研究中应用最广泛的是感染细菌的病毒，又称为噬菌体(bacteriophage)。依其与宿主细胞的相互关系，可以分为烈性噬菌体(virulent phage)和温和噬菌体(temperate phage)两大类型。

综上所述，细菌和病毒具有生活周期短、繁殖迅速，突变体容易表现、检测和获得，结构简单、便于研究的特点，因而成为遗传学研究常用的实验材料。在遗传学发展历史上，证实遗传物质是 DNA、证实 DNA 的半保留复制、阐明基因的精细结构、发现基因表达的调控机制等，以及基因工程技术的建立，都利用了细菌和病毒。

第二节　细菌的遗传分析

细菌的遗传信息通过细胞分裂传递给子代细菌。其间发生亲代细菌染色体 DNA 的复制和均等分配；亲代细菌质粒 DNA 也发生复制和分配。不同基因型细菌之间的遗传信息传递则可有以下 4 种不同的方式：转化、接合、性导和噬菌体的转导作用(图 6-1)。这 4 种方式的共同特点是：①DNA 从一方向另一方单方向转移；②接受 DNA 的一方，在细胞内形成染色体的部分二倍体；③所接受的染色体基因只有整合到自己染色体上才能稳定地遗传。

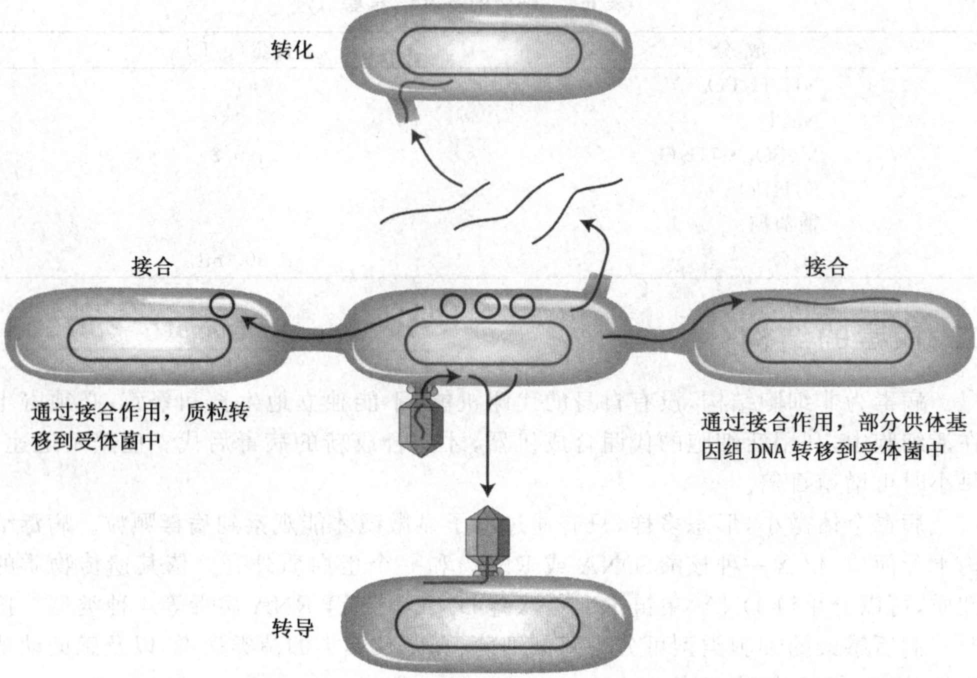

图 6-1　细菌遗传物质转移的主要方式

（引自 Griffiths，2005）

一、转化

（一）转化的概念

转化（transformation）是指细菌或其他生物的细胞，通过其细胞膜摄取周围外源 DNA 片段，并将其整合到自己的染色体中，从而实现基因重组的过程。转化中提供 DNA 片段的细菌或细胞称为供体（donor），接受该 DNA 片段的细菌或细胞称为受体（receptor）。

1928 年 Griffith F 首次在肺炎双球菌中发现转化现象。1944 年，Avery O 研究小组证实引起转化的因子是细菌的 DNA。而后在其他微生物中也都发现转化现象。但是对某些细菌如枯草杆菌来说容易转化，而另一些细菌如大肠杆菌就不容易转化。随着人们对转化机制的了解以及 DNA 重组技术的建立，人们已经可以对那些不易进行自然转化的细菌、真菌乃至高等生物细胞进行人工处理而实现转化。

(二)转化的过程

细菌转化的过程可以分为感受态细胞的出现、外源 DNA 的吸附、穿入、整合以及转化细胞形成等 5 个阶段。

1. 感受态的出现　实验证明并非任何生长阶段的细菌,都能吸收外源 DNA,只有在细菌生长的某个阶段,才能吸收外源 DNA 实现转化。我们把细菌能够从周围环境中吸收 DNA 分子实现转化的生理状态称为感受态(competence)。因此,实现转化的第 1 步需要细菌处于感受态。

感受态的出现主要受一类小分子蛋白质影响。这类小分子称为感受态因子。感受态因子可以使细胞出现感受态,并能从感受态细菌传递到非感受态细菌,使后者出现感受态。一般认为感受态出现在细菌对数生长后期。某些处理过程,如高 Ca^{2+}、温度以及电激处理等,也能够改变膜对 DNA 的通透性,从而诱导或加强感受态。

2. 外源 DNA 与受体细胞的结合　外源 DNA 首先与细菌表面的一些接受位点结合,才能进入受体细胞。感受态和非感受态细胞都能吸附外源 DNA,但是只有前者对 DNA 的吸附才是稳定的。据估计,一个细菌的表面大约有 50 个吸附位点,每个吸附位点上的 DNA 结合蛋白复合体只能与双链 DNA 结合,而不能与单链 DNA 结合(图 6-2)。

3. DNA 的穿入　当细菌结合位点饱和后,吸附在细胞表面的双链 DNA 在核酸内切酶的作用下,随机切成大约 14 kb 大小的片段。而后在细胞膜上核酸外切酶的作用下,将吸附双链 DNA 中的一条链降解,另一条单链则利用降解后释放的能量,穿入受体细胞内(图 6-2)。

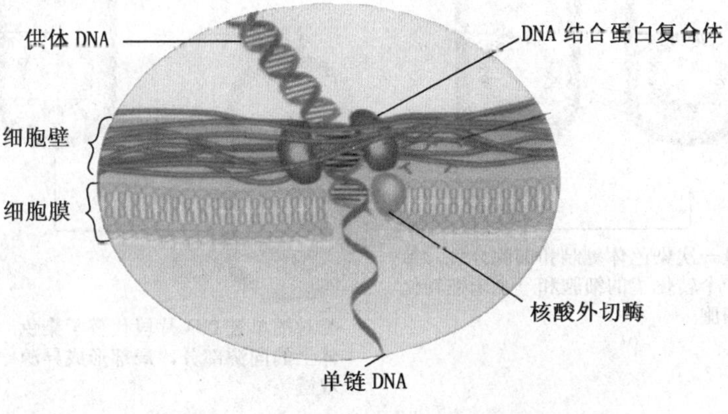

图 6-2　外源 DNA 穿入受体细胞示意图

(引自 Griffiths,2005)

4. 联会(synapsis)　与外源 DNA 片段的整合(integration):外源的单链 DNA 片段进入细胞后,受体细菌染色体 DNA 发生局部变性,即其局部区域的双链变成 2 个单链;接着,与外源单链 DNA 的同源区段发生联会。在几种酶的作用下,配对的外源单链 DNA 片段代替了染色体上的同源部分,局部区域形成异源双链。

5. 转化细胞的形成　经过一次染色体复制和细胞分裂,形成一个转化了的纯合细胞和一个未被转化的细胞。转化的具体过程见图 6-3。

从转化过程我们可以看出,转化效率的高低与下列 3 个因素有关:①受体细胞的感受态,它决定供体 DNA 能否进入受体细胞;②受体细胞的限制系统,它决定供体 DNA 在整合前是否被降解;③供体与受体 DNA 的同源性,它决定供体 DNA 的整合,亲缘关系越近则其同源性越强,转化效率也越高。

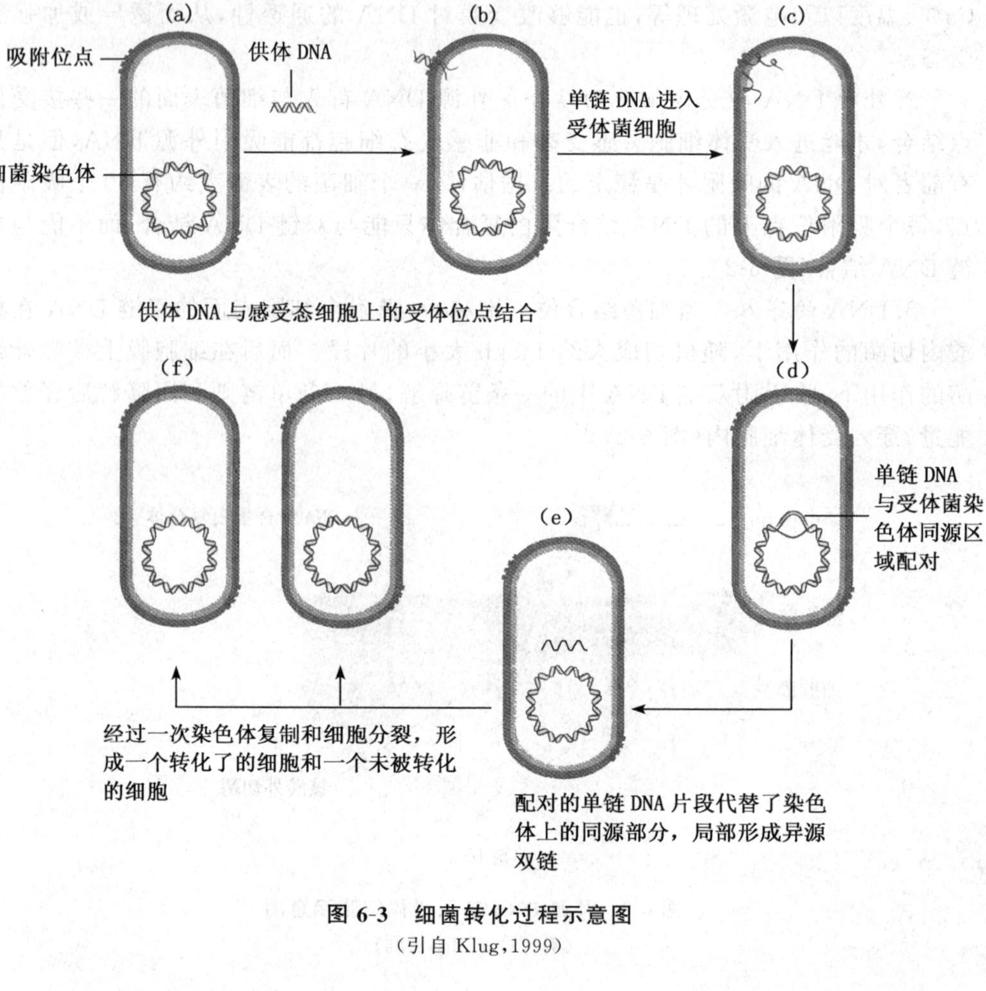

图 6-3　细菌转化过程示意图

(引自 Klug,1999)

（三）转化作图

转化中的供体 DNA 片段可能携带若干个基因。如果这些基因在供体染色体上是连锁的，那么我们就可以通过转化实验，利用转化发生的重组计算它们之间的重组率，将细菌的不同基因定位在它的染色体 DNA 上，构成它的遗传图谱。

例如，Lederberg 等人用枯草杆菌做了如下实验，即以 $trp2^+\ his2^+\ tyr1^+$ 为供体，以 $trp2^-\ his2^-\ tyr1^-$ 为受体进行转化，转化结果如表 6-2 所示。

表 6-2　供体 $trp2^+\ his2^+\ tyr1^+$ 向受体菌 $trp2^-\ his2^-\ tyr1^-$ 转化的结果

基因	转化子表型						
trp2	+	−	−	−	+	+	+
his2	+	+	−	+	−	−	+
tyr1	+	+	+	−	−	+	−
菌落数	11 940	3 660	685	418	2 600	107	1 180

根据重组率的计算公式以及表 6-2 中的转化结果，可分别求出基因间的重组率。计算结果如下：

trp2-his2 间的重组率＝［*trp2-his2* 间有重组的转化体/（*trp2-his2* 间有重组的转化体）＋*trp2-his2* 间无重组的转化体］×100%

＝［$(trp2^+\ his2^-)+(trp2^-\ his2^+)$］/［$(trp2^+\ his2^-)+(trp2^-\ his2^+)+(trp2^+\ his2^+)$］×100%

＝(2 600＋107＋3 600＋418)/ (2 600＋107＋3 600＋418)＋(11 940＋1 180)

＝6 785/19 905

＝34%

同理，我们可以计算：

trp2-tyr1 间的重组率

＝(2 600＋1 180＋3 600＋685)/(2 600＋1 180＋3 600＋685)＋(11 940＋107)

＝ 8 125/20 172

＝40%

his2-tyr1 间的重组率

＝(418＋1 180＋107＋685)/(418＋1 180＋107＋685)＋(11 940＋3 600)

＝ 2 390/17 990

＝13%

根据重组率计算结果，可知 *trp2-his2* 的重组率为 34%，*trp2-tyr1* 的重组率为 40%，*his2-tyr1* 的重组率为 13%，因此，*trp2*、*his2* 及 *tyr1* 的排列顺序以及基因距离为：

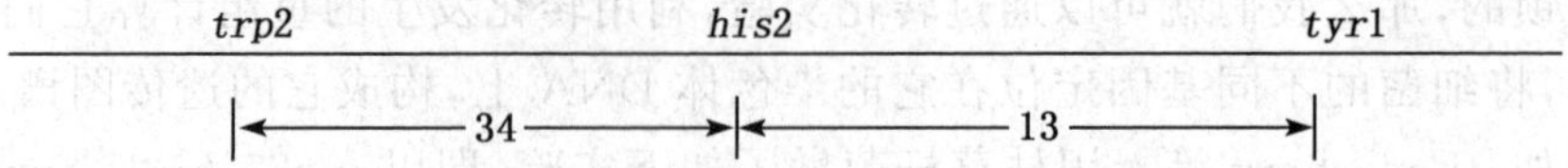

二、接合

（一）细菌接合的发现

高等动植物通过有性生殖实现基因重组。那么细菌是否存在类似有性生殖的过程，并产生基因重组现象呢？

1946 年，Lederberg 和 Tatum 在耶鲁大学发现细菌接合（conjugation）现象，并证实细菌也发生类似真核生物的基因重组。他们选择 2 个不同营养缺陷型的大肠杆菌 K 菌株：A 菌株需要在基本培养基上补充甲硫氨酸（met，methionine）和生物素（bio，biotin）；B 菌株在基本培养基上需要补充苏氨酸（thr，threonine）、亮氨酸（leu，leucine）和硫胺素（thi，thiamino）。因此它们的基因型分别表示为：

A 菌株：met^- bio^- thi^+ leu^+ thr^+

B 菌株：met^+ bio^+ thi^- leu^- thr^-

这里“+”表示野生型，能合成该物质；“−”表示突变型，不能合成该物质。

若将菌株 A 和菌株 B 分别涂布在固体平板的基本培养基上，培养一段时间后均不能产生任何菌落。若将菌株 A 和 B 混合培养在完全的液体培养基（添加上述 5 种物质）上，几小时后，将培养物离心去除培养基，并且把洗涤的沉淀细胞涂布在基本培养基上，则发现长出了一些原养型（met^+ bio^+ thi^+ leu^+ thr^+）的菌落，频率为 10^{-7}（图 6-4 ）。

上述试验中的原养型菌落是如何产生的呢？一种可能是：2 个菌株细胞之间通过直接接触传递了遗传物质，原养型菌落（met^+ bio^+ thi^+ leu^+ thr^+）的产生的是基因重组的结果。

但除此之外，实验结果还可以解释为：①亲本细菌发生了回复突变。然而，大肠杆菌生化突变型的回复突变频率一般是 10^{-7}，菌株 A 2 个位点（met^- bio^-）或菌株 B 3 个位点（thi^- leu^- thr^-）同时发生回复突变，其频率分别为 10^{-14} 和 10^{-21}，这与实验中原养型菌落产生的频率（10^{-7}）相差甚远。而且如果是回复突变，A 菌株和 B 菌株在基本培养基也应该以同样的频率出现原养型菌落，可事实上并非如此。因此回复突变这一解释可以排除。②营养物质互补：营养缺陷型细菌通过培养交换营养物质，相互补充了对方的不足而得以在基本培养基上生长。③转化：实验过程中,一种亲本细菌在处理过程中可能发生破裂释放出 DNA 片段,被另一亲本吸收、转化而产生原养型菌落。

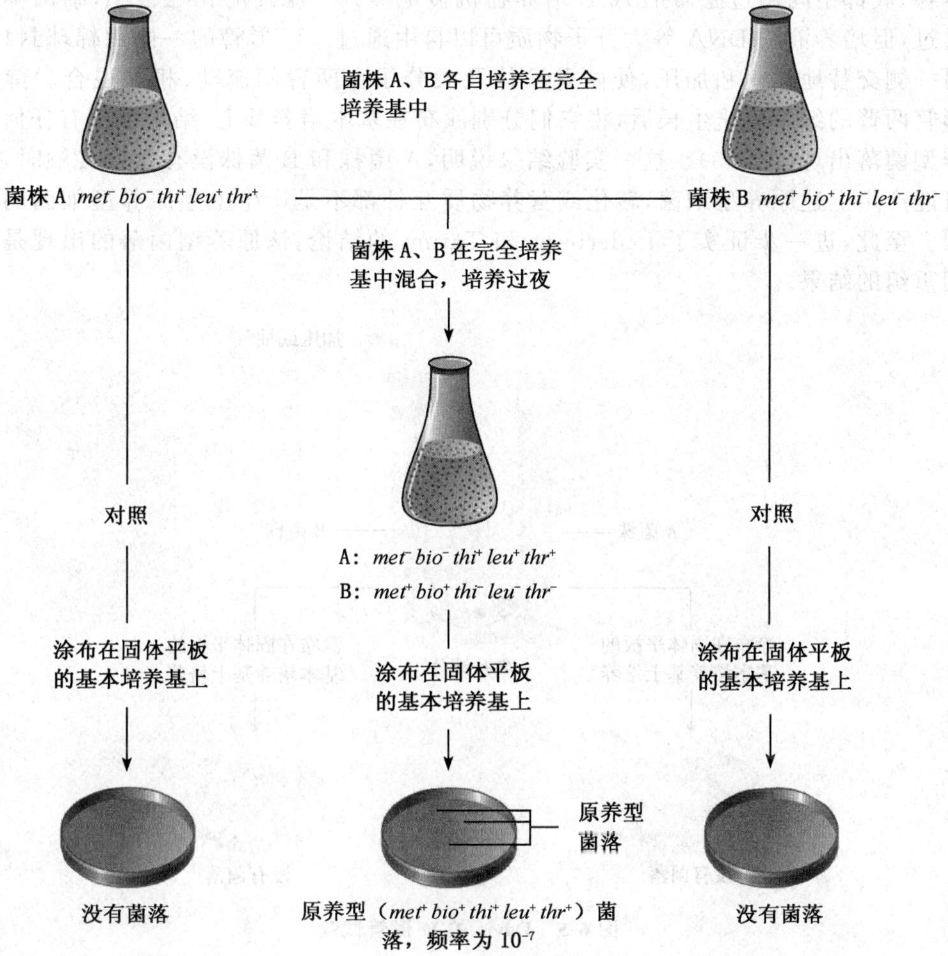

图 6-4 Lederberg 和 Tatum 的大肠杆菌接合试验

(引自 Klug,2002)

为了检验以上②③这两种可能性,Lederberg 和 Tatum 接着进行另一试验。他们将一亲本细菌在基本培养基中培养一定时间后,再用细菌过滤器(只容许营养物质分子和 DNA 分子通过)除去细菌细胞,然后把过滤液加到另一亲本的培养基中,结果也未产生原养型菌落。这个实验结果排除了转化和营养物质互补的解释。于是 Lederberg 和 Tatum 认为,原养型菌落的出现确实是基因重组的结果。

1950 年,Davis 为了进一步验证 Lederberg 的上述结论,设计了一种 U 形管的试验。在这个 U 形管中,左右两臂分别放入大肠杆菌 A 菌株和 B 菌株的液体培养物,底部中间用过滤器把 A、B 培养物机械地隔开。滤片的孔径很小,细菌不能透过,但培养液和 DNA 等大分子物质可以自由通过。U 形管的一侧用棉球封口,另一侧交替地抽气和加压,使两臂液体及大分子在两臂间流动、相互混合。待 U 形管两臂的细胞停止生长后,将它们分别涂布在基本培养基上,结果都没有任何原养型菌落出现(图 6-5)。这一实验结果说明,A 菌株和 B 菌株没有发生接触时,不可能产生上述原养型细菌,转化或营养物质互补都不是产生上述原养型细菌的原因。至此,进一步证实了 Lederberg 和 Tatum 的结论:该原养型菌落的出现是基因重组的结果。

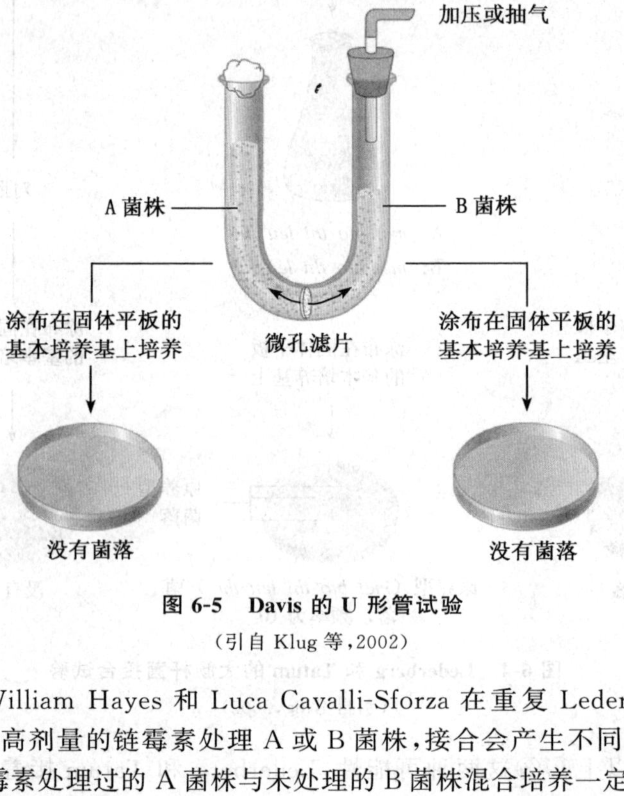

图 6-5　Davis 的 U 形管试验

(引自 Klug 等,2002)

1952 年,William Hayes 和 Luca Cavalli-Sforza 在重复 Lederberg 和 Tatum 实验时发现,用高剂量的链霉素处理 A 或 B 菌株,接合会产生不同的实验结果。

他们用链霉素处理过的 A 菌株与未处理的 B 菌株混合培养一定时间后,接种在基本培养基上,结果出现了原养型菌落。相反,用链霉素处理过的 B 菌株和未处理的 A 菌株混合培养一定时间后,接种在基本培养基上时,并没有出现原养型菌落。

Hayes 的试验结果意味着这 2 个菌株在接合中的作用是不相同的,即遗传物质的重组不是交互的,而是单向的。例如,在本实验中,是 A 菌株的遗传物质向 B

菌株转移。因为链霉素可以阻止细胞分裂，继而杀死细胞，但它允许细胞间的接触持续一个较短的时间。所以，用链霉素处理A菌株，能阻止A菌株的细胞分裂，但并不影响菌株A(供体)的遗传物质向菌株B(受体)转移。相反，菌株B作为遗传物质的受体，一旦被链霉素杀死以后，即便菌株A将遗传物质转移给了B菌株，也不可能出现重组体。因此，在接合中，我们把供体菌看作"雄性"，把受体菌看作"雌性"，接合是指遗传物质从供体——"雄性"，转移到受体——"雌性"的过程。

(二)F因子及其转移

1. F因子　Hayes曾推测大肠杆菌2个菌株之间遗传物质的转移，是通过致育因子(fertility factor)介导产生的。致育因子简称F因子(F factor)。1961年，Falkow S和Baron L首次在大肠杆菌中分离出F因子，证明了它的存在。它实际上是一种质粒，一种小型环状双链DNA。它由3个不同区域组成，如图6-6所示。

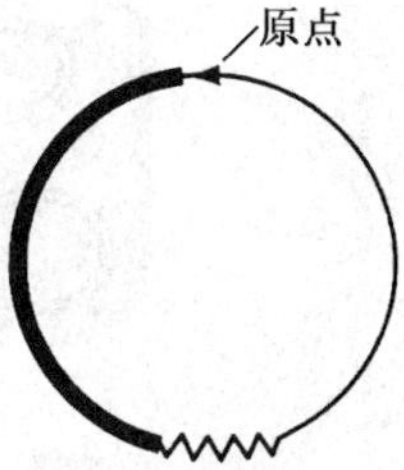

图6-6　F因子结构示意图

根据F因子的有无以及在细胞中存在的状态，大肠杆菌细胞可分为3种类型：①没有F因子，即F^-；②包含一个游离状态的F因子，即F^+；③包含1个整合到自己染色体内的F因子，即Hfr。

2. $F^+ \times F^-$　当F^+与F^-相互接触时，F^+的性伞毛就成了2个细胞之间原生质的通道，或叫接合管(图6-7)，F^+细胞中的F因子的一条链通过接合管向F^-传递。因此，接合过程中的F^+是供体，F^-是受体。接合的产物，即接合体，则都是F^+，各具有1个F因子。细菌接合的具体具体过程见图6-8。

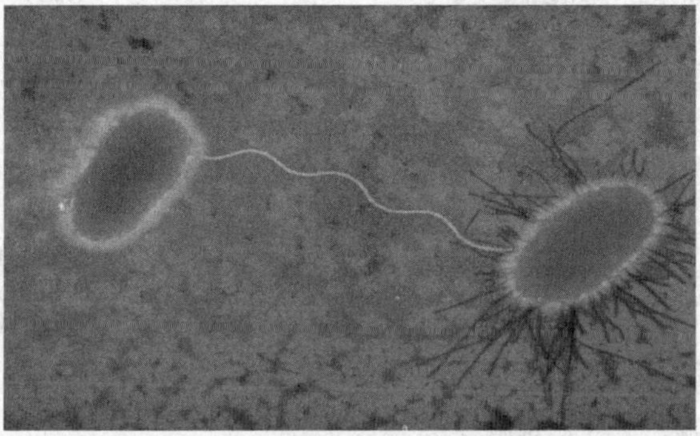

图6-7　大肠杆菌接合的电镜观察

右面是供体菌细胞(F^+，也包括下述的Hfr)，细胞表面有性伞毛的存在，左面是受体菌细胞，细胞表面没有性伞毛。细胞接触后，F^+性伞毛就成了2个细胞之间原生质的通道(接合管)

(引自Brooker，1999)

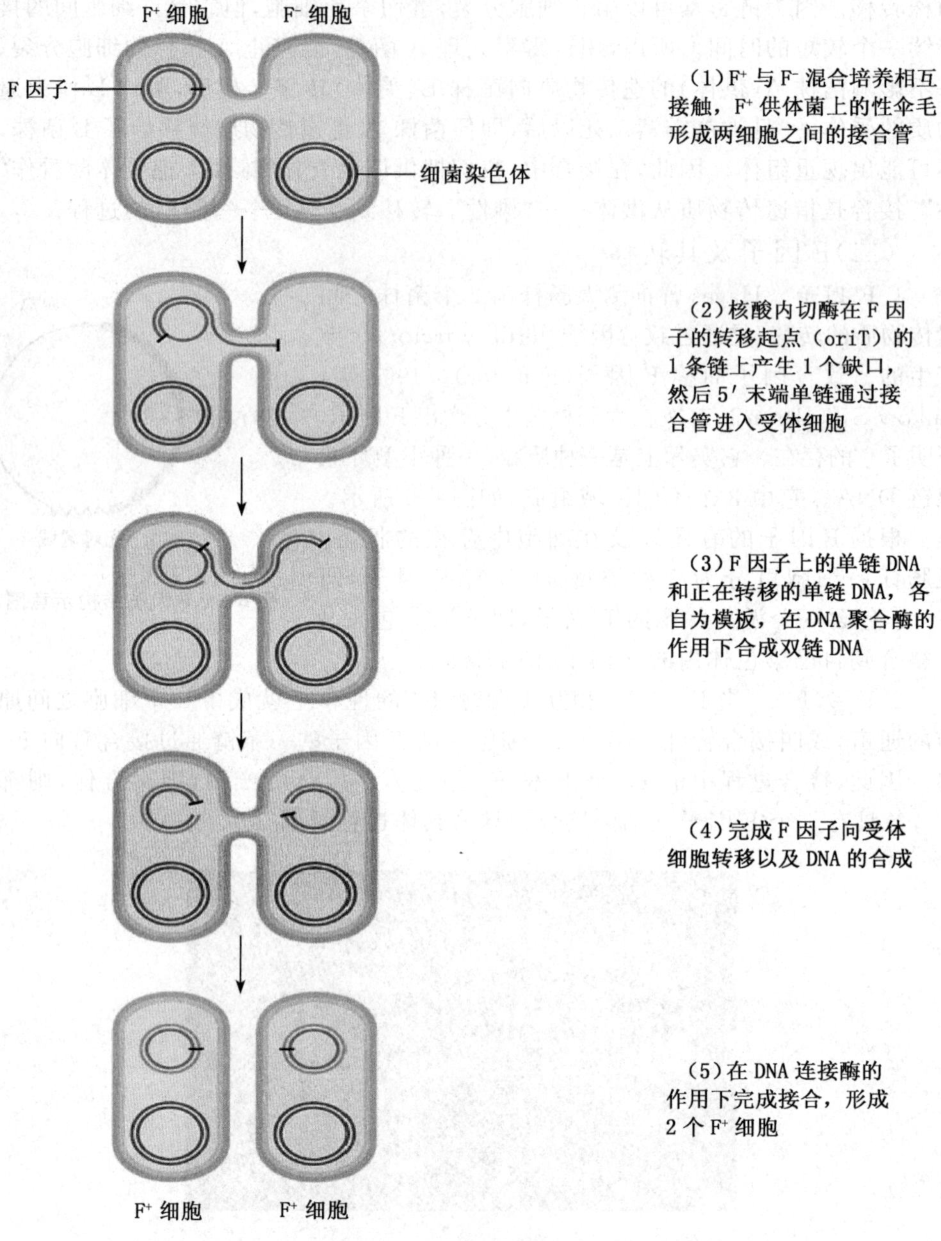

图 6-8 大肠杆菌的接合过程

(引自 Klug,2002)

（三）Hfr 菌株及染色体转移

1. Hfr 菌株　在 $F^+ \times F^-$ 的接合中，F 因子虽然以很高的频率向受体细胞转移，但并没有涉及到供体菌染色体 DNA 的转移。但后来偶然发现一种菌株，它的 F 因子整合在细菌染色体上，从而能引起染色体 DNA 向受体菌转移。我们把带有一个整合的 F 因子的细胞叫做高频重组(high frequency recombination)菌株，简称为 Hfr 菌株。

由于 F 因子整合在细菌染色体的位置和方向是随机的，所以存在许多不同的 Hfr 菌株。

2. $Hfr \times F^-$　Hfr 细胞与 F^- 细胞相互接触时，Hfr 菌上的性伞毛形成接合管。Hfr 染色体上 F 因子的转移起点(oriT)和小部分 F DNA 首先进入受体细胞，然后是染色体 DNA，最后才是剩下的大部分 F 因子 DNA。但由于各种内外原因，实际上受体细胞通常只接受供体的部分染色体，转移长度一般限制在染色体 DNA 总长的 1/2 以内。这些染色体称为供体外基因子，而受体的完整染色体则称为受体内基因子，这样的细菌称为部分二倍体或部分合子。

在部分二倍体中，供体染色体的部分基因与受体染色体的基因通过一个双交换产生重组子，而重组后的线性 DNA 片段则被降解(图 6-9)。如果部分二倍体中发生单交换或奇数的交换，则受体内基因子由环状变为线状，导致细菌死亡。

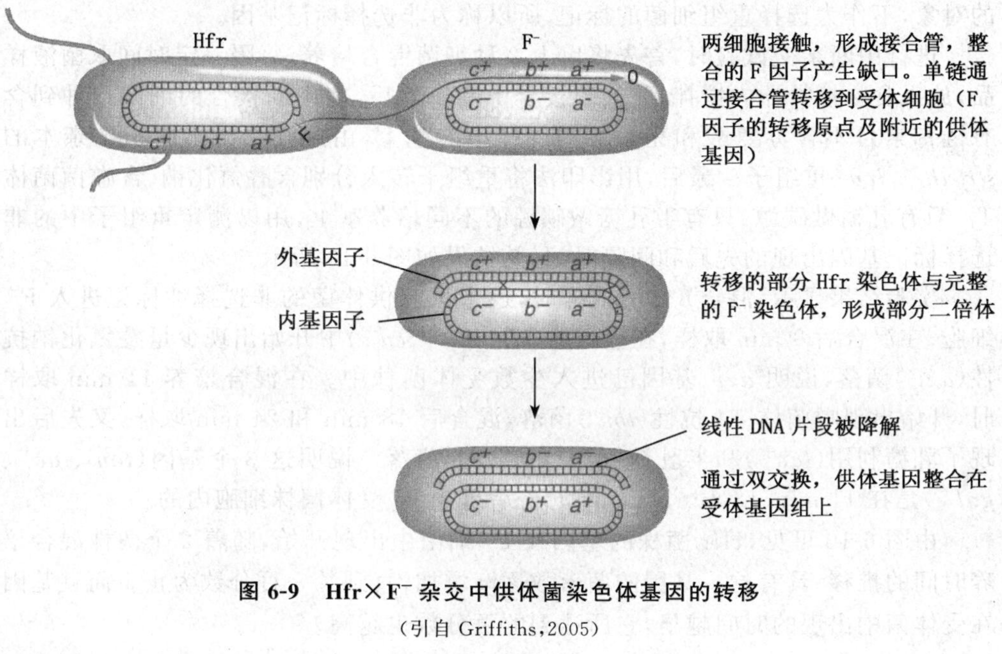

图 6-9　$Hfr \times F^-$ 杂交中供体菌染色体基因的转移

（引自 Griffiths，2005）

3. Hfr 与 Lfr　Hfr 之所以称为高频重组菌株，是因为在 Hfr×F^- 的接合中它能以高达 10^{-4} 的频率转移染色体 DNA。而在 F^+ ×F^- 的接合中，F^+ 只在它的 F 因子偶尔整合到染色体时，才能发生染色体 DNA 的转移，这种转移的频率低达 10^{-7}，所以 F^+ 称为低频重组菌株（Lfr，low frequency recombination）。

（四）中断杂交试验及染色体连锁图

细菌的接合也可称为杂交。在 Hfr×F^- 杂交中，在 F 因子的影响下，供体染色体以一定方向和均匀速度逐渐进入 F^- 细胞。因此，我们可以在不同时间人为地中断 Hfr×F^- 杂交，然后测定受体菌的遗传标记，根据基因进入受体细胞的先后顺序和间隔时间，将细菌基因定位在染色体 DNA 上。这就是所谓的中断杂交试验（interrupted mating experiment）或中断杂交作图。这方法是 Jacob 和 Wollman 在 1957 年首创的。他们采用的菌株基因型为：

Hfr：$thr^+ leu^+ lac^+ azi^r ton^r gal^+ str^s$

F^-：$thr^- leu^- lac^- azi^S ton^S gal^- str^r$

以上 Hfr 亲本能合成苏氨酸和亮氨酸，能利用培养基的乳糖及半乳糖，抗叠氮化钠，抗噬菌体 T_1 侵染，对链霉素表现敏感。F^- 亲本正好相反。

以上 2 个亲本的 7 个性状中，有 thr^+ leu^+ 和 str^r 3 个性状作为选择重组细菌的标记，即在杂交试验中将选择既能合成苏氨酸、亮氨酸，又抗链霉素的重组细菌。所以控制这 3 个性状的基因称为选择标记基因。另外的 4 个基因是细菌基因定位的对象，不作为选择重组细菌的标记，所以称为非选择标记基因。

进行中断杂交试验时，首先将以上 2 种细菌混合培养，每隔一定时间取菌液样品，放入食物搅拌器内搅拌，使细菌接合中断。然后，将中断接合的细菌接种到含有链霉素且不含苏氨酸和亮氨酸的选择培养基上，由此筛选出不同于 2 亲本的 str^r thr^+ leu^+ 重组子。最后，用影印法将重组子转入分别含叠氮化钠、含噬菌菌体 T_1、只有乳糖做碳源、只有半乳糖做碳源的不同培养基上，用以测定重组子中的非选择标记基因出现的先后和间隔时间，其结果如图 6-10 所示。

实验结果显示，混合 8 min 取样时，还未见有供体菌的非选择性标记进入 F^- 细胞；在混合后 9 min 取样，在重组体（str^r thr^+ leu^+）中开始出现少量叠氮化钠抗性（azi^r）菌落，说明 azi^r 基因已进入少数受体菌株中。在混合培养 11 min 取样时，开始出现噬菌体 T1 抗性（ton^r）菌落，混合后 18 min 和 24 min 取样，又先后出现了乳糖利用（lac^+）和半乳糖利用（gal^+）的菌落。说明这 3 个基因（ton^r、lac^+、gal^+）是在 11 min、18 min、24 min 时先后进入 F^- 受体菌株细胞内的。

由图 6-10 可见，Hfr 菌株的基因在 F^- 细菌中出现开始，随着 2 个菌株混合培养时间的推移，具有这一基因的菌落数逐渐增加，直到某一百分数为止。而且基因在受体菌中出现的时间越早，它所达到的百分数也越高。

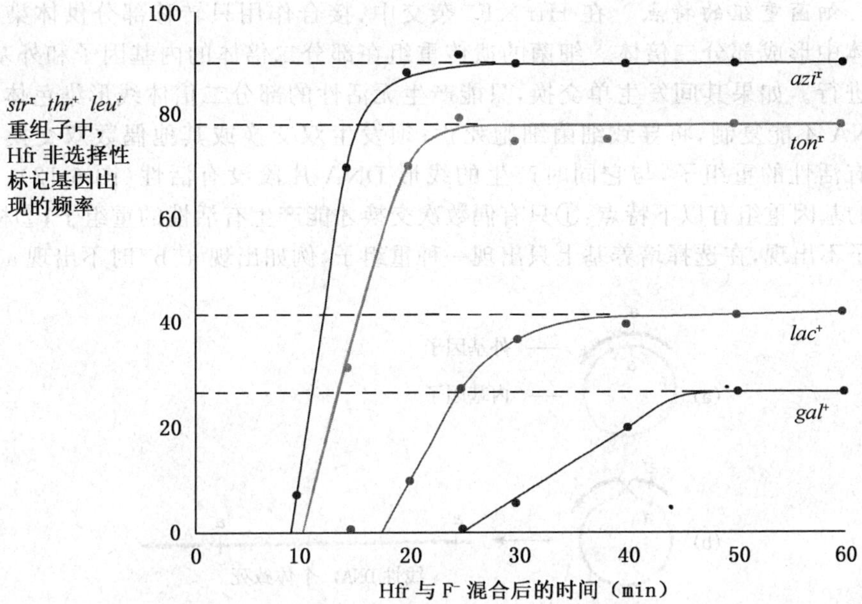

图 6-10　Hfr 菌株中各非选择标记基因进入 F^- 细菌的时间与频率的关系

（引自 Griffiths，2005）

在接合过程中单位长度染色体转移速度是保持不变的，因此，每个基因进入受体细胞的时间就给它们提供了遗传图距的尺度。根据中断杂交试验的以上结果，大肠杆菌的上述 4 个基因的定位如图 6-11 所示：

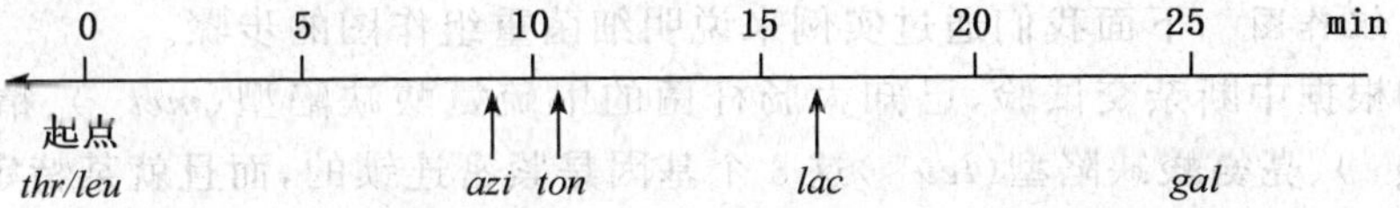

图 6-11　根据中断杂交所作的大肠杆菌部分基因连锁图

由于进入受体的染色体通常不及全长的 1/2，因此在定位染色体更多基因或所有基因时，需要利用 F 因子插入位置和方向不同的多种 Hfr 菌株。

（五）重组作图

中断杂交作图是根据 Hfr 基因转移的先后顺序，以时间为图距单位进行基因定位的。如果 2 个基因紧密连锁，基因间的距离小于 2 min，那么用中断杂交法所得的基因图距往往不够精确。在这种情况下，我们就要采用传统的重组作图法（recombination mapping）。所谓重组作图法，是指根据细菌接合之后产生重组体的结果进行基因定位的方法。

1. 细菌重组的特点　在 Hfr×F^- 杂交中，接合作用只转移部分供体染色体，在受体中形成部分二倍体。细菌的遗传重组在部分二倍体的内基因子和外基因子之间进行。如果其间发生单交换，只能产生无活性的部分二倍体线形染色体，这样的 DNA 不能复制，将导致细菌细胞死亡；须发生双交换或其他偶数双交换，才能产生有活性的重组子，与它同时产生的线形 DNA 片段没有活性（图 6-12）。所以细菌的基因重组有以下特点：①只有偶数次交换才能产生有活性的重组子；②相反的重组子不出现，在选择培养基上只出现一种重组子，例如出现 a^+b^- 时不出现 a^-b^+。

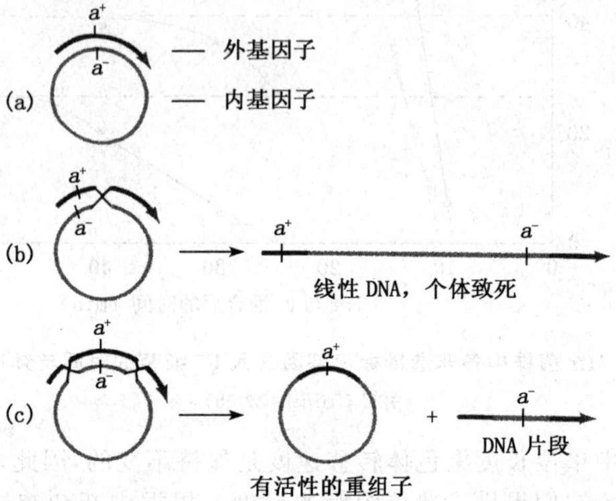

图 6-12　细菌重组的特点

2. 重组作图　下面我们通过实例来说明细菌重组作图的步骤。

例如根据中断杂交试验，已知大肠杆菌的甲硫氨酸缺陷型（met^-）、精氨酸缺陷型（arg^-）、亮氨酸缺陷型（leu^-）这 3 个基因是紧密连锁的，而且就某特定的 Hfr 菌株来说，基因的转移的顺序是 met^+、arg^+、leu^+，即在这 3 个基因中，met^+ 首先进入 F^- 细胞，leu^+ 最后进入。这样我们就可以进行以下杂交试验，进行重组作图。

$$\text{Hfr}\ met^+\ arg^+\ leu^+\ str^s \times F^-\ met^-\ arg^-\ leu^-\ str^r$$

把这 2 种细菌混合一定时间后涂布到含链霉素并添加精氨酸以及甲硫氨酸的培养基上（在这种培养基中，杀死所有的 Hfr 细胞和未杂交的 F^- 细胞）。在这种培养基中形成菌落的重组子基因型应该是 $leu^+\ str^r$。由于 leu^+ 最后进入 F^- 细胞，当我们筛选出 leu^+ 重组子时，met^+、arg^+ 基因一定进入了 F^- 细胞中。对已经筛选出的 leu^+ 重组子，用影印法测定其余 2 个非选择标记基因以及它们的菌落数。测定结果如下：

基因型	菌落数	基因型	菌落数
$leu^+\ arg^-\ met^-$	16	$leu^+\ arg^+\ met^-$	36
$leu^+\ arg^+\ met^+$	348	$leu^+\ arg^-\ met^+$	0

请注意，以上数据不存在基因型 $leu^+\ arg^-\ met^+$，因为它应是四交换的结果，与双交换相比，其交换频率非常低，在本次实验中未能检测到该重组基因型(图 6-13)。

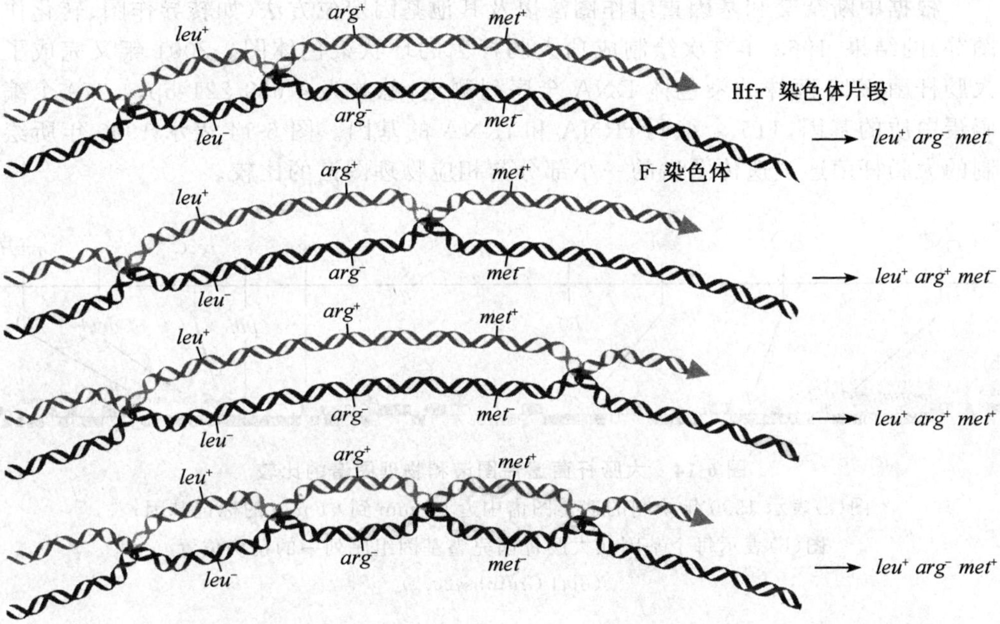

图 6-13 Hfr met^+ arg^+ leu^+ str^s × F⁻ met^- arg^- leu^- str^r 选择标记 leu^+ str^r 的重组类型

根据上述接合结果，基因间的重组率可用下式计算：

leu-arg 的重组率 $=[(leu^+\ arg^-\ met^-)+(leu^+\ arg^-\ met^+)]/[(leu^+\ arg^-\ met^-)+(leu^+\ arg^+\ met^-)+(leu^+\ arg^+\ met^+)+(leu^+\ arg^-\ met^+)]\times 100\%$

$=16/16+36+348$

$=4\%$

arg-met 的重组率 $=[(leu^+\ arg^+\ met^-)+(leu^+\ arg^-\ met^+)]/[(leu^+\ arg^-\ met^-)+(leu^+\ arg^+\ met^-)+(leu^+\ arg^+\ met^+)+(leu^+\ arg^-\ met^+)]\times 100\%$

$=36/16+36+348$

$=9\%$

leu-met 的重组率 $=[(leu^+\ arg^+\ met^-)+(leu^+\ arg^-\ met^-)+(leu^+\ arg^-$

$met^{+})]/[(leu^{+}\ arg^{-}\ met^{-})+(leu^{+}\ arg^{+}\ met^{-})+(leu^{+}\ arg^{+}\ met^{+})+(leu^{+}\ arg^{-}\ met^{+})]\times 100\%$

$=16+36/16+36+348$

$=13\%$

通过中断杂交作图和重组作图结果的比较，两者之间的关系大致为：1 个时间单位（1 min）相当 20％的重组率。

根据中断杂交和基因重组作图法以及其他基因定位方法（如转导作图、转化作图等）的结果，1963 年首次绘制成功大肠杆菌的环状染色体图。2001 年又完成了大肠杆菌 K12 菌株的染色体 DNA 全序列测定，总共为 4 639 221 bp，4 279 个编码蛋白质的基因，115 个编码 rRNA 和 tRNA 的基因。图 6-14 表示 1990 年所绘制的大肠杆菌连锁遗传图谱的一小部分与相应物理图谱的比较。

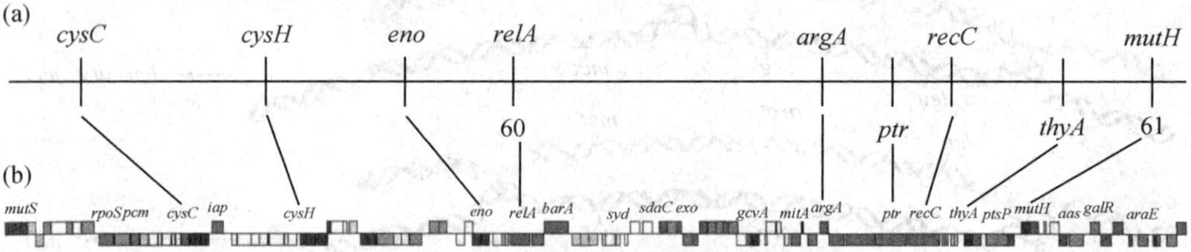

图 6-14 大肠杆菌遗传图谱和物理图谱的比较

图(a)表示 1990 年绘制的遗传图谱中近 60 min 到 61 min 的标记基因；

图(b)表示每个基因在大肠杆菌完整基因组序列中的精确位置

（引自 Griffiths，2005）

三、性导

（一）性导的概念

在 Hfr 细胞中，染色体上的 F 因子是相当稳定的，然而 F 因子也能够低频率地从细菌染色体上切除。如果是精确切除，F 因子又重新离开细菌染色体形成 F^{+} 细胞。但在切除过程中，偶尔会发生错误，形成携带部分细菌染色体基因的 F 因子。这种带有部分细菌染色体基因的 F 因子，称为 F′因子。所谓性导（sexduction），就是指 F′因子所携带的供体细菌染色体 DNA，通过接合作用转移到受体细菌染色体的过程。

（二）F′因子的特性

1959 年，Adelberg 等发现一个特殊的 Hfr 菌株，能把 *lac* 基因高频率（相当于

F 因子的转移频率）转移到 F^- *lac*$^-$受体，使受体的表型变成 F^+ *lac*$^+$。但经过接合形成的 F^+ *lac*$^+$后代不稳定，大约有 10^{-3} 细胞又变成 F^- *lac*$^-$，因此分析，经过接合后的受体细胞应该是部分二倍体 *lac*$^+$/*lac*$^-$。根据上述实验结果和分析，Adelberg 推断，F 因子从 Hfr 上游离出来时，将邻近的 *lac*$^+$ 基因也携带走了，成为 F′因子。这个带有 F′因子的细菌与 F^- *lac*$^-$ 接合时，便形成了 *lac*$^+$/*lac*$^-$杂合子。

F′经过接合后形成的部分二倍体可能发生以下几种情况：①如果部分二倍体中间不发生重组，那么 F′因子可在细菌细胞中自主的延续下去；②若发生重组，即 F′因子所携带的供体细菌染色体同受体细菌染色体之间发生了同源区段的重组，则单交换时会导致 F′因子整合到受体染色体上而形成 Hfr 品系，同时 F′因子上所携带的供体基因也发生重组；双交换时，F′因子上的细菌基因与受体染色体上等位基因之间发生互换，形成 F′品系和重组的细菌染色体。

F′因子所携带的细菌染色体片段大小不等，可以小到一个基因、大到数十个基因。F′因子以极高的比率转移它的基因，如同 F^+ 细菌以极高的比率转移它的 F^+ 因子一样；F′因子又有极高的自然整合率，而且整合在一定的位点上，因为它具有与受体细菌染色体同源的区段。

（三）性导的作用

基于 F′因子的这些特性，我们可以利用性导，将供体的特定基因转移到受体中，形成基因型杂合的部分二倍体，用于鉴定基因的显隐性。例如，将供体的 *lac*$^+$ 基因转移到 *lac*$^-$ 受体中，形成 *lac*$^+$/*lac*$^-$ 的部分二倍体时，能在 EMB 乳糖琼脂培养基上形成红、白相间的菌落。实验表明这种菌落能够利用乳糖，从而证明 *lac*$^+$ 基因对 *lac*$^-$ 基因是显性。

此外，我们还可以利用性导，将供体染色体 DNA 上邻近的 2 个基因转移到受体中，形成基因型杂合的部分二倍体，然后根据重组率来确定这 2 个基因之间的距离，绘制细菌的遗传图。

第三节　噬菌体的遗传分析

一、噬菌体的特性

根据噬菌体 DNA 在宿主细菌内的特性，可将噬菌体分为两类。

（一）烈性噬菌体

这类噬菌体感染细菌后，随即破坏宿主细胞原有的遗传物质，进而合成大量的噬菌体遗传物质和蛋白质，组装成许多新的子噬菌体，最后使细菌裂解（lysis），释放出数百个子噬菌体(图 6-15)。

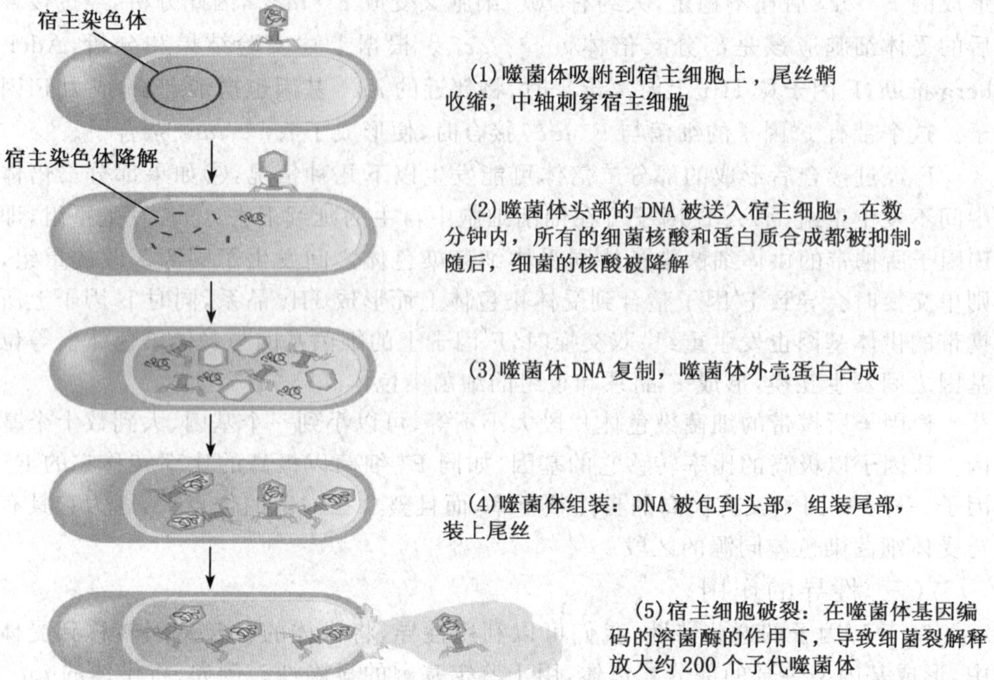

图 6-15 噬菌体的生活周期

(引自 Klug,2002)

(二)温和性噬菌体

温和性噬菌体侵染细菌后,细菌并不裂解。这时的细菌称为溶源性细菌,它会阻止其他同种噬菌体的超数感染。超数感染是指一个细菌受一个以上噬菌体感染的现象。

噬菌体在溶源性细菌中有 2 种不同状态。一种是游离在细菌细胞质中,如 P_1 噬菌体;另一种是通过交换整合在细菌染色体上,如 λ 噬菌体。这种整合在细菌染色体上的噬菌体称为"原噬菌体(prophage)"。不论是哪一种状态,噬菌体 DNA 都随着细菌染色体 DNA 的复制而复制,使细菌的溶源性稳定地遗传。

但是,细菌的溶源性是由噬菌体决定的。受某些外界的物理或化学因素(如紫外线、丝裂霉素 C 等)的作用,原噬菌体会脱离寄主染色体,产生烈性反应而进入溶菌阶段,即噬菌体 DNA 大量复制,噬菌体蛋白质合成,从而形成大量子代噬菌体,并裂解寄主而释放(图 6-16)。

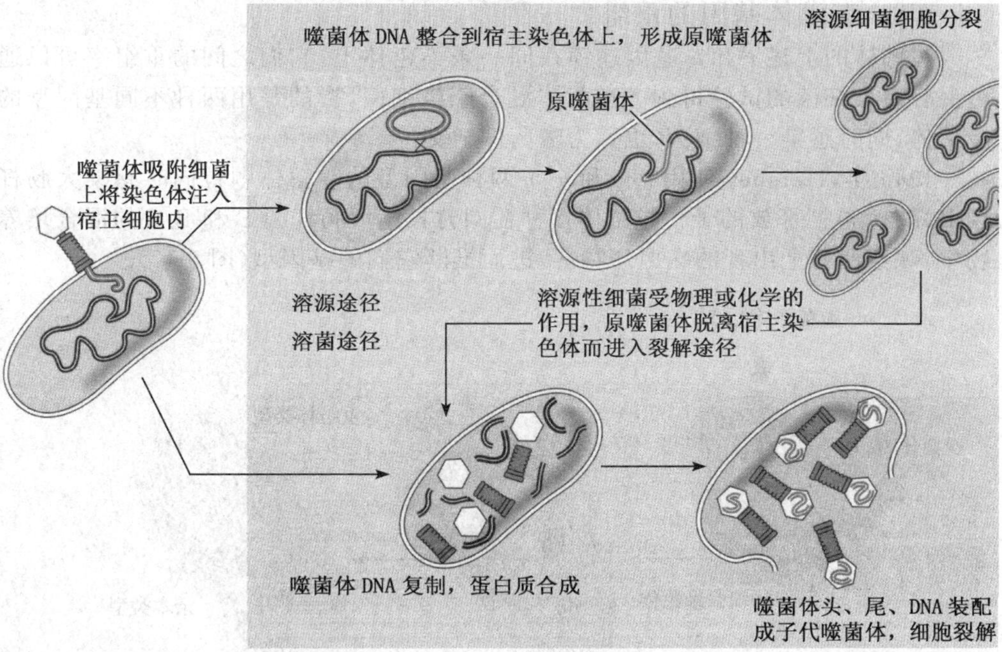

图 6-16　温和噬菌体的生活周期

（引自 Atherly,1999）

二、噬菌体的基因重组

（一）噬菌斑的遗传性状

噬菌斑是噬菌体感染宿主细菌以后，在细菌涂布平板培养基中形成的，肉眼可见的透明圈。1 个噬菌斑大约含有 10^7 个噬菌体，它们起源于同 1 个噬菌体，是噬菌体反复侵染、裂解细菌后，产生的噬菌体后代，因此有着相同的基因型。

噬菌体的遗传性状分为 2 类。一类是噬菌斑形态，包括噬菌斑的大小、边缘等特征，例如正常的大肠杆菌 T_2 噬菌体（r^+）产生的噬菌斑小而边缘模糊，而突变体（r，表示速溶性，rapid lysis）噬菌斑比野生型大 2 倍且边缘清楚。另一类是宿主范围，即噬菌体感染和裂解细菌菌株的能力，例如野生型 T_2 噬菌体（h^+）只能感染和裂解大肠杆菌 B 菌株，而不能感染和裂解大肠杆菌 B/2 菌株；噬菌体 h^- 突变体则能感染和裂解以上 2 种菌株。所以，若把野生型噬菌体（h^+）接种在 B 和 B/2 混合菌苔上，将形成半透明的噬菌斑；噬菌体 h^- 突变体接种在该菌苔上，则将形成透明的噬菌斑。

（二）噬菌体基因的重组

噬菌体的上述 r 和 h 基因连锁在同一条染色体上，它们之间的重组率可以通过混合感染细菌的试验得到。噬菌体混合感染细菌，指的是用两种不同基因型的噬菌体，同时感染一种细菌，也称为噬菌体杂交。

1946 年，Hershey 使用 hr^+ 和 h^+r 两种基因型的噬菌体颗粒同时感染大肠杆菌 B 菌株，再把释放的子代噬菌体接种在同时长满大肠杆菌 B 和 B/2 的混合培养物中，观察菌苔上出现的噬菌斑特征，进而推断它们的基因型（图 6-17）。

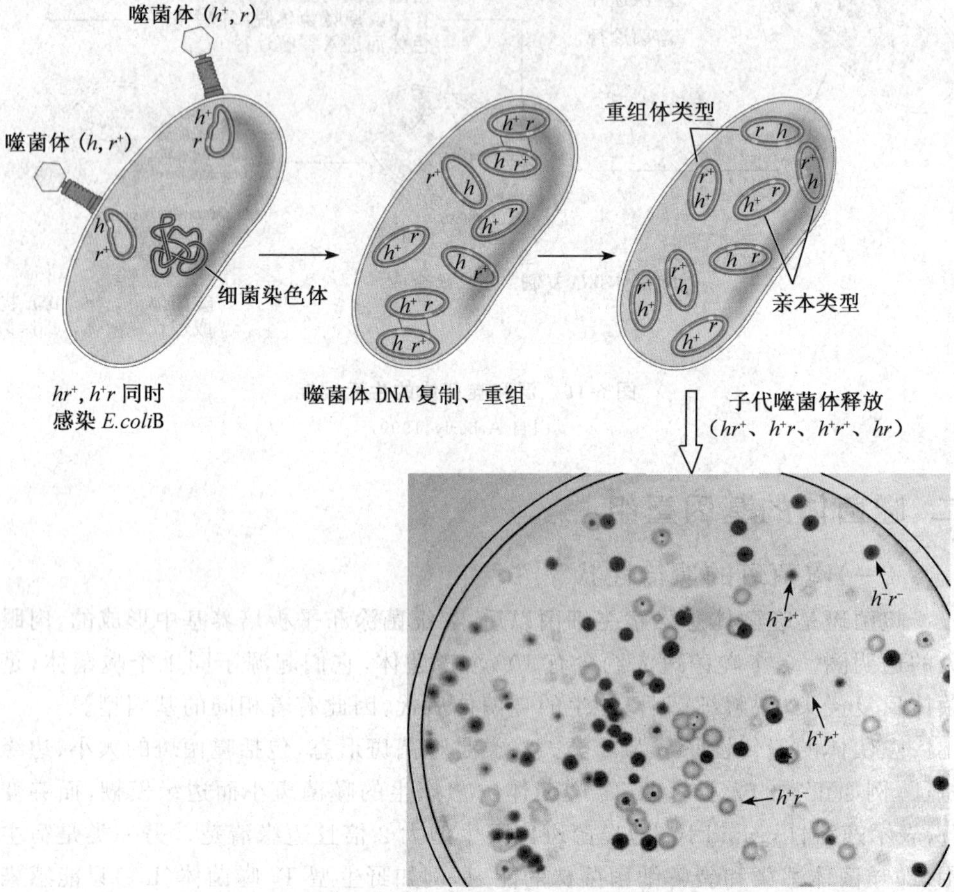

图 6-17　在 B 和 B/2 混合菌苔上出现了 4 种噬菌斑

（引自 Atherly，1999）

试验结果表明，在含有大肠杆菌 B 和 B/2 的培养基上，单独使用 h^+r 噬菌体时所形成的噬菌斑大而半透明；单独使用 hr^+ 噬菌体时所形成的噬菌斑小而透明。

如果用 h^+r 和 hr^+ 同时感染，则所形成的噬菌斑，除了以上 2 种亲本型噬菌斑之外，还有大而透明和小而半透明这样两种重组型噬菌斑（表 6-3）。

表 6-3　$hr^+ \times h^+r$ 杂交出现的 4 种噬菌斑

类型	噬菌斑表型		推测基因型
亲本型	透明	小	hr^+
	半透明	大	h^+r
重组型	半透明	小	h^+r^+
	透明	大	hr

因此，基因之间的重组率可用下式计算：

$$h^- r \text{ 基因之间的重组率} = \text{重组噬菌斑数}/\text{总噬菌斑数} \times 100\%$$
$$= (h^+r^+) + (hr)/\text{总噬菌斑数} \times 100\%$$

和高等动植物一样，噬菌体也可以通过三点测验进行基因定位。如用 T_4 噬菌体的 2 个品系混合感染大肠杆菌。一个品系是小噬菌斑（*m*）、快速溶菌（*r*）、混浊噬菌斑（*tu*）；另一个品系对这 3 个性状都是野生型（＋＋＋），混合感染大肠杆菌的结果见表 6-4。

表 6-4　大肠杆菌 T_4 噬菌体的三点测验（*mrtu*×＋＋＋）结果

类型	基因型	噬菌斑数	比例/%	重组发生在		
				m-r	*r-tu*	*m-tu*
亲本型	*m r tu*	3 467	69.6			
	＋＋＋	3 729				
单交换型	*m* ＋ ＋	520	9.6	√		√
	＋ *r tu*	474				
单交换型	*m r* ＋	853	17.5		√	√
	＋ ＋ *tu*	965				
双交换型	*m* ＋ *tu*	162	3.3	√	√	
	＋ *r* ＋	172				
合计		10 342		12.9%	20.8%	27.1%

与真核生物不同，病毒只具有一条染色体，亲本组合与重组合可直接从后代中反映出来。所得后代 8 种类型中数目最少的 2 个就是双交换的结果，频率最高的 2 个是亲本类型，其余的为单交换类型。根据表中结果，我们就能计算这 3 个基因间的重组以及符合系数。表中结果可知：*m-r* 的重组率为 12.9%，*r-tu* 的重组率为 20.8%，*m-tu* 的重组率为 27.1%，因此，*m*、*r* 及 *tu* 基因的排列顺序为：*m*—*r*—*tu*。

由此可见，利用混合感染试验的结果，可以将噬菌体的基因定位在染色体上，制作噬菌体的连锁遗传图。Streisinger 和 Edgar 根据许多基因重组的资料，在

1964 年确定噬菌体的染色体是环状的。

三、转导

转导(transduction)是指以噬菌体为媒介,把一个细菌的遗传物质导入另一细菌的过程。

(一)转导现象的发现

1951 年 Lederberg 和他的研究生 Zinder N 试图验证鼠伤寒沙门氏菌(*Salmocnella typhimurium*)是否存在类似于大肠杆菌的接合现象。他们用沙门氏菌的 2 个营养缺陷型杂交,菌株 LA-2 不能合成甲硫氨酸和组氨酸,菌株 LA-22 不能合成苯丙氨酸和色氨酸,结果在基本培养基上以 10^{-5} 的频率出现原养型的菌落(phe^+ trp^+ met^+ his^+)。这与大肠杆菌的接合试验相似,但原养型菌落出现的频率要比大肠杆菌高 100 倍。这又是什么原因呢?

为了确定沙门氏菌是否也发生了接合,他们将以上两种菌株分别放在 U 形管的两臂内,中间用玻璃滤板隔开,以防止细胞直接接触,但滤板孔径的大小容许比细菌小的物质通过,结果同样获得了原养型菌落,而且只在 LA-22 中(图 6-18)。以上结果说明,沙门氏菌中原养型菌落的出现不同于大肠杆菌的接合,它们不需要细胞间的直接接触。

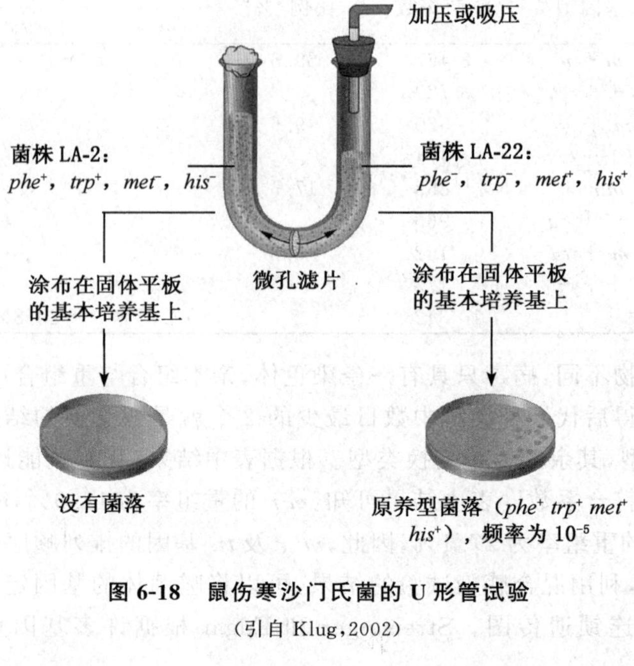

图 6-18 鼠伤寒沙门氏菌的 U 形管试验

(引自 Klug,2002)

Lederberg 根据以上结果推断，一种可以通过细菌滤片的因子将遗传信息从 LA-2 传递给了 LA-22。他们将这种因子称之为过滤因子(FA，filterable agent)。进一步的试验还发现，LA-2 产生 FA 需要 LA-22 的存在。此外还证明：FA 不是裸露的 DNA，加入 DNA 酶并不能减弱 FA 的效力(同时也排除了转化)；FA 能穿过微孔滤片；FA 与从溶源性细菌中分离得到的温和噬菌体 P_{22} 的质量大小相同；用抗 P_{22} 的血清或加热处理，P_{22} 的感染性和 FA 功能失活的速率相同；抗噬菌体 P_{22} 的鼠伤寒沙门氏菌对 FA 也表现为抗性。这些结果证明，FA 就是温和噬菌体 P_{22}。

由此，对以上实验作如下推论：LA-22 菌株是溶源性的，LA-2 是非溶源性的。在培养过程中，LA-22 中的原噬菌体 P_{22} 偶然裂解，穿过滤片后感染并裂解 LA-2，包装了 LA-2 的基因，返回滤片感染 LA-22 并溶源化，给 LA-22 带入 phe^{+} trp^{+} 基因，形成原养型菌落。噬菌体 P_{22} 将 phe^{+} trp^{+} 基因从 LA-2 转入 LA-22 的过程，便是所谓的转导。

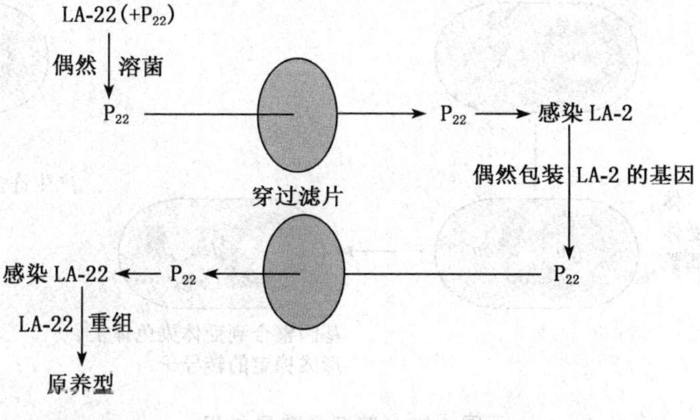

(二)普遍性转导

转导可分为两种类型，其中一种称为普遍性转导(generalized transduction)。

在噬菌体感染的末期，噬菌体 DNA 用所编码的核酸酶将细菌 DNA 降解成许多小片段。在噬菌体开始包装形成噬菌体颗粒时，少数细菌 DNA 小片段被错误地包装在噬菌体蛋白外壳中。在释放的子代噬菌体中，这种含有细菌染色体的假噬菌体称为转导噬菌体或转导颗粒(transducing particle)。由于噬菌体感染细菌的能力是由外壳蛋白决定的，所以这种转导颗粒同样可以吸附在新细菌的细胞上，从而将所携带的细菌 DNA 小片段带入新细菌，在其中形成部分二倍体，并经过同源区段交换整合到该受体细菌染色体 DNA 上，形成一个稳定的转导子(图 6-19)。

由于噬菌体的错误包装是随机的，即细菌 DNA 的任何片段都有可能被包装，因此这种转导称为普遍性转导。

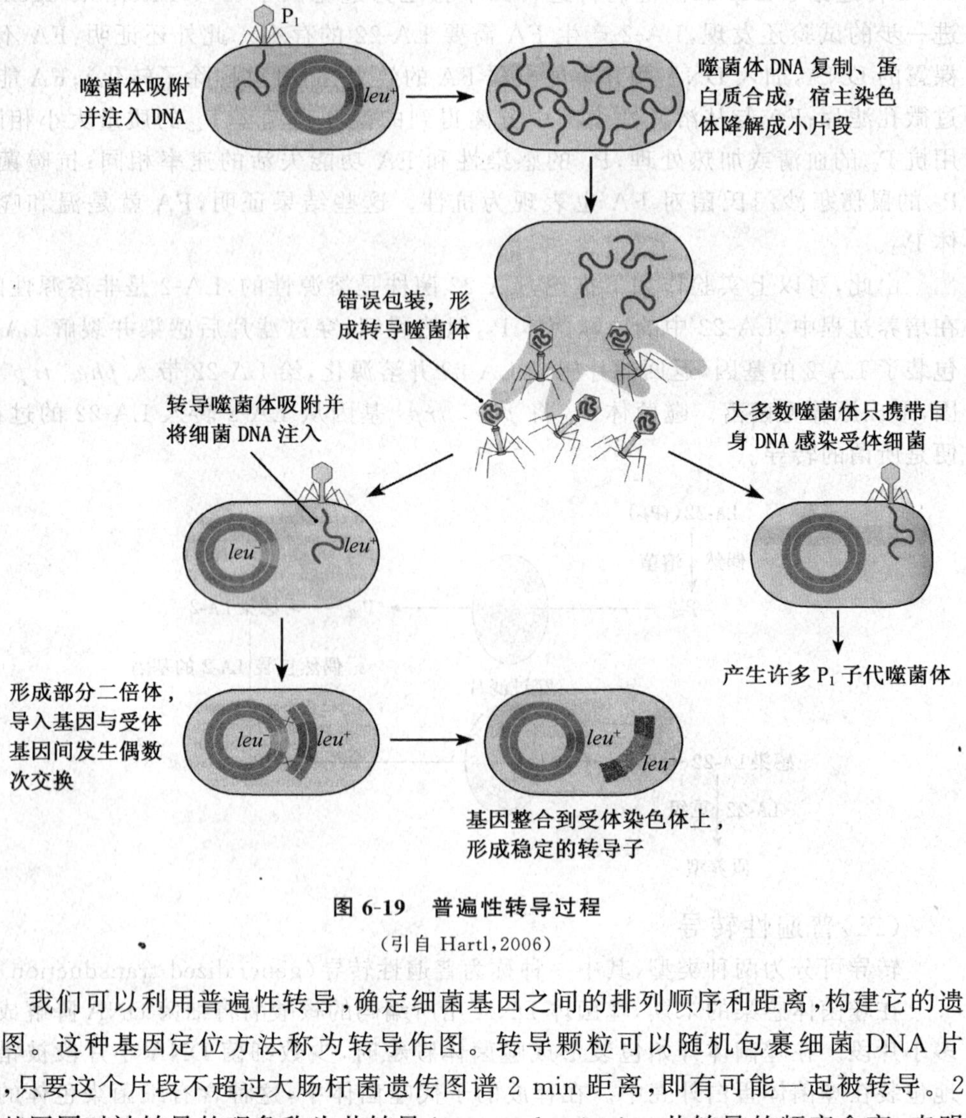

图 6-19　普遍性转导过程

（引自 Hartl，2006）

我们可以利用普遍性转导，确定细菌基因之间的排列顺序和距离，构建它的遗传图。这种基因定位方法称为转导作图。转导颗粒可以随机包裹细菌 DNA 片段，只要这个片段不超过大肠杆菌遗传图谱 2 min 距离，即有可能一起被转导。2 个基因同时被转导的现象称为共转导(cotransduction)。共转导的频率愈高，表明两个基因在染色体上的距离愈近；反之则距离愈远。通过计算和比较 2 个基因之间的共转导频率，我们就可以确定 3 个或 3 个以上基因在染色体上的排列顺序以及它们之间的距离。例如 *a*、*b* 基因间的共转导频率很高，*a*、*c* 基因的共转导频率也很高，而 *b* 和 *c* 间很少或完全不在一起转导，那么这 3 个基因的顺序就应为 *bac*。

2 个标记基因之间的距离可用下式计算：

$$d=L(1-\sqrt[3]{X})$$

式中：d——2 个标记基因间的距离（单位：min）

X——2 个基因的共转导频率（%）

L——转导 DNA 的最大长度，相当于噬菌体染色体长度（取 2 min）。

以上作图方法类似于真核生物的两点测验。此外，转导作图也可采用类似于三点测验的方法，即采用一次三因子转导（three-factor transduction）试验，就可推出 3 个基因的排列次序。

例如，利用普遍性转导噬菌体 P1，侵染基因型为 ilv^+ leu^+ ara^+ 的大肠杆菌，收集所得到的噬菌体裂解液再去侵染基因型为 ilv^- leu^- ara^- 的受体菌，然后把受体菌接种在选择培养基上，选择标记基因为 ilv^+（在该培养基上只有 ilv^+ 转导才能生长）。然后用影印法测定其余 2 个非选择标记基因以及它们的菌落数，得到如图 6-20 的结果。

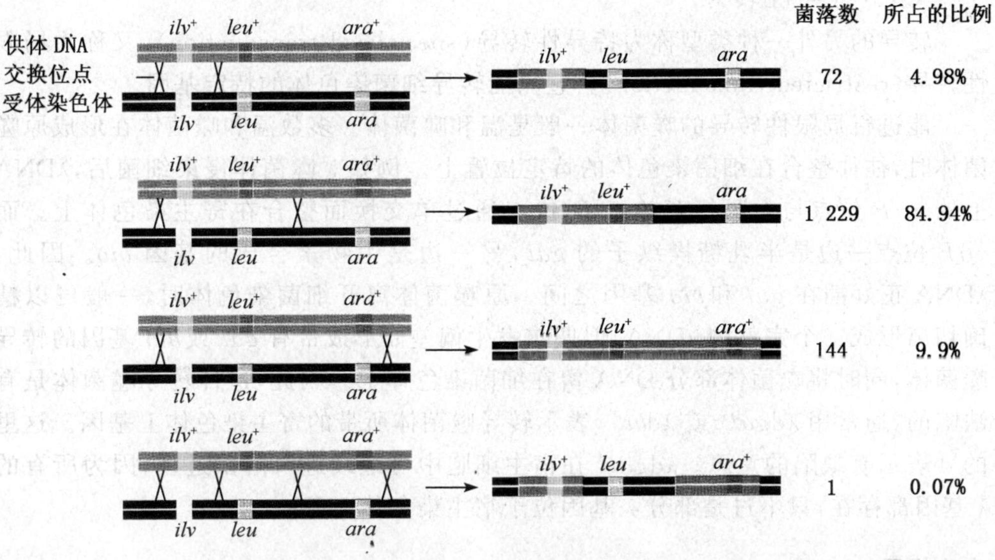

图 6-20　三因子转导试验

根据图 6-20 的结果，我们可以计算基因之间的共转导频率。计算结果如下：

ilv-leu 的共转导频率＝(ilv^+ leu^+ ara^+)＋(ilv^+ leu^+ ara^-)/总转导子数

＝1 229＋144/1 229＋144＋72＋1＝94.84%

ilv-ara 的共转导频率＝($ilv^+ leu^+ ara^+$)＋($ilv^+ leu^- ara^+$)/总转导子数

＝144＋1/1 229＋144＋72＋1＝9.97％

leu-ara 的共转导频率＝($ilv^+ leu^+ ara^+$)/总转导子数

＝144/1 229＋144＋72＋1＝9.9％

P_1 噬菌体的染色体长度约为大肠杆菌染色体长度的 2％，相当于大肠杆菌遗传图谱的 2 min 的大小。因此，P_1 噬菌体可以转导的最大长度相当于大肠杆菌遗传图谱 2 min。

通过共转导频率，我们可以计算基因间的距离。

ilv 与 *ara* 基因间的距离为：

$$d=L(1-X^{1/3})=2(1-0.0997^{1/3})=1.08\ (\mathrm{min})$$

ilv 与 *leu* 基因间的距离为：

$$d=L(1-X^{1/3})=2(1-0.9484^{1/3})=0.035\ (\mathrm{min})$$

（三）特异性转导

转导的另外一种类型称为特异性转导（specialized transduction），又称为局限性转导（restricted transduction）。它只能转导细菌染色体的特定基因。

能进行局限性转导的噬菌体一般是温和噬菌体。多数温和噬菌体在形成原噬菌体时，往往整合在细菌染色体的特定位置上。例如 λ 噬菌体侵染细菌后，λDNA 上的 *attP* 位点与大肠杆菌的 *attB* 位点通过单交换而整合在寄主染色体上。而 *attB* 位点一边是半乳糖操纵子的 *gal*，另一边是生物素合成的基因 *bio*。因此，λDNA 正好插在 *gal* 和 *bio* 基因之间。原噬菌体离开细菌染色体时，一般可以精确切离形成一个完整的 λDNA，但偶尔发生偏差而形成带有 *gal* 或 *bio* 基因的转导噬菌体，同时将噬菌体部分 DNA 留在细菌染色体上。因此，这种转导噬菌体是有缺陷的，通常用 $\lambda dgal^+$ 或 $\lambda dbio^+$ 表示转导噬菌体所带的寄主染色体上基因。这里的 d 表示有缺陷的意思。$\lambda dgal^+$ 在宿主细胞中可继续进入溶菌过程，因为所有的 λ 基因都存在，只不过是部分 λ 基因位于宿主染色体而已。

内容提要

细菌和病毒的结构及其遗传特点，使它们成为遗传学研究的常用材料。遗传学发展史上的重大发现和发明，几乎都利用了细菌和病毒。

细菌之间的遗传物质重组有 4 种不同的方式：转化、接合、性导和转导。它们产生基因重组的共同特点：①单方向转移；②产生部分二倍体；③供体基因只有整合到受体细菌染色体上才能稳定遗传。

转化是指细胞摄取周围的外源 DNA 片段，通过同源区段交换而整合到自身染色体上的过程。这个过程可分为 5 个阶段，即感受态细胞的出现，外源 DNA 的吸附、穿入、整合，以及转化细胞形成。紧密连锁的基因能够共同转化，根据基因共转化的频率，能确定基因间的顺序和距离。

细菌细胞中与接合特性有关的 F 因子，在细菌中的存在状态有 3 种：F^- 表示细菌细胞没有 F 因子；F^+ 表示 F 因子游离于细菌染色体之外；Hfr 表示 F 因子整合在细菌染色体上。

接合是指遗传物质从供体（"雄性"）转移到受体（"雌性"）的过程。当大肠杆菌 F^+ 和 F^- 接合时，F 因子通过接合管，高频率地从 F^+ 菌向 F^- 菌转移，使受体菌获得了 F 因子而成为 F^+ 菌。而在 Hfr 与 F^- 接合时，在 F 因子的影响下，供体染色体基因按一定方向和顺序，以均匀的速度依次进入 F^- 细胞。根据这个特性，可以通过中断杂交或重组作图的方法，将细菌基因定位在染色体上。

Hfr 细菌的上 F 因子，可以从染色体 DNA 上游离出来，并恢复为环状。在切除过程中，偶尔发生错误，形成携带部分细菌染色体基因的 F′因子。F′因子所携带的细菌染色体基因，通过接合作用，能高频率地转移到细菌细胞中，这个过程称为性导。

基因型不相同的噬菌体同时感染细菌时，可导致噬菌体 DNA 上的基因在细菌细胞内发生重组。用所释放的子代噬菌体再次侵染细菌，通过观察菌苔上出现的噬菌斑特征，可推断各个噬菌斑的基因型；再通过计算重组率，可将噬菌体的基因定位在它的 DNA 上。

转导是指以噬菌体为媒介，将一个细菌的遗传物质导入另一细菌的过程。转导可分为普遍性转导和特异性转导。利用普遍性转导，计算基因之间的共转导频率，可以确定基因之间的距离和排列顺序，构建遗传图谱。

复习思考题

1. 解释下列名词：F^- 菌株、F^+ 菌株、Hfr 菌株、性导、中断杂交作图、溶源性细菌、烈性噬菌体、温和噬菌体、部分二倍体、转导、普遍性转导、特异性转导。
2. 用一野生型菌株提取的 DNA 来转化一个不能合成丙氨酸（ala）、脯氨酸（pro）和精氨酸（arg）的突变型菌株，产生不同转化类型的菌落，其数如下：

8 400	$ala^+\ pro^+\ arg^+$	840	$ala^+\ pro^-\ arg^-$
2 100	$ala^+\ pro^-\ arg^+$	1 400	$ala^+\ pro^+\ arg^-$
420	$ala^-\ pro^+\ arg^+$	840	$ala^-\ pro^+\ arg^-$
840	$ala^-\ pro^-\ arg^+$		

问:(1)这些基因间的图距是多少?

(2)这些基因的顺序如何?

3. 在中断杂交试验中,为何首先筛选重组子,而后才测定基因顺序和距离?
4. 在 Hfr×F^- 杂交中,已知 leu^+ 是转移的标记基因,但是其他一些标记基因的转移顺序是不清楚。如果一个表型是野生型 Hfr 与 F^- 杂交中,在 leu^+ 重组子中,有 27%是 ile^+,13%是 mal^+,82%是 chr^+,1%是 trp^+,则基因的排列顺序?
5. 在细菌重组作图试验时,如果将亲本 Hfr $met^+\ arg^+\ leu^+\ str^s$×$F^-\ met^-\ arg^-\ leu^-\ str^r$ 中的 str^s 与 str^r 互换,则试验将出现什么情况?为什么?
6. 来自同一大肠杆菌 F^+ 菌株的 5 个不同 Hfr 菌株(A、B、C、D、E)与 F^- 中断杂交实验,结果如下:

Hfr 菌株	基因进入受体菌株的顺序以及所需的时间(min)									
A	mal^+	1	str^+	11	ser^+	16	ade^+	36	his^+	51
B	ade^+	13	his^+	28	gal^+	38	pro^+	44	met^+	70
C	pro^+	3	met^+	29	xyl^+	32	mal^+	37	str^+	47
D	pro^+	10	gal^+	16	his^+	26	ade^+	41	ser^+	61
E	his^+	7	gal^+	17	pro^+	23	met^+	49	xyl^+	52

根据上述资料:(1)绘出 F^+ 菌株的遗传图,表明基因的位置和距离。

(2)指出 F 因子在每一 Hfr 菌株中插入的位点和方向。

7. 大肠杆菌在 Hfr $met^+\ thr^+\ pur^+$×$F^-\ met^-\ thr^-\ pur^-$杂交中,通过中断杂交试验表明这 3 个基因中 met^+ 是最后进入受体细胞。所以把 met^+ 首先作为选择标记,然后再检测 met^+ 重组子中是否含有 thr^+ 和 pur^+ 基因,结果如下:

基因型	菌落数
$met^+\ thr^+\ pur^+$	320
$met^+\ thr^+\ pur^-$	0
$met^+\ thr^-\ pur^+$	6
$met^+\ thr^-\ pur^-$	52

(1)确定这 3 个基因之间的顺序。

(2)这些基因的图距是多少？

8. 在大肠杆菌中有 3 个突变基因，由于紧密连锁而不能用中断杂交实验的方法进行精确定位。因此，我们可采用人工转化的方法，确定这 3 个基因的顺序以及遗传距离。基因型是 mar^{+} bar^{+} car^{+} 为供体，以 mar^{-} bar^{-} car^{-} 为受体进行转化，转化结果如下：

基因	转化子类型							
mar	+	+	−	+	−	−	+	
bar	+	−	+	−	+	−	+	
car	+	−	+	+	−	+	−	
数目	5 000	300	600	1 300	1 800	200	50	9 250

问这 3 个基因的顺序和距离如何？

9. 4 个来自同一 F^{+} 的 Hfr 菌株(1,2,3,4)按以下顺序转移标记基因：

Hfr 菌株	基因转移顺序
1	*A D F C J E*
2	*F D A M L K*
3	*D F C J E K*
4	*K L M A D F*

问：(1)这些 Hfr 菌株的原始菌株的基因顺序如何？

(2)为了得到一个最高比例的 Hfr 重组子，在接合后该在受体中选择哪个供体标记基因？

10. 用 T_2 噬菌体的 2 个品系感染 *E. coli.*，一个品系 *cat dag fly*。另一个品系对这 3 个标记都是野生型(＋＋＋)。把这种感染的溶菌产物布平板，并分类如下：

基因型	噬菌斑数
cat dag fly	3 520
＋＋＋	3 896
cat dag ＋	945
＋ ＋ *fly*	854
cat ＋ *fly*	155
＋*dag* ＋	167
＋ *dag fly*	567
Cat ＋＋	602
	10 706

(1)确定这 3 个基因的连锁距离？

(2)你认为这 3 个基因的连锁序列怎样？

(3)计算符合系数

11. 在大肠杆菌中分离得到 3 个突变基因(*joe sam bob*)，经过中断杂交实验发现，这 3 个基因是紧密连锁。为了确定这 3 个基因间的遗传距离，用 P_1 噬菌体进行普遍性转导。共体菌株的基因型 Joe^+ sam^+ bob^+，受体为 joe^- sam^- bob^-。转导后，首先在选择培养基上筛选 sam^+ 重组子，然后进一步筛选其他标记基因，其结果如下：

基因型	菌落数
Sam^+ joe^+ *bob*	1 602
Sam^+ joe^+ bob^+	786
Sam^+ *joe* bob^+	10
Sam^+ *joe bob*	250

(1)确定这 3 个基因之间的顺序。

(2)*sam* 和 *bob* 以及 *sam* 和 *joe* 的共转导频率。

(3)假定 P_1 噬菌体的染色体长为 10 cM，计算这些基因间的遗传距离。

12. 在普遍性转导中，大肠杆菌供体基因型是 $tolC^+$ met^+ edg^+，受体细菌的基因型是 $tolC^-$ met^- edg^-，转导结果见下表：

选择标记	非选择标记基因型	所占的比例
$tolC^+$	met^+ ebg^+	2
	met^+ ebg^-	18
	met^- ebg^+	30
	met^- ebg^-	50
met^+	$tolC^+$ ebg^+	1
	$tolC^+$ ebg^-	34
	$tolC^-$ ebg^+	0
	$tolC^-$ ebg^-	65

(1)*tolC* 和 *met* 基因以及和 *ebg* 基因间的共转导频率是多少？

(2)*met* 和 *tolC* 基因以及和 *ebg* 基因间的共转导频率是多少？

(3)确定这 3 个基因的顺序。

主要参考书目

[1] 刘祖洞. 遗传学. 2 版. 北京：高等教育出版社，1995.

[2] 杨业华. 普通遗传学. 2 版. 北京：高等教育出版社，2006.

[3] 朱军. 遗传学. 3 版. 北京：中国农业出版社，2002.

[4] Anthony J F Griffiths et al. An Introduction to Genetic Analysis. 8ed. New York: Freeman and Company, 2005.
[5] Robert H Tamarin et al. Principles of Genetics. 7ed. McGeaw-Highe Education, 2002.
[6] Atherly A G. et al. The Science of Genetics. Saunders College Publishing, 1999.
[7] Daniel L. Hartl Essential Gentics. 4th. Jones and Bartlett Publication, 2006.
[8] William S Klug and Michael R. Cummings. Essentials of Genetics. 4th. Prentice Hall, 2002.

第七章 数量性状的遗传

生物的遗传性状可以分成两类：一是个体间差异明显、呈现不连续变异的性状，如植物开红花与开白花、子粒的糯性与非糯性、果蝇的残翅与完全翅等，称为质量性状(qualitative trait)；二是个体间差异微小、呈连续变异的性状，如作物的单株产量、棉花的纤维长度、牛的泌乳量等，称为数量性状(quantitative trait)。以上两类性状的遗传信息传递虽然都遵循分离、独立分配和连锁遗传定律，但是在表现形式上有所不同，需要专门加以讨论。实际上，动植物育种所改良的目标绝大多数属于数量性状，因此数量性状的遗传是动植物育种的重要理论基础。

第一节 数量性状的特性

一、数量性状的表现特征

数量性状具有2个特点，一是变异呈连续性，个体间的差异体现为量上的或程度上的，需要用重量或长度等度量单位来表示。如果将许多具有某一数量性状差异个体按照其表现型依次排列起来，则在2个极端值个体之间会形成一个连续变异链，不能划分成几组变异，这同质量性状的变异可以明确分组归类有明显不同。例如，一个千粒重35 g的大粒水稻品种与一个千粒重25 g的小粒水稻品种杂交，杂种1代表现两亲本中间型，杂种2代及以后各世代的个体就会有广泛类型出现，形成从大粒到小粒之间的连续变异，甚至会出现千粒重低于25 g和超过35 g的超亲类型。我们不能像分析质量性状那样根据个体的表现型来确定分离比例、推知亲本的基因型。

数量性状的第2个特点是易受环境的影响而产生变异。同种基因型会因年份和地点等环境因素的差异形成差别很大的表现型。例如，在玉米的纯系或2个纯系杂交产生的相同杂合基因型的杂种1代群体里，个体间在株高、穗位高和单株粒重等性状的表现会有一定差异。这种差异完全是环境引起的。F_2群体表现出的差异则既有基因型分离造成的遗传差异，又有环境影响造成的环境变异。结果是表现型相同的个体可能拥有相同的基因型，也可能有着不同的基因型。所以，不能根据某一个体的表现型准确地判断其基因型，从而也不能依据个体的表现型做准确的遗传分析。

二、数量性状的遗传基础

毫无疑问，数量性状也是由基因决定的。但数量性状在表现形式上有别于质量性状，这就意味着它具有与质量性状不同的遗传机制。对此尼尔松-埃勒（H Nilsson-Ehle，1908）提出多基因假说（Multiple-factor hypothesis）对数量性状的遗传进行解释。

多基因假说是 Nilsson-Ehle 根据对小麦子粒（种皮）颜色遗传提出来的。他发现，在若干个红粒与白粒的杂交组合中，F_2 子粒可分为红色子粒和白色子粒 2 组。有的组合表现 3∶1 分离，有的则表现 15∶1 分离或 63∶1 分离。进一步研究后发现，有 3 对作用相同、位于不同染色体上的基因决定小麦种皮的颜色。这 3 对基因中的任何一对单独分离时都可以产生 3∶1 的分离比例，而 3 对基因同时分离则产生 63∶1 的分离比例。在上述杂交 F_2 的红粒中又呈现各种程度的差异。

在 3∶1 分离中分为：1 红∶2 中红∶1 白。

在 15∶1 分离中分为：1 深红∶4 中深红∶6 中红∶4 淡红∶1 白色。

在 63∶1 分离中分为：1 极深红∶6 深红∶15 次深红∶20 中红∶15 中淡红∶6 淡红∶1 白色。

从上述各类红色的分离比例可以看出，红色深浅程度的差异与具有的红色基因数目有关，而与基因的种类无关。如果设 *Aa*，*Bb*，*Cc* 3 对基因决定种皮的颜色，大写基因表示对红色有效，小写基因对红色无效，则上述杂交 F_2 呈 63∶1 分离的组合的遗传图解应为：

P　*AABBCC*（红）× *aabbcc*（白）

↓

F_1　*AaBbCc*（中红）

F_1 产生 8 种雌配子和 8 种雄配子，各种雌雄配子的随机结合构成了 F_2 合子，每种合子包含的有效基因数及相应表现型可由下面的棋盘格图表示（图 7-1）。

图 7-1 显示，F_2 种皮颜色可分成 7 种类型，分别带有 0，1，2，3，4，5，6 个有效基因，其比例分别为 1∶6∶15∶20∶15∶6∶1。其中与亲本之一相同的带有 6 个有效基因的 *AABBCC* 占 1/64，与另一亲本相同的 *aabbcc* 也占 1/64。这与上面的结果完全一致。后来对小麦子粒颜色生化基础的研究结果表明，种皮红色品种带有的基因转录的 mRNA，翻译成催化红色素形成酶蛋白。带有的有效基因越多，转录的 mRNA 量越大，产生的酶和色素的量也就越多，表现的子粒的颜色就越深。

如果以 n 表示决定数量性状的杂合基因对数，上述 F_2 分离比例刚好是杨辉三角形 $2n+1$ 层的系数，共同的分母是 4^n。杨辉三角形如下列图阵。

	ABC	*ABc*	*AbC*	*aBC*	*Abc*	*aBc*	*abC*	*abc*
ABC	6	5	5	5	4	4	4	3
ABc	5	4	4	4	3	3	3	2
AbC	5	4	4	4	3	3	3	2
aBC	5	4	4	4	3	3	3	2
Abc	4	3	3	3	2	2	2	1
aBc	4	3	3	3	2	2	2	1
abC	4	3	3	3	2	2	2	1
abc	3	2	2	2	1	1	1	0

图 7-1　3 对加性效应基因组成的 7 种表现型棋盘格图

$$1$$
$$1+1$$
$$1+2+1$$
$$1+3+3+1$$
$$1+4+6+4+1$$
$$1+5+10+10+5+1$$
$$1+6+15+20+15+6+1$$

若是 2 对基因，则 $2n+1=5$，第 5 层的系数是 1，4，6，4，1；3 对基因则 $2n+1=7$，第 7 层系数是 1，6，15，20，15，6，1。2 对基因的分母是 $4^2=16$；3 对基因的分母为 $4^3=64$。

Nilsson-Ehle 根据上述试验结果提出了数量性状多基因假说，该假说的要点是：

(1)数量性状由许多对效应微小的多基因(polygene)或微效基因(minorgene)控制。

(2)微效基因的效应相等且可加，故又称为累加基因。

(3)微效等位基因之间无显性。

(4)微效基因对环境敏感,单个基因的作用常常被环境影响所遮盖,因而难以对个别基因的作用加以识别。

(5)微效基因与控制质量性状的主效基因(major gene)一样都处于细胞核的染色体上,并且有分离、重组、连锁等性质。

用微效多基因假说可以解释数量性状的超亲遗传(transgressive inheritance)现象。例如2个水稻品种,1个早熟,1个晚熟。杂种1代表现中间型,生育期介于两亲本之间,但其后代可能出现比早熟亲本更早熟或比晚熟亲本更晚熟的植株。设水稻生育期由3对独立遗传的基因控制。早熟亲本基因型为$a_1a_1a_2a_2A_3A_3$,晚熟亲本基因型为$A_1A_1A_2A_2a_3a_3$。大写字母表示对生育期延长有效的基因。两者杂交的F_1基因型为$A_1a_1A_2a_2A_3a_3$,带有的令生育期延长的有效基因数介于双亲之间,表现型是比晚熟亲本早,比早熟亲本晚的中间型。由于基因的分离重组,F_2群体的基因型在理论上有27种。其中基因型为$A_1A_1A_2A_2A_3A_3$的个体将比晚熟亲本更晚,基因型为$a_1a_1a_2a_2a_3a_3$的个体,将比早熟亲本更早。

由于数量性状在表现特征和遗传基础上都不同于质量性状,在研究方法上也有自己的特点:

(1)需将研究单位从个体扩大到群体。杂交后代的分离比例不能准确观察,个体所能提供的信息满足不了需要,所以必须调查大量个体,才能获得对其遗传动态的认识。

(2)需将遗传学理论同生物统计的方法结合起来。来自群体的数据需要用统计学的方法加以整理描述,分析其平均效应、方差和协方差等参数,及各种遗传组分所占的比重,从中发现遗传规律。每个性状的度量以群体的平均数表示,群体内个体间的差异以方差表示,亲属间的相似性以遗传力、相关、回归等概念来表示。

第二节　数量性状遗传分析的基本统计参数

数量性状遗传常用的一些统计参数,在遗传学的先修课生物统计学中已有所涉及,在此仅以备忘形式作简要介绍。

一、平均数

平均数(mean)是某一性状许多观察值的平均,是表示一组数据集中性的度量。可用公式表示如下:

$$\bar{x}=\frac{x_1+x_2+x_3+\cdots+x_n}{n}=\frac{\sum x_i}{n} \qquad 7-1$$

式中：$\overline{x}$ 表示平均数，x_i 表示资料中每一个观察数，也叫变量，n 表示观察值的总个数。

还可利用变量的频率计算平均值：

$$\overline{x}=f_1x_1+f_2x_2+f_3x_3+\cdots+f_nx_n=\frac{\sum f_ix_i}{\sum f_i} \qquad 7-2$$

其中 f_i 为某一观察值出现次数 n_i 占观察总个数(N)的比率，即 $f_i=\frac{n_i}{N}$。

由于 $\sum n_i=N$，$\sum f_i=1$

所以 $\overline{x}=\sum f_ix_i$

例如，测量了某爆裂玉米品种穗子 57 个，得 57 个观察值，其中穗长 5 cm 的 4 个，6 cm 的 21 个，7 cm 的 24 个，8 cm 的 8 个。这 57 个观察值平均数 $\overline{x}$ 是：

$$\overline{x}=\frac{5+5+5+5+6+\cdots+8}{57}=6.63(\text{cm})$$

或 $$\overline{x}=\frac{4}{57}\times5+\frac{21}{57}\times6+\frac{24}{57}\times7+\frac{8}{57}\times8=6.63(\text{cm})$$

二、方差与标准差

方差(variance)是变量与平均数离差平方和的平均数。标准差(standard deviation)为方差开平方的根植。两者均为表示一组变量分散程度的参数，不过标准差有单位而方差无单位。通常以 S 或 σ 记作标准差，以 V、S^2 或 σ^2 记作方差。

$$S=\sqrt{\frac{\sum(x-\overline{x})^2}{n-1}}$$

$$V=\frac{\sum(x-\overline{x})^2}{n-1} \qquad 7-3$$

为计算上的方便，方差还可用下列公式求得：

$$V=\frac{\sum x^2-\frac{\left(\sum x\right)^2}{n}}{n-1} \qquad 7-4$$

当 $n>30$ 时属于大样本，上式分母可用 n 代替 $n-1$。

例如，还是上面的爆裂玉米穗长的数据，其方差和标准差计算如下：

$$\sum x^2=5^2+5^2+5^2+5^2+6^2+\cdots+8^2=2\,544$$
$$\sum x=5+5+5+5+6+\cdots+8=378$$

$$V=\frac{\sum x^2-\frac{\left(\sum x\right)^2}{n}}{n-1}=\frac{2\,544-\frac{378^2}{57}}{56}=0.653$$
$$S=\sqrt{V}=\sqrt{0.653}=0.528(\text{cm})$$

三、简单相关系数

简单相关系数简称相关系数(correlation coefficient)，是度量 2 个变数协同变化程度的统计参数。将观察到的一组成对数据按下式计算可得到相关系数：

$$r_{xy}=\frac{\sum(x-\bar{x})(y-\bar{y})}{\sqrt{\sum(x-\bar{x})^2\sum(y-\bar{y})^2}} \qquad 7-5$$

式中 r_{xy} 是 x 与 y 2 个变数间的相关系数，分母中的 $\sum(x-\bar{x})^2$、$\sum(y-\bar{y})^2$ 分别为 x 的平方和与 y 的平方和，分子 $\sum(x-\bar{x})(y-\bar{y})$ 为 x、y 的乘积和。乘积和的平均是 2 系数的协方差(covariance)记作 COV_{xy}，即：

$$\text{COV}_{xy}=\frac{\sum(x-\bar{x})(y-\bar{y})}{n} \qquad 7-6$$

所以相关系数又可表示为：

$$r_{xy}=\frac{\text{COV}_{xy}}{S_x S_y} \qquad 7-7$$

四、回归系数

回归系数是描述依变数 y 对自变数 x 依存关系的度量，记作 b_{yx}。

$$b_{yx}=\frac{\sum(x-\bar{x})(y-\bar{y})}{\sum(x-\bar{x})^2}=\frac{\text{COV}_{xy}}{s_x^2} \qquad 7-8$$

凡有亲缘关系的家系或个体，由于在遗传上的相似而表现出的共同变化可以用相关系数来描述。亲子之间的关系是直接的因果关系，所以还可用回归系数来度量。

第三节　数量性状遗传分析的基本模型

一、表现型值的分解

研究数量性状遗传的基本思想，是从性状的群体表现型出发，进而找出性状内在的遗传规律。我们知道数量性状表现的突出特征是易受环境影响。这就需要将环境的影响与基因型的作用区分开，如果假设环境与基因型对表现型的作用是独立的，则表现型值可以写成：

$$P=G+E \qquad 7-9$$

这就是数量性状的基本数学模型。式中的 P 为表现型值（性状的观察值），G 为基因型值，E 为环境离差。尽管这一等式并非完全符合实际情况，因为基因型与环境往往存在相互作用，但目前的整个数量遗传学理论都是建立在该线性模型基础上的。

在一个群体内，环境对个体施加影响，使个体的表现型值偏离基因型值，所以将环境的作用称为离差。在一个大的群体内，环境对个体的作用方向是随机的，可以正负相互抵消，所以其平均离差可以取为零，因此表现型值实际上就等于基因型值，也就是说在基因型一致的大群体内，正常环境下测得的表现型平均值就等于该基因型的基因型值，即 $\overline{P}=\overline{G}$，个体的基因型值即取此值，个体表现型值离开此值的程度可作为环境的估计。

举例：设有 667 m^2 水稻，其平均单株产量为 30 g，这是表现型平均数。由于水田的环境容易控制得一致，属于正常环境，故可假定每株水稻单株产量的基因型也是 30 g。在这 667 m^2 水田中发现了一株水稻的单株产量为 60 g，这是表现型值。假定水稻单株产量中由遗传决定的成分占 40%，环境效应占 60%，计算出这株水稻的基因型值。

$$基因型值=30+(60-30)\times 40\%=42(g)$$

环境效应值则为：

$$60-42=18(g)$$

这 18 g 是环境效应产生的偏离基因型值的量。

这里只不过是举个例子说明表现型值的分解。在具体的数量性状分析中，表现型值的分解要依照特定的环境设计和相应的统计分析模型来进行。

二、基因型值的分解

基因型值还可以进一步剖分为 3 个部分：

（一）基因的加性效应

基因的加性效应（additive effect）用 A 表示。它是上下代遗传中可以固定的分量，在实践上又称为“育种值”，是在动、植物育种工作中实际能够得到的效应。

（二）显性离差

显性离差（dominance deviation）或称显性效应，用 D 表示。它是指等位基因之间互作产生的效应，表示基因结合成对形成基因型时所产生的效应，也是 2 个等位基因单独考虑时不能解释的效应，属于非加性效应组成部分。它是能遗传而不能固定的遗传因素，因为随着基因在不同世代中的分离和重组，基因间的关系会发生变化，例如自交或近亲交配引起后代中杂合体减少，显性效应也逐代减少。

（三）互作离差或上位性效应

互作离差或上位性效应（interaction 或 epistatic deviation）用 I 表示，是指由于非等位基因之间相互作用，对基因型值所产生的效应，也是属于非加性的基因作用。

上述 3 项用式子表示就是：

$$G=A+D+I$$

如果将基因的累加效应 A 列为一项，把显性离差、上位性效应及环境效应列为另一项称为剩余值（residual value），用 R 表示则有：

$$R=D+I+E$$

$$P=A+R \qquad 7-10$$

这是模型 7－9 的另一种表达方式。

三、群体基因型值的平均数

（一）基因型的理论值

为了推出群体基因型值的平均数，需要了解群体中各种基因型的基因型值。在此对每种基因型指定一个理论值。首先考虑的是一对基因 A-a 所构成的 3 种基因型 AA、Aa、aa 的情况。设 A 对性状有增效作用，a 对性状有减效作用，3 种基因型指定理论值分别为 a、d、$-a$。显然两亲本的中间值 m 为：$\frac{a+(-a)}{2}=0$，如图 7-2 所示：

这种设定被称为加性-显性模型。按照这一模型，3 种基因型值即为距离中亲值的离差。a 表示距离中亲值正向或负向的基因型加性效应理论值。d 表示由显性效应引起的与中亲值的离差。d 值的大小决定于显性程度。如果无显性存在，$d=0$；A 为显性时，$d>0$，即 d 为正值；若 a 为显性，则 $d<0$，即 d 为负值；当完全显性时，$d=\pm a$，杂合体与纯合体之一完全相同；存在超显性时，$d>a$ 或 $d<-a$。

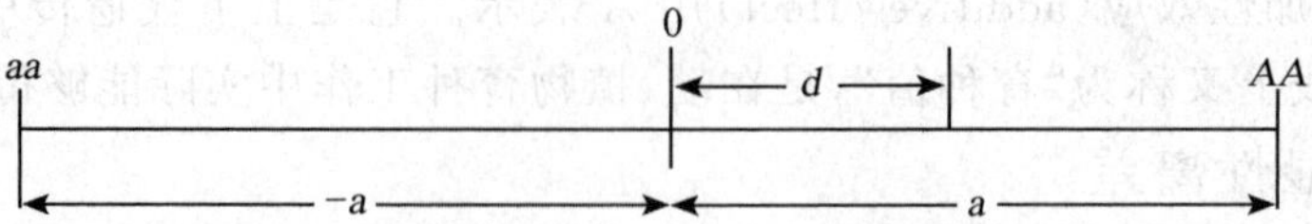

图 7-2 一对基因 A-a 的加性-显性效应模型

（引自季道藩，1991）

举例：有一种侏儒型小鼠（$pgpg$）出生后 6 周平均体重为 6 g，正常小鼠纯合体（$PgPg$）同样周龄平均体重 14 g，杂合体（$Pgpg$）的平均体重是 12 g。这些小鼠都是在正常环境下成长的。计算中亲值 m，基因加性效应值 a 和显性离差 d。

平均体重的表现型值可以当作体重的基因型值，由此可计算出：

$$m=(14+6)/2=10(\mathrm{g})$$
$$a=14-10=4(\mathrm{g})$$
$$d=12-10=2(\mathrm{g})$$

（二）群体基因型值的平均数

有了基因型值，再将基因型频率结合起来就能计算群体的基因型值平均数了。

设随机交配群体中 A、a 的基因频率为 p 和 q，且 $p+q=1$，则 AA、Aa、aa 3 种基因型的频率为 p^2、$2pq$、q^2。群体基因型平均值估算如表 7-1 所示。

表 7-1 群体平均数的估算

基因型	频率(f)	基因型值(x)	频率×基因型值(fx)
AA	p^2	a	p^2a
Aa	$2pq$	d	$2pqd$
aa	q^2	$-a$	$-q^2a$

设群体的平均数为 μ，根据平均数公式，则：

$$\mu=\frac{\sum fx}{\sum f}$$
$$=\frac{p^2a+2pqd+(-q^2a)}{p^2+2pq+q^2}$$

$$=a(p^2-q^2)+2pqd$$

$$=a(p+q)(p-q)+2pqd$$

即 $$\mu=a(p-q)+2pqd \quad 7-11$$

$p+q=1$

(三)基因频率对群体平均数的影响

从群体平均数式7－11看出，任何位点对群体平均数的贡献均可分为两部分：一项是 $a(p-q)$，属于纯合体累加效应；另一项是 $2pqd$，属于杂合体的显性效应。两部分的大小都直接与基因频率有关。

当无显性时，$d=0$，则：

$$\mu=a(p-q)=a(1-q-q)=a(1-2q)$$

群体平均数正比于群体的基因频率。

当完全显性时，$d=a$，则：

$$\begin{aligned}\mu&=a(p-q)+2pqd\\&=a(p-q)+2pqa\\&=a(p-q+2pq)\\&=a[1-q-q+2q(1-q)]\\&=a(1-2q^2)\end{aligned}$$

群体平均数正比于基因频率的平方。

当不完全显性时，$d<a$，群体平均数取决于等位基因间的频率差异。两者差异越大，纯合体比例越大；差异越小，杂合体比例越大。当 $p=q=1/2$ 时，纯合体效应正负抵消，群体平均数为：

$$\mu=a\left(\frac{1}{2}-\frac{1}{2}\right)+2\,\frac{1}{2}\cdot\frac{1}{2}d=\frac{1}{2}d$$

上面讨论的是以一对基因为例分析群体平均数大小。当有 n 对基因同时作用于同一性状时，假定各基因效应是线性可加的，无连锁和上位性作用，则其联合效应所得的群体平均数为：

$$\mu=\sum_{i=1}^{n}a(p_i-q_i)+2\sum_{i=1}^{n}p_iq_id_i$$

对于任何位点的每个基因型可以假定为固定值，这样我们应该看到，群体基因型平均数是基因频率的函数，任何基因频率的改变都将引起基因型值平均数的改变。也必将引起群体表现型平均值的改变。

举例：假设玉米穗粒重与一对基因作用有关，AA 粒重 200 g，Aa 粒重 160 g，aa 粒重 100 g。计算 $p=0.9$、$q=0.1$ 与 $p=0.1$、$q=0.9$ 时的群体平均值。

$$m=(AA+aa)\times\frac{1}{2}=(200+100)\times\frac{1}{2}=150(\text{g})$$

$$a=(AA-aa)\times\frac{1}{2}=(200-100)\times\frac{1}{2}=50(\text{g})$$

$$d=(Aa-m)=160-150=10(\text{g})$$

$p=0.9$，$q=0.1$ 时，群体平均值：

$$\mu=a(p-q)+2pqd=50\times(0.9-0.1)+2\times0.9\times0.1\times10=41.8$$

该平均数是离开中亲值的相对值。群体平均数的绝对值为：

$$m+\mu=150+41.8=191.8(\text{g})$$

$p=0.1$，$q=0.9$ 时，群体平均值：

$$\mu=a(p-q)+2pqd=50\times(0.1-0.9)+2\times0.1\times0.9\times10=-38.2$$

群体平均数的绝对值为：

$$m+\mu=150-38.2=111.8(\text{g})$$

第四节　数量性状的方差分析

变异是数量性状遗传研究的核心，只有通过追踪变异的动态才能系统地说明遗传问题。变异通常用方差表示，于是方差分析被用作数量性状遗传分析的基本方法。方差分析的基本思想是将群体总方差按照变异原因分解成若干个方差分量，了解各组分所占比重，从而分析各世代的遗传性质。

方差分析要以一定的遗传模型为基础。数量性状分析的通用模型是 $P=A+D+I+E$，但通常上位性较难分解，一般只有证明加性-显性模型不适合时才分析上位性组分。本节以加性-显性模型为基础，介绍数量性状遗传分析常用的几种群体的方差和协方差组成，为下一节的遗传率估算奠定基础。

一、不分离世代的方差

群体内个体间基因型相同的世代称为不分离世代。例如纯合体亲本，P_1 和 P_2

及它们的杂种一代 F_1 都属于不分离世代。不分离世代群体内个体间无遗传差异，所表现出的不同都是环境因素引起的。因此，不分离世代的基因型方差为零。表现型方差即为环境方差 V_E，于是：

$$V_{P_1}=V_{E_1} \qquad V_{P_2}=V_{E_2} \qquad V_{F_1}=V_{E_3}$$

因此，在数量性状分析中常把从不分离世代估算的表现型方差近似地作为环境方差的估计值。

二、F_2 代的方差

根据加性-显性模型，F_2 群体除了由于环境差异引起的环境方差之外，还有由于基因分离与组合引起的遗传方差，这部分又分为基因的加性效应与显性效应引起的加性方差与显性方差，群体总基因型方差即为这两项之和：

$$V_G=V_A+V_D$$

群体总基因型方差为各基因型值与群体总平均的离差平方和的加权平均值。根据 F_2 的遗传组成分析可计算出在一对等位基因 A、a 情况下，群体的总平均为：

$$\frac{1}{4}a+\frac{1}{2}d+\frac{1}{4}(-a)=\frac{1}{2}d$$

于是基因型方差：

$$V_{(G)F_2}=\frac{1}{4}(a-\frac{1}{2}d)^2+\frac{1}{2}(d-\frac{1}{2}d)^2+\frac{1}{4}(-a-\frac{1}{2}d)^2=\frac{1}{2}a^2+\frac{1}{4}d^2$$

若控制性状有 k 对基因差异，假定这些基因间无上位性和连锁，则 F_2 总基因型方差为：

$$V_{(G)F_2}=\sum_{i=1}^{k}\left(\frac{1}{2}a_i^2+\frac{1}{4}d_i^2\right)=\frac{1}{2}\sum a^2+\frac{1}{4}\sum d^2$$

令 $V_A=\sum a^2$，$V_D=\sum d^2$，则

$$V_{(G)F_2}=\frac{1}{2}V_A+\frac{1}{4}V_D$$

加上环境方差，F_2 的表现型方差为：

$$V_{F_2}=\frac{1}{2}V_A+\frac{1}{4}V_D+V_E \qquad 7-12$$

式 7－12 中的$\frac{1}{2}V_A$ 和$\frac{1}{4}V_D$ 表示 F_2 方差构成中的加性方差与显性方差，而不是这两部分方差的$\frac{1}{2}$和$\frac{1}{4}$。V_A 和 V_D 前面的系数由群体的遗传组成决定。

三、F_3 代方差及以后各世代的方差

由 F_2 自交产生 F_3 混合种植，其群体的遗传组成是$\frac{3}{8}AA+\frac{1}{4}Aa+\frac{3}{8}aa$，平均数是：

$$\frac{3}{8}a+\frac{1}{4}d+\frac{3}{8}(-a)=\frac{1}{4}d$$

F_3 群体的基因型方差为：

$$V_{(G)F_2}=\frac{3}{8}\left(a-\frac{1}{4}d\right)^2+\frac{1}{4}\left(d-\frac{1}{4}d\right)^2+\frac{3}{8}\left(-a-\frac{1}{4}d\right)^2=\frac{3}{4}a^2+\frac{3}{16}d^2$$

存在多基因差异且无上位性和连锁时，F_3 的表现型方差：

$$V_{F_3}=\frac{3}{4}V_A+\frac{3}{16}V_D+V_E \qquad 7-13$$

按照如上同样假设，不难推出 F_4 代的方差：

$$V_{F_4}=\frac{7}{8}V_A+\frac{7}{64}V_D+V_E$$

并可得出第 r 代方差的一般公式：

$$V_{F_r}=\frac{2^{r-1}-1}{2^{r-1}}V_A+\frac{2^{r-1}-1}{4^{r-1}}V_D+V_E \qquad 7-14$$

可见随着自交代数的增加，群体基因型方差中的可固定遗传变异加性效应方差的比重逐渐加大，而不可固定的显性效应方差比重逐渐减小。

四、F_2 个体与 F_3 家系间的协方差

为了研究子代间的相关性，需要估算 F_2 代个体表现型值与其衍生的 F_3 家系平均值间的协方差 $COV_{F_{2,3}}$。

基因型为 AA 和 aa 的 F_2 个体表现型值与其 F_3 家系平均值相同，分别为 a 和 $-a$。基因型为 Aa 的 F_2 个体表现型值为 d，其 F_3 家系平均数与 F_2 群体相同，为$\frac{1}{2}d$。F_3 群体的平均数为$\frac{1}{4}d$。因此，A-a 基因对 F_2 个体值和 F_3 家系平均值的协

方差贡献为：

$$\begin{aligned} COV_{F_{2,3}} &= \frac{1}{4}\left(a-\frac{1}{2}d\right)\left(a-\frac{1}{4}d\right)+\frac{1}{2}\left(d-\frac{1}{2}d\right)\left(\frac{1}{2}d-\frac{1}{4}d\right) \\ &\quad +\frac{1}{4}\left(-a-\frac{1}{2}d\right)\left(-a-\frac{1}{4}d\right) \\ &= \frac{1}{2}a^2+\frac{1}{8}d^2 \end{aligned}$$

在有 k 对基因差异时，按前述假定，则：

$$\begin{aligned} COV_{F_{2,3}} &= \sum_{i=1}^{k}\left(\frac{1}{2}a_i^2+\frac{1}{8}d_i^2\right) \\ &= \frac{1}{2}\sum a^2+\frac{1}{8}\sum d^2 \qquad 7-15 \\ &= \frac{1}{2}V_A+\frac{1}{8}V_D \end{aligned}$$

这里需要注意的是，在亲代与子代间环境因素不相关的条件下，协方差中无环境分量。这在植物遗传试验里容易满足，只需将 F_2 个体和 F_3 家系均随机种植，使得亲子代不具有共同的家系环境即可。但在动物上较困难，因为亲子间的哺乳不能随机进行。

五、回交世代的方差

对于基因 A、a 有 2 个回交世代：

$$B_1=F_1\times P_1=Aa\times AA\rightarrow\frac{1}{2}AA+\frac{1}{2}Aa$$

$$B_2=F_1\times P_2=Aa\times aa\rightarrow\frac{1}{2}Aa+\frac{1}{2}aa$$

2 个回交世代的基因型平均值：

$$\bar{B}_1=\frac{1}{2}a+\frac{1}{2}d \qquad \bar{B}_2=\frac{1}{2}d-\frac{1}{2}d$$

2 个回交世代的基因型方差应为：

$$\begin{aligned} V_{GB_1} &= \frac{1}{2}\left[a-\left(\frac{1}{2}a+\frac{1}{2}d\right)\right]^2+\frac{1}{2}\left[d-\left(\frac{1}{2}a+\frac{1}{2}d\right)\right]^2 \\ &= \frac{1}{4}a^2+\frac{1}{4}d^2-\frac{1}{2}ad \end{aligned}$$

$$V_{GB_2}=\frac{1}{2}\left[d-\left(\frac{1}{2}d-\frac{1}{2}a\right)\right]^2+\frac{1}{2}\left[-a-\left(\frac{1}{2}d-\frac{1}{2}a\right)\right]^2$$
$$=\frac{1}{4}a^2+\frac{1}{4}d^2+\frac{1}{2}ad$$

上述 2 个方差相加可将加性效应与显性效应分离开来,结果是:

$$V_{GB_1}+V_{GB_2}=\frac{1}{2}a^2+\frac{1}{2}d^2$$

在有多基因差异、无连锁和上位时,2 个回交一代基因型方差之和为:

$$V_{GB_1}+V_{GB_2}=\frac{1}{2}\sum a^2+\frac{1}{2}\sum d^2=\frac{1}{2}V_A+\frac{1}{2}V_D$$

现在估算 2 个回交一代的环境方差:

$$B_1\text{ 的环境方差}=\frac{1}{2}V_{P_1}+\frac{1}{2}V_{F_1}$$

$$B_2\text{ 的环境方差}=\frac{1}{2}V_{F_1}+\frac{1}{2}V_{P_2}$$

将 B_1 和 B_2 的环境方差相加得:

$$\frac{1}{2}(V_{P_1}+V_{F_1})+\frac{1}{2}(V_{P_2}+V_{F_1})=2\left(\frac{1}{4}V_{P_1}+\frac{1}{2}V_{F_1}+\frac{1}{4}V_{P_2}\right)=2V_E$$

所以 2 个回交一代表现型方差之和是:

$$V_{B_1}+V_{B_2}=\frac{1}{2}V_A+\frac{1}{2}V_D+2V_E \qquad 7-16$$

第五节 数量性状的遗传率

一、遗传率的概念

遗传率(heritability)也称遗传力,是表示遗传因素与环境影响对数量性状表现相对重要性的指标。由于对遗传变异的分解和测定方法的不同,遗传率的定义分为广义遗传率(broad sense heritability)、狭义遗传率(narrow sense heritability)及现实遗传率(realized heritability)。

(一)广义遗传率

广义遗传率是指基因型方差占表现型总方差的比率,记为 h_B^2,其公式为:

$$h_B^2=\frac{\text{基因型方差}}{\text{表现型方差}}=\frac{V_G}{V_G+V_E}=\frac{V_G}{V_P}$$

式中的遗传率写成“h^2”代表遗传率本身，并不表示遗传率的平方。若写成 h，则是表示遗传率的平方根值。

（二）狭义遗传率

广义遗传率的概念只将表现型方差分解成遗传因素引起的变异和环境因素引起的变异两部分。如果从基因作用的角度来分析，基因型方差可进一步分解成3个组成部分：

V_A：基因加性方差，是指由基因累加效应引起的遗传变异，是能稳定遗传的方差组分。

V_D：显性方差，是由等位基因互作效应引起的遗传变异，是产生杂种优势的主要方差组分。

V_I：上位性方差，是由非等位基因互作效应引起的遗传变异，被认为是能部分遗传的方差组分。

所以基因型方差可以表示为：

$$V_G=V_A+V_D+V_I$$

表现型方差的组成可进一步写成：

$$V_P=V_A+V_D+V_I+V_E$$

由于构成基因型方差的3个组分中只有基因加性方差是可固定的遗传变量，它在上下世代间可稳定传递，因此这部分变量对动植物的育种更为重要，于是将基因加性方差占表现型方差的比率定义为狭义遗传率，记为 h_N^2，其公式为，

$$\begin{aligned}h_N^2&=\frac{\text{基因加性方差}}{\text{表现型方差}}\\&=\frac{V_A}{(V_A+V_D+V_I)+V_E}\\&=\frac{V_A}{V_P}\end{aligned}$$

显然狭义遗传率比广义遗传率要小。

（三）现实遗传率

现实遗传率是从选择结果估计的群体遗传方差所占的比率，记为 h_R^2，以选择前后群体性状平均值变化表示：

$$h_R^2=\frac{(\bar{y}-\mu)}{(\bar{x}-\mu)}=\frac{GS}{i}$$

$\bar{x}$ 为亲代入选个体的平均值，$\bar{y}$ 是入选个体子代平均值，μ 是原始群体总平均。$GS=\bar{y}-\mu$，称作选择响应或遗传进展，$i=\bar{x}-\mu$，称作选择差。

二、遗传率的估算

（一）广义遗传率的估算

1. *方差分析法*　对于以基因型差异为唯一试验因素的随机区组试验，可用于求出广义遗传率。先估计各变异原因的方差和期望方差，从中得出品种或家系间方差。然后以品种间方差作为遗传方差，求出品种间方差占总方差的比率，即为广义遗传率，见表 7-2。

表 7-2　单因素设计的方差分析

变异原因	自由度(df)	均方(MS)	期望均方(EMS)
重复	$r-1$	—	—
基因型	$n-1$	M_1	$\sigma_E^2+r\sigma_G^2$
机误	$(r-1)(n-1)$	M_2	σ_e^2

用 σ_E^2 作环境方差的估计，σ_G^2 作基因型方差的估计。由期望均方 EMS 的构成可知：

$$V_E=\sigma_E^2=M_2$$

$$V_G=\sigma_G^2=\frac{M_1-M_2}{r}$$

则广义遗传率为：

$$h_B^2=\frac{V_G}{V_G+V_E}=\frac{(M_1-M_2)/r}{\frac{M_1+M_2}{r}+M_1}=\frac{M_1-M_2}{M_1+(r-1)M_2}$$

此方法适于自花授粉作物品种或无性系品种试验材料的分析，因为如果是异花授粉作物，$\sigma_G^2=\frac{M_1-M_2}{r}$则相当于$\frac{1}{4}V_A$。

举例：某自花授粉作物 10 个品系 4 次重复的随机区组试验，得单株产量方差分析结果，见表 7-3，计算广义遗传率。

表 7-3　单株产量的方差分析

变异原因	df	MS	EMS
区组间	3	2.28	—
品系间	9	14.66**	$\sigma_E^2+4\sigma_G^2$
机误	27	1.76	σ_E^2

F 测验表明品系间差异极显著，说明品系间单株产量存在真实差异，可作进一步的遗传分析。

$$V_E=\sigma_E^2=1.76$$
$$V_G=(14.66-1.76)/4=3.225$$
$$V_P=V_G+V_E=1.76+3.225=4.985$$
$$h_B^2=\frac{V_G}{V_P}=\frac{3.225}{4.985}=0.647$$

2. 不分离世代对比法　利用基因型一致的世代，如纯系亲本，或纯系间杂交产生的 F_1 群体，估计环境方差。然后从 F_2 群体总方差中减去环境方差，得到基因型方差。再求出基因型方差占总方差的比率。具体计算时，一般用 P_1、P_2 及 F_1 这 3 个基因型一致世代的加权平均值来估计 V_E，即：

$$V_E=\frac{1}{4}V_{P_1}+\frac{1}{2}V_{F_1}+\frac{1}{4}V_{P_2}$$

也可用 2 个亲本表现型方差的平均值，或 F_1 表现型方差做环境方差的估计。

举例：在同一环境下，测得玉米穗长的 P_1、P_2、F_1 和 F_2 方差分别为 0.666、3.561、2.307 和 5.072，估算广义遗传率。

$$V_E=\frac{1}{4}V_{P_1}+\frac{1}{2}V_{F_1}+\frac{1}{4}V_{P_2}$$
$$=\frac{1}{4}\times 0.666+\frac{1}{2}\times 2.307+\frac{1}{4}\times 3.561$$
$$=2.210$$
$$V_G=V_{F_2}-V_E=5.072-2.210=2.862$$
$$h_B^2=\frac{V_G}{V_G+V_E}=\frac{V_G}{V_{F_2}}=\frac{2.862}{5.072}=0.564$$

用上述估计环境方差的方法是基于这样假设：所有供试基因型在不同条件下反应相同，即不存在基因型与环境互作。这对异花授粉作物如玉米是不适合的，因为自交系亲本与杂种1代在生活力方面差异显著，以 F_1 群体估算的环境方差值往往偏低，结果会导致估算的遗传率偏高；由自交系亲本估算的环境方差值往往偏高，结果会导致估算的遗传率偏低。此外，一个遗传分离的群体（F_2），同一个基因型一致的群体（P_1、P_2、F_1），对环境的反应也不相同。可见，这种方法尽管简便易行，却比较粗放。

（二）狭义遗传率的估算

狭义遗传率的估算依交配设计不同而异，在此介绍两种方法。

1. *自交-回交法*　这种方法是将杂交得到的 F_1 自交得 F_2 群体，同时 F_1 分别与2个亲本回交得到2个回交群体 B_1 和 B_2，然后分别从 P_1、P_2、F_1、F_2、B_1、B_2 6个群体抽取样本，经方差分析得到 V_{P_1}，V_{P_2}，V_{F_1}，V_{F_2}，V_{B_1} 和 V_{B_2}，再根据这些方差计算狭义遗传率。

经前面推导知道，2回交一代表型方差之和是：

$$V_{B_1}+V_{B_2}=\frac{1}{2}V_A+\frac{1}{2}V_D+2V_E$$

F_2 表现型方差为：

$$V_{F_2}=\frac{1}{2}V_A+\frac{1}{4}V_D+V_E$$

将 V_{F_2} 乘以2再减去2个回交1代表现型方差之和可解出加性方差项：

$$2V_{F_2}-(V_{B_1}+V_{B_2})=2\times\left(\frac{1}{2}V_A+\frac{1}{4}V_D+V_E\right)-\left(\frac{1}{2}V_A+\frac{1}{2}V_D+2V_E\right)=\frac{1}{2}V_A$$

当 $V_I=0$ 时，加性方差占 F_2 表现型方差的比率即为狭义遗传率。

$$h_N^2=\frac{\frac{1}{2}V_A}{\frac{1}{2}V_A+\frac{1}{4}V_D+V_E}=\frac{2V_{F_2}-(V_{B_1}+V_{B_2})}{V_{F_2}} \qquad 7-17$$

此方法不必用不分离世代估算环境方差，特别适合用于估算玉米等异花授粉作物的遗传率，因为这些作物用自交系作亲本，而自交系对环境敏感往往使环境方差估计值偏高。

举例：今有一小麦抽穗期统计资料，见表7-4，估算狭义遗传率。

表 7-4　小麦抽穗期及其方差

世代	平均抽穗期(从某一日期开始)	表现型方差
P_1(红玉 3 号)	13.0	11.04
P_2(红玉 7 号)	27.6	10.32
F_1	18.5	5.24
F_2	21.2	40.35
B_1	15.6	17.35
B_2	23.4	34.29

将表中数据代入式 7－17 得：

$$h_N^2=\frac{2\times 40.35-(17.35+34.29)}{40.35}=\frac{29.06}{40.35}=0.72$$

还可同时计算广义遗传率：

$$h_B^2=\frac{V_{F_2}-V_{F_1}}{V_{F_2}}=\frac{40.35-5.24}{40.35}=0.87$$

计算结果说明，在该 F_2 群体里，小麦抽穗期的变异有 87％是由遗传原因引起的，13％是由环境造成的。在 87％的遗传变异中有 72％是加性效应引起的，15％由等位基因的显性作用与非等位基因的上位性作用共同产生的。

2. *亲子回归相关法*　遗传率可以用子女对亲代的回归系数表示。具体地，自交作物一般用 F_3 家系平均值对 F_2 个体的回归或相关表示，而异交作物和动物则以子代对双亲之一或子代对双亲平均值来计算。

亲子回归与相关法在理论上是以 F_3 家系与 F_2 单株的协方差作为加性效应的估计进行遗传率估算的。由第 4 节的方差分析可知 F_3 家系与 F_2 单株的协方差组成为：

$$COV_{F_{2,3}}=\frac{1}{2}V_A+\frac{1}{8}V_D$$

而 F_2 表现型方差为：

$$V_{F_2}=\frac{1}{2}V_A+\frac{1}{4}V_D+V_E$$

于是，F_3 平均对 F_2 的回归系数为：

$$b_{F_3/F_2}=\frac{COV_{F_{2,3}}}{V_{F_2}}=\frac{\frac{1}{2}V_A+\frac{1}{8}V_D}{\frac{1}{2}V_A+\frac{1}{4}V_D+V_E} \qquad 7-18$$

令 $COV_{F_{2,3}}$ =基因加性方差，则：

$$b_{F_3/F_2}=\frac{\text{基因加性方差}}{\text{表现型方差}}=h_N^2$$

用相关系数 r_{F_3/F_2} 作为遗传率时，

$$r_{F_3/F_2}=\frac{COV_{F_{2,3}}}{S_{F_2}\cdot S_{F_3}} \qquad 7-19$$

令 $S_{F_2}\cdot S_{F_3}=V_{F_2}$，则：

$$r_{F_3/F_2}=\frac{\text{基因加性方差}}{\text{表现型方差}}=h_N^2$$

从式 7－18 和式 7－19 可以看出，F_2 个体与 F_3 平均的回归或相关系数可以作为狭义遗传率的估计，但分子部分比加性方差的 $\frac{1}{2}V_A$ 多了个 $\frac{1}{8}D$。因此，用 b_{F_3/F_2} 表示的遗传率比之 h_N^2 为大，比之 h_B^2 为小，其差异大小取决于显性方差的相对量。用 r_{F_3/F_2} 表示遗传率时，由于 F_3 家系平均值的方差在理论上总比 F_2 方差为小，因此用相关法估计的遗传率比用回归法估计的遗传率大些。

需要指出的是，异交作物和动物以子代对亲本之一的回归系数估算遗传率时，回归系数的 2 倍才等于狭义遗传率，即：$h_N^2=2b_{op}$；而子代对双亲平均值的回归系数则等于狭义遗传率即：$h_N^2=b_{o\bar{p}}$。

三、遗传率的性质

（一）遗传率的数值范围

遗传率一般是一个大于 0 而小于 1 的正数。遗传率大于 1 或为负值（如亲子间负相关），往往是由于试验误差大，或试验的杂交亲本取材不适宜（如亲本间的差异不显著）所致。在这种情况下获得的遗传率信息是不真实的。

（二）遗传率的特异性

一个数量性状的遗传率不仅是性状本身独有的特性，同时也是群体结构与群体所处环境的一个综合体现。一般而言，控制性状的基因加性效应越大，h^2 越高，反之 h^2 就越低。但同一性状的遗传率还因产生供试群体的品种组合、繁殖方式的不同而不同。采用的估算方法不同时，遗传率也会有变化。就同一个群体而言，试验环境控制得好，均匀一致，非遗传变异小，性状的遗传率就高，反之遗传率则低。如果对群体进行了连续多代选择，个体间遗传差异变小，群体的遗传率也会改变。严格地讲，从某一个群体测得某性状的遗传率只能说明在特定环境下该群体的遗传变异状态，而不能直接推广到别的群体上。因此，在说明遗传率时，应指明试验群体的来源、性质及所处的环境。但经验也证明，即使在不同的群体中，如果群体的历史和环境条件没有很大的差别，遗传率的数值也可在不同育种场所之间借用参考，因而这个遗传参数仍然有一定的普遍性。

应当注意的是，遗传率是指群体中遗传差异的比重，而不是群体上下代表现的一致性。例如，纯系群体的个体间没有遗传差异，遗传率为零，群体上下代表现的一致性却是最高的。

（三）遗传率的变化规律

试验结果表明，遗传率的变化有如下规律：

（1）与自然适应性关系密切的性状（如产量性状、存活率等）的遗传率较低，与自然适应性关系不大的性状（株高、叶型等），遗传率较高（表 7-5）。

表 7-5　部分生物性状的遗传率

种类	性状	遗传率
乳牛	泌乳量	0.30
	乳脂量	0.60
	体重	0.37
猪	每窝仔数	0.15
	180 d 体重	0.30
	体长	0.55
鸡	产卵量	0.05
	成活率	0.10
	蛋重	0.60
玉米	产量	0.20
	株高	0.70
	株直径	0.70
小麦	粒重	0.10
烟草	株高	0.50
	叶型	0.70
黑腹果蝇	胸长	0.47
	翅长	0.45
	产卵量	0.18
人	身高	0.50
	出生时体重	0.50

（2）对环境敏感的性状、变异系数高的性状，遗传率较低；不易受环境影响的性状、变异系数低的性状遗传率较高。

(3)性状差距大的两亲本间杂交后代一般表现高的遗传率。

(4)对自花授粉作物来说,在不进行选择的情况下,遗传率随杂种世代的增加有升高的趋势,这种变化也可从不同世代群体遗传方差构成得到理论上的证明(式7—14)。

(5)在农作物中遗传率较高的性状有:植株高度、抽穗期、开花期、成熟期、每荚粒数、油分含量、棉纤维的衣分等。具有中等遗传率的性状有千粒重、抗倒性、每穗粒数。具有低遗传率的性状有穗数、果穗长度、每行粒数、每株荚数及产量。

四、遗传率的应用

(一)确定杂种后代育种的选择方法及育种策略

对育种工作者来说,制定一个有效的选择方案,取得理想的选择效果是非常重要的。遗传率在此方面有重要作用。一方面,遗传率可作为杂种后代选择时的参考。若性状遗传率高,说明在群体中表现出的差异主要是由基因型不同造成的,或者说基因型与表现型一致程度高,按表现型选择在下一代就可以得到相应表现。在杂种后代可按表现型进行混合选择,就是根据育种目标把表现型符合要求的个体选出来混在一起,构成下一代群体。这种选择可以从早世代比如 F_2 世代开始进行。如果性状的遗传率低,说明个体间的差异主要是环境引起的,表现型相同的个体基因型不一定相同,表现型不同的个体基因型又可能相同,在这种情况下,不能采用表现型选择的方法,而需要采用以基因型为依据的单株选择,也就是将各种表现型的单株或单穗单独收获,下一代建立株系,根据株系的平均表现确定产生株系的基因型的优劣,决定相应株系的取舍,从优良的株系中选单株再建立株系。基因型选择可以消除环境作用对选择效果的影响。此外,由于遗传率可以随世代增加而提高,在较晚世代选择那些在早世代遗传率较低的性状可以改善选择效果,比如从 F_5 以后再进行选择。

另一方面,遗传率分析能帮助了解数量性状的变异性质。数量性状的方差分析可以将遗传方差分解为加性方差、显性方差和上位性方差的各个分量。了解各部分方差的组成对性状表现的相对重要程度,对制定育种策略有指导意义。如果分析证明加性方差普遍存在,并占有重要地位,对该性状的改良则应采取组合育种的策略;若某些性状的显性作用较显著,还发现有上位性存在,则说明对这些性状的改良走杂种优势利用的途径是可取的。

(二)估计选择的预期进展

选择的结果是亲代和子代的群体平均数发生改变,这种改变称作遗传进展

(GS)，群体的遗传率可以估算选择得到的预期遗传进展，其公式是：

$$GS=ih^2$$

i 是选择差，即亲代群体平均值与亲代入选个体平均值之差，也是预期遗传进展的最大值。不难理解，在选择差一定的前提下，遗传率高低决定了在多大程度上能实现最大遗传进展。如果 $h^2=0$，则选择后子代平均数与亲代相同，$GS=0$；若 $h^2=0.5$，则最大遗传进展实现 50%，$GS=\frac{1}{2}\cdot i$；若 $h^2=1$，则最大遗传进展实现 100%，$GS=i$。

由于亲代群体平均数不易得到，难以计算真正的选择差 i，故在实际应用中采用另一种方式估计遗传进展，就是将选择差除以群体表现型标准差，得到选择强度，即：

$$\frac{i}{\sigma_p}=k$$

则：$i=\sigma_p\cdot k$

选择强度 k 值与留种率 P 有关，留种率确定后可从留种率与选择强度的统计换算表(表 7-6)中查得，于是遗传进展的实用公式为：

$$GS=k\sigma_p h^2 \qquad 7-20$$

为了表示遗传进展与选择前群体平均值的相对变化，可用相对遗传进展表示选择的效果，其公式是：

$$相对遗传进展=\frac{GS}{\mu}\times 100\%$$

μ 是选择前群体的平均值。

表 7-6　留种率与选择强度换算表

留种率 P(%)	1	2	3	4	5	10	20	30
选择强度 k	2.67	2.47	2.27	2.15	2.06	1.75	1.40	1.16
留种率 P(%)	40	50	60	70	80	90	100	—
选择强度 k	0.97	0.80	0.64	0.50	0.35	0.19	0.00	—

举例：一个群体平均粒重 $\mu=25.45$，$h^2=0.42$，粒重的表现型标准差 $\sigma_p=3.85$。欲在 1 000 株群体中选 50 株高粒重的个体留种，求相对遗传进展。

由 $P=5\%$ 查表得 $k=2.06$

所以 $$\begin{aligned} GS &= k \cdot \sigma_p h^2 \\ &= 2.06 \times 3.85 \times 0.42 \\ &= 3.33(\mathrm{g}) \end{aligned}$$

$$\begin{aligned} 相对遗传进展 &= \frac{GS}{\mu} \times 100\% \\ &= \frac{3.33}{25.45} \times 100\% \\ &= 13.1\% \end{aligned}$$

计算结果说明选择后子代群体的粒重将比选择前群体增加 13.1%。

遗传进展的公式可以进一步表示为：

$$GS = k\sigma_p h^2 = k\sigma_p \frac{\sigma_g \sigma_g}{\sigma_p \sigma_p} = k\sigma_g h \qquad 7-21$$

由此可以看出，遗传进展可解释为选择强度、遗传标准差、遗传率根值 3 项的乘积。据此在育种实践中欲取得理想的选择效果，应从 3 方面入手：其一是增加试材的遗传变异，如搜集品种资源、引入近缘种、野生种基因和轮回选择等，提高 σ_g 和 h；其二是提高性状的 h^2，方法是加强试验设计和田间管理，降低环境差异；其三是提高选择强度。前 2 个方面更为重要，因为选择强度的提高是有限度的，种质资源的引用开发则还有巨大潜力。

第六节　数量性状的基因位点分析

一、经典遗传学对数量性状基因数目的估计

决定性状的基因数目是遗传学研究的基本问题之一，也是与动植物育种关系密切的问题，因为它直接关系到杂种后代群体的规模设计，因此它一直受到关注。

对于杂种后代性状分离可明显分组的性状如本章第 1 节提到的小麦子粒颜色，可以采取质量性状的分析的方法。根据 F_2 世代亲本类型出现的频率，推测影响性状的等位基因数目。如果这类个体出现频率高，则表示基因数目少，如果个体不易出现或出现频率极低，则认为基因数目较多。具体的是应用某一亲本类型的频率 $=\left(\frac{1}{4}\right)^k$ 来估计，k 是决定性状的基因对数。例如：F_2 群体中某一亲本类型出现频率为 $\frac{1}{16}$ 即 $\left(\frac{1}{4}\right)^2$，则 $k=2$；若该频率为 $\frac{1}{256}$，即 $\left(\frac{1}{4}\right)^4$，则 $k=4$。这种方法在数

量性状研究中往往不能应用，因为 F_2 代性状分离一般呈连续分布，环境因素的干扰也很大，不容易估计亲本类型个体出现的频率。

Wright(1934)提出了根据亲代、F_1、F_2 的方差估算决定基因数目的方法，该方法假定决定数量性状的基因等效，无连锁和上位作用，并且亲本的基因朝同一方向分布（即一亲本带有全部的增效基因，如：$A_1A_1A_2A_2A_3A_3\cdots$，另一亲本带有全部的减效基因，如 $a_1a_1a_2a_2a_3a_3\cdots$），基因型与环境间无互作，其推导过程如下：

若以 α 表示每一基因对性状表现的平均效应，二倍体生物有 $2k$ 个基因，2 个亲本平值的差为 D，则：

$$\alpha=\frac{D}{2k}$$

F_2 中，每对基因方差为 $\frac{1}{2}\alpha^2$（由来略），k 对基因的方差则等于 $\frac{k}{2}\alpha^2$，即：

$\sigma_G^2=\frac{k\alpha^2}{2}$ 换言之，$\sigma_{F_2}^2-\sigma_{F_1}^2=\frac{k\alpha^2}{2}$

将 α 值代入上式得：

$$\sigma_{F_2}^2-\sigma_{F_1}^2=\frac{k}{2}\left(\frac{D}{2k}\right)^2=\frac{D^2}{8k}$$

解出 k 得：

$$k=\frac{D^2}{8(\sigma_{F_2}^2-\sigma_{F_1}^2)}=\frac{(\overline{P}_1-\overline{P}_2)^2}{8(\sigma_{F_2}^2-\sigma_e^2)} \qquad 7-22$$

举例：已知玉米的短穗品种穗长及其标准差为(6.632±0.816) cm，长穗品种为(16.802±1.887) cm，F_1 的标准差为 1.519 cm，F_2 为 2.252 cm，估算决定穗长的基因对数。

将上述数值代入式(7－22)得：

$$k=\frac{(16.802-6.632)^2}{8(2.252^2-1.519^2)}=\frac{103.42}{8\times2.764}=4.7\approx5$$

结果说明玉米穗长是由 5 对独立基因控制的。

实际上亲本的基因很少完全朝同一方向分布，加之存在基因间的连锁，所以这种估算结果只能当作基因的最少数目。

二、QTL 的概念

尽管经典遗传学认为数量性状由多基因控制，但它的理论却是将这些基因当作一个整体来分析，研究多基因的综合效应，而无法阐明单个基因的行为和效应。对控制数量性状基因数目的估计值也只有抽象的概念上的含义，并不能提供基因的实际位置和功能上的信息。进入20世纪80年代以后，随着分子遗传学的发展，一些相关技术特别是分子标记技术被应用到数量性状分析上，这使得对一些涉及基因的数目、位置、效应，甚至DNA分子序列等数量性状实质的问题有了深入的认识，极大地深化和发展了数量遗传学的基因理论，并形成了又一遗传学的分支——分子数量遗传学。分子数量遗传学的核心内容是QTL研究。

QTL是数量性状基因位点（quantitative trait loci）的英文缩写，是位于染色体上影响数量性状的一些区域，其位置可以通过数量性状与遗传标记的连锁分析来确定。

三、QTL作图原理和步骤

一个数量性状往往受多个QTL影响，这些QTL分布于整个基因组的不同位置。利用特定的遗传标记可以确定影响某一性状的QTL在染色体上的数目、位置及其遗传效应，这就是QTL作图（QTL mapping），也称作QTL定位。

（一）QTL作图原理

QTL作图的基本原理，是利用特定遗传分离群体中的遗传标记，及相应的数量性状观察值，分析遗传标记和性状之间的连锁关系。如果分析结果证明某个遗传标记与性状连锁，则可认定在该标记附近存在一个或几个QTL。分析一个性状与已知连锁图的一系列标记之间的连锁关系，即可确定存在多少个QTL，及这些QTL在标记图谱上的位置。需要注意的是，QTL作图中的连锁分析与质量性状不同，不能直接计算遗传标记和QTL之间的重组率，而是采用统计上的方法计算它们之间连锁的可能性，根据这种可能性是否达到某个阈值，来判断遗传标记和QTL是否连锁，并进而确定其位置和效应。

（二）QTL作图的过程

QTL作图一般包括以下步骤：

1. 构建作图群体 适于QTL作图的群体应该是待测数量性状存在广泛变异，多个标记位点处于分离状态的群体。这样的群体，一般是由亲缘关系较远的亲本间杂交，再经自交、回交等方法进行人工构建的。常用的群体有F_2群体、回交（BC）群体、双单倍体（doubled haploids, DH）群体，即加倍的单倍体群体，重组近交系（recombinant inbred lines, RIL，由F_1连续多代自交产生）群体等。其中DH群体和RIL群体的分离单位是品系，品系间存在遗传差异而品系内个体间基因型

相同,自交不分离,可以永久使用。

2.确定和筛选遗传标记　遗传标记是指一些可以直接或间接观察到的,反映个体遗传组成差异的一些特性特征,包括形态标记、细胞学标记、蛋白质(酶)分子标记和 DNA 分子标记。通常意义的分子标记都是指 DNA 分子标记。

理想的作图标记应具有 4 个方面的特征。第一,是数量丰富,以保证足够的标记覆盖整个基因组;第二是多态性好,以保证个体或亲子间有不同的基因组合;第三是中性,涉及某一标记位点的各种基因组合都有相同的适应性,以避免不同基因型间的生存能力差异引起的试验误差;第四,是共显性,以保证直接区分同一基因位点上的各种基因型。在各种遗传标记中,形态标记数量有限,通常不表现中性和共显性;蛋白质标记可以满足中性和共显性,但它们又有数量不足或多态性不好的缺点;而 DNA 分子标记容易具备如上 4 个特征,因此已成为目前应用最广泛的作图标记。常用的分子标记有限制性片段长度多态性(restriction fragment length polymorphism, RFLP),扩增片段长度多态性(amplified fragment length polymorphism, AFLP),随机扩增多态 DNA(random amplified polymorphismic DNA, RAPD),可变数目串联重复(variable number of tandem repeat, VNTR),简单序列重复(simple sequence repeat, SSR)等。

3.检测和记录标记基因型,制作标记遗传图谱　从作图群体中抽样提取 DNA 做分子标记检测,记录每个被测个体的标记基因型。若标记的遗传图谱未知,还需要先依据各标记基因型分离资料制作标记的连锁图。由于各种分子标记最后显示的都是电泳分离的带谱。所以个体的标记基因型需要将每个标记的带纹与亲本比较并赋值来记录,例如在共显性情况下,2 个纯合亲本各显示 1 条带,杂合体同时显示双亲的 2 条带。作图群体中应含有 P_1、P_2 和杂合型 3 种带型,这 3 种带型即代表某一分子标记的 3 种基因型。如果将含有 P_1 带型的个体赋值为 1,P_2 带型赋值为 3,杂合体赋值为 2,即可得到数据化的分子标记基因型。在此基础上才能进行分子标记遗传图谱的制作和 QTL 图谱制作。

4.测量数量性状　对作图群体的同一样本的每个个体在做遗传标记检测的同时,测定其数量性状值。将每个个体的数量性状表现型值和分子标记基因型值按顺序列表(表 7-7),就形成了后续分析的基本数据。

5.统计分析　用统计方法分析数量性状值与标记基因型值之间是否存在关联,判断 QTL 与标记之间是否存在连锁,确定 QTL 在标记遗传图谱上的数目、位置估计 QTL 的效应。

表 7-7　水稻窄叶青 8×京系 17 F_2 群体部分数量性状值与 RFLP 标记基因型值

株号	性状			RFLP 标记*					
	生育期	株高	颖花数	RG573	RG13	RZ70	RG697	RG474	RG435…
1	126	115	129	1	1	3	1	1	1
2	107	127	356	2	2	2	3	3	3
3	112	123	341	2	1	1	2	1	1
4	95	117	202	1	1	3	1	2	1
5	115	121	285	3	3	1	3	2	3
6	110	127	311	2	2	1	2	1	2
7	101	103	126	3	3	2	2	1	2
8	119	116	237	2	2	2	0	3	3
9	118	112	217	1	2	3	0	2	2
10	115	111	186	3	3	3	0	3	3
11	104	115	330	2	3	2	0	2	2
12	109	106	162	2	2	2	2	2	2
13	107	115	270	2	2	2	0	2	2
14	114	123	314	3	3	2	3	3	3
15	123	97	146	1	1	3	0	1	1
N	*N*	*N*	*N*	*N*	*N*	*N*	*N*	*N*	*N*

*标记基因型值中的 0 表示带纹不清或其他原因造成的数据缺失。

四、QTL 作图的统计方法

QTL 作图统计方法的运算过程都比较复杂，实际应用中需要相应计算软件由计算机来完成，在此简要介绍几种分析方法的基本原理。

（一）单标记分析

单标记分析就是检测一个标记与性状是否连锁，并估计两者重组率，分析其遗传效应。若分子标记与性状完全连锁或部分连锁，就意味着标记本身就是 QTL，或在标记附近存在 QTL。在这种情况下，分离群体中不同标记基因型的个体携有某种 QTL 基因型的概率就不相等，因此不同标记基因型个体的性状值就会有差异，按标记基因型分组去比较组间性状值差异是否显著即可判断连锁是否存在。

例如，以 M_1-M_2 表示一对分子标记等位基因，Q_1-Q_2 表示一对 QTL 等位基因。如果标记与 QTL 之间的连锁重组率为 r，则 $M_1M_1Q_1Q_1 \times M_2M_2Q_2Q_2$ 的 F_2 群体中各种标记基因型的性状值及其在群体中出现的概率如表 7-8 所示。

表 7-8 单标记与 QTL 连锁时 F_2 群体中多种基因型的理论值和出现概率

标记基因型	频率	QTL 基因型	QTL 基因型值	M-Q 频率	基因型均值
M_1M_1	$\frac{1}{4}$	Q_1Q_1	a	$(1-r)^2/4$	$a(1-2r)/4+2dr(1-r)$
		Q_1Q_2	d	$r(1-r)/2$	
		Q_2Q_2	$-a$	$r^2/4$	
M_1M_2	$\frac{2}{4}$	Q_1Q_1	a	$r(1-r)/2$	$d[(1-r)^2+r^2]$
		Q_1Q_2	d	$1/2-r+r^2$	
		Q_2Q_2	$-a$	$r(1-r)/2$	
M_2M_2	$\frac{1}{4}$	Q_1Q_1	a	$r^2/4$	$-a(1-2r)/4+2dr(1-r)$
		Q_1Q_2	d	$r(1-r)/2$	
		Q_2Q_2	$-a$	$(1-r)/4$	

注：a、d 分别为 QTL 的加性和显性效应基因型值。

容易计算出，当 $r=0.5$ 时，即标记与 QTL 间无连锁时，各种基因型值相等，为 $\frac{1}{2}d$。

根据以上原理检测单标记与 QTL 连锁的常见统计方法有以下几种：

1. *t 测验* 理论上 $r=0.5$ 时，每种标记基因型性状值相等，故可对不同标记基因型性状平均值之差等于 0 作 t 检验，若差异显著，说明该标记与 QTL 连锁。

2. *方差分析* 按标记基因型将个体分组，进行单向分组的方差分析，若 F 测验表明组间差异显著，说明该标记与 QTL 连锁。

3. *回归或相关分析* 对个体的性状值和标记基因型值进行回归或相关分析，若性状值对标记基因型值回归（相关）显著，说明标记与 QTL 连锁。

若标记与 QTL 连锁，可利用标记基因型性状平均值及各组内方差估计重组率和 QTL 的效应，也可采用矩估计和最大似然法等方法计算重组率和 QTL 的效应。

单标记分析一次只能分析一个标记，需要经多个标记的多次分析才能确定 QTL 的位置。

（二）双分子标记分析

双分子标记一次分析 2 个相邻标记，以确定 2 个标记之间是否存在 QTL 的方法。主要是 Lander 和 Botstein（1989）提出的区间估计法。这一方法使用最大似然法和 LOD 值的概念，对此先作简要解释。

似然（likehood）是指某种观测结果出现的可能性。如果所做的 n 次观测是独立的，以 $P(x_i、q)$ 代表第 i 次观测结果的可能性或似然值（q 是一个不确定概率，称为参数），则 n 次观测的联合概率或似然函数为各次观测结果出现概率的多项乘积，表示为：

$$L(q) = P_{(x_1,q)} P_{(x_2,q)} P_{(x_3,q)} \Lambda P_{(x_n,q)} = \prod P_{(x_i,q)}$$

最大似然法以满足其估计值在观测结果中出现的概率最大为条件。似然值的最大化是通过似然函数求导并令其等于零来计算，求得的解即为参数 q 的最大似然估计值。一般来说最大似然函数由已知参数（群体平均数、方差）和未知参数（重组率）2 部分组成。应用中是给未知参数设定不同的测试值，由似然函数与各参数之间的关系式反复计算每一测试值的似然函数值 L，使 L 值最大的测试值即是未知参数的最大似然估计值。

LOD 是似然比 L/L_0 的常用对数。LOD 服从 χ^2 分布，可用于做显著性检验。L 为测试计算的最大似然值，L_0 是不存在 QTL 条件下计算的似然值。当 LOD 达到某一阈值，如 2 或 3 时，即最大似然值与零假设条件似然值之比达到 100 或 1 000 时，说明在检测区间 QTL 效应显著，存在 QTL。

区间定位法假定亲本 P_1 和 P_2 的基因型分别为：$Ma_1Ma_1Q_1Q_1Mb_1Mb_1$ 和 $Ma_2Ma_2Q_2Q_2Mb_2Mb_2$。Ma 和 Mb 代表染色体上 2 个相邻标记位点。在这 2 个标记位点所在区间内的 QTL 与 Ma 和 Mb 的图距分别为 r_a 和 r_b，Ma 与 Mb 之间的图距为 r。F_2 群体有 9 种可能标记基因型，每种标记基因型有 3 种 QTL 基因型。各种基因型概率之和为 1。利用群体期望基因型频率（表 7-9）可以计算出每种标记基因型的各类 QTL 基因型概率。作图群体中全部个体或品系的似然值为：

$$L = \prod_{i=1}^{n} \sum_{q=1} P_{mq} f_q(y)$$

式中：n 为作图群体包含的个体或品系数，q 为可能基因型数，P_{mq} 为 QTL 基因型概率，它取决于标记基因型和重组率，$f_q(y)$ 是表现型平均值为 μ_q 方差为 σ_q^2 的正态概率密度函数。

表 7-9　F_2 群体的基因型频率

基因型	Q_1Q_1	Q_1Q_2	Q_2Q_2
$M_{a1}M_{a1}M_{b1}M_{b1}$	$r_a^2 r_b^2$	$2r_a(1-r_a)r_b(1-r_b)$	$(1-r_a)^2(1-r_b)^2$
$M_{a1}M_{a1}M_{b1}M_{b2}$	$2r_a^2 r_b(1-r_b)$	$2r_a(1-r_a)[r_b^2+(1-r_b)^2]$	$2(1-r_a)^2 r_b(1-r_b)$
$M_{a1}M_{a1}M_{b2}M_{b2}$	$r_a^2(1-r_b)^2$	$2r_a(1-r_a)r_b(1-r_b)$	$(1-r_a)^2 r_b^2$
$M_{a1}M_{a2}M_{b1}M_{b1}$	$2r_a(1-r_a){r_b}^2$	$2[r_a^2+(1-r_a)^2 r_b(1-r_b)]$	$2r_a(1-r_a)(1-r_b)^2$
$M_{a1}M_{a2}M_{b1}M_{b2}$	$4r_a(1-r_a)r_b(1-r_b)$	$2[r_a^2+(1-r_a)^2]\times[r_b^2+(1-r_b)^2]$	$4r_b(1-r_b)r_b(1-r_b)$
$M_{a1}M_{a2}M_{b2}M_{b2}$	$2r_a(1-r_a)(1-r_b)^2$	$2[r_a^2+(1-r_a)^2 r_b(1-r_b)]$	$2r_a(1-r_a)r_a^2$
$M_{a2}M_{a2}M_{b1}M_{b1}$	$(1-r_a)^2 r_b^a$	$2r_a(1-r_a)r_b(1-r_b)$	$r_a^2(1-r_b)^2$
$M_{a2}M_{a2}M_{b1}M_{b2}$	$2(1-r_a)^2 r_b(1-r_b)$	$2r_a(1-r_a)[r_b^2+(1-r_b)^2]$	$r_a^2 r_b(1-r_b)$
$M_{a2}M_{a2}M_{b2}M_{b2}$	$(1-r_a)^2(1-r_b)^2$	$2r_a(1-r_a)r_b(1-r_b)$	$r_a^2 r_b^2$

$$\mathrm{LOD}=\log\frac{L(\mu_q,\sigma_q^2,y_1,y_2\wedge y_n)}{L_0(\mu_p,\sigma_p^2,y_1,y_2\wedge y_n)}$$

式中的 L 为最大似然函数值，L_0 是 M_a-M_b 之间无 QTL 效应条件下的似然值。

用 LOD 值可以系统地搜索染色体上每 2 个相邻标记区间，判断各区间存在 QTL 的可能性与相对位置。具体结果以 LOD 值和遗传距离（厘摩尔根，cM）为坐标表示，见图 7-3。

图 7-3 是利用著名的玉米自交系 B73×Mo17 的 F_1 与 Mo17 回交群体进行产量 QTL 定位研究的结果，共有 8 个连锁标记。用 x 轴表示它们的位置，距离单位是 cM。三角形所指的位置是具有最大 LOD 值的 QTL 位置，也就是 QTL 最可能所处的位置。LOD 为 2 的水平线是整个试验显著性阈值（$\alpha=0.05$）。该图表明在标记 C256 和 C449 之间存在一个影响玉米产量的 QTL。

区间作图法检测 QTL 存在于否的可靠性有赖于标记基因的密度，因为标记之间距离较大时有可能存在不只一个 QTL。不仅如此，由于双分子标记一次用到的标记数少，在标记区外附近存在 QTL，或一条染色体上存在 2 个 QTL，都会影响被测区间的检测结果。多标记分析可以克服这一缺陷。

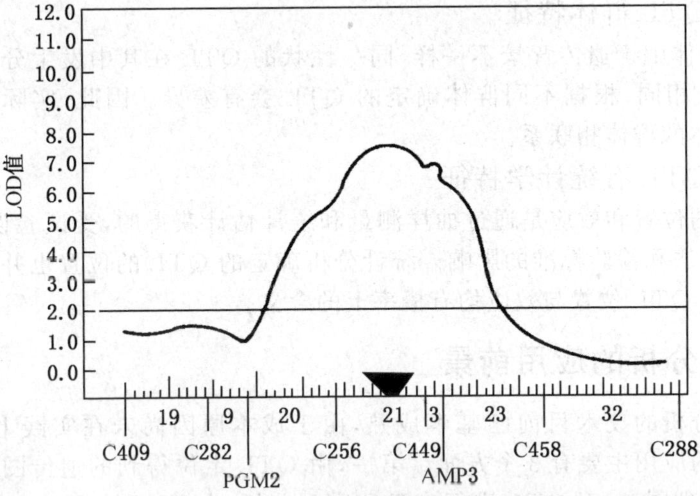

图 7-3　玉米 5 号染色体上影响产量的 QTL 位置与 LOD 值曲线图

（引自盛志廉等，1999）

（三）多分子标记分析

多分子标记分析是同时用多个标记进行 QTL 分析。由于同时在多个标记位置检测 QTL 涉及多维空间，在数学上不易实现，所以可行的方法是在分析一个标记区间时利用其他标记信息。有代表性的是 Zeng(1994)提出的复合区间作图法。这种方法是区间作图法的改进，是在作双标记区间分析时，利用多元回归控制其他区间内可能存在的 QTL 的影响，从而提高 QTL 位置和效应估计的准确性，具体分析可参考有关文献。

五、QTL 的性质

(一)QTL 与基因

QTL 是通过连锁检验确定位于遗传标记附近的染色体区域。这一区域涉及的 DNA 实际长度是未知的，可能很长，也可能较短，因此，发现的 QTL 可能是一个基因，也可能包含多个基因。

(二)QTL 的数目与效应

运用 QTL 作图法对部分性状作遗传分析表明，植物株高、子粒重等数量性状受为数不多(4～8 个)效应不等的几个 QTL 影响。少数位点对性状变异的贡献很大，其余的作用微小，如对胰岛素依赖型糖尿病起主要作用的位点只有一个，是编码胰岛素的启动子(promoter)，跟着的几个位点作用逐渐减小。可见 QTL 与微效多基因假说关于数量性状的基因数目与效应的假定是有区别的。

(三)QTL 群体特征

不同群体由于遗传背景不一样，同一性状的 QTL 在其中发生分离的位置和数目不完全相同，根据不同群体确定的 QTL 会有差异。因此，实际应用中要把 QTL 与具体的群体相联系。

(四)QTL 有统计学特征

QTL 的位置和效应是通过抽样测量和统计估计获得的，受试验误差、抽样误差及检验方法和检验标准的影响。统计分析确定的 QTL 的位置也并非物理上的位置。所以 QTL 位置与效应均有概率上的含义。

六、QTL 分析的应用前景

QTL 分析的技术目前已基本成熟，由于成本原因尚未在实践上广泛应用。QTL 分析的应用主要有 3 个方面。第一，由 QTL 定位得到的遗传图谱可以进一步转换成物理图谱，对 QTL 进行克隆和序列分析，在 DNA 分子水平上研究决定数量性状基因的结构和功能，进而应用基因工程的手段来操纵 QTL。第二，在动植物育种上，利用标记与 QTL 的连锁，在实验室内对数量性状变异提早进行识别与选择，不必等到基因完全表达的时期再行选择。经鉴定为不良基因型的可立即淘汰，为优良基因型的则用来繁殖下一代，可以提高选择效率和精度。与传统方法相比，标记辅助选择对回交育种引入隐性有利基因，剔除非轮回亲本不利连锁基因更为快速有效，可以较少世代数完成目的基因的转育。第三，利用标记与 QTL 连锁分析可以提供与杂种优势有关的信息，鉴定与优势有关的标记位点，确定亲本在 QTL 上的差异，可能更有效地预测杂种优势。

需要指出，数量遗传学中阐述的各种遗传参数，包括遗传率、遗传相关及各种回归与相关系数的估计值在应用中都需要作显著性检验。具体方法读者可以查阅参考书的有关章节。

第七节　近亲繁殖与杂种优势

一、近亲繁殖的概念

近亲繁殖(inbreeding)也叫近交，是指血缘或亲缘关系相近的个体间的交配繁殖。近亲繁殖按亲缘关系的远近程度不同，一般分为亲表兄妹(first cousins)、半同胞(harf-sib)和全同胞(full-sib)以及亲子交配(回交)等。植物的自花授粉和动物的自体受精，即自交(selfing)，是近亲繁殖中的极端方式。与近交相对应的是不同基因型个体之间的交配即杂交(hybridization)，或亲缘关系较远个体间的交配即异交(outbreeding)。近交常对后代表现有害，杂交则能表现杂种优势。

二、近交系数

为了度量近亲繁殖的程度，需要一个数量的尺度，这个尺度就是近交系数(inbreeding coefficient)，用 F 表示。近交系数的定义是：一个合子的 2 个等位基因来自双亲共同祖先某一基因的概率。F 变动于 0～1 之间。近交系数越大，表示近交程度越高。$F=0$ 表示产生合子的亲本间无亲缘关系，$F=1$ 表示亲本基因型完全相同。

近交系数可以通过系谱调查进行推算。从图 7-4 可以看出，互为表兄妹的双亲 EF 的共同祖先是祖父 A 和祖母 B，A 和 B 各有 2 个等位基因，设它们为 a、b、c、d。可以设想，祖父 A 所具有的基因 a 和 b，一定有一个传给后代 C，所以 a 传给 C 的概率为 1/2。同样，C 具有的 2 个基因一定有一个传给 E。因此，a 经过 C 传给 E 的概率为 $1/2\times1/2$，a 由 E 再传到 I 的概率则为 $1/2\times1/2\times1/2=1/8$。同理，在另一个方向，D 接受 a 基因的概率为 1/2，它再传到 F、I 的概率也分别是 1/2，因此 I 由母亲 F 接受的 a 基因的概率也是 $1/2\times1/2\times1/2=1/8$，所以 I 的 2 个等位基因 α、β 均为 a 的概率是 $1/8\times1/8=1/64$。同理 I 的 α、β 均为 b 的概率也是 1/64，为 c 或 d 的概率也分别为 1/64。I 所具有的 2 个同源基因 α、β 对双亲共同祖先 A，B 所具有的等位基因 a、b、c、d 中，任何一个成为纯合状态的概率为 $1/64\times4=$

1/16。按照定义,这个值就是表亲结婚后代 I 的近交系数。

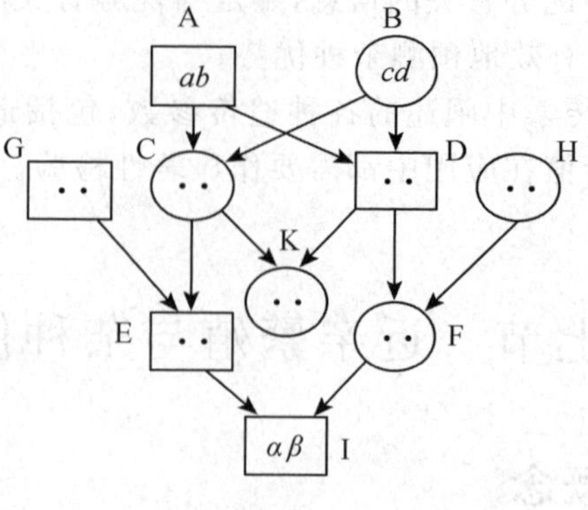

图 7-4 表亲及同胞结婚系谱

图 7-4 中,如果同胞 C、D 结婚,则后代 K 的近交系数为(1/2×1/2)×(1/2×1/2)×4=1/4。再看图 7-5,C 与 D 为半同胞,由于共同祖先基因只限于 A 有的两个等位因基 a、b,所以半同胞结婚后代 K 的近交系数为(1/2×1/2)×(1/2×1/2)×2=1/8,半表亲结婚后代 I 的近交系数为(1/2×1/2×1/2)×(1/2×1/2×1/2)×2=1/32。

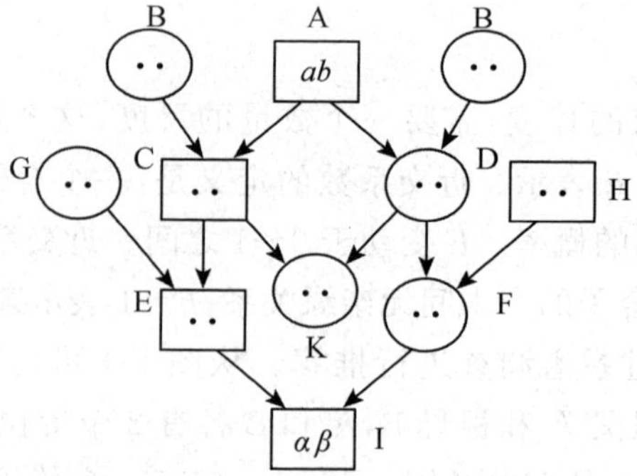

图 7-5 半同胞及半表亲结婚系谱

计算个体 I 近交系数的通用公式为:

$$F_1 = \sum \left(\frac{1}{2}\right)^n (1 + F_A) \qquad 7-23$$

式 7—23 中的 n 为通过共同祖先把双亲连接起来的基因通道上所包含的个体(含双亲)数,F_A 是共同祖先 A 的近交系数。如果共同祖先的双亲之间无血缘关系，则 $F_A=0$。当共同祖先为复数时，或有几个途径通向共同祖先时，需要把每个共同祖先各配子通道所得的值累计起来，所以要进行求和计算。在进行这个计算时，对于连接双亲的中间个体可以不计近交系数。例如，图 7-6 中的 I 从父亲到母亲有 3 条通道，即 CADF、CBEF 和 CBDF。每个通道上都有 4 个成员。个体 I 的近交系数是 $F_I=\sum\left(\frac{1}{2}\right)^4=3\times\left(\frac{1}{2}\right)^4=\frac{3}{16}$。表 7-10 列出了常见近亲交配所生子女的近交系数。

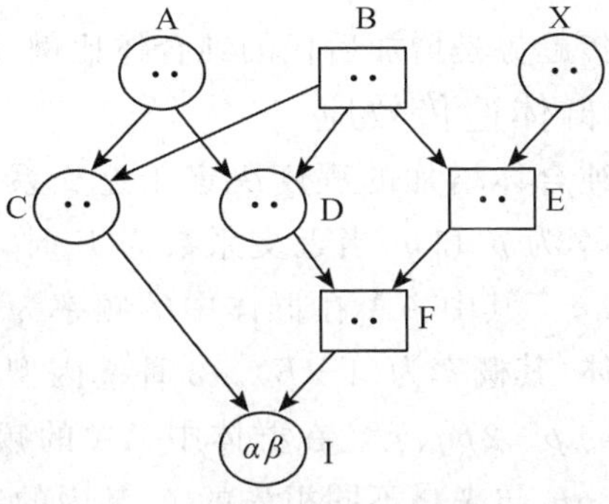

图 7-6　1 个 3 基因通道的近亲结婚系谱

表 7-10　近交系数表*

近交类型	基因通道上的个体数(n)	子女近交系数
亲子	2	$F_I=\left(\frac{1}{2}\right)^2=\frac{1}{4}$
全同胞	3,3	$F_I=\left(\frac{1}{2}\right)^3+\left(\frac{1}{2}\right)^3=\frac{1}{4}$
半同胞	3	$F_I=\left(\frac{1}{2}\right)^3=\frac{1}{8}$
祖孙	3	$F_I=\left(\frac{1}{2}\right)^3=\frac{1}{8}$
叔侄	4,4	$F_I=\left(\frac{1}{2}\right)^4+\left(\frac{1}{2}\right)^4=\frac{1}{8}$
表(堂)亲	5,5	$F_I=\left(\frac{1}{2}\right)^5+\left(\frac{1}{2}\right)^5=\frac{1}{16}$
重表(堂)亲**	7,7	$F_I=\left(\frac{1}{2}\right)^7+\left(\frac{1}{2}\right)^7=\frac{1}{64}$

* 共同祖先的近交系数为 0。

** 指无论是从父方还是从母方算都是表亲。

调查群体中所有个体的近交系数，并计算其平均值，即可求得群体的近交系数。例如，从某城市近亲结婚的调查显示，$F=1/16$ 的人有 3.4%，$F=1/32$ 的有 1.1%，$F=1/64$ 的人有 1.4%，其余的人全部 $F=0$。则该城市群体的近交系数可推算为：

$$F=\frac{1}{16}\times 0.034+\frac{1}{32}\times 0.011+\frac{1}{64}\times 0.014=0.0027$$

三、近亲繁殖的遗传效应

近亲繁殖对后代遗传趋势是增加后代的纯合体比例，降低后代杂合体比率。

（一）近亲繁殖的群体遗传效应

近亲繁殖引起群体纯合体增加的程度决定于近交系数 F 的大小。设群体的一对基因 A，a 的基因频率为 p 和 q，当近交系数为 F 时，具有共同祖先基因的个体一定是纯合体 AA 或 aa。其中 AA 在群体中的频率为 pF，aa 为 qF；没有共同祖先的个体一定是杂合体，其概率为$(1-F)$。3 种基因型 AA、Aa、aa 的频率不同于在随机交配的情况下的 p^2、$2pq$、q^2。在群体中 AA 的频率应该是来自共同祖先的 A 基因的纯合体频率 pF 与来自不同祖先的 A 基因的纯合体频率 $p^2(1-F)$之和，即 $p^2(1-F)+pF$；aa 的频率与 AA 类似，为 $q^2(1-F)+qF$。杂合体 Aa 不可能来自共同祖先的同 1 个基因，所以其频率为 $2pq(1-F)$。结果 2 种纯合体（AA、aa）的频率与随机交配的情况（即 $F=0$）相比，各自增加了 Fpq，而杂合体 Aa 的频率则减少了这个数的 2 倍，用式子表示则为：

$$\begin{aligned} AA\ 频率:p^2(1-F)+pF &= p^2-p^2F+pF \\ &= p^2-F[p(1-q)-p] \\ &= p^2-F[p-pq-p] \\ &= p^2+Fpq \end{aligned}$$

$$Aa\ 频率:2pq(1-F)=2pq-2Fpq$$

$$Aa\ 频率:q^2(1-F)+qF=q^2+Fpq$$

群体中所包含的隐性基因，在成为纯合体后就会表现出来，这和近亲交配有很大关系。比如人类群体中已知有许多基因一经纯合就表现出有害影响。具有隐性纯合基因型的个体，如果是无亲缘关系的随机婚配所生，则出现频率为 q^2，在近亲结婚的情况下，为 q^2+Fpq。这个增加的部分 Fpq 与 q^2 的比值，既决定于 q 大小，又决定于近交的程度。

人类群体中有害基因频率一般在1%以下，由表7-11可知，后代中出现具有先天缺陷的有害基因纯合体的危险性，表亲结婚约是非近亲结婚的10倍；重表亲结婚这个值可降到4倍左右。

表7-11　不同类型近亲交配隐性纯合体增加的比例*

近亲交配类型	近交系数(F)	q 值			
		0.1	0.01	0.005	0.002
重表(堂)亲结婚	1/64	1.14	2.55	4.11	7.78
半表(堂)亲结婚	1/32	1.28	4.09	6.22	15.58
表亲结婚	1/16	1.56	7.19	13.44	32.18

* $(q^2+Fpq)/q^2$。

在动物育种或保持实验用的系统时，连续几代进行同胞交配或少数个体间交配，常常引起死亡率上升、生长发育迟缓和生殖力下降，这就是所谓的近交衰退现象。连续近亲交配，会导致多个基因位点变成纯合状态，其中的隐性有害基因得以表现。在近亲结婚多而近交系数高的人类群体中，例如在边远贫困地区或孤岛等遗传封闭群体中，所看到的死胎和婴儿死亡率高及发育迟缓等现象，也说明了近亲交配的普遍害处。所以，从人类优生的角度考虑，应该避免近亲结婚以减少有先天遗传缺陷个体出生的机会。

（二）自交的遗传效应

杂合体连续自交可以导致后代纯合基因型比例迅速增加。以一对基因为例，$AA \times aa$ 其 F_1 是100%杂合体。F_1 自交产生 F_2，将分离为 $1/4AA$，$1/2Aa$，$1/4aa$，纯合体(AA 和 aa)占1/2。如果继续自交，纯合体后代产生纯合体，杂合体又产生1/2纯合体。这样，连续自交 r 代，其后代群体中杂合体将逐代减少为 $\left(\frac{1}{2}\right)^r$，纯合体将相应地逐代增加为：$1-\left(\frac{1}{2}\right)^r=\frac{2^r-1}{2^r}$，其中2种纯合体 AA 和 aa 各占纯合体的1/2，见表7-12。

如果有 n 对杂合基因，自交 r 代，即(F_{r+1} 世代)，群体中各种基因型的数量可以用二项式 $[1+(2^r-1)]^n$ 的展开式表示。例如，包含3个杂合基因位点的杂合体，经过5代自交，则上述展开式为：

$$
\begin{aligned}
[1+(2^r-1)]^n &= [1+(2^5-1)]^3 \\
&= 1^3+3\times1^2\times31+3\times1\times31^2+31^2 \\
&= 1+93+2\ 883+29\ 791
\end{aligned}
$$

表 7-12　1 对杂合基因(Aa)连续自交后代基因型比例的变化

(引自杨业华,2000)

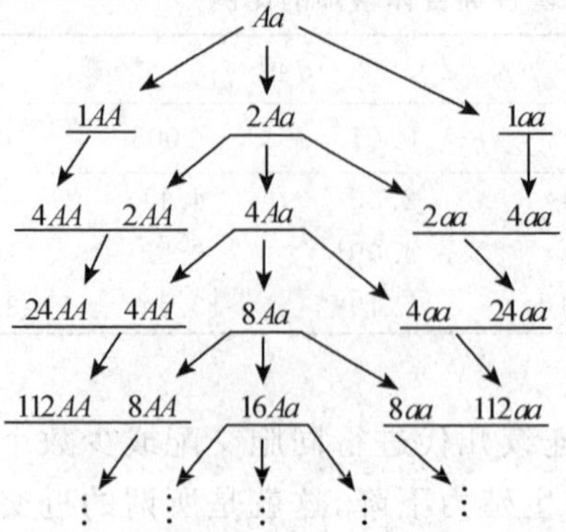

自交代数	基因型的比例	杂合体(Aa)比例	纯合体($AA+aa$)比例
		1 100%	0
		2/4 $(1/2)=50\%$	$1-(1/2)=50\%$
2		4/16 $(1/2)^2=25\%$	$1-(1/2)^2=75\%$
3		8/64 $(1/2)^3=12.5\%$	$1-(1/2)^3=87.5\%$
4		16/256 $(1/2)^4=6.25\%$	$1-(1/2)^4=93.75\%$
⋮			
r		$(1/2)^n\to 0$	$1-(1/2)^n\to 100\%$

此展开式表明,在 F_4 群体中,

3 对基因均为杂合的个体数为 1,

2 对基因杂合 1 对基因纯合的个体数为 93,

1 对基因杂合 2 对基因纯合的个体数为 2 883,

3 对基因均为纯合体的个体数为 29 791。群体总数为 $2^{15}=32\ 768$

由此可以求得群体的纯合体频率为:29 791/32 768=90.91%。各种杂合体的频率为 9.09%。

为计算简便,自交后代群体的纯合率,也可直接用下式计算:

$$x=\left(\frac{2^r-1}{2^r}\right)\times 100\% \qquad 7-24$$

将上述例子中的 $n=3$,$r=5$ 带入式 7－24,同样可以计算出纯合率等于 90.91%。

自交后代群体中包含有 2^n 种纯合体,每种纯合体的频率为总纯合率的$\left(\frac{1}{2}\right)^n$。

采用以上公式必须具备的 2 个条件:一是 n 对基因独立遗传;二是各种基因型后代的繁殖能力相同。

从式 7－24 不难看出,当自交代数为一定值时,杂合体包含的杂合基因对数越多,纯合体的频率越低。同样道理,若要通过自交使群体达到一定纯合率,杂合体包含的杂合基因对数越多,需要经历的世代数就越长。这也是亲缘关系远的亲本间杂交,其后代达到遗传稳定需要的世代较长的原因所在。

（三）回交的遗传效应

回交是指 F_1 与亲本之一进行的杂交。用来连续回交的亲本称作轮回亲本(recurrent parent)，另一个亲本是非轮回亲本(non-recurrent parent)。

回交的第 1 个效应是细胞核代换效应。通过连续回交，后代细胞核将被轮回亲本逐步取代，表现型将趋于轮回亲本。

回交 1 代(BC_1)细胞核基因中，轮回亲本直接提供 1/2 的细胞核给 BC_1，由 F_1 传递给 BC_1 的核基因比例为 $1/2\times1/2=1/4$，BC_1 和中轮回亲本总比例是 $1/2+1/4=3/4$。同理到 BC_2，由轮回亲本再直接提供给 BC_2 1/2 的细胞核，加上来自 BC_1 的 1/2，总共是 $1/2\times3/4+1/2=7/8$。当回交 r 个世代，轮回亲本的细胞核基因比例为 $1-\left(\frac{1}{2}\right)^{r+1}$，每当杂种与轮回亲本回交一次，非轮回亲本的基因比例减少原来的 1/2，轮回亲本的基因比例则相应加，如果连续回交 4 代，BC_4 中轮回亲本的核基因比例达到 $1-\left(\frac{1}{2}\right)^{4+1}=\frac{31}{32}$。如此，后代细胞核基因几乎被轮回亲本所取代(图 7-7)，所以这种回交方式又称为核代换。

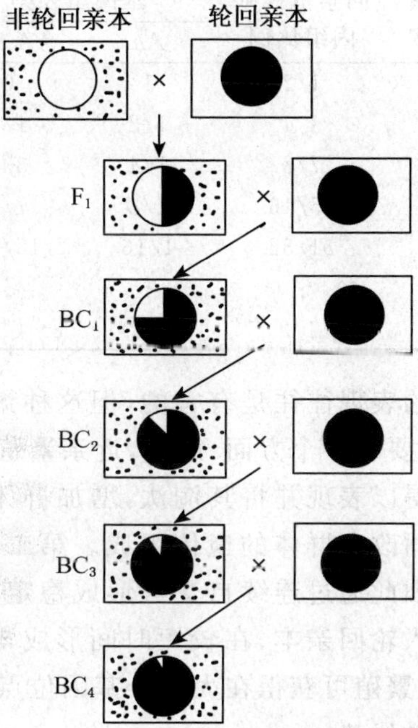

图 7-7　回交各代群体的两亲基因比例

(引自季道藩，1991)

连续回交的第 2 个效应是基因型定向纯合。

回交与自交均能使后代群体趋于纯合，但自交导致的纯合是多方向的，后代产生 2^n 种纯合基因型。而在回交中，后代基因型的纯合逐渐趋近于轮回亲本的基因型。纯合基因型增加的速度与自交的情况相同，纯合率公式仍为：$x=\left(\frac{2^r-1}{2^r}\right)\times 100\%$。只不过式中的 r 为回交代数。

设 $AA\times aa$，F_1 $Aa\times aa$，得到的回交 BC_1 代 Aa 与 aa，分别再与 aa（AA）回交得 BC_2…… 如此连续回得 BC_r。其效应与自交不同的是，杂合体 Aa 经 r 代与 aa（AA）回交，群体中的纯合体全部为 aa（或 AA），而不像连续自交群体中的纯合体中 AA 与 aa 各占一半。若包含 3 对杂合基因的杂合体 $AaBbDd$，与轮回亲本连续 $aabbdd$ 回交 5 代，其后代的纯合率同样可以由式 7－24 计算，等于 90.91%，但纯合基因型为轮回亲本的 $aabbdd$ 一种基因型，而不是 8 种，每种各占 1/8。自交和回交的遗传效应比较可以参考表 7-13。

表 7-13　杂合体 *Aa* 自交和与 *AA* 亲本回交遗传效应比较

世代	自交或回交代数	自交后代群体双亲本核基因组比例	回交后代轮回亲本核基因组比例	自交后代基因型频率		回交后代基因型频率	
				Aa	$AA+aa$	Aa	AA
F_1	0	1/2	1/2	1	0	1	0
F_2	1	1/2	3/4	1/2	1/2	1/2	1/2
F_3	2	1/2	7/8	1/4	3/4	1/4	3/4
F_4	3	1/2	15/16	1/8	7/8	1/8	7/8
F_5	4	1/2	31/32	1/16	15/16	1/16	15/16
⋮	⋮	⋮	⋮	⋮	⋮	⋮	⋮
F_{r+1}	r	1/2	$1-(1/2)^{r+1}$	$(1/2)^r$	$1-(1/2)^r$	$(1/2)^r$	$1-(1/2)^r$

尽管近亲繁殖对后代的表现往往是有害的，但这种繁殖方式在动植物育种中仍然广为使用，具体用途主要有 3 个方面：第一，近亲繁殖导致的基因位点纯合，使不利隐性基因决定的性状得以表现并将其淘汰，增加群体有利基因和基因型的频率，提高群体的平均值，从而改良群体的遗传组成。第二，由于纯合体在遗传上是稳定的，群体不发生分离，因此通过连续自交可形成稳定的品种，连续回交结合选择可以将个别优良基因导入轮回亲本，在较短时间形成与轮回亲本遗传背景相同的新品种。第三，多代近亲繁殖可获得在大部分基因位点达到纯合状态的纯系，将纯系间杂交可以产生强杂种优势。

四、杂种优势的表现和理论

(一)杂种优势的表现

杂种优势(heterosis,或 hybrid vigor)是生物界的普遍现象,它是指杂种第1代在一种或多种性状上表现优于2个亲本的现象。它是与近亲繁殖引起后代生活力下降的完全相反的生物学现象。杂种优势涉及的性状大都为数量性状,优势表现程度通常以平均优势(heterosis over mean of parents),即 F_1 超过双亲平均值的百分数,或超亲优势(heterosis over better of parents),即以 F_1 超过双亲中较优亲本的百分数来表示。若 F_1 表现型值低于亲本,则杂种优势为负值,这种现象称为杂种劣势。

杂种优势可以表现在 F_1 的生长势、生活力、繁殖力、抗逆性、产量、品质等多个方面。按照性状表现的性质,大致可以分成3种类型:一是杂种营养体发育较旺的营养型;二是杂种生殖器官发育较盛的生殖型;三是对外界不良环境适应能力较强的适应型。这3种类型的划分只是相对的,只是按照优势明显的性状作为类型的标志,实际上它们的表现总是综合的。不论哪种类型 F_1 的优势表现都具有以下几个基本特点。

1.杂种优势不是以一二个单独地表现突出,而是许多性状综合地表现突出

许多禾谷类作物的杂种1代,在产量和品质上表现为多穗、大穗、多粒、大粒、高蛋白质含量等;生长势上表现为植株高、茎秆粗、叶片大、干物质积累快等;在抗逆性上表现为抗病、抗虫、抗寒、抗旱等。

2.杂种优势的大小多数取决于双亲性状的相对差异和相互补充　大量实践证明,在一定范围内双亲间的亲缘关系、生态类型和生理特性上差异越大,双亲间的优缺点越能彼此互补,其杂种优势就越强;反之就越弱。例如,玉米的马齿型与硬粒型自交系间配成的组合比同类型自交系间的组合表现较强的优势杂种;在高粱杂交种的组配中,以起源于非洲的品种与原产于我国的品种杂交,其 F_1 优势往往高于同一地区品种间的组合。亲缘关系相对较远,意味着亲本间遗传差异较大,配出的杂种的杂合位点数就较多。由此可见杂种基因型的高度杂合性是形成杂种优势的重要遗传根源。

3.杂种优势的大小与双亲基因型的高度纯合具有密切关系　杂种优势一般是指杂种群体的优势表现。只有在双亲基因型的纯合程度都很高时,F_1 群体的基因型才能具有整齐一致的异质性,才不会出现分离混杂,从而表现整齐一致的较高优势。玉米自交系间杂种优势总是高于品种间组合的优势,其原因也在于此。

4.杂种优势的大小与环境条件的作用有密切关系　性状的表现是基因型与环

境综合作用的结果。不同的环境条件对于杂种优势的表现程度有很大影响。经常可以看到,同一个杂交种在甲地区表现显著的杂种优势,而在乙地区却表现明显不同;在同一地区由于土壤肥力和管理水平不同,优势表现的程度也会差异很大。但是一般地说,在同样不良的环境条件下,杂种总是比起亲本具有较强的适应能力,这种表现型稳定性是由基因型的杂合性决定的。

具有杂种优势的 F_1 代一般都表现近交衰退(inbreeding depression)现象。根据遗传的基本规律,由于杂合体的基因分离和重组,F_2 群体必将出现基因型的分离和性状表现的分离。因此,F_2 与 F_1 相比较,在生长势、生活力、繁殖力、抗逆性等方面都会表现下降。并且 2 个亲本的纯和程度越高,性状差异越大,F_1 表现的杂种优势越强,F_2 的衰退现象也越加明显。

(二)杂种优势的理论

关于杂种优势形成的遗传解释,迄今还没有完全明确的结论,尚停留在假说阶段,主要包括显性假说和超显性假说。

显性假说(dominance hypothesis)早期以布鲁斯(Bruce A B, 1910)和琼斯(Jones D F,1917)等人为代表。显性假说的核心是认为杂种优势源自杂种非等位基因的互补作用。他们认为多数显性基因比隐性基因更有利于个体生长发育,不同纯系(自交系)杂交,双亲的显性基因集中到了杂种中产生了互补作用,从而导致杂种优势。杂合体进行自交或近交会增加纯合体出现的机会,暴露出隐性基因所代表的有害性状,因而造成自交衰退。

假定有 5 对具有显隐关系的基因决定生长势,它们分别位于 2 个染色体上,每个隐性纯合基因型对性状发育的作用为 1,显性纯合和杂合基因型的作用为 2,这 2 个自交系杂交产生杂种优势可表示如下:

$$\text{P}\quad \frac{A\ b\ C}{A\ b\ C}\ \frac{D\ e}{D\ e}\ \times\ \frac{a\ B\ c}{a\ B\ c}\ \frac{d\ E}{d\ E}$$

$$(2+1+2+2+1=8)\quad\downarrow\quad(1+2+1+1+2=7)$$

$$\text{F}_1\quad \frac{A\ b\ C}{a\ B\ c}\ \frac{D\ e}{d\ E}$$

$$(2+2+2+2+2=10)$$

由此可见,由于显性基因的作用,杂种 F_1 比双亲表现出明显的杂种优势。

超显性假说(overdominance hypothesis 或 superdominance hypothesis)也称基因异质结合假说,该假说最初是由肖尔(Shull,G H)和伊斯特(Easter,E M)于 1908 年分别提出的。超显性假说认为杂种优势来源于双亲异质结合所引起的等位基因互作。根据这一假说等位基因之间没有显隐性关系，杂合等位基因的相互作用大于纯合等位基因间的作用。

同样假定 2 个自交系有 5 对基因的差异，a_1a_1、b_1b_1 的生长量为 1 个单位；a_1a_2 和 b_1b_2 的生长量为 2 个单位。这 2 个自交系产生的杂种优势表示如下：

$$\text{P}\quad \frac{a_1\ \ b_1\ \ c_1}{a_1\ \ b_1\ \ c_1}\ \frac{d_1\ \ e_1}{d_1\ \ e_1}\ \ \times\ \ \frac{a_2\ \ b_2\ \ c_2}{a_2\ \ b_2\ \ c_2}\ \frac{d_2\ \ e_2}{d_2\ \ e_2}$$

$$(1+1+1+1+1=5)\qquad\downarrow\qquad(1+1+1+1+1=5)$$

$$\text{F}_1\quad \frac{a_1\ \ b_1\ \ c_1}{a_2\ \ b_2\ \ c_2}\ \frac{d_1\ \ e_1}{d_2\ \ e_2}$$

$$(2+2+2+2+2=10)$$

由于等位基因位点的异质结合，杂种表现出远远超出亲本的优势。可见，超显性学说可以解释杂种表现超过最优亲本的现象。

内容提要

数量性状的表现　数量性状表现连续变异。数量性状差异明显的亲本间杂交 F_1 表现介于双亲之间，F_2 群体可能分离出两种极端类型，每种极端类型占 F_2 群体的频率为 $1/4^n$，n 为杂合基因对数。F_2 群体各种类型呈正态分布。数量性状的表现容易受环境条件影响。

数量性状的遗传基础　根据微效多基因理论，数量性状受存在于核内的微效多基因控制，每个基因对性状表现的作用微小、等量、可加。微效基因的分离与重组符合孟德尔遗传。通常不能用分析质量性状的方法确定单个基因的效应与位置。

遗传率　群体中遗传变异与总变异的比率是遗传率，用方差表示。遗传方差与总方差的比率是广义遗传率，即：

$$h_B^2=\frac{V_G}{V_P}$$

广义遗传率的估算公式为：

$$h_B^2=\frac{V_{F_2}-\left(\frac{1}{4}V_{P_1}+\frac{1}{2}V_{F_1}+\frac{1}{4}V_{P_2}\right)}{V_{F_2}}$$

遗传变异中加性效应引起的变异与总变异之比率是狭义遗传率，即：

$$h_N^2=\frac{V_A}{V_P}$$

狭义遗传率的估算公式为：

$$h_N^2=\frac{2V_{F_2}-(V_{B_1}+V_{B2})}{V_{F_2}}$$

遗传率与选择 遗传率大的性状可以在分离的早世代按表现型选择；遗传率小的在分离的晚世代按基因型(家系表现)选择效果较好。

数量性状基因位点(QTL) QTL 是位于染色体上影响数量性状的一些区域，每个 QTL 的位置与效应通过数量性状与遗传标记的连锁分析确定。一个 QTL 可能是一个或多个影响数量性状的基因。不同 QTL 的效应不相等。

近亲繁殖与杂种优势 有亲缘关系的个体间相互交配繁殖称作近亲繁殖或近亲交配。通常用近交系数(F_I)$F_I=\sum\left(\frac{1}{2}\right)^n(1+F_A)$描述动物近亲交配的程度。植物主要的近亲繁殖形式是自交和回交。

近亲繁殖导致后代群体杂合基因型减少，纯合基因型增加，含有 n 对独立遗传杂合基因的杂合体，令其自交能产生 2^n 种纯合基因型，每一种纯合基因型占 $(1/2)^n$。计算自交(回交)后代纯合基因型的频率的公式为：

$$x=\left(\frac{2^r-1}{2^r}\right)^n\times 100\%$$

自交后代群体中双亲的细胞核基因组各占一半；回交后代遗传构成趋于轮回亲本的核基因组，纯合体基因型趋向轮回亲本的一种基因型。

近交常对后代表现有害，杂交则能表现杂种优势。

杂种优势是指杂种一代的性状表现优于 2 个亲本的现象。杂种优势涉及的性状大都为数量性状。杂种优势的表现程度用杂种的平均优势或超亲优势表示。杂种优势往往表现在生物生长的生活力、繁殖力和抗逆性等多个方面。亲本间遗传差异的大、性状互补的，双亲基因型纯合程度高的杂交组合一般表现较高的杂种优势。杂种优势的大小与环境条件关系密切。

解释产生杂种优势的理论主要是显性假说和超显性假说。显性假说认为杂种优势来自双亲显性基因的互补效应；超显性假说认为优势产生于杂种异质等位基因的互作效应。

复习思考题

1. 解释下列名词：数量性状、质量性状、微效多基因假说、显性假说、超显性假说、近亲繁殖、近交系数、杂种优势、QTL、DH 群体、RIL 群体、LOD 值。

2. 数量性状与质量性状有何区别？

3. 什么是广义遗传率和狭义遗传率，它们在育种实践上有何指导意义？

4. 遗传率变化有何规律，如何提高变异群体的遗传率，增进选择进展。

5. 根据下列资料估算广义遗传率和狭义遗传率。

水稻莲塘早(P_2)×矮脚南特(P_1)组合的 F_1、F_2、B_1、B_2 及亲本的生育期

世　代	平均数($\bar{X}$)	方差(S^2)
P_1(矮脚南特)	38.36	4.6852
P_2(莲塘早)	28.13	5.6836
F_1	32.13	4.8380
F_2	32.49	8.9652
B_1	35.88	9.1740
B_2	30.96	5.3804

若在 F_2 群体中选留晚熟个体，留种率为 5%，估计下一代的生育期平均数。

6. 2 亲本杂交的 F_2 群体中某性状出现了亲本表现型，大约在总数 10 240 中出现 10 个，问该性状的遗传性质，并自设基因符号写出双亲本的基因型。

7. 如何确定 QTL 的存在？QTL 与数量性状基因有何区别。

8. 怎样表示杂种优势的程度？杂种优势的大小与哪些因素有关？

主要参考书目

[1] 浙江农业大学. 遗传学. 2 版. 北京：农业出版社，1986.

[2] 马育华. 植物育种的数量遗传学基础. 南京：江苏科学技术出版社，1982.

[3] 刘来福，毛盛田，黄远樟. 作物数量遗传学. 北京：农业出版社，1984.

[4] 徐云碧，朱立煌. 分子数量遗传学. 北京：中国农业出版社，1994.

[5] 盛志廉，陈瑶生. 数量遗传学. 北京：科学出版社，1999.

[6] 吴仲贤. 统计遗传学. 北京：科学出版社，1979.

[7] Falconer D S. Introduction to Quantitative Genetics. 2ed. Longman Group Limited Longman House, Burnt Mill, Harlow, Essex, UK Published in the United States of America by Longman Inc. New York: 1980.

第八章　群体遗传与进化

以孟德尔遗传学原理为基础的遗传信息传递，不仅存在于个体和家系的世代之间，也存在于群体的世代之间，后者即是本章将要讨论的群体遗传。讨论的内容将包括群体的遗传组成及其变化规律。这些内容也是指导育种实践和进化研究的理论基础之一。

第一节　群体的基本概念

一、群体的概念

遗传学上的群体不是一般个体的简单集合，而是指有婚配关系的个体所构成的生物集团。婚配关系有两层含义，一是个体间的可交配性；二是杂交后代的可育性。如玉米×玉米，不但能交配产生子代，而且子代仍然可育。但玉米和高粱不能组成群体，因为两者不能杂交产生子代；马与驴组成的个体群也不能叫群体，因为它们的后代不能正常繁殖。存在婚配关系意味着群体内个体间有着共同的染色体组，个体间可以通过杂交相互交换基因。

二、孟德尔群体

占有共同的基因库并且个体间有随机婚配关系的群体称作孟德尔群体，孟德尔群体与一般群体的主要区别在于群体内个体间能够随机婚配，而不是选型婚配。从这个意义看，几乎所有的动物和异花授粉植物群体都属于孟德尔群体，而自体受精动物及自花授粉植物构成的群体则只能是一般的群体或者叫非孟德尔群体。

三、基因库

基因库(gene pool)是指群体所包含的能够交换和重组的全部基因。在实践上，通常是指某个物种供育种使用的全部材料。用育种手段可以根据预先制定的育种目标，将基因库中的某些有用基因重组在一起，培育出新品种。

四、群落

由许多群体所构成的生物集团叫群落。群落中的群体间没有婚配关系，群体间的相对独立性主要通过生殖隔离来实现。

第二节 群体的遗传组成

我们已经了解到，个体性状表现的遗传基础是个体的基因与基因组合，即基因和基因型。通过追踪基因与基因型在世代间的分离与组合，可以推断性状表现在个体与家系水平的遗传与变异规律。对于群体而言，性状表现的遗传基础则是基因频率和基因型频率。揭示群体的遗传与变异规律，要通过估算世代间群体的基因频率和基因型频率来实现。

一、基因频率与基因型频率的概念

基因频率(alleles frequency)是指在一群体内，某特定基因占该位点基因总数的比率。例如一群体内，某一基因位点 A 基因与 a 基因总计 10 000 个，其中 a 基因 25 个，A 基因 9 975 个，a 基因的频率为 0.025，A 基因的频率为 0.997 5。

基因型频率(genotype frequency)是指群体内某特定基因型个体占个体总数的比率。例如，一个包含 100 个个体的群体中，纯合显性基因型 AA 个体 80 个，杂合基因型 Aa 个体 14 个，纯合隐性基因型 aa 6 个。则 AA、Aa 和 aa 3 种基因型频率分别为 0.80，0.14 和 0.06。

需要指出，在生物体繁殖过程中，并不能把个体的基因型传递给子代。对个体而言，上下代传递的是基因，对群体而言上下代传递的是基因频率，因此说基因频率是群体遗传组成的基本因素。

二、基因频率与基因型频率的计算

不论是基因还是基因型，都不能直接观察到，因此基因频率和基因型频率都无法直接计算。但是，由基因型所表达出来的性状却是可以观察和可以度量的，通过表现型可以了解基因型，因此可以通过表现型频率来计算基因型频率。

设在某二倍体生物由 N 个个体构成的群体中，有 1 对等位基因 A、a，其可能的基因型为 AA、Aa 和 aa 共 3 种。如果这 3 种基因型的个体数分别为 N_D、N_H 和 N_R，3 者之和 $N_D+N_H+N_R=N$，则 3 种基因型的频率为：

$$AA:D=\frac{N_D}{N}$$

$$Aa:H=\frac{N_H}{N}$$

$$aa:R=\frac{N_R}{N}$$

显然，$D+H+R=1$。由于每个个体含有一对等位基因，群体的总基因数为 $2N$。若以 p 表示 A 的频率，则根据基因频率的定义可知 A 的频率为：

$$p=\frac{2N_D+N_H}{2N}=D+\frac{1}{2}H \qquad 8-1$$

同样，若以 q 表示等位基因 a 的频率，则 a 的频率为：

$$q=\frac{2N_R+N_H}{2N}=R+\frac{1}{2}H \qquad 8-2$$

并且，$p+q=1$。

基因频率与基因型频率变动在 0～1 之间，不可能大于 1 也不可能为负数。

在人类群体中，常染色体上有 1 对等位基因 T、t 决定对苯硫脲（PTC）的尝味能力。T、t 构成的 3 种基因型与其决定的表现型有对应关系，即 TT 表现为尝味者，Tt 为味觉杂合体，tt 为味盲。因此可以根据表现型判断基因型，并进而计算出基因频率。

例如，某次抽样调查了中国汉族人群的 1 000 人，3 种基因型的分布如表 8-1 所示。

表 8-1　中国汉族人群中 PTC 尝味能力的分布

（参考王亚馥等，1999）

表现型	基因型	人数	基因型频率
尝味者	TT	(N_D)490	(D)0.49
味觉杂合体	Tt	(N_H)420	(H)0.42
味盲	tt	(N_R)90	(R)0.09
总计		1 000	1

用式 8－1 和式 8－2 可计算出 T 与 t 的基因频率：

$$p_{(T)}=D+\frac{1}{2}H=0.49+\frac{1}{2}\times0.42=0.7$$

$$q_{(t)}=R+\frac{1}{2}H=0.09+\frac{1}{2}\times0.42=0.3$$

并且有 $p+q=0.7+0.3=1$。

这是在未知群体是否处于平衡状态时计算基因频率的方法。

第三节　群体的遗传平衡定律

一、哈德-魏伯格定律

群体的遗传组成是指基因频率和基因型频率。在一定条件下基因频率和基因型频率在世代间可以保持不变，从而保持群体的性状表现遗传上的稳定，这就是群体的遗传机制。1908 年英国的数学家哈德（或译哈迪，Hardy G H）和德国医生魏伯格（或译韦恩贝格，Weinberg W）分别独立地发现了这种遗传机制，因此称为哈德-魏伯格定律 Hardy-Weinberg 定律，又称为群体的遗传平衡定律。

这个定律的要点是：①在一个大的随机交配的群体中，如果没有改变基因频率因素（如选择、突变和迁移）的干扰，群体的基因频率和基因型频率将保持不变。这样的群体称为平衡的孟德尔群体。②群体处于平衡状态时，基因型频率和基因频率的关系是 $D=p^2$，$H=2pq$，$R=q^2$。③在任何一个大群体内，不论基因频率和基因型频率如何，只要经过一代随机交配，这个群体就可以达到平衡。下面我们就来验证 Hardy-Weinberg 定律的这 3 个基本要点。

第一，基因频率世代间保持不变。追踪世代间的基因频率可以从配子的类型与频率入手。还是考虑一对基因 A、a 频率分别为 p 和 q 的群体，它产生带有 A 和 a 的两种配子，其频率分别为 p 和 q。在随机交配的情况下，带 A 的雌配子和带 A 的雄配子结合产生 AA 合子。其概率为 $p\times p=p^2$。同样，带有 a 的雌雄配子结合产生 aa 合子，其频率为 q^2。带有不同基因的雌雄配子结合，产生杂合子 Aa。杂合子的形成有两种情形，即雌配子带 A 基因，雄配子带 a 基因，和雌配子带 a 基因，雄配子带 A 基因，因此杂合体的频率为 $2pq$。根据子代的基因型频率，依照式8－1和式 8－2，可得子代的 A 基因频率为：

$$p_1=p^2+\frac{1}{2}\cdot 2pq=p(p+q)=p$$

a 基因的频率为：

$$q_1=q^2+\frac{1}{2}\cdot 2pq=q(p+q)=q$$

子代的基因频率与亲代完全相同。

第二，基因型频率世代间保持不变。前已述及，随机交配群体中一对等位基因 A 和 a 的频率分别为 p 和 q，3 种基因型 AA、Aa 和 aa 的频率分别为 $D=p^2$、$H=2pq$ 和 $R=q^2$。让这些基因型随机交配，将有 9 种组合，共计 6 种（含反交）交配类型。各种交配类型的频率及所产生子代基因型的频率见表 8-2。

表 8-2 单个位点随机交配群体的基因型频率*

亲代交配类型	交配频率	子代基因型与频率		
		AA	Aa	aa
$AA\times AA$	p^4	p^4	—	—
$AA\times Aa$	$4p^3q$	$2p^3q$	$2p^3q$	—
$AA\times aa$	$2p^2q^2$	—	$2p^2q^2$	—
$Aa\times Aa$	$4p^2q^2$	p^2q^2	$2p^2q^2$	p^2q^2
$Aa\times aa$	$4pq^3$	—	$2pq^3$	$2pq^3$
$aa\times aa$	q^4	—	—	q^4
总计	1	p^2	$2pq$	q^2

* 表中“亲代交配类型”一列的第 2，3，5 行，因为包含正反交配的 2 种交配组合，“交配频率”一列对应行的频率就相应地乘以了 2；其余 3 行的交配频率直接由基因型频率的乘积得出，比如 $AA\times AA=p^2\times p^2=p^4$，$Aa\times Aa=2pq\times 2pq=4p^2q^2$。每列的总计是通过各项的相加、合并同类项、提取公因式和因式分解计算得出，其中交配频率一列之和可以因式分解成 $(p+q)^4$，所以该项总计为 1；子代基因型 AA 列之和可以写成 $p^2(p^2+2pq+q^2)=p^2(p+q)=p^2$，余类推。

从表 8-2 可以看出，经过亲代各种不同基因型的随机交配，产生的子代的 3 种基因型 AA、Aa 和 aa 的频率与亲代完全相同，仍然是 p^2、$2pq$ 和 q^2。

第三，群体实现遗传平衡需要的世代。设在一个群体中，一对等位基因 A、a 构成的 3 种基因型及其频率为：

$$\begin{array}{ccc} AA & Aa & aa \\ D_0 & H_0 & R_0 \end{array}$$

由基因型频率可得 A 与 a 的基因频率。

$$p_0=D_0+\frac{1}{2}H_0 \qquad q_0=R_0+\frac{1}{2}H_0$$

经随机交配，下一代群体基因型频率与基因频率为：

$$D_1=p_0^2 \qquad H_1=2p_0q_0 \qquad R_1=q_0^2$$

$$p_1=D_1+\frac{1}{2}H_1=p_0^2+\frac{1}{2}\times 2p_0q_0=p_0(p_0+q_0)=p_0$$

$$q_1=R_1+\frac{1}{2}H_1=q_0^2+\frac{1}{2}\times 2p_0q_0=q_0(p_0+q_0)=q_0$$

再经一代随机交配，群体的基因型与基因频率为：

$$D_2 = p_1^2 = p_0^2 \qquad H_2 = 2p_1q_1 = 2p_0q_0 \qquad R_2 = q_1^2 = q_0^2$$

$$p_2 = D_2 + \frac{1}{2}H_2 = p_0^2 + \frac{1}{2} \times 2p_0q_0 = p_0$$

$$q^2 = R_2 + \frac{1}{2}H_2 = q_0^2 + \frac{1}{2} \times 2p_0q_0 = q_0$$

如此继续随机交配，不难推出，$D_3 = D_4 = D_5 = \cdots = D_n = p_0^2$，$H_3 = H_4 = H_5 = \cdots = H_n = 2p_0 \cdot q_0$，$R_3 = R_4 = R_5 = \cdots = R_n = q_0^2$，$p_3 = p_4 = p_5 = \cdots = p_n = p_0$，$q_3 = q_4 = q_5 = \cdots = q_0$。

从上述推导过程可以看出，D_0 与 D_1、H_0 与 H_1、R_0 与 R_1 可能不等，但 $D_1 = D_2 = D_3 = \cdots = D_n$，$H_1 = H_2 = H_3 = \cdots = H_n$，$R_1 = R_2 = R_3 = \cdots = R_n$。基因频率的 $p_1 = p_2 = p_3 = \cdots = p_n$，$q_1 = q_2 = q_3 = \cdots = q_n$。所以，只要经过一代随机交配，群体的基因型频率和基因频率就可保持不变，从而达到平衡状态。

举例：假设在一群体中，一对等位基因 A 和 a 构成的 3 种基因型能够从表现型上加以区分，亲代的基因型频率分别为：

AA	Aa	aa
D_0	H_0	R_0
0.68	0.04	0.28

根据式 8－1 和式 8－2 可以计算出 p_0 和 q_0：

$$p_0 = D_0 + \frac{1}{2}H_0 = 0.68 \times \frac{1}{2} \times 0.04 = 0.7$$

$$q_0 = R_0 + \frac{1}{2}H_0 = 0.28 \times \frac{1}{2} \times 0.04 = 0.3$$

经一代随机交配，子代群体的基因型频率与基因频率：

$$D_1 = p_0^2 = 0.7^2 = 0.49$$

$$H_1 = 2p_0q_0 = 2 \times 0.7 \times 0.3 = 0.42$$

$$R_1 = q_0^2 = 0.3^2 = 0.09$$

$$p_1 = D_1 + \frac{1}{2}H_1 = 0.49 + \frac{1}{2} \times 0.42 = 0.7$$

$$q_1 = R_1 + \frac{1}{2}H_1 = 0.09 + \frac{1}{2} \times 0.42 = 0.3$$

可以推论，在 A、a 两种配子的频率分别保持 0.7 和 0.3 时，配子再随机结合产生子代的 3 种基因型频率与子 1 代完全相同：

AA	Aa	aa
p_0^2	$2p_0q_0$	q_0^2
0.49	0.42	0.09

因此可以得出结论，随机交配一代的群体已经达到平衡。

实际上，自然界许多群体都是很大的，个体间的交配在许多性状上，特别是那些中性性状上一般是接近随机的，所以 Hardy-Weinberg 定律有普遍的适用性。

二、平衡群体的特征

达到 Hardy-Weinberg 平衡的二倍体群体，基因型频率与基因频率之间，以及基因型频率与基因型频率之间，存在特定的数学关系。它们是：

$$D=p^2, p=\sqrt{D}$$

$$R=q^2, q=\sqrt{R}$$

$$H=2pq, H=2\sqrt{DR}$$

因此，

$$\frac{H}{\sqrt{DR}}=2 \qquad 8-3$$

8－3 式反映了群体的 3 种基因型间的关系，与群体的基因频率无关，该式可作为检验群体是否达到平衡状态的一个尺度。上式还可写成：

$$4DR=H^2$$

根据基因频率与基因型频率间的数学关系，可以用一个更简便的方法计算平衡群体的基因频率。由式 8－1 和式 8－2 计算基因频率时至少要知道群体中某位点的杂合体及一种纯合体两种基因型的频率。这两种基因型有时不能从表现型上加以区分（如完全显性时的显性纯合体与杂合体表现相同），而隐性纯合体的基因型与表现型总是一致的。因此，只要计算出隐性个体比率就可得到相应隐性基因型的频率。

$$\text{隐性基因型频率}(R)=\frac{\text{隐性个体数}}{\text{供试群体所含个体总数}}$$

隐性基因型频率为构成它的隐性基因频率的平方，所以计算隐性基因频率的公式可以写成：

$$q=\sqrt{R}=\sqrt{\text{隐性基因型频率}}$$

$$q=\sqrt{\frac{\text{隐性个体数}}{\text{供试群体所含个体总数}}} \qquad 8-4$$

因为 $p+q=1$，所以显性基因频率为：

$$p=1-q$$

举例：设一经多代随机交配的群体，开白花的 25 株，开红花的 9 975 株。已知红花对白花为显性，计算该群体的基因频率与基因型频率。

解：$q=\sqrt{\frac{25}{9\ 975+25}}=0.05$

$p=1-0.05=0.95$

AA 频率 $=p^2=0.95^2=0.902\ 5$

Aa 频率 $=2pq=2\times0.95\times0.05=0.095$

aa 频率 $=q^2=0.05^2=0.002\ 5$

三、群体平衡的检验

前已提及，判断一个群体是否实现了 Hardy-Weinberg 平衡可以直接将 3 种基因型值代入 $\frac{H}{\sqrt{DR}}=2$，如果等式成立，则群体是平衡的，否则是不平衡的。然而实际对群体基因型频率的调查结果并不能使上述等式两边完全相等，在这种情况下判断群体是否平衡，需要将基因型分布的观察频率与按 Hardy-Weinberg 平衡定律预计的频率作 χ^2 检验(表 8-3)。

举例：在我国某省汉族人群中检测了 1 050 人对苯硫脲的尝味能力，其中尝味者(TT)410 人，味觉杂合体(Tt)500 人，味盲(tt)140 人。判断该抽样群体中的基因型频率是否符合 Hardy-Weinbarg 平衡。

先从实际观察值中计算出基因频率：

$$T\text{ 的基因频率}：p=\frac{410}{1\ 050}+\frac{1}{2}\times\frac{500}{1\ 050}=0.63$$

$$t\text{ 的基因频率}：q=\frac{140}{1\ 050}+\frac{1}{2}\times\frac{500}{1\ 050}=0.37$$

再将计算得到的基因频率代入下表计算 χ^2 值。

表 8-3 PTC 尝味能力的 χ^2 检验

（引自王亚馥等，1999）

	TT	Tt	tt	总计
观察值(o)	410	500	140	1 050
期望值(e)	416.7	489.5	143.7	1 050
	(p^2N)	($2pqN$)	(q^2N)	(N)
$\frac{(o-e)^2}{e}$	0.108	0.225	0.095	0.428

$\chi^2=0.428<\chi^2_{(df=1,p=0.05)}=3.841$，表明该样本群体 PTC 尝味的 3 种基因型频率符合 Hardy-Weinberg 平衡。也就是说样本群体的 PTC 基因处于遗传平衡状态。应该指出，在此 χ^2 的自由度是 $3-1-1=1$，而不是 $3-1=2$，因为在计算期望值时要使用基因频率 p 的数值，而它是从样本中估计出来的，因此 χ^2 的自由度又少了一个。

第四节 群体遗传平衡的改变

群体的遗传平衡是相对的和暂时的，因为维持群体平衡是有条件的，这些条件得不到满足，遗传平衡就要被打破，群体的遗传组成就会发生改变。有 4 个因素可以改变群体基因频率，它们是基因突变、选择、遗传漂移和迁移。

一、基因突变

基因突变对改变群体遗传组成的作用有 2 个方面。①它提供遗传变异的最原始材料，没有突变，则等位基因的重组和非等位基因的重组无从发生作用；②突变本身改变基因的频率。

设一对等位基因 A、a，其基因频率为 p 和 q，当 A 基因突变为 a 基因时，群体中 A 的频率就会减少，a 的频率则增加；反过来当 a 基因突变为 A 基因时，群体中 A 的频率会增加，a 的频率则减少。当 $A\rightarrow a$ 的突变率为 u，$a\rightarrow A$ 的突变率为 v 时，每代有 $(1-q)u$ 的 A 基因突变为 a，qv 的 a 基因突变为 A。这里的 $(1-q)u$ 称为正突变压；qv 称为反突变压。若 $(1-q)u>qv$，则 a 基因频率增加，若 $(1-q)u<qv$，则 A 基因的频率增加，于是每代 a 基因频率的净改变量为：

$$\Delta q=(1-q)u-qv$$

经过足够多的世代，这两种相反的力量完全相互抵消，也就是正突变压和反突变压相等时，$\Delta q=0$，基因频率保持不变，群体处于平衡状态，则：

$(1-q)u=qv$，或 $pu=qv$，于是

$$q=\frac{u}{u+v} \qquad 8-5$$

$$p=\frac{v}{u+v} \qquad 8-6$$

上 2 式给出了在正反突变压的作用下，群体达到平衡状态时的基因频率。

假定 $u=1.5\times10^{-5}$，$v=1\times10^{-5}$，平衡时：

$$q=\frac{1.5\times10^{-5}}{1.5\times10^{-5}+1\times10^{-5}}=\frac{3}{5}=0.6$$

容易看出，若 $u=v$，达到平衡状态群体的 p 和 q 值都等于 0.5。

基因突变对群体遗传组成的作用，还可以由经过一定世代基因频率的改变情况来了解。

设显性基因频率在某一世代是 p_0，群体中只发生 $A\rightarrow a$ 的突变，经过 n 个世代群体中显性基因 A 的频率为：

$$p_n=p_0(1-u)^n$$

若突变频率 u 很低，尽管 n 可能很大，但 $(1-u)^n$ 的值仍然会很接近于 1，这样，p_n 与 p_0 之间的差值也将很小。如果知道突变前后显性基因频率的变化，可以计算出突变经历的世代数，因为：

$$p_n=p_0(1-u)^n$$

$$(1-u)^n=\frac{p_n}{p_0}$$

$$n\lg(1-u)=\lg\left(\frac{p_n}{p_0}\right)$$

$$n=\frac{\lg p_n-\lg p_0}{\lg(1-u)}$$

还可表示为：

$$n=-\frac{1}{u}\ln\left(\frac{p_n}{p_0}\right)$$

也就是说，当 $A\rightarrow a$，并且不计反突变时，使显性基因频率降低到某一数值所经历的代数，与突变后和突变前基因频率之比的对数成正比，与其突变频率成反比。

在自然条件下，突变速率很小，一般都在 $10^{-4}\sim10^{-7}$。因此，要想明显改变群体的基因频率，一定要经过许多世代。例如，$u=1\times10^{-5}$，p 由 0.6 降到 0.5，需要近 2 万代。但某些生物(如微生物中的细菌)的世代很短，突变就可能成为改变群体基因频率的重要因素。

二、选择

选择是改变基因频率的最重要因素，也是生物进化的驱动力量。从基因频率改变的方向来看，选择分为两种，一种是淘汰显性个体，使隐性基因增加；另一种是淘汰隐性个体，使显性基因增加。前者能迅速改变群体的基因频率。例如，在一个包含开红花和开白花植株的群体中选留白花，只需经过一代就能从群体中消除红花植株，从而使红花基因的频率降低到 0，白花基因的频率增加到 1。

淘汰隐性个体保留显性个体的选择情况就比较复杂。因为选留的显性个体可能包含 2 种基因型，其中有一种是杂合体。杂合体的隐性基因因为不能被识别而保留下来。所以，这种选择方式只能使隐性基因频率逐渐变小，但不会降到 0；显性基因频率虽然逐渐增加，但不会达到 1。

设红花显性基因 A 选择前的频率为 p_0，隐性基因 a 的频率为 q_0，选择前 AA、Aa、aa 3 种基因型的频率分别为 $D_0=p^2$、$H_0=2p_0q_0$、$R_0=q_0^2$。经过淘汰隐性个体后，群体中只留下 AA 和 Aa，在此基础上随机交配，繁殖产生下一代群体。现在我们只考虑隐性基因的变化情况。由于 aa 已被淘汰，下一代隐性基因频率 q_1 只有从杂合子的一半占整个群体的比例中求出。

$$q_1=\frac{\dfrac{H_0}{2}}{D_0+H_0}=\frac{\dfrac{1}{2}\cdot 2p_0q_0}{p_0^2+2p_0q_0}$$

将 $p_0=1-q_0$ 代入上式得：

$$q_1=\frac{q_0}{1+q_0}$$

下一代再淘汰白花植株并随机交配繁殖，则同理：

$$q_2=\frac{q_1}{1+q_1}=\frac{\dfrac{q_0}{1+q_0}}{1+\dfrac{q_0}{1+q_0}}=\frac{q_0}{1+2q_0}$$

$$q_3=\frac{q_2}{1+q_2}=\frac{\dfrac{q_0}{1+2q_0}}{1+\dfrac{q_0}{1+2q_0}}=\frac{q_0}{1+3q_0}$$

经过 n 代淘汰后，隐性基因频率为：

$$q_n=\frac{q_0}{1+nq_0} \quad 8-7$$

式 8－7 中，q_0 为选择前隐性基因 a 的频率，它等于：

$$q_0=\sqrt{\text{选择前隐性个体频率}}=\sqrt{\frac{\text{选择前群体隐性个体数}}{\text{选择前群体的总个体数}}}$$

根据式 8－7 可以推导出另一个式 8－8，以便计算达到某一基因频率所需要的世代数。推导过程如下：

$$q_n=\frac{q_0}{1+nq_0}$$

$$1+nq_0=\frac{q_0}{q_n}$$

$$nq_0=\frac{q_0}{q_n}-1$$

$$n=\frac{1}{q_0}\left(\frac{q_0}{q_n}-1\right)$$

$$n=\frac{1}{q_n}-\frac{1}{q_0} \quad 8-8$$

上式中 $$q_n=\sqrt{\frac{\text{选择 } n \text{ 代后群体隐性个体数}}{\text{选择 } n \text{ 后代后群体的总个体数}}}$$

举例：一个开白花和开红花的随机交配群体，在选择前群体中白花个体 625 株，红花个体 9 375 株。经过若干代淘汰白花个体之后，群体内开白花植株只有 25 株，开红花的 9 975 株，试分析经历的选择代数。

因为： $$q_n=\sqrt{\frac{25}{9\ 975+25}}=0.05$$

$$q_0=\sqrt{\frac{625}{9\ 375+625}}=0.25$$

所以： $$n=\frac{1}{q_n}-\frac{1}{q_0}=\frac{1}{0.05}-\frac{1}{0.25}=16(\text{代})$$

当 $q_n=\frac{1}{2}q_0$ 时，$n=\frac{1}{q_0}$，这意味着隐性基因频率减至初始频率一半时所需的世代数是初始频率的倒数。

三、遗传漂移

在一个小群体内，由于抽样误差造成的群体基因频率的随机波动现象，称作随机遗传漂移（random genetic drift）或遗传漂移（genetic drift）。遗传漂移也是影响群体平衡的重要因素，但与其他影响群体平衡的因素如突变、选择和迁移相比，不同之处在于它改变群体基因频率的作用方向是完全随机的。

从群体抽样出来的小群体，所包含的各种基因型个体的频率，不会刚好和原来的群体一样，因此基因频率势必要改变，现举例分析如下：

设：每代只由 4 个雌配子和 4 个雄配子随机结合，产生 4 个个体组成的小群体，其中等位基因 A、a 的频率 $p=q=0.5$，则形成下一代的雌、雄各 4 个配子中所含 A 基因数有 0～4 共 5 个等级，其频率由二项式 $(1/2+1/2)^4$ 展开式的各项给出：

A 基因数目	0	1	2	3	4
频　　率	1/16	4/16	6/16	4/16	1/16

在雌、雄各 4 个配子随机结合而形成的子代 4 个个体包含的 8 个基因中，A 基因的数目有可能是由 0～8 个共 9 种情况。4 个个体含有 A 基因数的 9 种情况各自所占频率为 $(1/2+1/2)^8$ 展开式的各项，各项的频率如表 8-4 所示。

表 8-4　4 个个体随机交配子代 A 基因频率与发生概率

（参考王亚馥等，1999）

A 基因数目	A 基因频率	发生概率
0	0.000	1/256＝0.004
1	0.125	8/256＝0.031
2	0.250	28/256＝0.109
3	0.375	56/256＝0.219
4	0.500	70/256＝0.273
5	0.625	56/256＝0.219
6	0.750	28/256＝0.109
7	0.875	8/256＝0.031
8	1.00	1/256＝0.004

由表 8-4 可见，由这 4 个个体构成的群体中，A 基因频率与亲代群体相同（$p=0.5$）的概率仅为 27.3%，与亲代不同的概率为 72.7%。在各个不同于亲代基因频率的数值中，A 基因频率或增或减，增减的多少都是完全随机的。其中还有 A 基因消失 $p=0$ 的可能性，概率为 0.4%，A 基因固定的可能性也是 0.4%。由于随机漂移的原因，一旦使某基因在一个小群体中消失，除非发生相同突变，否则该基因就会永远消失。相反，由于同样的原因也可使群体中某基因被完全固定。

遗传漂移的作用大小因样本群体的个体数不同而异。样本越小，基因频率的随机波动越大；样本越大，基因频率改变的幅度越小。用基因频率的标准差与样本大小的关系可以定量描述遗传漂移作用。如果在等位基因 A、a 的频率分别为 p、q 的群体中每次取 N 个个体作为繁殖下一代的样本亲本，则样本基因频率的标准差为：

$$\sigma=\sqrt{\frac{pq}{2N}}$$

式中：$2N$ 表示样本群体中的基因数。

如果设 $p=q=0.5$，则：

$$N=5\text{ 时},\sigma=\sqrt{\frac{0.5\times0.5}{2\times5}}=0.158$$

$$N=100\text{ 时},\sigma=\sqrt{\frac{0.5\times0.5}{2\times100}}=0.035$$

上述计算结果表示如果样本仅包含 5 个个体，下一代群体基因频率变化幅度为 0.5＋0.158～0.5－0.158，若样本容量增加到 100，则基因频率的变幅为 0.5＋0.035～0.5－0.035。可见样本越小，抽样误差越大。

利用计算机模拟实验可证明随机遗传漂移效应在不同规模群体中的大小。

图 8-1 中的 3 个群体大小分别为 $N=25,250,2\,500$，起始基因频率 $p=q=0.5$。可以看出，每代保持 $N=25$ 的小群体，经过漂移作用，群体的等位基因在 60 代前就已被固定了。而 $N=2\,500$ 的群体，经过 150 代的随机漂移仍保持原来的频率，遗传漂移作用显然不及小群体。

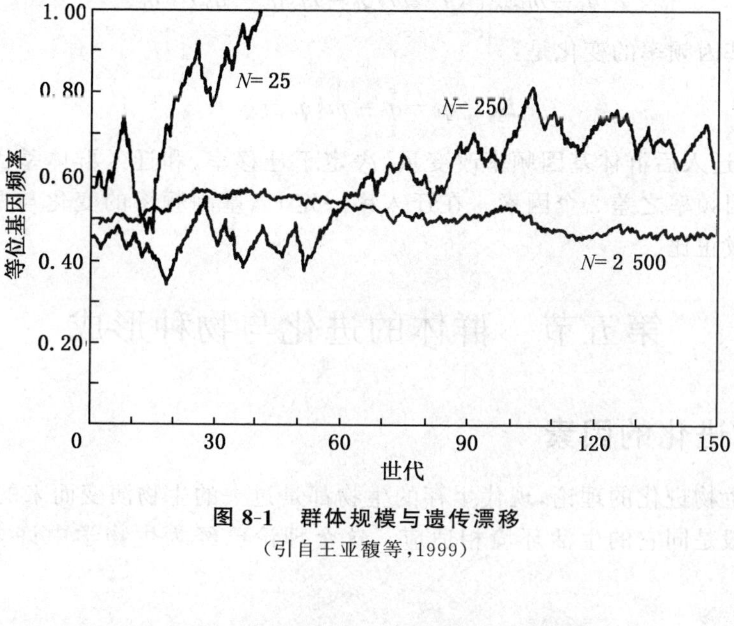

图 8-1　群体规模与遗传漂移

（引自王亚馥等，1999）

遗传漂移在小群体中的作用很强，它可以掩盖甚至违背选择所起的作用。没有适应意义的中性突变基因，或选择与之不利但尚未达到携带者致死程度的基因，都有机会因漂移作用而被固定。遗传漂移作用可以解释在远离大陆的孤岛上常出现大陆上所没有的物种的现象。这是因为，在被隔离的小群体里，一旦发生了某个位点的突变，经过若干代小群体繁殖，新产生的基因可以由漂移作用使其频率增加以致被固定下来，逐渐形成一个新类型或物种，而在随机交配的大群体里，尽管这种突变同样可以发生，但由于大群体随机交配产生的遗传平衡作用使新生成基因的频率没有机会被固定，也就没有机会“显山露水”。

需要指出，遗传漂移来自小样本留种的抽样随机误差，而不是群体内个体间的非随机交配作用。尽管小样本群体的近亲交配机会大于随机交配，这是小样留种的两种不同性质遗传效应。

四、迁移

个体从一个群体迁入另一个群体，并参与后者的繁殖就是迁移。从植物育种和良种繁育上说就是混杂，包括机械混杂与生物学混杂(原有品种群体混入外来花粉产生的杂交)。混杂的结果会使群体的基因频率改变。

假设在群体内，每代有部分个体迁入，新迁入个体占重新组成群体的比例为 m，则 $(1-m)$ 就是原有个体的比例。若迁入的隐性基因频率为 q_m，原始群体的为 q_0，两者混合后群体的隐性基因频率是：

$$q_1 = mq_m + (1-m)q_0 = m(q_m - q_0) + q_0$$

隐性基因频率的变化是：

$$\Delta q = q_1 - q_0 = m(q_m - q_0)$$

可见，迁入后群体基因频率改变量，决定于迁移率，和迁入群体基因频率与接纳群体基因频率之差 2 个因素。在迁入率一定时，基因频率的变化与两群体基因频率之差成正比。

第五节　群体的进化与物种形成

一、群体进化的因素

根据生物进化的理论，现代生存的生物都是过去的生物演变而来的，并且每一种生物一般是同它的生活环境相适应。这个理论已经为生物学中许多学科所证明。群体遗传学的理论可以解释生物进化的根本原因和历史进程。

从本质上讲，物种的形成和生物进化的单位是孟德尔群体，物种的形成就是群体遗传组成发生量变到质变的渐进过程。遗传稳定的平衡群体，可因基因突变、选择和遗传漂移等因素的作用而改变遗传组成。这种改变在隔离的条件下得到不断积累、强化和分化，形成变种、亚种等过渡类型。当新的群体与原始群体之间，遗传差异增大到足以使 2 个群体成员相遇也不能成功交配时，新的物种就产生了。在这个过程中变异、选择和隔离是不可缺少的 3 个因素。其中遗传变异（基因突变、基因重组）是基础，选择是优胜劣汰的动力，隔离则是保存、巩固和发展变异的条件。

需要指出，在自然界的物种进化过程中，由于选择的作用主要体现在适应性，隔离的发生也具有随机性和偶然性，一个新物种的形成通常需要经历漫长的时间。在人工条件下，则可以主动地通过杂交等手段创造大量变异，并进行严格隔离和选择，因此，能在较短时间内创造新的类型或物种。动植物的新品种选育，本质上就是按照人的愿望，运用群体进化的原理，有目的地进行人工进化的过程。

二、物种的概念

物种（species）作为生物分类学的一个基本单元，是指具有一定形态和生理特征以及一定自然分布的生物类群。在遗传学上界定物种的主要标准是能否进行相互杂交繁殖，凡是能够杂交并且产生可育后代的种群或个体就属于同一个物种。不能相互杂交，或能够杂交但不能产生可育后代，即存在生殖隔离（reproductive isolation）的种群或个体，则属于不同的物种。这同经典分类学的形态学上的概念有所不同，但结果通常是一致的。

举例说明，水稻和小麦不能相互杂交产生杂种，水稻和小麦属于不同的物种，而水稻中的籼稻和粳稻可以杂交，但杂种表现部分不育，所以籼稻和粳稻属于不同亚种（subspecies）。又如马和驴能够相互杂交产生杂种骡子，但骡子不能生育，所以马和驴也属于不同的物种。由于骡子不具备繁殖能力，不能作为一个独立的物种存在。

对于非有性繁殖生物，难以应用相互杂交并产生后代的物种标准，通常采用形态结构上的以及地理上的差异作为鉴定物种的标准。

三、隔离和生殖隔离的机制

物种进化过程中的隔离（isolation），是指阻止不同种群成员间的相互杂交和遗传物质交流。

在一个物种形成的最初阶段，通常是一个大群体的部分成员由于自然的变迁、生存环境的改变或迁移等原因，被隔离于不同的岛屿、湖泊、山峰等不同地域，而失去了相互交配的机会。当分布在不同地域的群体间，遗传差异积累发展到形成群间生殖隔离时，群体间的成员即便是有机会相遇，也不会发生交配和基因重组。于是，非遗传的地理隔离就发展为遗传的生殖隔离。

根据"进化综合理论"的创始人杜布赞斯基(Dubozhansky T)的观点，生殖隔离的机制分为两大类：①合子前生殖隔离，指能阻止不同群体成员间交配或产生合子。包括防止不同物种间个体交配的环境、时间、行为、生殖结构和生理障碍；②合子后生殖隔离，是指降低杂种生活力或繁殖力的一种生殖隔离(表 8-5)。两类生殖隔离最终都阻止了群体间基因交流和重组。实际上，自然界中类群间的基因交流和重组有可能被一种或几种生殖隔离机制所阻止。

表 8-5　生殖隔离机制的分类

(参考 Winter 等，2001)

合子前生殖隔离	
生态隔离	群体占据同一区域，但占据不同的栖息地
时间隔离	群体占据同一区域，但交配期或开花期不同
行为隔离	动物群体雌雄间不存在性吸引或性吸引很弱
机械隔离	生殖结构不同阻止交配或花粉传递
生理隔离	雄配子在异己生殖管道上不能存活
合子后隔离	
杂种无生活力	杂种 F_1 不能存活或不能达到性成熟
杂种不育	杂种 F_1 不能产生有功能的配子
杂种后代衰败	杂种 F_1 有活力并可育，F_2 代或回交杂种不能存活或存活力、生育力降低

合子后生殖隔离实际上是进化过程中遗传趋异的副产品，是配子和合子的浪费。实际上，自然选择机制趋向于扩展那些降低杂种形成的等位基因，从而产生合子前隔离机制。因此，合子后隔离在自然群体中比较少见。

四、物种的形成方式

根据生物发展史的事实，物种的形成可以概括为两种不同方式：一种是渐变式的，在一个长时间内旧物种逐渐演变成为新物种，这是地球历史上物种形成的主要方式；另一种是爆发式的，这种方式是在短时间内以飞跃形式从一个种变成另一个种，它在高等植物，特别是种子植物形成中，是一种比较普遍的形式。

（一）渐变式

渐变式形成是先经过地理隔离将群体分开，再逐渐演化到生殖隔离，又称地理的物种形成（geographic speciation）。渐变式的形成过程中经历亚种阶段。渐变式的物种形成中又可以分为两种方式，即继承式和分化式。

继承式是一个物种通过逐渐变异的方式，经历悠久的地质年代，由一系列的中间类型过渡到另一个新种，比如马的进化历史就是这种方式。

分化式是指一个物种的 2 个或 2 个以上群体分化形成 2 个或 2 个以上的新种，其特点是由少数种变成多数种，中间也需要经过亚种阶段，比如地理亚种或生态亚种，然后再变成不同的新种。例如，棉属（*Gosypium*）中的草棉（*G. herbaceum*）和中棉（*G. arboreum*），中棉是由草棉分化出来的。

（二）爆发式

爆发式的形成方式不一定需要悠久的演变历史，在较短时间内就可形成新物种。一般也不经历亚种阶段，而是通过染色体变异、基因突变或远缘杂交和染色体加倍，在自然选择的作用下逐渐形成新种。

远缘杂交结合多倍体化的物种形成方式主要见于显花植物。在栽培植物的进化中，这种方式显得尤为重要。据调查，栽培植物中的多倍体比例高于野生种的。以下是几个重要农作物经由多倍体途径进化的实例。

根据小麦种属间远缘杂交试验分析，证明栽培的普通小麦种起源于 2 个不同的亲缘属，逐步通过属间杂交和染色体加倍，形成了异源六倍体普通小麦。科学上已经通过上述途径合成了与普通小麦近似的新种。其形成过程如图 8-2 所示。这

野生一粒小麦 *AA*(2*n*=14)　×　拟斯卑尔脱山羊草 *BB*(2*n*=14)
Triticum monococcum　↓　*Aegilops speltoid*
杂种 *AB*
↓染色体加倍
野生二粒小麦 *AABB*(2*n*=28)　×　方穗山羊草 *DD*(2*n*=14)
T. dicoccoides　↓　*Ae. sguarrosa*
杂种 *ABD*
↓染色体加倍
斯卑尔脱小麦 *AABBDD*(2*n*=42)
T. spelta

图 8-2　斯卑尔脱小麦的合成过程

（引自季道藩，1991）

种人工合成的斯卑尔脱小麦与现有的斯卑尔脱小麦表现相似，并可以相互杂交产生可育后代。已知普通小麦是由斯卑尔脱小麦通过一系列基因突变衍生的，因此这一事实充分证明了现有小麦的形成过程。

棉属的一些种的形成也经历了多倍体途径。陆地棉(*G. hirsutum*，$2n=52$)和海岛棉(*G. barbadense*，$2n=52$)的染色体刚好是草棉(*G. herbaceum*，$2n=26$)和亚洲棉(*G. arboreum*，$2n=26$)染色体数的 2 倍。根据棉属内各属间的亲缘关系研究，陆地棉很可能是非洲草棉和美洲野生的雷蒙地棉(*G. raimondii*，$2n=26$)杂交后代的双二倍体。

细胞学检查发现，陆地棉的生殖细胞有 26 条染色体。可以区别为染色体大小不同的 2 个染色体组，每组 13 个。较大的一组与草棉相似，较小的一组则和美洲野生棉相似。由此可以证明陆地棉的 2 个染色体组是来源于这 2 个棉种。同时，由非洲草棉和美洲野生棉杂交或获得的双二倍体，在很多特征上都和陆地棉相近似，亦可作为这个论断的证明。

烟草属(*Nicotiana*)在自然界大约有 60 个种，主要分布在美洲亚热带及温带和澳洲及其附近的一些岛屿。其中仅有的 2 个栽培种普通烟草(*N. tabacum*，$2n=48$)和黄花烟草(*N. rustica*，$2n=48$)，都是双二倍的四倍体。野生种里有四倍体和二倍体，大部分的染色体是 12 对，少数染色体是 9 对和 10 对。这 2 个栽培种的产生途径可能是分布在南美洲的二倍体发生了种间杂交，再经过染色体加倍产生的。现在已经发现，美花烟草(*N. sylvestris*)和拟茸毛烟草(*N. tomentosiformis*，即 *N. rusbyi*)杂交后人工合成的双二倍体，在形态上和生理上有许多特征与栽培的普通烟草相类似。这个事实说明普通烟草的起源大致是和人工创造的烟草双二倍体程序是一致的。

芸薹属(*Brassica*)有 3 个基本种，即黑芥菜(*B. nigra*，$2n=16$)、甘蓝(*B. oleracea*，$2n=18$)和中国油菜(*B. campestris*，$2n=20$)。综合 3 个种的任何 2 个，即成为另一个多倍体种(图 8-3)。

此图不但揭示了芸薹属各栽培种的起源，而且经过细胞学分析，也证实了各个多倍体种和基本种之间的亲缘关系。例如，欧洲油菜(*B. napus*，$2n=38$)就是由甘蓝($2n=18$)和中国油菜($2n=20$)天然杂交和染色体加倍形成的双二倍体。又如，曾把中国油菜和欧洲油菜进行人工杂交，获得了一个有生产力的复合双二倍体新种(*B. napocampestris*，$2n=58$)。

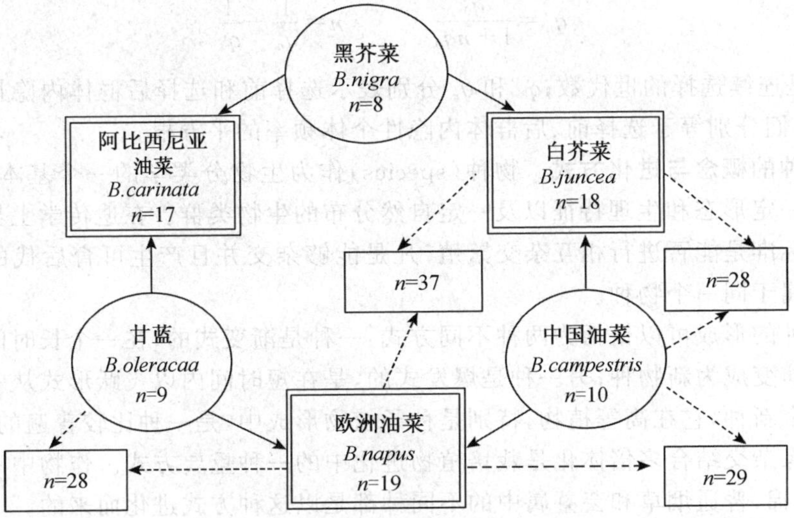

图 8-3　芸薹属各物种的形成途径

实线代表自然形成的种 虚线代表人工合成的种

（引自季道藩，1991）

内容提要

群体的概念　有随机婚配关系的个体构成的生物集团叫孟德尔群体。群体遗传就是指这种群体的遗传信息在世代之间的传递。

群体的遗传组成　是指群体的基因频率和基因型频率。基因频率是群体遗传组成的基本因素。在一个大的群体内，和在没有外来因素干扰情况下，只要个体间随机交配繁殖下一代，群体的基因频率和基因型频率将保持不变，这就是所谓的 Hardy-Weinberg 平衡，也是群体保持遗传稳定的内在机制。

平衡群体的基因频率和基因型频率　在二倍体生物的平衡群体中，若有一对等位基因之差，群体内显性纯合体频率等于显性基因频率的平方，杂合体频率为显性基因与隐性基因频率乘积的 2 倍，隐性纯合体频率是隐性基因频率的平方，即 $D=p^2, H=2pq, R=q^2$。

影响群体遗传平衡的因素　包括基因突变、选择、遗传漂移和迁移。这 4 个因素中，遗传漂变对群体基因型频率改变的方向是随机的。其余 3 个因素引起基因频率改变的方向可以按照一定方向估计。

选择的作用　选择是改变群体基因频率的重要因素。保留显性基因淘汰隐性基因的选择较复杂，选择前后的隐性基因频率及与选择代数之间的关系是：

$$q_n=\frac{q_0}{1+nq_0} \qquad n=\frac{1}{q_n}-\frac{1}{q_0}$$

n 是连续选择的世代数；q_0 和 q_n 分别表示选择前和选择后群体内隐性基因的频率，它们分别等于选择前、后群体内隐性个体频率的平方根。

物种的概念与进化方式 物种（species）作为生物分类学的一个基本单元，是指具有一定形态和生理特征以及一定自然分布的生物类群。在遗传学上界定物种的主要标准是能否进行相互杂交繁殖，凡是能够杂交并且产生可育后代的种群或个体就属于同一个物种。

物种的形成可以概括为两种不同方式：一种是渐变式的，在一个长时间内旧物种逐渐演变成为新物种；另一种是爆发式的，是在短时间内以飞跃形式从一个种变成另一个新种，它在高等植物，特别是种子植物形成中，是一种比较普遍的形式。

远缘杂交结合多倍体化是栽培植物进化中的一种重要方式。作物中的普通小麦、陆地棉、普通烟草和芸薹属中的不同种都是以这种方式进化而来的。

复习思考题

1. 解释下列名词：孟德尔群体、基因库、基因频率、基因型频率、遗传漂变、生殖隔离、地理隔离、物种。
2. 在某些交通不便、生产水平低下的偏僻山区，一些牲畜退化很严重，可是偶尔能发现发达地区所没有的类型，这是为什么？
3. 一个玉米群体和一个大豆群体有何不同？
4. 改变群体基因频率的因素有哪些？各自有何特点？近亲交配只影响群体的基因型频率而不改变群体的基因频率，所以近亲交配对群体遗传组成的影响是可以恢复的，这种说法对吗？
5. 在一个遗传平衡玉米群体内，矮化苗 dd 出现的频率为 1/25，求这个品种内纯合正常苗 DD 和杂合正常苗 Dd 的频率。若在苗期拔除全部矮化苗，问下一代各种基因型苗出现的频率。
6. 已知玉米芽鞘色泽差异是一对基因决定的。在红芽鞘玉米自交系隔离区内发现绿芽鞘株率为 2.25%，而在绿芽鞘玉米自交系隔离区发现红芽鞘株率为 13%。试分析哪个自交系种子的混杂程度高。假定红芽鞘为显性，且 2 个自交系均为平衡群体。
7. 已知一个大的随机交配群体基因频率 $p=0.2$，$q=0.8$。从中抽取 100 个个体作样本群体进行随机交配繁殖。样本的各种基因型个体数为：

AA	*Aa*	*aa*	总计
6	46	48	100

试计算该样本群体的基因频率，并将其与原始群体的基因频率比较，说明产生差异的原因。若该样本群体继续随机交配繁殖，并且每代群体有足够大的规模，各种基因型的频率会是怎样的？

主要参考书目

[1] 王亚馥，戴灼华. 遗传学. 北京：高等教育出版社，1999.
[2] 浙江农业大学. 遗传学. 2 版. 北京：中国农业出版社，1986.
[3] Li C C. 吴仲贤译. 群体遗传学. 北京：农业出版社，1981.
[4] [日]大羽滋. 群体遗传学. 赵敏，孙勇如，李良林译. 北京：科学出版社，1983.
[5] Winter P C Hickey G I & Fletcher H L. 谢雍主译. 现代生物学精要速览-遗传学. 北京：科学出版社，2001.
[6] 潘家驹. 作物育种学总论. 北京：农业出版社，1994.
[7] 刘世强，等. 遗传学试题库. 北京：中国农业出版社，1995.

第三单元
遗传信息的改变

第九章 基因突变

一般生物的遗传物质是DNA，而基因是DNA分子链中储存遗传信息的一段核苷酸序列。DNA分子结构的特点，决定了遗传信息不仅具有稳定性，而且具有可变性。生物的多样性，就是遗传信息的稳定性和可变性共同作用的结果。DNA的准确复制是遗传信息稳定性的基础，而基因突变则是遗传信息改变的主要根源。因此，基因突变与生物的进化、动植物和微生物的育种实践以及人类健康等都有着密切的关系。

第一节 基因突变的类型

一、基因突变的概念

基因突变(gene mutation)是一个基因内部DNA分子结构的改变，也称为点突变(point mutation)。这种点突变从染色体的结构上很难察觉，因为它是一定座位的基因内部化学结构的改变，涉及的是一对核苷酸到一系列核苷酸对。发生突变后，一个基因变成它的等位基因，并由此产生新的表型差异。例如果蝇的长翅变为残翅，有角家畜中出现无角个体，豌豆的红花变为白花，玉米的粉粒变为糯粒，棉花的长果枝变成短果枝，细菌中的野生型菌株变成不能合成某种营养物质的营养缺陷型等。

二、基因突变的类型

野生型基因通过突变成为突变型基因。含有突变基因，从而表现突变性状的细胞和个体称为突变体(mutant)或突变型。突变体或突变型主要有以下几种类型。

（一）形态突变

形态突变(morphological mutation)主要影响生物体的外观形态结构，如形态、大小、色泽等肉眼可见的变异，所以也叫可见突变(visible mutation)，如小麦、水稻的矮秆变异，果蝇的复眼和眼色等变异。

(二)生化突变

生化突变(biochemical mutation)影响生物的生化代谢过程,虽没有明显的形态效应,但却导致某特定生化功能的改变或丧失。如野生型的(正常的)红色面包霉可在基本培养基上生长,而其中一种突变体则需要在基本培养基中添加某种氨基酸才能生长,称为营养缺陷型。又例如人类的半乳糖血症,是由于先天性的基因缺陷而缺乏某种转移酶,以致1-磷酸半乳糖和半乳糖醇沉积而致病,主要累及肝、肾、眼晶体、脑组织等。

(三)致死突变

致死突变(lethal mutation),指的是引起生物体生活力下降乃至死亡的突变。致死突变分为显性致死和隐性致死两类。若是显性致死,无论杂合状态还是显性纯合均有致死作用;而隐性致死只有隐性纯合时才有致死作用。其中隐性致死较常见。以上各种致死作用可以发生在不同的发育时期,如配子期、合子期或胚胎期等。

在植物中最常见的致死突变是隐性的白化苗突变。白化苗不能形成叶绿素,当子叶中的养料耗尽时,幼苗因不能进行光合作用而死亡。现在知道,叶绿素的合成涉及50多对基因,只要其中一对发生异常,便有可能导致叶绿素不能合成。以下(图9-1)是其中1对正常基因(W)突变为异常基因(w)之后的遗传表现。

绿株 WW

↓突变

绿株 Ww

↓$\otimes$

1WW : 2Ww : 1ww

3绿苗 : 1白苗(死亡)

图9-1 白化苗突变的遗传

在动物中致死突变也常有发生,现已在牛中发现几十种隐性致死型畸形,其中多数是骨骼发育障碍引起的变态,如软骨发育不全症。此外,还有马的结肠闭结、猪的畸形足致死、鸡的先天性瘫痪、纯合黄毛家鼠致死等。其中,在黑色鼠中曾发现一种黄色突变型,但从未获得黄色鼠的纯合体。在黄色鼠与黄色鼠的交配后代中,分离总是表现为2黄色:1黑色;以黄色鼠与黑色鼠交配,其后代的分离表现为1黄色:1黑色。研究结果表明,突变黄色基因A^Y对黑色基因a为显性,基因型为A^Ya的杂合体黄色鼠能正常存活,但基因型为A^YA^Y的纯合体在胚胎期就已死亡,结果如图9-2所示。

黄色鼠×黄色鼠　　　　黄色鼠×黑色鼠

$A^Ya \mid A^Ya$　　　　$A^Ya \mid aa$

↙↘　　　　↙↘

$1A^YA^Y : 2A^Ya : 1aa$　　　　$1A^Ya : 1aa$

(死亡)黄色　黑色　　　　黄色　黑色

图 9-2　黄色突变鼠的遗传特点

(四)条件致死突变

条件致死突变(conditional lethal mutation)是指某突变在一定的条件下表现致死效应,而其他条件下却能存活。例如,某些细菌的温度敏感突变型在 30℃左右可正常生长,而在 42℃左右或低于 30℃时却是致死的。显然,条件致死突变体(型)可用于研究基因作用的敏感时期。

第二节　基因突变的机理

基因突变可以自发产生,也可以人工诱导。没有特设的诱变条件,而由外界环境条件的自然作用或生物体内的生理生化变化而发生的突变,称为自发突变(spontaneous mutation)。人为地利用物理、化学等因素引起的突变,称为诱发突变(induced mutation)。

不论自发突变或诱发突变,突变的本质都是基因的核苷酸序列,即碱基序列,发生了改变。基因的碱基序列包括编码序列和非编码序列。编码序列负责编码各类蛋白质产物,序列中的碱基发生变化时,有可能影响所合成的蛋白质的结构。非编码序列虽然不被转录和翻译,但含有影响转录和翻译的各种调控因子,突变位点存在于其中时,有可能影响基因的有效表达。

基因碱基序列的改变,存在各种不同形式(图 9-3),归纳起来有碱基置换和移码突变,以及其他一些形式。

一、碱基置换

碱基置换(base substitution)是指 DNA 中核苷酸的一个碱基被另一个碱基所替代(图 9-3)。其中,一个嘌呤被另一个嘌呤,或者一个嘧啶被另一个嘧啶所替代时,称为转换(transition);而嘌呤与嘧啶之间的替代,称为颠换(transversion)(图 9-4)。但不论是颠换还是转换,都只改变被置换碱基的那个密码子,也就是说一次碱基置换只改变一个密码子,不涉及到其他密码子。

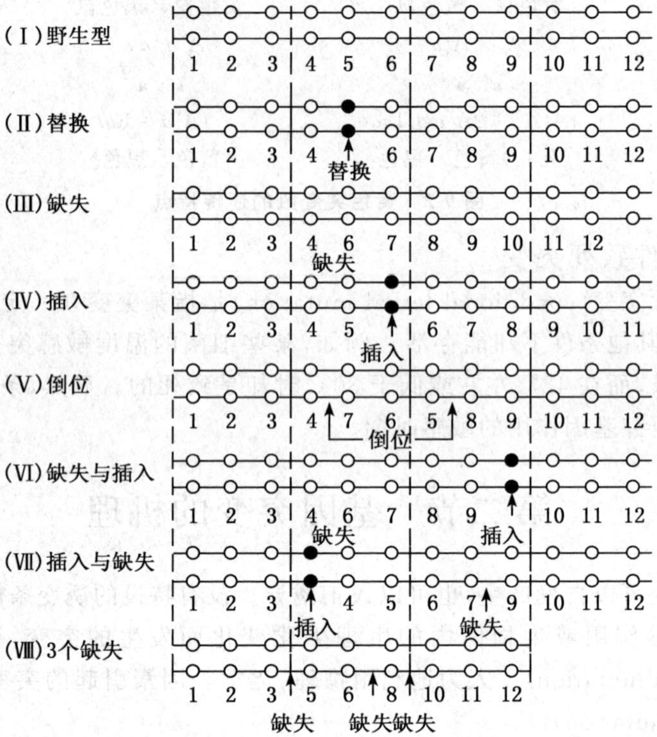

图 9-3 基因碱基序列改变的形式

○碱基 ●变化后的碱基 ↑碱基变化的位置 —DNA 链 -○-○-○-密码子

遗传信息由每 3 个一组的密码子组成,从左向右读

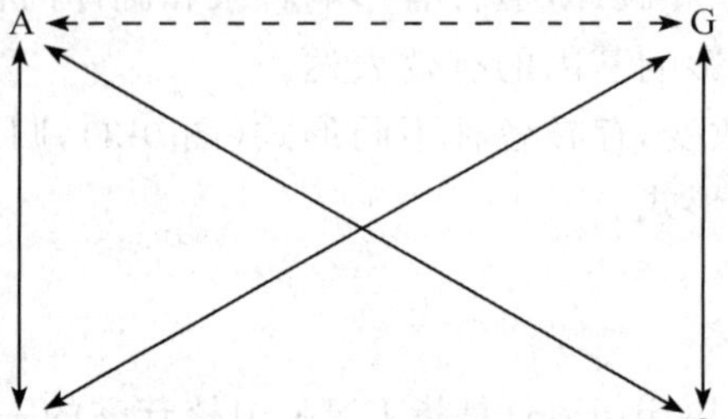

图 9-4 转换与颠换

实线表示颠换,虚线表示转换

DNA 碱基的置换,首先改变了 DNA 转录所得 RNA 上的密码子,从而可能引起多肽链的变化。遗传学上将密码子改变后产生的不同结果归纳为以下 3 类(表 9-1)。

表 9-1 点突变的类型(以 tyr 的密码子为例)

	无义突变			同义突变		错义突变	
DNA	TAC→TAA		TAG	TAC→TAT		TAC→TCC	
↓	↓	↓	↓	↓	↓	↓	↓
RNA	UAC	UAA	UAG	UAC	UAU	UAC	UCC
↓	↓	↓	↓	↓	↓	↓	↓
氨基酸	tyr	终止	终止	tyr	tyr	tyr	ser

(一)产生无义突变

DNA 发生的碱基置换,有时会将 RNA 决定某个氨基酸的密码子,改变为终止信号,例如 ATG 的 G 被 T 置换而成为 ATT 时,与此相应的 mRNA 上的密码子便由 UAC 变成 UAA,即由决定酪氨酸(tyr)的密码子变成了终止信号,因此翻译便到此停止,形成不完全的多肽链,不再具有原来的活性和功能。这称为无义突变(nonsence mutation)。

(二)产生同义突变

由于密码子存在简并性,虽然某一密码子中的碱基被置换,但新密码子所决定的氨基酸和原有密码子所决定的相同。例如,一个 DNA 分子中 GCG 第 3 位的 G 为 A 置换后成为 GCA,则 mRNA 中相应的密码子 CGC 变为 CGU,但 CGC 和 CGU 都是精氨酸的密码子,翻译出来的蛋白质没有变化,因此没有突变的表现。这称为同义突变(samesense mutation)。

(三)产生错义突变

当碱基置换产生一个能翻译出另一种氨基酸的密码子时,在蛋白质的一级结构中便出现一个氨基酸的差异,这样有时会引起明显的突变,这种突变称为错义突变。例如,人的血红蛋白分子有 4 条多肽链,即由两条 α 链和两条 β 链组成。每条 α 链含有 141 个氨基酸,每条 β 链含有 146 个氨基酸。正常人的 β 链的第 6 个氨基酸是谷氨酸。当它被缬氨酸代替时,就会导致镰刀形细胞贫血症(HbS)。β 链正常的第 63 个氨基酸是组氨酸,如果它被酪氨酸所取代,就会发生高铁血红蛋白症(HbMS)。研究表明,这两种遗传性血液病是由于血红蛋白基因产生错义突变(missense mutation)的结果。

上述蛋白质中氨基酸的改变是由于 mRNA 中的密码子改变而引起的。mRNA 中密码子的核苷酸的改变是由于 DNA 中核苷酸改变引起的。在上例中,正常血红蛋白 β 链的第 6 个氨基酸是谷氨酸,它的密码子在 mRNA 中是 GAA,在 DNA 中就是 CTT。如果 DNA 中 CTT 的第 2 位碱基 T 被 A 置换而变成 CAT,那么 mRNA 中相应的密码子 GAA 必然变成 GUA。而 GUA 是缬氨酸的密码子,这样翻译出来的β链第6个氨基酸便是缬氨酸而不是谷氨酸了。同理,DNA中的GTA的G如被A置换,那么mRNA中相应的密码子由CAU变成UAU,这样β链第63个氨基酸便是酪氨酸而不是组氨酸了。

二、移码突变

移码突变(frame shift mutation)是指DNA分子中,一个或少数几个邻接的核苷酸的插入或缺失,造成这一位置以后的一系列编码发生移位错误的突变。

移码突变的效应一般比较剧烈。例如,某野生型基因DNA模板链的一段是CTT CTT CTT CTT……,转录的mRNA是GAA GAA GAA GAA……,按照密码子合成的多肽链是谷氨酸多肽。如果在这一段模板链的开头插入一个C就变成CCT TCT TCT TCT……,转录的mRNA相应变成GGA AGA AGA AGA……,按照密码子合成的肽链则是一个以甘氨酸开头的精氨酸多肽了。如果这一段模板链开头的碱基C缺失,就变成TTC TTC TTC TTC……,转录出的mRNA相应变成AAG AAG AAG AAG……,按照密码子合成的肽链则是赖氨酸多肽了。由此看出,移码的结果将引起翻译合成的该段肽链的改变,肽链的改变将引起蛋白质性质的改变,最终引起性状的变异,严重时会造成个体的死亡。

三、其他形式

突变的另外一种形式称为重排(rearrangement)。这种突变是由于基因内外的DNA片段序列相互交换位置产生的。例如倒位(inversion)突变,就是DNA序列的一个部分被切割下来后,再以相反的方向插入到原来位置。相对于点突变,长片段DNA序列的改变称大片段突变,它将对所编码的蛋白质和生物体表现型发生较大的影响。

此外,DNA单链或双链的断裂也可能引起突变。现在知道电离辐射对DNA链具有强烈的断裂作用;过氧化物、巯基化合物、某些金属离子以及DNA酶等也都能引起DNA链的断裂。

第三节 基因突变的诱发

在自然条件下基因突变率很低,这对于保持物种的遗传稳定性是非常重要的;但是对于动植物品种的遗传改良来说,却是获得大量变异类型的障碍。若利用物理因素或化学因素进行诱变,则突变频率可以大幅度提高,变异范围可以显著增加。

一、物理诱变

（一）物理因素的类别

1927年Muller首先利用X射线进行诱发变异的研究，以后相继发现紫外线、γ射线、α射线、β射线、中子、超声波和激光（图9-5）等多种物理因素都有诱变作用，从而开辟了物理诱变的研究领域。

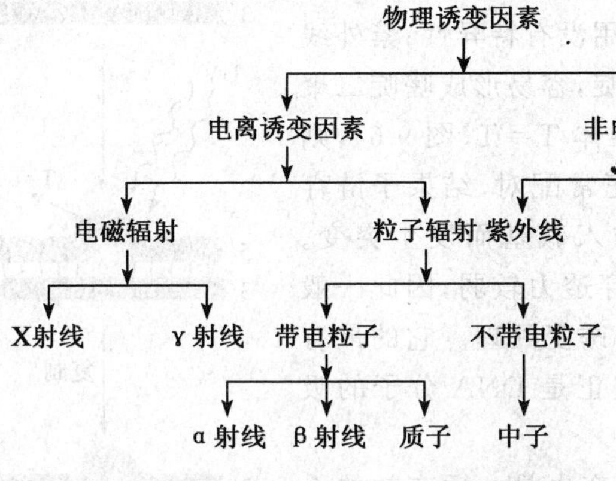

图9-5　物理诱变因素分类

在物理诱变因素中，紫外线、激光、离子束等不能引起被照射物质的电离，属于非电离诱变因素。其余诱变因素都能引起被照射物质的离子化，属于电离诱变因素。目前应用较多的是γ射线，它的穿透力强、射程远、速度快、效果好，其射线源主要是钴60和铯137。中子的诱变力强、效果好，在诱变中的应用日益增多，可以从同位素、加速器和反应堆中获得。但是应用中子诱变存在成本较高，剂量不容易准确测定，重演性不强等问题。α和β射线穿透力较弱，一般是将其引入生物体内诱变。

（二）物理因素的诱变效应

物理因素诱发突变的作用，一般认为有直接作用和间接作用两种。

直接作用是指射线直接与被照射生物的DNA发生作用。当电离射线穿越被照射物体而碰撞DNA分子时，会把DNA分子中原子核外围的电子从它们的轨道上撞击出去，使原子成为带正电荷的离子，这称为初级电离。释放出来的电子被另一原子捕捉，使其成为带负电荷的离子，因此离子是成对出现的。由初级电离产生的快速高能电子在其经过的路线上又可以使其他原子电离，这称为次级电离。每一高能电子大约能产生230次的次级电离。次级电离的结果，轻则造成基因分子结构的改组，产生突变的新基因，重则造成染色体的断裂，引起染色体结构变异。

电离辐射的间接作用是指射线首先作用于介质。活的生物组织约含有 75% 的水，因此水是电离辐射最丰富的靶分子。当射线穿入细胞时，首先由水吸收，产生不稳定的 H^+ 和 OH^- 离子以及自由基 H^+ 和 OH^-，并可进一步产生过氧化氢和过氧化基等。过氧化氢、过氧化基和自由基团都是十分活跃的氧化剂，当它们与细胞内核酸等大分子发生化学反应时，就可能改变 DNA 的分子结构，从而导致基因突变。

电离辐射对 DNA 的作用没有特异性；紫外线则特异地作用于 DNA 的嘧啶，容易形成嘧啶二聚体。如果形成胸腺嘧啶二聚体 T＝T（图 9-6），则在 DNA 复制时，此处不能正常配对，结果子链存在缺口，可因缺口处随机插入碱基而发生突变。但由于紫外线的能量较低，穿透力较弱，因此一般适用于生殖细胞和微生物的诱变处理。它的最有效的诱变波长是 260 nm，这正是 DNA 分子的吸收波长。

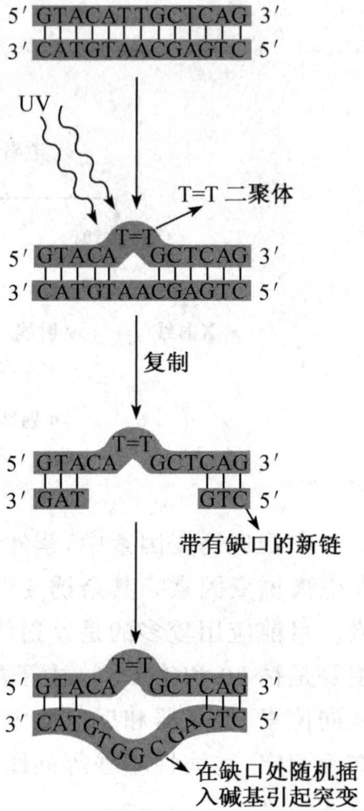

图 9-6　二聚体的形成引起突变

在太空中进行的空间诱变也是一项有效的人工诱变技术。太空中大量存在的各种物理射线可诱发突变，其他诸如失重、超净、无地球磁场影响，以及卫星发射和返回时的剧烈震动等因素，也是产生突变的重要原因。

上述各种物理因素的诱变作用是随机的，性质和条件相同的辐射可以诱发不同的变异，性质和条件不同的辐射也可以诱发相同的变异。因此，现在只能期望通过辐射处理得到变异，还不能通过一定的辐射处理获得一定的变异。

二、化学诱变

（一）化学诱变因素及其特点

早在 1930 年 Rappapart 就发现亚硝酸可以使某些霉菌的突变增加。1942 年，Auerbach 等通过一系列实验，发现了许多具有诱变作用的化学试剂。这类化学试剂称为化学诱变剂或化学诱变因素（chemical mutagen）。

研究表明，化学诱变的特点是损伤小，诱变率虽较低但有利突变较多；并且还具有一定的特异性，一定性质的诱变剂可能诱发一定类型的变异，从而为在遗传研究和品种遗传改良中进行定向诱变展现了希望。

化学诱变剂的种类很多，从简单的无机物到复杂的有机物中都可以找到具有诱变作用的物质。根据化学诱变剂对DNA作用的特点，一般可将其分为4类。

1.碱基类似物　碱基类似物是指与核酸中4种碱基的化学结构相似的一些物质。这类物质能在不影响DNA复制的情况下，作为DNA的成分掺入到DNA分子中，引起碱基配对错误，从而造成碱基对的替换。较常用的碱基类似物是5-溴尿嘧啶(5-Bu)和2-氨基嘌呤(2-AP)。

2.烷化剂　这是一类具有一个或多个活性烷基的化合物。它们中的烷基很不稳定，能转移到其他分子的电子密度较高的位置上，并置换其中的氢原子，从而使其成为高度不稳定的物质。常见的烷化剂有甲基磺酸乙酯(EMS)，硫酸二乙酯(DES)、乙烯亚胺(EI)等。

3.改变DNA中碱基的化合物　这类物质能够通过与DNA分子中的碱基作用，使碱基分子结构改变，从而导致碱基的替代。例如，亚硝酸(NA)和羟胺(HA)等。

4.结合到DNA分子中的化合物　这类诱变剂能够结合到DNA分子中，引起DNA分子中遗传密码的阅读顺序发生改变，从而导致突变。例如，吖啶类染料和氮芥的衍生物等。

除了上述4类化学诱变剂外，某些抗生素、叠氮化合物等也具有诱变效应。特别是叠氮化钠是一种诱变能力较强的诱变剂，在酸性条件下具有很高的诱变率。

(二)化学因素的诱变效应

由上述化学诱变剂的作用特点可以看出，它们诱发突变的机制主要是碱基替代和移码突变。

例如，亚硝酸是一种有效的诱变剂(图9-7)，已知它能作用于腺嘌呤(A)使其脱去分子中的氨基而转化为次黄嘌呤(H)。由于次黄嘌呤的分子结构特点，它能暂时与胞嘧啶(C)配对。在以后的复制过程中，次黄嘌呤又被鸟嘌呤(G)所代替，从而形成了C-G碱基对，结果使A-T改变为C-G。

亚硝酸还能使胞嘧啶脱去氨基转化成尿嘧啶，从而最终把C-G碱基对转化为A-T碱基对。因此，利用亚硝酸诱发的突变还可以利用它诱发回复突变。

5-溴尿嘧啶(5-Bu)也是一种有效的化学诱变剂，它的分子结构与胸腺嘧啶(T)很相似，能代替胸腺嘧啶和A配对，在某些情况下又与胞嘧啶(C)相似而和鸟嘌呤(G)互补配对，结果使A-T转变成C-G，或使C-G转变成A-T(图9-8)。

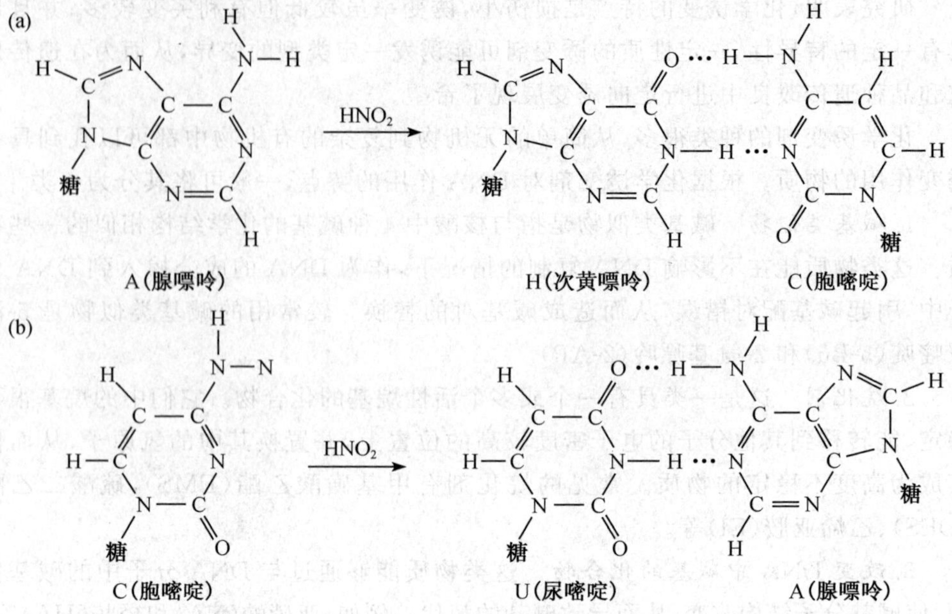

图 9-7 亚硝酸的脱氨基作用

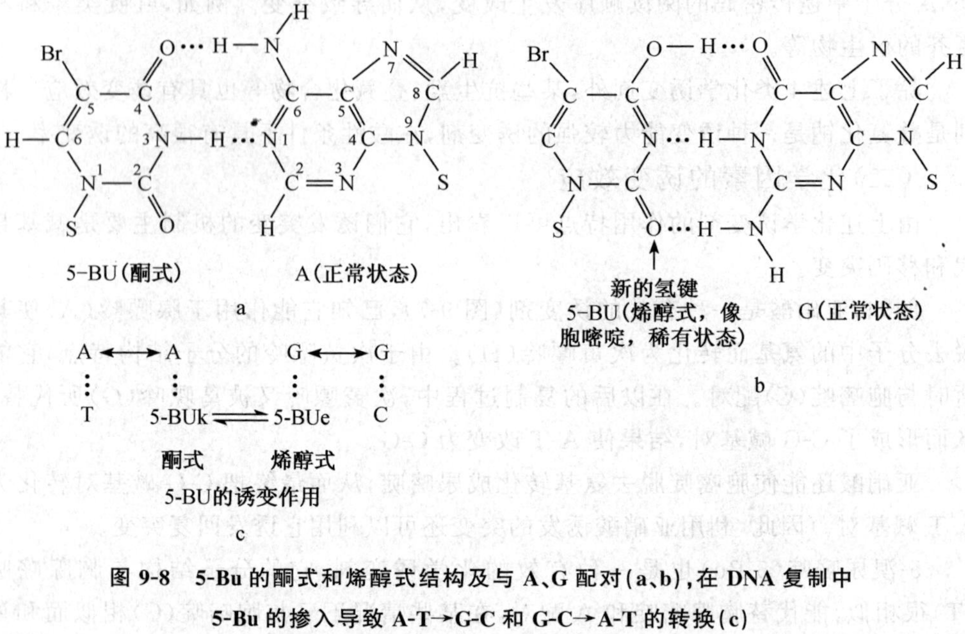

图 9-8 5-Bu 的酮式和烯醇式结构及与 A、G 配对(a、b),在 DNA 复制中 5-Bu 的掺入导致 A-T→G-C 和 G-C→A-T 的转换(c)

(引自 Peter J 和 Russell,1992)

吖啶橙(acridine),原黄素(proflavine),吖黄素(acriflavine)等吖啶类染料分子均含有吖啶稠环。这种3环分子的大小与DNA的碱基对大小差不多,可以嵌合到DNA的碱基对之间,于是原来相邻的2个碱基对分开一定的距离,含有这种染料分子的DNA在复制时,由于某种目前尚不知晓的原因,可以插入1个碱基,偶尔也有2个。这样就出现1个或几个碱基对的插入突变。有时也有很低频率的单碱基缺失突变。所有这些突变,都引起移码,即阅读框的改变(图9-9)。

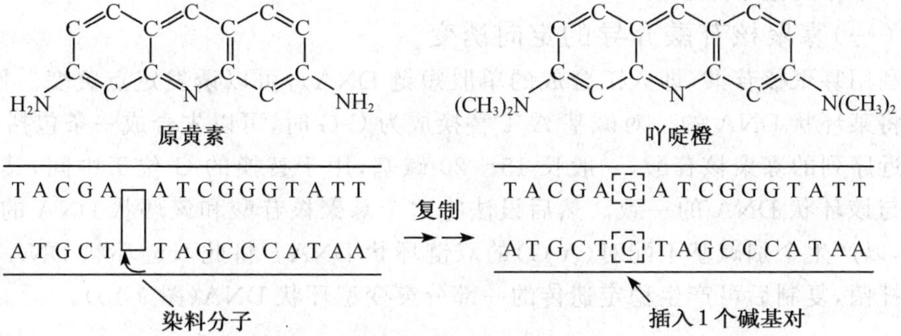

图9-9　嵌合剂引起碱基插入和移码突变

化学诱变剂和一些物理因素,引起突变的作用方式,和产生的突变形式,归纳于表9-2。

表9-2　诱变因素的类型及诱变功能

诱变因素	作用方式	突变形式
碱基类似物(5-Bu、2-AP)	掺入作用	A-T ⟶ G-C 转换
羟胺(HA)	与胞嘧啶起反应	G-C ⟶ A-T 转换
亚硝酸(NA)	A、G、C的氧化脱氨基作用、交联	A-T ⟶ G-C 转换、缺失
烷化剂(EMS,DES)	烷化碱基(主要是G)	A-T ⟶ G-C 颠换
	烷化磷酸基团	A-T ⟶ T-A 颠换
	丧失烷化的嘌呤	G-C ⟶ C-G 颠换
	糖-磷酸骨架的断裂	巨大损伤(缺失、重复、倒位、易位)
吖啶类	碱基之间的相互作用	移码(+或-)
紫外线(UV)	形成嘧啶的水合物	G-C ⟶ A-T 转换
	形成嘧啶二聚体、交联	移码(+或-)
电离辐射	碱基的降解	A-T ⟶ G-C
	DNA降解	移码(+或-)
	糖-磷酸骨架的断裂丧失嘌呤	巨大损伤(缺失、重复、倒位、易位)
加热	C脱氨基	C-G ⟶ A-T 转换

三、离体定向诱变

前面所讲的自发突变和诱发突变都不是定向的。随着分子生物学技术的进步，现在人们已经能在离体条件下，有目的地制造DNA序列某一对（或某几对）碱基的替代、缺失、插入等，以获得所期望的某种突变。这种诱发突变的方法，称为离体定向诱变，或基因打靶技术。离体定向诱变存在多种具体方法，以下是其中几种方法所依据的基本原理。

（一）寡聚核苷酸介导的定向诱变

利用寡聚核苷酸（即人工合成的单股短链DNA），可以诱发定点突变。例如，希望将某环状DNA的一对碱基A-T替换成为C-G时，可以先合成一条包括G及其附近序列的寡聚核苷酸，一般长15～20碱基，用于替换的G位于中间，其余的序列与该环状DNA的一致。然后设法将这个寡聚核苷酸和该环状DNA的单链混合，以产生个别碱基不配对（A-G）的双链环状DNA。将此双链环状DNA导入大肠杆菌，复制后可产生稳定遗传的一部分突变型环状DNA（图9-10）。

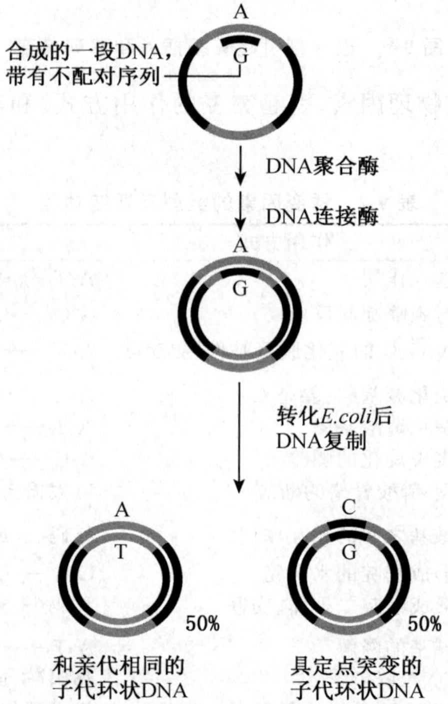

图9-10　寡聚核苷酸介导的定向诱变

（引自贺竹梅，2000）

（二）利用 PCR 技术的定向诱变

利用 PCR 技术可以诱发定点突变。PCR 技术是扩增 DNA 特定序列的技术，它以分别与扩增对象 2 个侧翼互补的两种单链的短 DNA 序列为引物，限定被复制的 DNA 区段。PCR 技术诱发定点突变的基本原理，是在合成引物时，人为地在引物序列的中间造成碱基替代、小的缺失或插入，这样在 PCR 产物中就将有这种碱基替代、缺失或插入（图 9-11）。例如，希望将某 DNA 区段中的一对碱基 A-T 替换成为 C-G 时，可以用引物 1（有突变）和引物 2（无突变）为一组进行扩增；同时用引物 3（有突变，与引物 1 互补）和引物 4（无突变，与引物 2 互补）为一组进行扩增。得到的两组产物中，分别有 C 突变和 G 突变的片段，混合转化大肠杆菌后，能通过体内重组得到 C-G 突变的双链 DNA 序列。

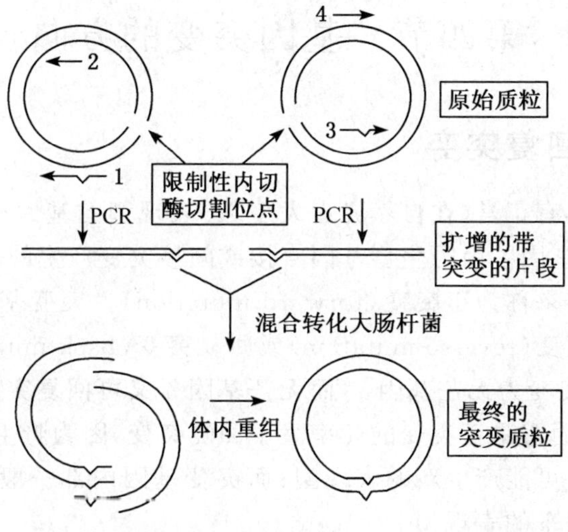

图 9-11　PCR 诱发定点突变

（三）引入外源 DNA

当今科学家还能根据离体定向诱发突变的原理，将一段短的 DNA 片段插入基因内部，使该基因失活。这种方法也称为基因打靶。目前已经应用这种方法，初步获得了关闭（或称为敲除）人体免疫排斥基因的猪，有望将这种新型猪作为人类器官移植的重要来源。

此外，这种使基因失活的方法，还被用于产生遗传学研究所需要的各种突变系。这些突变位点各异的突变系，因外源 DNA 片段对生物基因组的随机插入而产生。

动物方面，美国科研人员首次建立了基因敲除小鼠实验室，首批制备了 9 万株胚胎干细胞克隆,代表着 6 000 多个区域的基因剔除,可用于研究特定基因在不同疾病和环境下的作用。2008 年完工时将拥有 35 万株胚胎干细胞克隆,预计将囊括小鼠 65%~70%的基因。

植物方面,Alonso 等(2003)将外源 DNA 片段随机插入拟南芥基因组,被"击中"的基因即关闭,由此形成分别敲除不同基因的突变系。他们能够根据测定 DNA 序列和对个体的观察结果,准确定位各个突变系插入了外源 DNA 的不同位置。DNA 测序结果还表明,拟南芥基因组共有 29 454 个基因,迄今已有 21 799 个基因(即占全部基因的 74%)被敲除。目前这个文库已向世界开放,各国科学家可根据不同需要订购特定的突变系,用于研究各种植物特定基因的功能。我国水稻基因组的各种突变系也正陆续创建和应用之中。

第四节　基因突变的方向

一、正突变和回复突变

我们通常将具有正常(在自然界占大多数)表现型的基因称为野生型(微生物通常称为原养型)基因。由野生型基因直接或间接突变产生的基因称为突变基因。这个突变过程和结果称为正突变(forward mutation)。突变基因变为野生型基因的过程则称为反突变(reverse mutation)或回复突变(back mutation)。例如,水稻有芒基因 A 可以突变为无芒基因 a,而无芒基因 a 又可回复突变为有芒基因 A。

在自然界中,通常是正突变的几率大于回复突变,因为野生型基因内部许多位置的碱基改变都有可能产生新的表现型;而突变基因内部一般只有一个位置的碱基改变才能恢复原来的表现型。

二、突变与等位基因

基因一旦发生突变,便形成它的等位基因。例如,正常血红蛋白基因 *HbA*,可以因为编码 β 链第 6 个氨基酸的碱基由 CTT 变为 CAT 而形成基因 *HbS*,*HbS* 便是 *HbA* 的等位基因。生物界存在着成千上万种不同的等位基因,例如控制人类有、无耳垂,控制果蝇红、白眼,控制玉米胚乳有、无颜色的各对基因。

三、突变与复等位基因

基因突变往往具有多方向性(图 9-12),因此能够形成多个等位基因,这就是通常所说的复等位基因(multiple alleles)。复等位基因是一个基因内部不同位置发生突变所形成的。“突变的位置”可以指一个或几个碱基对的置换，也可以指移码。通常我们将一个基因的整个碱基排列顺序称为基因座(locus)，而将发生突变的位置称为位点(site)，一个基因座中可以有许多不同的突变位点。最小的突变位点称为突变子，实际上就是一个碱基对。

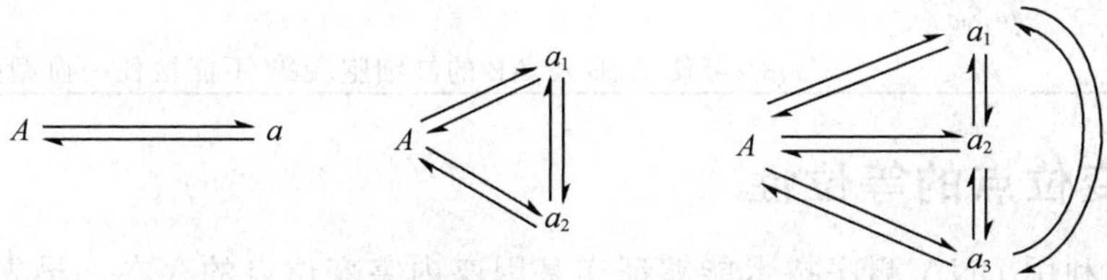

图 9-12 基因的多方向突变(箭头示突变方向)

复等位基因有以下主要特点：①它们规定同一单位性状内多种差异的遗传；②在二倍体生物的同一个体中，只能同时存在复等位基因中的 2 个成员；③复等位基因中的每 2 个成员之间存在对性关系。因此，表型不同的 2 个纯合亲本杂交后，F_2 通常表现一对等位基因的分离比例，3∶1 或 1∶2∶1。此外，复等位基因在对性状的影响方面也可能具有多效性。由于基因突变的多方向性可以产生一系列复等位基因，因此不仅增加了生物性状的多样性，为生物的适应性和育种提供了丰富的资源，而且也加深了人们在分子水平上对基因内部结构的认识和理解。但是，基因突变的多方向性也不是无限制的，它只能是在一定范围内发生。这主要是由于突变的方向要受到构成基因本身的化学物质的制约，一种基因的 DNA 序列不可能漫无限制地转变为其他 DNA 序列。例如，已知陆地棉花瓣基点的颜色是由一组复等位基因控制的，它表现为从不显颜色到不同深浅的红紫色，但是从来没有出现过蓝色或黑色的基点。因此基因突变的多方向性是相对的。

复等位基因广泛地存在于生物界。现在知道 *HbA* 基因的突变也具有多方向性，因而形成了一系列复等位基因，除了我们讲过的 *HbS* 以外，还有 *HbSiriraj*，*HbLuhe* 等等。

HbSiriraj 是因为编码 β 链第 7 个氨基酸的碱基由 CTT 变为 TTT 而形成的；*HbLuhe* 是因为编码 β 链第 8 个氨基酸的碱基由 TTT 变为 GTT 而形成的。这些复等位基因都相似地表现为血红蛋白病。

在人的 *ABO* 血型中，I^A，I^B，i 3 个复等位基因决定着红细胞表面抗原的特异性。但任何一个人不会同时具有这 3 个等位基因，而是只有其中任意 2 个而表现出一种特定的血型。*ABO* 血型系统 4 种表型及其可能的基因型见表 9-3。

表 9-3 *ABO* 血型的基因型和凝集反应

表型(血型)	基因型	抗原	抗体	血 清	白细胞
AB	I^AI^B	A、B	—	不能使任一血型的红细胞凝集	可被O、A、B型的血清凝集
A	I^AI^A I^Ai	A	β	可使B及AB的红细胞凝集	可被O、B型的血清凝集
B	I^BI^B I^Bi	B	α	可使A及AB的红细胞凝集	可被O、A型的血清凝集
O	*ii*	—	α、β	可使A、B及AB的红细胞凝集	不能被任一血型的血清凝集

四、突变位点的等位性

现在利用DNA测序技术能够证实基因座内突变位点的存在。早先则利用原核生物的巨大群体才将它们检出,首创这种检出方法的是Benzer。

Benzer(1950)曾经对噬菌体 T_4 进行详细研究,首先将308个速溶突变位点 *r* 定位在 T_4 的染色体DNA上。已知任何一个位点的突变都表现为迅速溶解大肠杆菌B,但同时又失去在大肠杆菌K12(λ)中复制并形成噬菌斑的能力。当Benzer用突变位点不同的 *r*51 和 *r*106 两个噬菌体同时感染大肠杆菌K12(λ)时,他意外地看到了噬菌斑,表现如同野生型。但是用 *r*51 和 *r*102 同时感染大肠杆菌K12(λ)时,并不能产生噬菌斑。于是认为 *r*51 突变位点和 *r*102 突变位点存在于同一个基因之中,而 *r*106 突变位点则存在于另一个基因之中。理由是,当寄主内的2条噬菌体DNA的同一个基因都发生 *r* 突变时,不可能产生对大肠杆菌K12(λ)形成噬菌斑所必需的各种蛋白质;相反,当寄主内的2条噬菌体各有一个正常基因时,还能够产生对大肠杆菌K12(λ)形成噬菌斑所需要的各种蛋白质。这就意味着,两种生物类型的突变位点在同一等位基因之中时,这两种生物类型之间没有互补作用,因而表现为突变型;如果突变位点分别存在于非等位的基因之中,则它们之间具有互补作用,表现为野生型。以上试验也因此称为互补测验(图9-13)。根据Benzer互补测

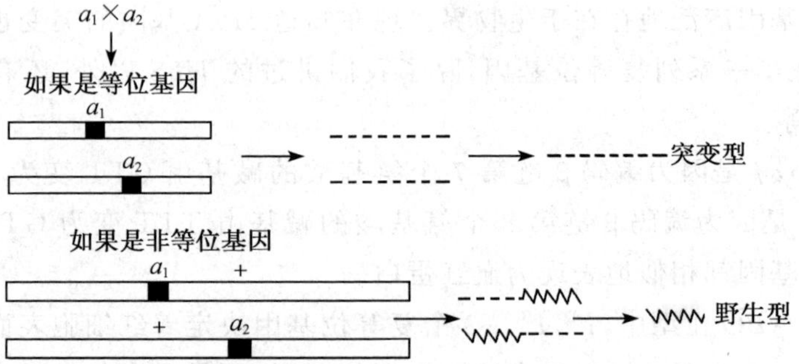

图 9-13 确定影响同一性状的2个突变体是否等位基因

虚线表示有缺陷的mRNA,波浪线表示正常的mRNA

验的结果，以上 308 个突变位点分布在这个速溶突变区域非等位的 2 个基因之中。

在以上的互补测验中，2 个 T_4 噬菌体的突变位点互不相同，所以在寄主细胞内形成反式排列（图 9-14 左）。我们因此知道，反式排列时，等位基因内的位点之间一般没有互补作用，表现突变型；非等位基因的位点之间则存在互补作用，表现野生型。如果用野生型 T_4 和具有 2 个突变位点的 T_4 同时感染细菌 K12(λ)，则在寄主细胞内形成顺式排列（图 9-14 右），这时因为存在各个位点都正常的基因，所以表现野生型。基因因为突变位点的顺式排列或反式排列而具有不同的表型效应，这种现象称为顺反效应（图 9-14）。基因也因此又称为顺反子（cistron）。顺反子中存在的突变位点，最小单位称为突变子（muton），其实就是一个核苷酸对。同时还将染色体 DNA 之间发生交换的最小单位称为交换子或重组子（recon），其实也是一个核苷酸对。

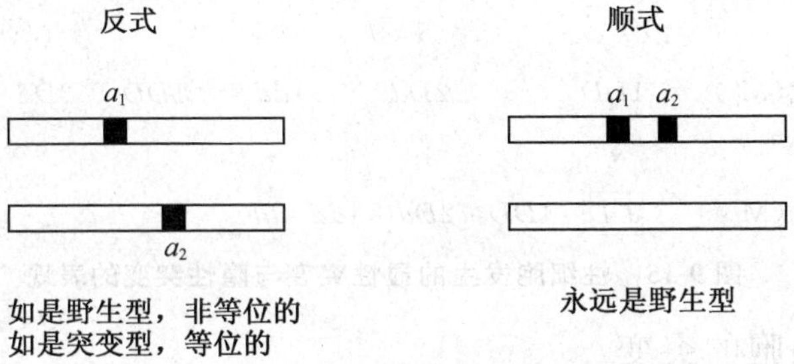

图 9-14　顺反测验

第五节　基因突变的表现

一、发生时期

在高等动植物中，突变可以发生在个体发育的任何一个时期，体细胞和性细胞中都可能发生突变。研究表明，性细胞比体细胞能发生更多的突变，这可能是因为性母细胞在减数分裂的晚期对外界环境条件有较大的敏感性。

（一）性细胞的突变

性细胞发生的突变可以通过受精过程直接传递给后代。如果突变发生在有机体的一个配子中，则子代中只有一个个体是这个突变基因的杂合体；如果突变发生在精母细胞或小孢子母细胞中，则有几个雄配子可以同时具有这个突变基因，因而子代中可能不止一个是这个突变基因的杂合体。

杂合体发生突变的表现型效应，可产生于子代或后代，因突变基因的显、隐性而异。显性基因变为隐性基因的过程称为隐性突变(recessive mutation)；隐性基因变为显性基因的过程称为显性突变(dominant mutation)。性细胞发生显性突变时($d \rightarrow D$)，突变性状就能在子代个体上表现出来($dd \rightarrow Dd$)，但通过自交产生的第2代中才出现纯合突变体(DD)，而检出纯合突变体则有待于第3代。性细胞发生隐性突变时($D \rightarrow d$)，子代(Dd)表现型与原始亲本(DD)相同，所以自交产生的第2代出现纯合体时(dd)才能表现突变性状(图9-15)。因此相对地说，显性突变是表现得早而纯合得慢，隐性突变表现得晚而纯合得快。

显性突变的表现　　隐性突变的表现

dd　　DD

↓突变发生　　↓突变发生

第1代(M_1)　Dd　　Dd

↓⊗　　↓⊗

第2代(M_2)　$1DD$　$2Dd$　$1dd$　　$1DD$　$2Dd$　$1dd$

第3代(M_3)　DD　$1DD : 2Dd : 1dd$　dd

图9-15　性细胞发生的显性突变与隐性突变的表现

(二)体细胞的突变

体细胞也可以发生突变。由于体细胞是双倍体，所以只有显性突变(如 $aa \rightarrow Aa$)或者是处于纯合状态的隐性突变(如 $Aa \rightarrow aa$)才能在当代个体上表现出来。体细胞突变后，通过突变细胞的分裂，形成变异的组织和器官，才能在性状上有明显的表现。这种表现往往使个体产生镶嵌现象，即一部分组织表现原有性状，而另一部分组织表现突变性状。镶嵌的程度决定于突变发生的早晚。突变发生越早，则嵌合的变异部分越大；突变发生越晚，嵌合范围就越小。例如，在许多园艺植物中，有一种体细胞突变称为芽变，如果芽变发生在茎生长点分生组织细胞中，则由它形成的芽发育而成的整个枝条带有突变性状，容易通过无性繁殖而保存下来。如果在晚期花芽产生突变，变异性状就只局限于一个花朵或果实，甚至仅局限于它们的一部分，例如郁金香花瓣上发生条斑状的变异，红果番茄的果肉半边红半边黄的变异等。芽变在农业生产上有重要意义。在园艺作物中如果一旦发现优良芽变，即可直接采用无性繁殖方法选育成优良品种。例如，著名的温州早橘就来源于温州蜜橘的芽变；马铃薯中的男爵、红纹白等著名品种是由芽变获得的；菊花、大丽花、玫瑰、郁金香、碧冬茄等花卉植物的许多新品种也是通过芽变获得的。

体细胞突变往往不能通过受精过程传递给子代。所以，在不能进行无性繁殖的植物中，体细胞突变常常消失。在能进行无性繁殖的植物中，体细胞突变容易通过扦插、压条或嫁接等无性繁殖方法而保留下来。因此，目前利用突变剂处理植物，期望获得突变类型时，往往需要将受过处理的植物组织进行离体培养，先使它形成愈伤组织，再使愈伤组织经过胚胎发生途径（产生胚状体）形成植株。一般认为胚状体起源于单细胞，这样得到的植株将是基因型一致的同质体。经过器官发生途径（产生根、茎、叶）时，则植株的器官分别起源于不同细胞，因而容易成为嵌合体。

二、发生频率

突变发生的概率通常称为突变率（mutation rate），通常用突变体占观察群体的百分率来估计。突变体就是具有突变表型的个体，它在观察群体中所占的百分率称为突变体频率或突变频率。总的来说，生物界的基因突变率很低，其中单细胞微生物的突变率又比多细胞生物要低得多，这可能同两类生物突变率的计算方法有关。细菌等单细胞生物的突变率以细胞周期（细胞分裂一次）出现的突变细胞计算；而果蝇、玉米等多细胞生物则以每一世代（包括了很多次连续的细胞分裂）出现的突变配子计算。统计结果表明，低等生物一种基因的突变率是 $1\times10^{-10}\sim1\times10^{-4}$，而高等生物一种基因的突变率是 $1\times10^{-8}\sim1\times10^{-5}$。利用物理、化学因素进行人工诱变，可以大大提高突变频率，扩大突变范围，并从中选到有利于人类的新类型。这就是通常说的诱变育种。其中利用电离辐射的，特称为辐射育种。

三、突变热点与增变基因

（一）突变热点

从理论上讲，DNA 分子上任何碱基都能发生突变，但实际上 DNA 分子的不同位点有着不同的突变率。S Benzer 利用各种诱变剂处理 T_4 噬菌体，选出了大约 1 500 个 *r*Ⅱ基因的突变体。*r*Ⅱ基因包括 *r*Ⅱ*A* 和 *r*Ⅱ*B* 2 个区域。其中 *r*Ⅱ*A* 包含 1 800 个核苷酸对，*r*Ⅱ*B* 包含 850 个核苷酸对。研究发现 *r*Ⅱ*A* 有 200 个突变位点，*r*Ⅱ*B* 有 108 个突变位点。但是，研究还发现突变在基因内的分布并不是随机的，许多位点上很少突变型，而某些位点如 *r*17 和 *r*131 2 个位点的突变率大大高于平均数。这些容易发生突变的位点就称为突变热点（hot spots of mutation）。它不仅存在于诱发突变，也存在于自发突变。

研究发现，形成突变热点的最主要原因是 5-甲基胞嘧啶（MeC）的存在。此外，在生物的基因组中，除了单一序列为主要形式的基因之外，还存在许多重复序列，在短的连续重复序列处容易发生插入或缺失突变。突变热点还与突变剂有关，使用不同突变剂时出现的突变热点也不同。因为不同的突变剂作用机制不同，有的 DNA 序列是某个碱基对突变剂更为敏感，有的则相反。

(二)增变基因

生物体内有些基因与整个基因组的突变率直接相关。当这些基因突变时,整个基因组的突变率明显上升,因此把这些基因称为"增变基因"(mutator genes)。增变基因在果蝇、大肠杆菌和 T_4 噬菌体等生物中均有发现。例如,果蝇第 2 染色体上的基因 *hi* 和第 3 染色体上的基因 *mu* 在纯合状态时都可以增加果蝇的自发突变率。其中 *mu* 基因仅仅在雌果蝇中起作用。在大肠杆菌中,当 *mutTl* 基因存在时,可使 arg^- 向 arg^+ 突变的频率增加 715 000 倍,使 *trpA*23 向 trp^+ 突变增加 4 200 倍。

四、防护和修复

基因的个别碱基发生改变之后,并不都表现为生物体性状的改变。这是由于生物具有防护基因发生突变,和修复 DNA 损伤的机制。这些机制增强生物的遗传稳定性,从而维持生物同环境条件的统一性。

(一)生物的防护机制

生物防护基因突变的机制,包括前面已经提到过的密码简并性和回复突变。

此外,还有基因间抑制和基因内抑制。基因间抑制,指 tRNA 反密码子和 mRNA 三联体密码都发生变化,结果多肽链上的氨基酸不变。基因内抑制,指基因有两处碱基改变,结果产生的蛋白质性质不变。

另一个防护机制称为二倍体选择,指的是突变细胞竞争不过正常细胞而被淘汰。

(二)DNA 损伤的修复

生物对 DNA 损伤的修复机制是通过对细菌的研究发现的。已经知道紫外线能使 DNA 同一链上相邻的嘧啶形成二聚体,复制时便产生具有缺口的子链,接着缺口被随机插入碱基而发生突变。但是这种 DNA 损伤有一部分能被细菌修复。修复的途径有 3 种。

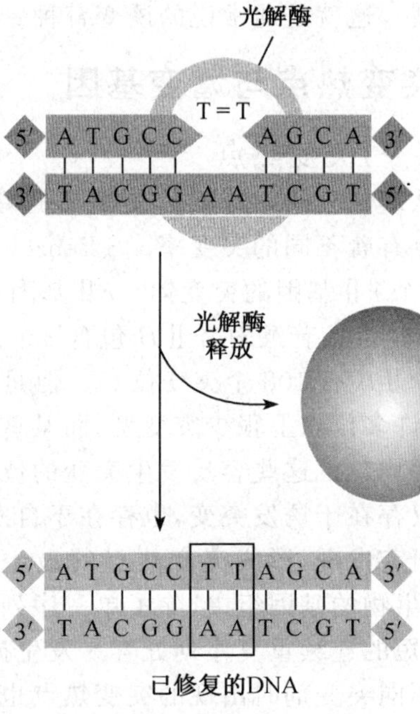

图 9-16 光修复过程

第 1 种称为光修复(图 9-16),细菌的光复活酶与 DNA 结合成为复合物,利用可见光中的蓝光能量解开嘧啶二聚体。

第 2 种称为暗修复,又称为切除修

复，有无可见光都能进行，但是光不起作用。细菌先后利用核酸内切酶和核酸外切酶切除嘧啶二聚体，并在DNA聚合酶作用下，以对面正常链为模板合成互补链，然后用连接酶封闭缺口（图9-17）。

第3种称为重组修复，它的特点是损伤的DNA复制后出现缺口，发生单链重组后具有缺口的链和正常链配对，从而获得弥补DNA单链片段的模板（图9-18）。

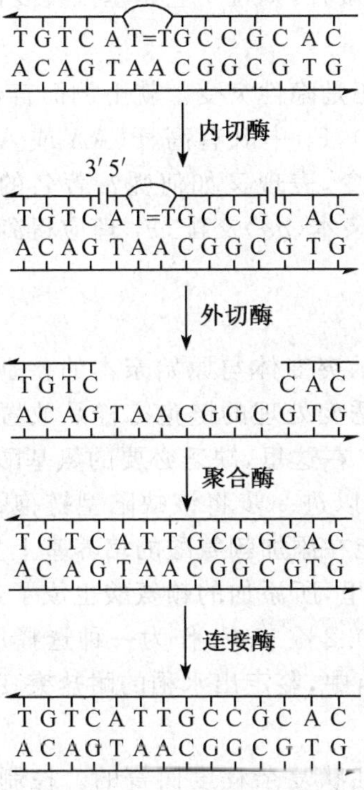

图9-17　切除修复过程

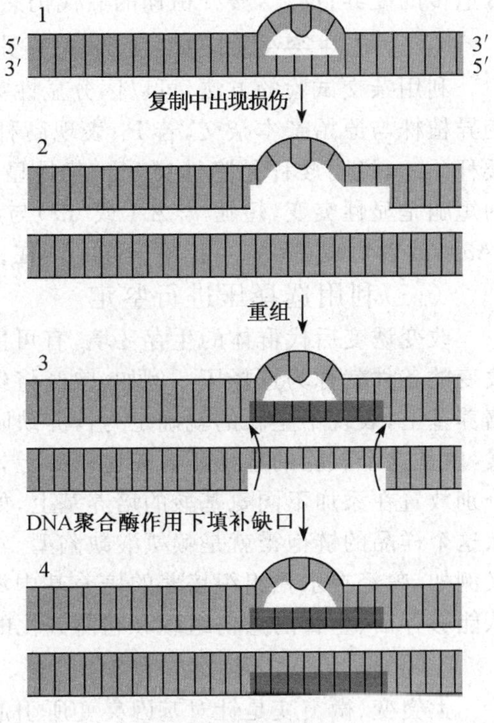

图9-18　重组修复过程

第六节　基因突变的鉴定

一、基因突变的表现型鉴定

基因突变可由表现型效应而发现，但某一表现型的变化是否由突变引起，必须经过试验才能确定。由于突变的表现型效应各异，故而其检测方法也不尽相同。

(一)遗传变异真实性的鉴定

基因突变引起的变异是可以遗传的,因环境条件而导致的表现型变异是不遗传的。所以,在诱变处理材料的后代中一旦发现与原始亲本不同的变异个体,例如发现个别矮秆植株,首先要鉴定它是否遗传。为此可将矮秆植株的后代,与原来的亲本种植在栽培条件均匀一致的环境下,若两者株高大体相似,可说明该矮秆不是可遗传的变异;反之,矮秆植株的后代仍然表现矮秆,则说明它是基因突变的结果。

(二)显性突变和隐性突变的鉴别

利用杂交试验的方法,可以区分显性突变还是隐性突变。就上例而言,让矮秆变异植株与原始亲本杂交,若 F_1 表现高秆(Aa),F_2 中既有高秆(AA 或 Aa)也有矮秆(aa),说明矮秆是隐性突变。若是显性突变,表现又如何呢?著名的安康羊的短腿是显性突变,短腿羊(AA 或 Aa)与原始亲本(aa)交配,F_1 理应得到短腿羊(Aa),或者短腿羊(Aa)、正常羊(aa)同在。

(三)利用选择压进行鉴定

改变诱变后代群体的生存环境,有可能显示突变体与原始亲本的差别。这种改变的条件就称为选择压。例如,曾经将经过诱变处理的链孢霉样品放置在基本培养基上,表现不生长的就确定为营养缺陷型。在这里,缺乏必要的氨基酸和维生素,就是这个试验的选择压。在这基础上,还可以进一步将该缺陷型链孢霉样品,分别放置在添加不同氨基酸的培养基上,如果能在添加赖氨酸的培养基上生长,那么这个样品的链孢霉就是赖氨酸缺陷型。在这里,所添加的赖氨酸也成了选择压。又例如,曾经在水稻组织培养的培养基中添加 0.2% NaCl 作为一种选择压,结果从能够存活、生长的愈伤组织和它所分化的幼苗中,鉴定出水稻的耐盐突变体。

(四)微突变的鉴定

大突变、微突变是针对基因突变所引起的性状复杂程度而言的。控制质量性状的基因突变大多属于大突变,其突变效应表现明显,容易识别,如植物子实的形状、动物的毛色等;而控制数量性状的基因突变多为微突变,其突变效应表现微小,难以察觉,如玉米果穗的长短、小麦颗粒的大小、乳牛的泌乳量、母鸡的产卵量等性状。由于控制数量性状的基因往往是微效多基因,鉴别时往往需要借助数学统计方法。试验表明,微突变中出现的有利突变率高于大突变,于育种有利。

二、基因突变的生化鉴定

基因突变的生化鉴定,指利用生物化学的方法,检测基因突变在 DNA 或表达产物(蛋白质)水平上的变化。

曾经常用的一种方法之一是在诱变后的不同材料之间,诱变后的材料和对照之间，比较它们的同工酶酶谱。例如，曾经分析苹果幼苗叶片的过氧化物酶同工酶，根据特异酶带筛选到了苹果的矮生突变体。但是一般地说，同工酶的表达会因为生育阶段和器官的不同而发生变化，并且实验结果容易受环境条件的影响，往往表现比较复杂，所以这种方法的有效利用受到一定限制。

另一种比较先进的方法是在不同材料之间，比较基因的限制性酶切DNA片段长度。已经知道，限制性核酸内切酶只在一定碱基排列顺序的位置上对DNA分子进行切割，从而产生一定长度的DNA片段。当基因中个别碱基改变，涉及限制酶的识别序列时，将有可能消除原有的酶切点，或产生新的酶切点。酶切图谱将因此发生变化，并表现为酶切DNA片段长度的变异。这种变异就称为RFLP（restriction fragment length polymorphisms），它可以通过电泳显示。如图9-19所示，以*A*为符号的正常基因存在3个酶切点，产生长度为4 kb和6 kb的2个片段；以*a*为符号的突变基因则只有2个酶切点，产生长度为10 kb的一个片段。因此，酶切电泳显示，基因型为纯合*AA*的材料有2条DNA带，长度分别为4 kb和6 kb；基因型为纯合*aa*的材料只有一条DNA带，长度为10 kb；而基因型为杂合*Aa*的材料则有3条DNA带，长度分别为4 kb，6 kb，10 kb。这种方法不受发育阶段和器官部位的限制，结果也更加准确可靠。我国医学单位曾应用这种方法确定了脑梗塞与*MTHFR*基因的突变有关。

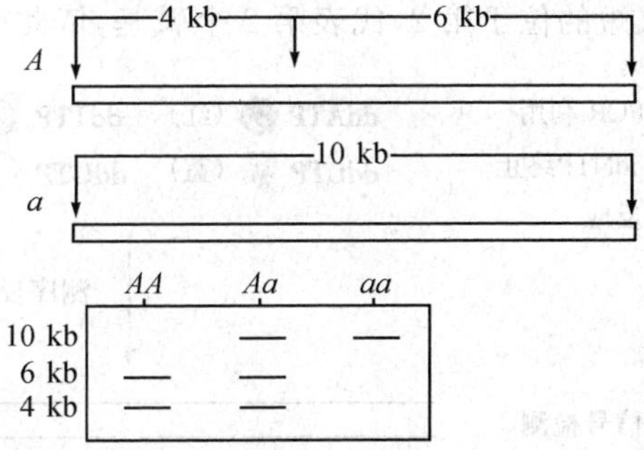

图9-19　RFLP基本原理示意图

三、DNA测序

分子生物学技术的进步，产生了直接测定基因的DNA序列的方法，这种方法称为DNA测序技术。它具有广泛用途，其中也用于直接鉴定突变的存在和位置。下面简要介绍DNA测序的技术要点和基本原理。

（一）进行DNA扩增并利用ddNTP终止反应

在PCR扩增中除提供正常的A、T、G、C 4种脱氧核苷酸外，还提供A、T、G、C 4种双脱氧核苷酸，使两者在新链合成过程中相互竞争。当新生子链吸收的是正常的脱氧核苷酸时，子链继续延伸；当新生子链吸收的是双脱氧核苷酸时，子链就此中断。因此新合成的许多DNA子链，将分别中断在A、T、G、C 4种双脱氧核苷酸位置上，由此形成长度不等的 DNA 单链片段。

（二）进行电泳

进行电泳，使上述 DNA 单链片段按照长短，先后有序地排列在泳道上，反映 4 种不同碱基在 DNA 链上的顺序。最短的片段走在泳道最前端，代表第 1 个碱基；次短的位于第 2，代表第 2 个碱基，依此类推（图 9-20）。

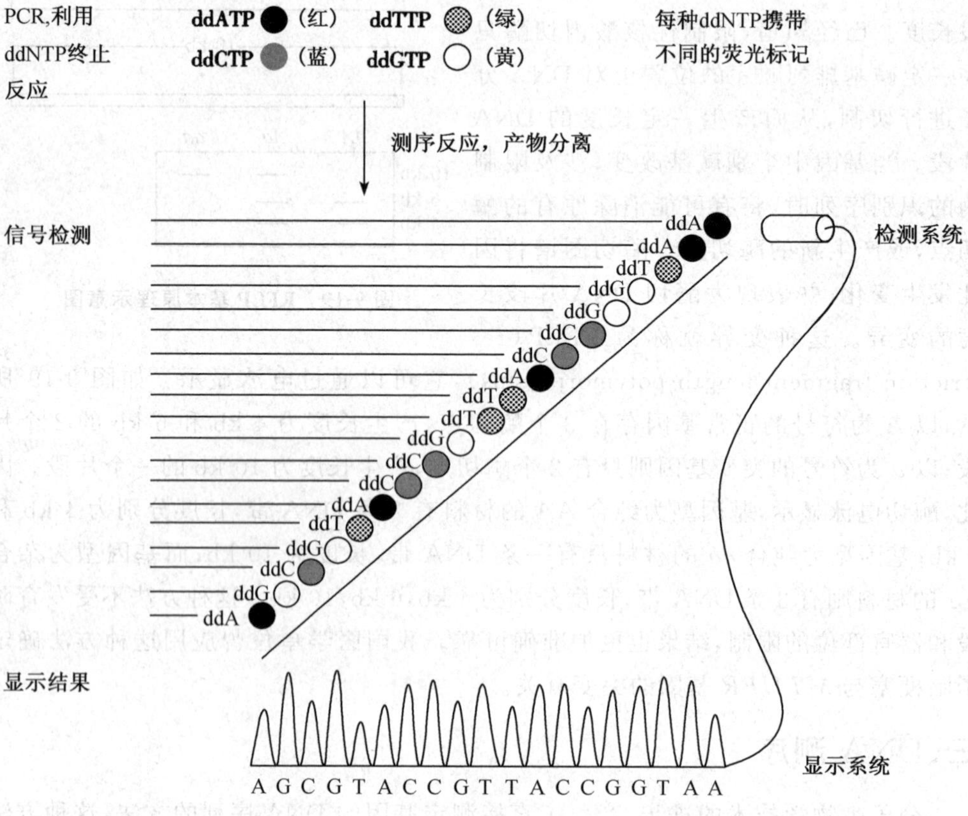

图 9-20 以荧光化合物标记双脱氧核苷酸进行 DNA 自动测序

（仿 Brown T A，1999）

（三）进行信号检测并显示结果

上述电脉片段的末端都是双脱氧的 A、T、G、C 核苷酸，制备这些双脱氧的碱基 A、T、G、C 核苷酸时，已经结合了不同颜色的荧光标记化合物，如 A 标记为红色荧光，T 标记为绿色荧光，G 标记为黄色荧光，C 标记为蓝色荧光。因此，这些 DNA 片段的电泳条带通过激光检测时，激光激发已标记的染料，能放射出特定波长的颜色信号,并由计算机读出相应的碱基(图 9-20)。

内容提要

突变的类型　基因突变是一个基因内部 DNA 分子结构的改变。野生型基因通过突变成为突变型基因。含有突变基因,从而表现突变性状的细胞和个体称为突变体或突变型。突变体或突变型主要有形态突变、生化突变、致死突变和条件致死突变。

突变的机理　突变因碱基的替换、缺失或插入而发生。碱基替换后,可因密码子改变而分别产生无义突变(密码子变成终止信号),错义突变(翻译为另一种氨基酸),或同义突变(翻译为同一氨基酸)。一个或少数几个邻接的核苷酸的插入或缺失,可造成这一位置以后的一系列编码发生移位错误,从而引起突变或死亡。

突变的诱发　人为地利用物理、化学等因素引起的突变,称为诱发突变。诱发突变可提高突变频率。

物理诱变因素有紫外线、X 射线、γ 射线、α 射线、β 射线、中子、超声波和激光等,各种物理因素的诱变作用是随机的,没有特异性。紫外线无电离作用,但能特异地在 DNA 分子上形成嘧啶二聚体。

化学诱变剂的种类很多,根据化学诱变剂对 DNA 作用的特点,主要有碱基类似物、烷化剂、改变 DNA 中碱基的化合物、结合到 DNA 分子中的化合物,它们能引起碱基替换或移码。

离体定向诱变是人们在离体条件下,有目的地制造 DNA 序列某一对(或某几对)碱基的替代、缺失、插入等,以获得所期望的某种突变。

突变的方向　正突变指野生型变为突变型,反突变(回复突变)指突变型变为野生型,前者频率一般高于后者。

一个基因内部不同座位的碱基变化可产生多种等位基因,称为复等位基因,表现为表现型相似的突变。表现型相似的 2 个突变,有的分别由复等位基因控制,有的分别由非等位基因控制。前者在顺反测验中没有互补作用,后者则表现互补作用。

突变的表现　突变可发生于生物的整个生活周期,发生于性细胞或体细胞。性细胞发生的显性突变可在子代表现,隐性突变在纯合的后代表现。体细胞发生的突变,往往使生物体产生镶嵌现象。

突变发生的概率称为突变率。原核生物一种基因的突变率为 $1\times10^{-10}\sim1\times10^{-4}$,而高等生物为 $1\times10^{-8}\sim1\times10^{-5}$。不同基因具有不同的突变率,DNA 分子上容易发生突变的位点称为突变热点,形成突变热点的最主要原因是 5-甲基胞嘧啶(MeC)的存在。有些基因发生突变时能引起整个基因组突变率上升,这些基因称为增变基因。

基因的碱基发生变化时，未必都表现为性状的改变，这是因为生物具有防护和修复机制。防护机制包括密码的简并性、回复突变、基因间抑制、基因内抑制和二倍体选择。常见的修复机制有光修复、暗修复和重组修复。

突变的鉴定 鉴定突变可根据不同情况分别利用形态指标、蛋白质指标、DNA 指标，或进行 DNA 测序。

形态指标：往往在均匀一致的环境条件下，观察、比较形态学特征，以便确定突变的真实性。有时需要设置选择压，以便显示突变体与原始亲本在形态学上的区别。利用杂交试验，可以从后代的形态学表现区分显性突变和隐性突变。鉴别微效多基因的形态学突变，往往需要借助数学统计方法。

蛋白质指标：同工酶是基因的表达产物，因此认为同工酶酶谱变化是突变的结果。但同工酶酶谱受发育阶段、器官部位和外界环境的影响，所以它的应用受到限制。

DNA 指标：最早和至今仍在广泛使用的 RFLP，其基本原理是利用酶切位点的增加或减少引起的 DNA 片段长度的变化，来鉴定突变的存在。

DNA 测序：直接测定、比较生物体的 DNA 序列，可以鉴定是否发生了突变，和碱基发生改变的位置。测序的基本原理是：DNA 扩增过程中，新生子链吸收双脱氧的 A，T，G，C 时发生中断，形成不同长度的片段，它们以短→长为序排列在电泳泳道上；电脑根据荧光染料的不同颜色识别上述 4 种碱基，并将它们依次读出。

复习思考题

1. 已知基因突变有可能引起生物表型变异。试举例回答：这里所说的基因，是指结构基因或是调控基因？或者两者都有可能发生突变而引起生物表型变异？
2. 试说明人类 ABO 血型的 I^A、I^B、i 基因之间的显性关系。
3. 用 T_4 噬菌体一个特殊 DNA 区域的不同突变体研究互补作用，获得下列资料。试根据这个资料判断本区域应有几个顺反子。

	1	2	3	4	5	6
1	−	+	−	+	−	−
2	+	−	+	−	+	+
3	−	+	−	+	−	−
4	+	−	+	−	+	+
5	−	+	−	+	−	−
6	−	+	−	+	−	−

4. 染色体结构变异同基因突变有何区别？如何区别？

5. 比较性细胞和体细胞内，有性和无性繁殖植物中显性突变与隐性突变的表现各有什么特点？

6. 叶绿素发育基因 A 对白化基因 a 为显性。在自发突变情况下，如果突变发生在正常的叶片上，下列植株中哪一株表现镶嵌性的可能性较大？哪一株的可能性又最小？

(1)Aa　　(2)$AAAa$

7. 什么叫芽变？如果某果树上发现一优良芽变枝条，你如何将其保留下来？

8. 人类的 ABO 血型受一组复等位基因 I^A、I^B、i 的控制，I^A 和 I^B 对 i 均为显性，I^A 与 I^B 为共显性。试回答以下婚配中子女的可能血型及基因型：

(1)O 血型女子和 AB 血型男子结婚。

(2)O 血型的男女结婚。

(3)A 血型男子和 B 血型女子结婚。

9. 玉米糊粉层颜色基因的突变率为 11×10^{-6}，玉米植株颜色基因的突变率为 492×10^{-6}。若希望得到一株在这 2 个基因座位上都发生了突变的玉米，必须用多少玉米？

10. 假设人的某一种运动失调症是显性遗传的而且与等位基因 B 有关。正常等位基因 b 是隐性。如果在所调查的 100 000 个出生儿中有 5 个不正常孩子(他们的双亲都正常并且没有这种失调症家史)。试计算一个世代每个生殖细胞的突变率。

11. 果蝇配子经 4 000R 剂量的 X 射线照射后有 12%发生了性连锁隐性致死突变，假定在未照射的果蝇中几乎没有可检出的突变发生，并假定突变率与剂量之间呈严格的线性关系。当用下列剂量进行照射，预期致死突变率各是多少？

(1)1 000R　　(2)2 000R　　(3)5 000R　　(4)6 000R

12. 某 DNA 模板链的碱基顺序是：GGG GTA CTC CTG ACA ATA TAC TGC

(1)编码的多肽链氨基酸顺序是怎样的？

(2)如果 DNA 中第 1 个 G 缺失，氨基酸的排列顺序又是怎样的？

(3)如果发生 T 置换第 3 个 A，氨基酸的排列顺序又是怎样的？

主要参考书目

[1] 张桂权. 普通遗传学. 北京：中国农业出版社，2005.

[2] 李惟基.新编遗传学教程. 北京:中国农业大学出版社,2002.

[3] 朱军.遗传学.北京:中国农业出版社,2002.

[4] 杨业华.普通遗传学.2 版.北京:高等教育出版社,2006.

[5] 赵寿元,乔守怡.现代遗传学. 北京:高等教育出版社,2001.

[6] 贺竹梅.现代遗传学教程.广州:中山大学出版社,2002.

[7] 王亚馥,戴灼华.遗传学.北京:高等教育出版社,1999.

[8] 刘祖洞,等.遗传学.北京:人民教育出版社,1980.

[9] 孙乃恩,等.分子遗传学.南京:南京大学出版社,1996.

[10] 廖宇静.遗传学.北京:科学文献技术出版社,2003.

第十章　染色体结构变异

染色体是基因的载体，在亲子代间起着传递遗传信息的作用，它的稳定是生物表现稳定的重要因素。但在生物或理化等因素影响下，染色体有可能因为断裂和断裂后错接，而发生结构上的变异，以致改变基因剂量或改变基因之间的相互关系，从而改变遗传信息，表现为生物性状的变异。染色体结构变异的形式，主要有缺失、重复、倒位和易位 4 种。

第一节　染色体缺失

缺失(deletions)指染色体断裂后发生错接时，丢失了原有的某一区段。失去原有某一区段的染色体称为缺失染色体。

一、缺失的类型和产生

染色体的缺失存在以下类型。

(1)末端缺失(terminal deletions)。指缺失区段是染色体某一臂的外端。如图 10-1(a)，染色体的直线顺序由 *ab*・*cdefghi* 改变为 *ab*・*cdef*，丢失 *ghi* 区段。

(2)中间缺失(interstitial deletions)。指缺失的是染色体某一臂的中间区段。例如，染色体的直线顺序由 *abc*・*defghi* 改变为 *abc*・*ghi*，丢失 *def* 区段，如图 10-1(b)所示。

如图 10-1(a)所示，其中的末端缺失只涉及染色体在 B_1 处的 1 次断裂，断裂后的染色体形成一个有着丝粒的片段 *abc*・*def* 和 1 个无着丝粒的片段 *ghi*。其中的无着丝粒片段，在后来的细胞分裂过程中，由于不能移向两极而丢失。有着丝粒的片段由于断裂黏性末端不稳定，而存在 3 种可能的前途：①与原来的断裂片段 *ghi* 的黏性末端重新愈合，不形成结构变异。②与另一个有着丝粒的片段愈合形成双着丝粒(decentric chrm)染色体。双着丝粒染色体在细胞分裂的后期，多数经受 2 个着丝粒相反方向移动形成的拉力而折断，再次造成结构变异而不能稳定存在。③在复制以后，姐妹染色单体在断裂末端愈合，同样形成双着丝粒染色体，必然在后续的细胞分裂中产生更为严重的断裂和结构变异，最终导致细胞或个体的死亡(图 10-2)。一旦死亡，变异就被淘汰。总之，末端缺失染色体因它的不稳定性而极为罕见。

发生一次断裂染色体，除了可能形成末端缺失染色体之外，也可能因为断裂位置在着丝粒附近，缺失的是一条整臂，而形成端着丝粒染色体(telocentric chromosome)。

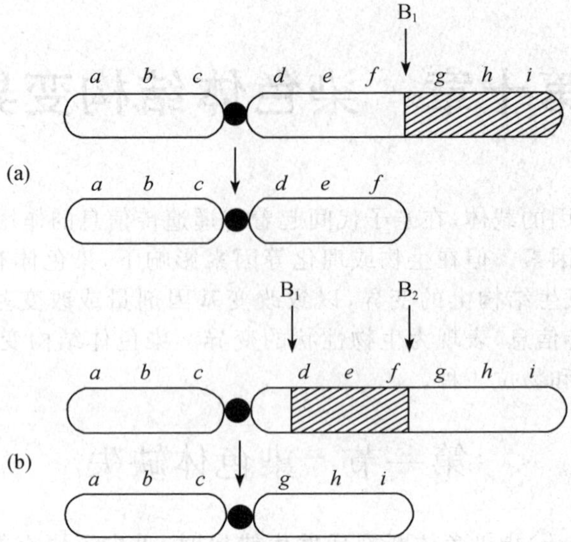

图 10-1 末端缺失和中间缺失

(a)末端缺失 (b)中间缺失

(引自杨业华,2000)

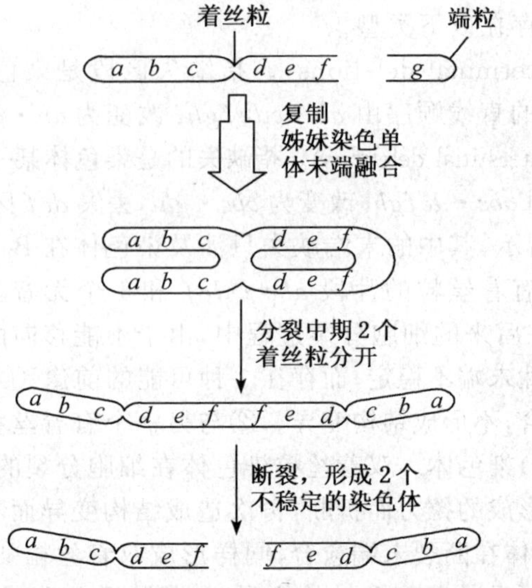

图 10-2 末端缺失将产生不稳定的染色体,其中 2 个姊妹染色单体之间可能融合,这样在细胞分裂中由于着丝粒向相反方向移动,染色体被拉断,再次出现结构变异的染色体

(引自 www. ssreader. com,2006)

中间缺失染色体可因发生 2 次断裂及其后发生错接而产生。例如，理化因素作用于染色体 *ab*·*cdefghi* 发生扭结之某处时，该染色体可有 B_1 和 B_2 两处断点（图 10-1，b），重新连接时丢失这 2 个断点之间的 *def* 区段。中间缺失染色体因为没有外露的黏性末端而比较稳定，所以常见的缺失染色体多是中间缺失的。因此，本节将主要讨论中间缺失。

除了染色体断裂之外，减数分裂时异常的不等交换也可产生缺失染色体。

如果按照同源染色体的组成来划分，则缺失类型可分为缺失纯合体（deficiency homozygote）和缺失杂合体（deficiency heterozygote）。某一对同源染色体的 2 条染色体在相同区段缺失的，称为缺失纯合体。一对同源染色体中，其中一条正常，另一条缺失的称为缺失杂合体。1 对同源染色体中，2 条染色体在不同区段缺失的也称为缺失杂合体。缺失纯合体丢失了缺失区段内的基因，缺失杂合体减少了缺失区段内的基因剂量。

二、缺失的细胞学鉴定

缺失的细胞学鉴定是比较困难的。在发生缺失的当代细胞中，分裂过程可见到无着丝粒的染色体片段；但随着细胞世代的增加，该片段丢失，则只能根据缺失杂合体减数分裂过程中的染色体联会情况加以鉴别。鉴别的主要根据有：

末端缺失杂合体形成的二价体中，正常染色体与缺失染色体之间不等长；

中间缺失杂合体形成的二价体中，与缺失区段同源的正常区段会被排斥在外而形成瘤或环，称为“缺失环”（图 10-3，图 10-4）。Morgan 及其后人利用缺失杂合体，结合其形态特征，将果蝇的一系列基因定位在染色体上。对于缺失纯合体，则需要通过核型分析，与正常细胞中的染色体进行比较，才能确定。

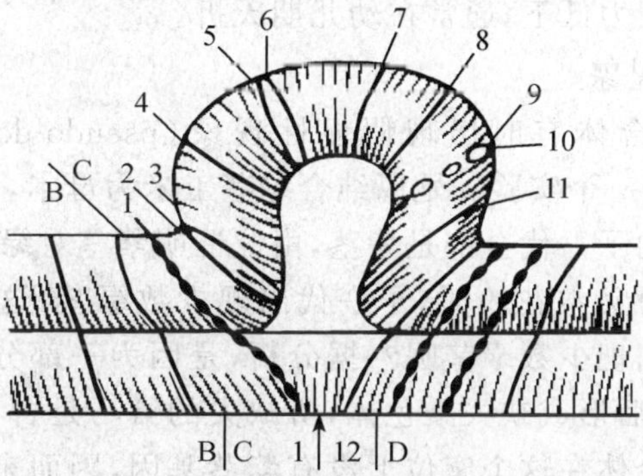

图 10-3　“缺翅”杂合型果蝇幼虫唾液细胞已经联会的 X 染色体上的 1 个缺失环

图中只示出了染色体对的 1 个短的节段，即大段 3 的小分段 C 及其邻近部分。

下面 1 条染色体从横纹 3C2 到横纹 3C11 都缺失了（引自 Curt Stern）

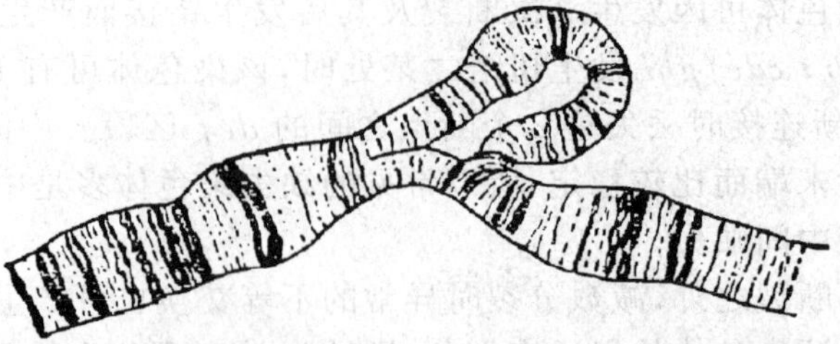

图 10-4 果蝇(*Drosophila pseudoobscura*)幼虫唾液腺巨染色体的一段
果蝇幼虫的巨染色体由父本和母本的同源染色体组成

图中表示1个染色体缺少了1组基因,它的同源染色体在这一段不能配对,因此形成1个弧形的结构。
(引自 www.ssreader.com,2006)

三、缺失的遗传效应

缺失个体因染色体片段的丢失,而引起缺失区段内的基因的丢失或基因剂量的减少,从而有可能破坏长期进化过程中形成的遗传平衡,产生异常的遗传效应。

(一)缺失的致死效应

基因的丢失或基因剂量的减少,通常对生物体的生长和发育有害。其有害程度,视缺失基因的多少和重要性而定。在高等生物中,缺失纯合体通常很难生存下来。在缺失杂合体中,若缺失区段较长,或缺失区段虽不很长,但缺少了对个体发育有重要影响的基因时,通常也是致死的。只有缺失区段不长,且又不含重要基因的缺失杂合体才能生存,但生活力也很差。人类中发现的"猫叫综合征",就是缺失杂合体的表现,缺失的是5号染色体短臂的一个很小的区段,患者哭声如同猫叫,头颅小,生长缓慢,智力低下,通常在幼儿期夭折。

(二)假显性现象

存活的缺失杂合体有时出现假显性现象(pseudo-dominance),例如 MacClintock 曾经做过的一个实验。她以纯合绿茎玉米为母本,同纯合紫茎玉米杂交,在正常情况下得到的子一代全部是紫茎,由此证明紫茎对绿茎是显性。但是,她在授粉前用紫外线照射父本花粉时,子一代出现少数绿茎,这种遗传效应称为假显性。为什么子代会出现少数绿茎呢?据分析,是因为一部分父本花粉精核的染色体被射线打断,错接后形成缺失染色体,所缺失的恰巧是含有紫茎基因的区段,所以子代中有一部分个体在这个座位上没有紫茎基因,因而来自母本的绿茎基因得以表现。这个推测,已经为显微观察的结果所证实。显微观察结果表明,表现绿茎的子代植株,在花粉母细胞减数分裂的粗线期,有一对同源染色体在联会时形成一个缺失圈,它正是缺失杂合体缺失区段在正常染色体上的同源段。

(三)缺失染色体的传递

在植物中,含缺失染色体的配子一般败育,花粉尤其如此,胚囊耐受性略强。含缺失染色体的花粉即使不败育,在受精过程中也常因竞争不过正常花粉而不能传递。因此,植物的缺失染色体主要通过胚囊传递。

第二节　染色体重复

一、重复的类型和产生

染色体发生断裂和错接后增加了自己某一区段的现象称为重复(duplication)。生物发生重复具有增强适应性的意义,因为染色体重复意味着基因重复,在基因发生突变时可由重复基因执行原有的功能。

重复可有以下类型:

(一)顺接重复

指染色体以正常直线顺序重复了自己的某一区段,例如 *abc* · *defghi* 成为图 10-5(上)的 *abc* · *defdefghi*。

(二)反接重复

指某重复区段的直线顺序与它在染色体上的正常直线顺序相反,例如 *abc* · *defghi* 成为图 10-5(下)的 *abc* · *deffedghi*。

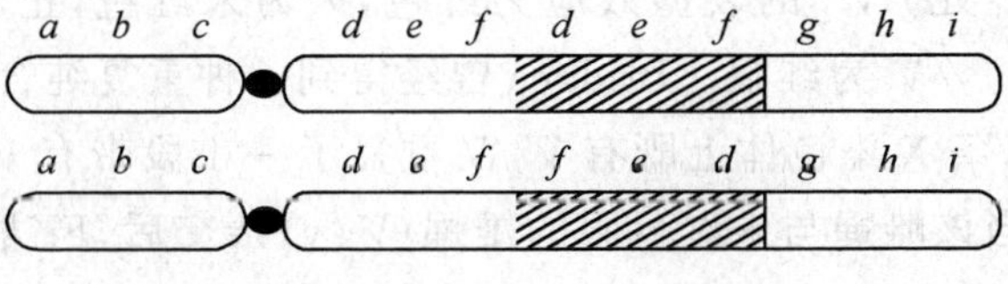

图 10-5　顺接重复(上)和反接重复(下)

(引自 www.ssreader.com,2006)

如果重复的区段包含着丝粒,则将形成双着丝粒染色体而难以稳定。

在同源染色体发生断裂-错接或不等交换时,重复往往和缺失同时发生,一对同源染色体中的一条成为缺失染色体,另外一条成为重复染色体。它们经过减数分裂分别进入不同配子,这些配子分别与具有正常染色体的配子结合,便形成缺失杂合体和重复杂合体。

按照同源染色体组成的不同,又可将重复个体分为重复杂合体和重复纯合体。

重复杂合体的同源染色体组成包括两种情况，一是由正常染色体和重复染色体组成，二是由重复区段不同的染色体组成。重复纯合体的同源染色体由重复区段相同的一对染色体组成。

二、重复的细胞学鉴定

同缺失的情况相似，重复的存在通常需要通过镜检重复杂合体的二价体来确定。重复杂合体的二价体也出现染色体环，称为重复圈。但是这个环是由重复染色体的重复区段形成的。为了和正常染色体形成的缺失圈相区别，需要参照该染色体正常的长度、着丝粒位置和染色粒分布。如果使用的材料是重复纯合体，则也需要经过核型分析，才能加以确定。

三、重复的遗传效应

总体上说，对于生物体而言，不论重复的区段是长还是短，其危害程度均小于缺失。换句话说，生物体对重复的耐受性大于对缺失的耐受性，即使是重复纯合体也能较好地生长，含有重复染色体的配子也较少败育。尽管如此，重复毕竟增加了个别基因的剂量，有可能改变生物进化过程中长期形成的遗传平衡，从而产生相应的遗传效应。

（一）重复的剂量效应

已知果蝇的 X 染色体上有一对与眼色有关的等位基因，V^+ 和 V，位于第 10 区 B 段与 C 段的交界处。V^+ 的表型效应为红色，V 为朱红色，正常情况下 V^+ 为 V 的显性，杂合体 $V^+/\!/V$ 为红眼。Bridges 曾经得到一种重复纯合体雌蝇，基因型是 $V^+V/\!/V^+V$，即每条 X 染色体上既有 V，又重复了一小段带有 V^+ 的区段，正常地表现为红色眼。当该雌蝇与朱红色眼的雄蝇（V/y）杂交后，F_1 群体中的雄蝇基因型为 V^+V/y，也正常地表现为为红眼。但是，该 F_1 群体中的雌蝇的基因型应是 $V^+V/\!/V$，眼色却事实上是朱红色的，这到底是为什么呢？这说明 2 倍剂量的隐性基因 V 的表型效应，超过了只有一份剂量的显性基因 V^+ 的表型效应，这就是基因的剂量效应。

（二）重复的位置效应

基因的重复，除了可能产生剂量效应之外，还可能产生位置效应。关于基因剂量效应和位置效应最著名的例子，是果蝇的棒眼（图 10-6）。

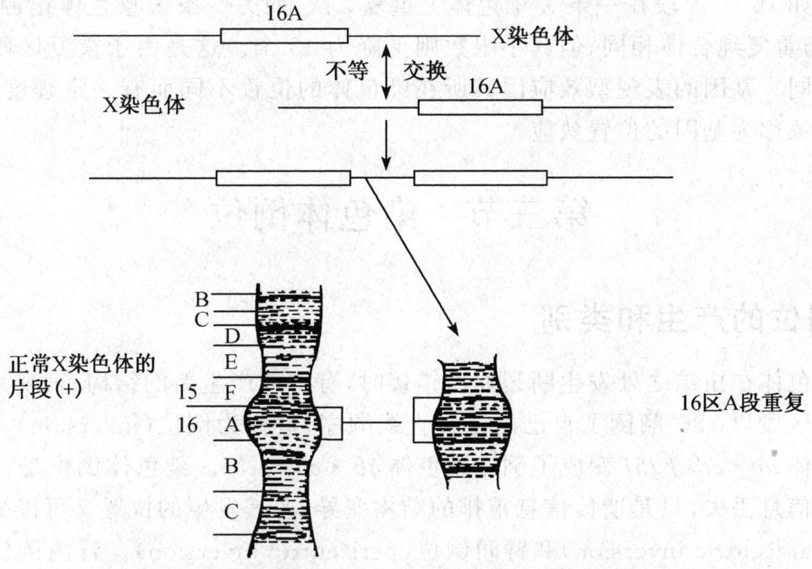

图 10-6　重复了 16 区 A 段的 X 染色体及其形成过程

（引自杨业华，2000）

1925 年发现棒眼的许多种性状的出现与 X 染色体上 B 基因所在区段的不等交换有关。由于不等交换，产生了一条 16 区 A 段重复的 X 染色体，表现为棒眼。野生型果蝇的每个复眼大约由 780 个红色小眼组成。16 区 A 段重复以后小眼数量显著减少，只有 358 个左右。而重复纯合体的小眼数只有 69 个（图 10-7）。这是基因的剂量效应的最好例证。

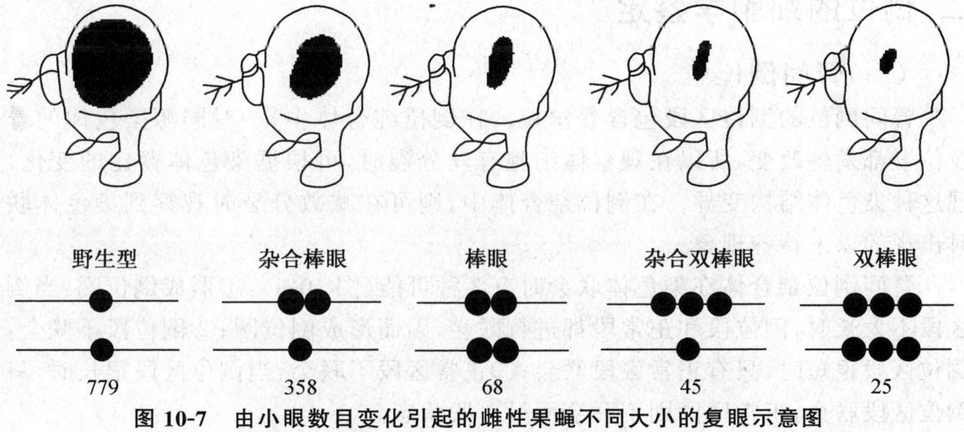

图 10-7　由小眼数目变化引起的雌性果蝇不同大小的复眼示意图

眼的大小受位置效应的影响（引自 King，1965）

假如16区A段在一条X染色体上重复2次，而另一条X染色体正常，就剂量而言，与重复纯合体相同，但其小眼数则下降为45个。这是由于重复区段所在的位置不同。基因的表现型效应因其所在染色体的位置不同而有一定程度的改变，这种现象称为基因的位置效应。

第三节　染色体倒位

一、倒位的产生和类别

染色体在扭结之处发生断裂而后错接时，有可能产生新的结构，表现为染色体的某一区段以180°颠倒了自己的正常直线顺序，这称为倒位(inversion)。例如正常染色体 *ab*·*cdefghi* 变成了倒立染色体 *ab*·*cdgfehi*。染色体倒位是一种不涉及遗传信息丢失，只是遗传信息重排的结构变异；按其发生的位置又可以分为臂内倒位(paracentric inversion)和臂间倒位(pericentric inversion)。臂内倒位指倒位区段只涉及染色体的一个臂。臂间倒位指倒位区段包含着丝粒。

倒位的早期研究工作主要是在果蝇上进行的，这是因为倒位首先是在果蝇中发现的，果蝇群体内存在着许多各具特征的倒位种类；再就是果蝇幼虫唾腺的巨型染色体为人们研究染色体的结构变异提供了方便。后来 McClintock(1931,1933)曾对植物倒位进行过描述。她的主要研究对象是玉米，通过对玉米的仔细观察，在遗传学上做出了卓越的贡献，其中也包括发现玉米倒位的存在，和玉米减数分裂时倒位染色体形成的特殊结构。

二、倒位的细胞学鉴定

(一)臂间倒位

臂间倒位的倒位区段包含着丝粒。在倒位纯合体中，一对同源染色体的着丝粒位置都发生改变，所以在观察体细胞有丝分裂时，可根据染色体臂比的变化，发现这种染色体结构变异。在倒位杂合体中，则可在减数分裂时观察到染色体联会时出现的以下特殊现象。

臂间倒位杂合体在染色体联会时有3种可能(图10-8)：①形成倒位圈：当倒位区段不太长时，倒位段和正常段都进行联会，因而形成倒位圈；②倒位段不联会：当倒位区段很短时，只有正常区段联会；③正常区段不联会：当倒位区段很长时，只有倒位区段联会，正常区段则不联会而呈单股状态。

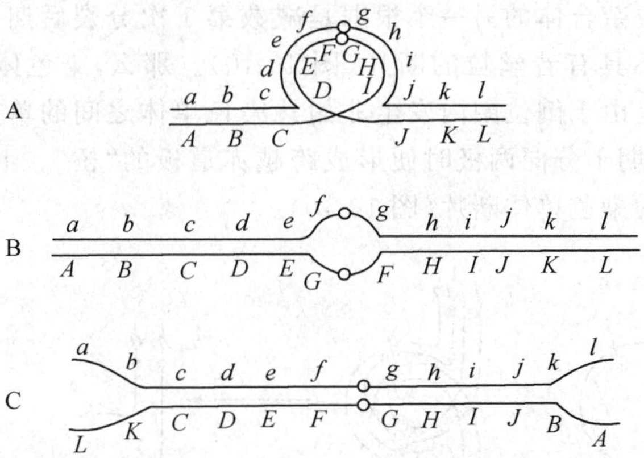

图 10-8　倒位段长度不同的杂合倒位体粗线期染色体的联会情况

A. 倒位段较长，同源染色体在倒位段与正常段都进行联会，形成倒位圈；

B. 倒位段很短，只有正常区段联会，倒位段不联会；

C. 倒位段极长，只有倒位段联会，正常区段呈单股状态

（引自 www.ssreader.com，2006）

（二）臂内倒位

臂内倒位的倒位区段不包含着丝粒。如果是臂内倒位纯合体，同源染色体将正常联会而不表现差异。如果是臂内倒位杂合体，将如同臂间倒位杂合体，在同源染色体联会时出现倒位圈（图 10-9）或不联会的区段，可以作为确定存在倒位的根据。

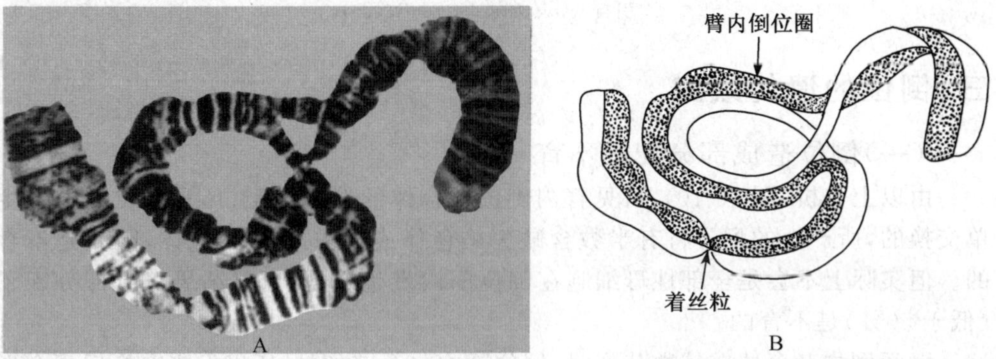

图 10-9　果蝇唾腺细胞倒位染色体照片（A）和示意图（B）

（引自 www.ssreader.com，2006）

鉴定臂内倒位杂合体的另一个根据是减数第1次分裂后期，部分性母细胞出现“染色体桥”和不具有着丝粒的断片（图10-10）。那么，染色体桥和断片又是如何出现的呢？这是由于倒位圈内发生非姐妹染色单体之间的单交换，产生双着丝粒染色单体，在后期Ⅰ分向两极时便形成跨越赤道板的“桥”。上述交换同时还产生了失去着丝粒的染色单体断片（图10-10）。

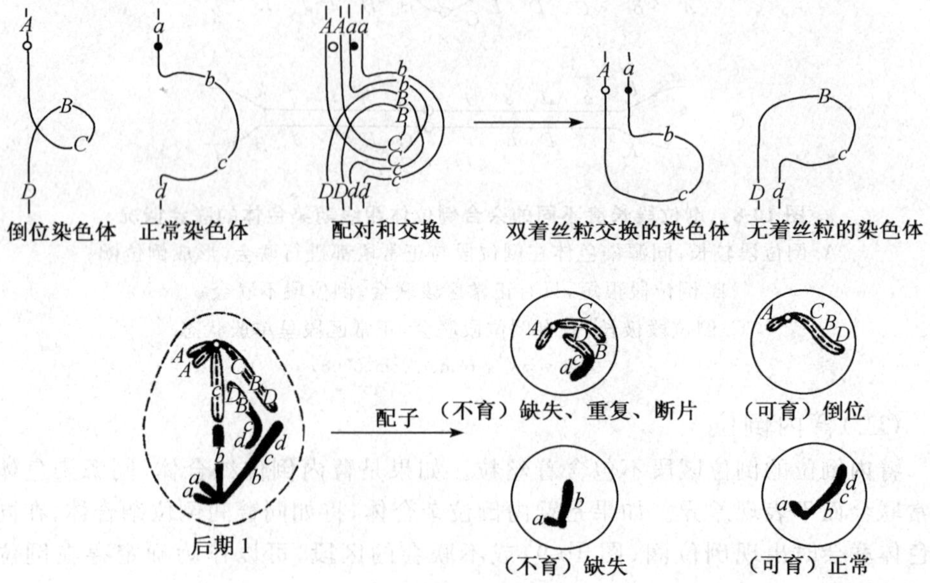

图10-10 臂内倒位杂合体形成染色体桥和断片以及不育配子的过程示意图

（引自 www.ssreader.com，2006）

三、倒位的遗传效应

（一）倒位造成部分配子不育

由以上分析（图10-10），可见臂内倒位杂合体的性母细胞，凡是倒位圈内发生单交换的，所产生的配子将有半数含缺失染色体或缺失-重复染色体，因而是不育的。但实际上不会是全部性母细胞在倒位圈内发生交换，所以结果只有部分配子（低于50%）是不育的。

臂间倒位杂合体在减数分裂时，倒位圈内包含着丝粒，所以发生交换后不会形成双着丝粒染色单体和无着丝粒的断片。但是倒位圈内发生单交换的每个性母细胞，都将产生半数的不育配子，因为经过交换的染色单体都存在缺失和重复区段。其结果和臂内倒位杂合体一样，表现部分不育。

（二）倒位圈内基因之间的重组率降低

臂内或臂间倒位杂合体产生的部分配子，因为含缺失染色体或缺失—重复染色体而不育。而这些异常染色体是经过染色单体交换形成的，即不育配子都是重组型配子，因此臂内或臂间倒位杂合体都表现倒位圈内基因之间的重组率降低。例如 Rhoades 和 Dempsey(1953)的一个玉米实验材料，是 3 号染色体长臂的臂内倒位杂合体，倒位段内有无叶舌（lg_2）和无色糊粉层（a_1）2 个连锁基因。正常玉米这 2 对基因的交换值为 28%；而臂内倒位杂合体玉米的则在 2%以下。

一般认为的倒位对重组的抑制作用，除了因为倒位区段两侧联会不紧密以外，倒位圈内的单交换是一个重要机制。

（三）倒位的遗传学行为

假如我们以 In 代表倒位染色体，以 in 代表正常染色体，则：

倒位纯合体 *InIn*　　×　　*inin* 正常个体

↓

倒位杂合体 *Inin*

↓⊗

InIn　　*Inin*　　*inin*

1　：　2　：　1

即是说，倒位纯合体与正常个体杂交，F_1 是倒位杂合体，F_1 自交产生的 F_2 中存在 1/4 倒位纯合体、2/4 倒位杂合体和 1/4 正常个体。

（四）倒位与进化

在果蝇属（*Drosophila*）和百合属（*Lilium*）中，都发现物种的形成与染色体倒位有关，所以认为染色体倒位是生物进化的动力之一。例如头巾百合（*L. martagon*）和竹叶百合（*L. hansonii*）是百合属中的 2 个物种，它们的染色体数目都是 $2n=24$，但是形态特征存在明显差异。对两者杂交的 F_1 代进行染色体镜检，则观察到.6 个倒位圈，表明以上 2 个亲本物种之间存在 6 个相互倒位。

四、倒位在遗传育种中的应用

倒位在遗传和育种中的应用，曾有很多报道，其中最为熟悉的实例是利用 ClB 保存和检查致死突变（图 10-11）。

ClB 是遗传学实验材料中一种特殊的雌果蝇，*C*(crossover suppressor)指它的 X 染色体是倒位杂合体，因而具有抑制基因重组的作用；*l*(lethal)是存在于倒位段内的一个致死的隐性基因；*B* 是表现棒眼的显性基因，与 *l* 连锁。因此上述雌果蝇的基因型可表示为 ClB//$^{+++}$。这种果蝇能够携带、保存致死基因而存活，因为正常的一条 X 染色体上存在与 *l* 等位的显性基因；而且由于倒位对重组的抑制作用，它所产生的可育配子将只有 ClB 和＋＋＋两种，在和雄果蝇交配后将只产生 4 种合子：ClB//（棒眼雌果蝇），＋＋＋//（正常雌果蝇），ClB/y（因无 l 的等位显性基因而在胚胎初期死亡），＋＋＋/y（正常雄果蝇），实验者可选择其中表现棒眼的果蝇，而达到保存致死基因 l 的目的。

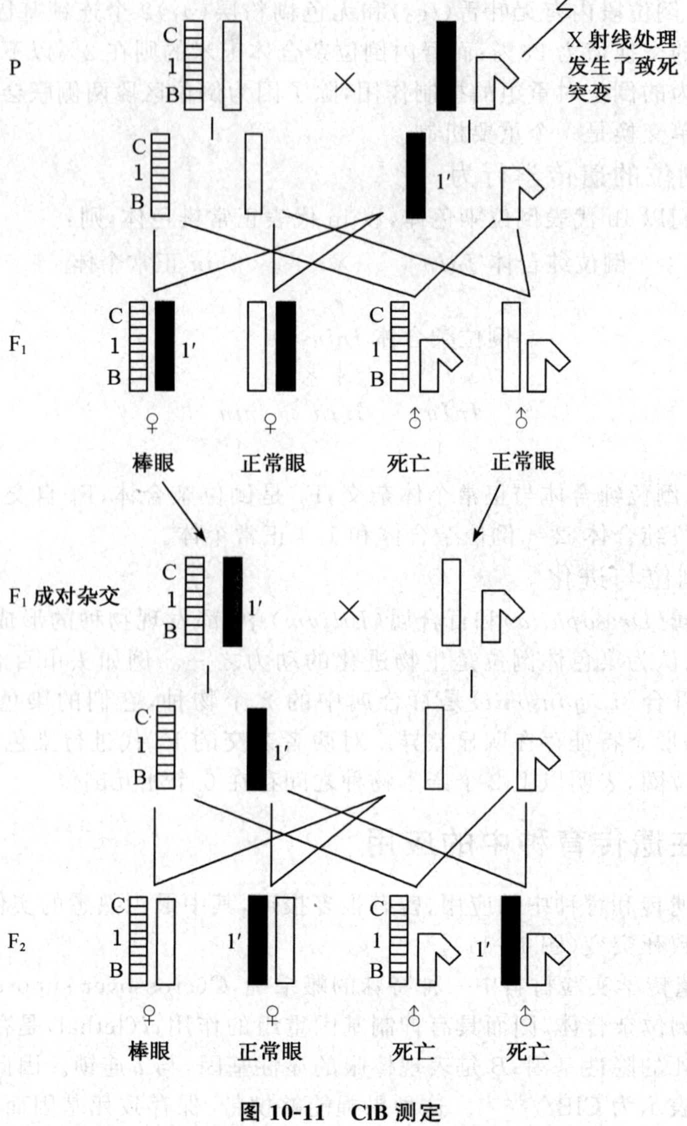

图 10-11 ClB 测定

（引自 www.ssreader.com，2006）

如果实验者需要检查射线照射一群果蝇之后，是否发生与基因 *l* 非等位的致死突变 *l*′，则可用上述 ClB 雌果蝇与照射过的雄果蝇交配。当雄配子的 X 染色体存在 *l*′时，交配后将产生以下合子：ClB//*l*′（携带 *l*′的 ClB 雌果蝇，表现棒眼），ClB/y（胚胎早期死亡），＋＋＋// *l*′（携带 *l*′的正常雌果蝇，表现正常眼）。这时实验者可选择其中表现棒眼的果蝇，与正常（未经照射的）雄果蝇交配，结果将产生以下合子：ClB//＋＋＋，ClB/y（胚胎早期死亡），*l*′//＋＋＋，*l*′/y（胚胎早期死亡），实验者可根据这一代不出现雄果蝇的事实，判断在最初照射的果蝇群体中发生了 *l*′致死突变。

由此可见，ClB 测定的要领在于利用倒位对重组的抑制作用，使致死基因（*l*）和标记基因（*B*）始终连锁遗传。

第四节 染色体易位

染色体易位（chromosome translocation）是指非同源染色体之间染色体节段的转移。它是自然界中存在最为普遍的，也是最容易诱发的一种结构变异。易位还能导致基因连锁群的改变，甚至进而引起染色体数目的变异，因而也是推动生物进化和物种形成的重要因素之一。

Beadle（1937）首次报道玉米中发生的染色体易位，后来 McClintock（1950，1951，1953）在玉米中多次报道过易位现象。Gunthardt 等（1953）在小麦和大麦的陈种子长出的植株中发现过易位，另外 Nillson （1938）在月见草中，Navashin 和 Gerassimoua（1935）在还阳参和其他植物中，也发现染色体易位现象。

在植物中易位的发生较为普遍，而在动物中自然发生的易位较少，除在果蝇中发现有染色体易位以外，在小鼠、蟑螂等动物中也有过染色体易位的报道。

一、易位的产生和类型

自然发生的易位可能与环境条件的异常有关，如辐射、高温及种子储藏过久等因素均可以造成易位。人工诱发易位的因素有 X 射线、中子等物理因素及氮芥子气、硫芥子气、碳酸、香豆素等化学因素。迄今所知的易位类型主要有以下几种。

（一）插入易位

是指染色体在两处断裂之后，中间的染色体节段发生转移，插入到同一染色体臂的另一处，或另一染色体臂，或非同源的另一条染色体。插入易位也称为移位型易位，它涉及染色体的 3 次断裂。

（二）单向易位

1929 年曾经报道，果蝇的一条染色体断裂后，其无着丝粒节段接到非同源的另一染色体的末端，被称为单向易位（图 10-12，A）。

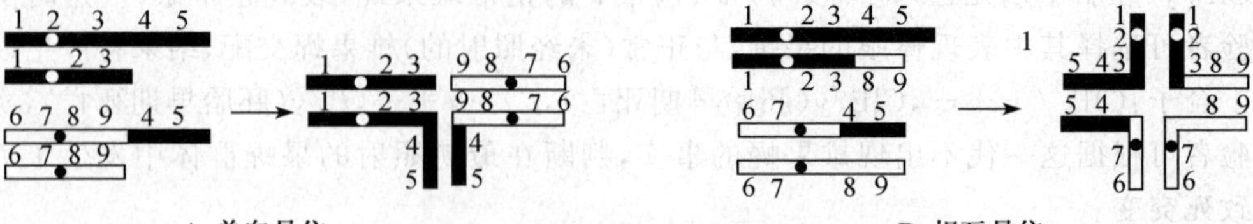

图 10-12 单向易位（A）和相互易位（B）

（引自 www.ssreader.com，2006）

但我们现在知道染色体的端粒相当于染色体的封口，在端粒存在的条件下，染色体片段很难与染色体融合，非同源染色体之间的易位应当是相互的，所谓单向易位实际上是相互易位，只是其中 1 个易位片段极小。

（三）相互易位

相互易位是指非同源染色体之间发生节段互换。它的产生涉及 2 条非同源染色体，包括 2 次断裂以及 2 个染色体节段的互换和重接（图 10-12，B）。如果是 2 个带有着丝粒的节段重接，一般很难产生有功能的配子，因此易位的结果总是形成具有单着丝粒的染色体。

相互易位一般不涉及基因组遗传物质的丢失，能进行正常的体细胞分裂和个体生长发育，并且可以通过配子传递易位染色体，产生可育的后代。它也正是我们以下所要着重讨论的易位类型。

二、易位的染色体行为

相互易位后的 2 对染色体，各由一对相同的易位染色体组成时，称为易位纯合体；各由正常染色体和易位染色体组成时，称为易位杂合体。在减数分裂时，易位纯合体联会正常；而易位杂合体将出现异常的染色体行为，可作为进行鉴定的细胞学根据。

（一）前期 Ⅰ

在减数分裂前期 Ⅰ 的粗线期，易位杂合体发生相互易位的 2 对染色体，表现十字形联会（图 10-13）。十字形是如何形成的呢？由图 10-14(a)(b)可知，易位杂合体的 *abc*・*def* 染色体的 *c*・*def* 段和其同源染色体的 *C*・*DEF* 段联会，*ab* 段却和

非同源染色体的 *AB* 段联会；*GHI* · *JKL* 染色体的 *GHI* · *J* 段和其同源染色体的 *ghi* · *j* 段联会，*KL* 段却和非同源染色体的 *lk* 段联会。因此形成 4 条染色体组成的十字形。

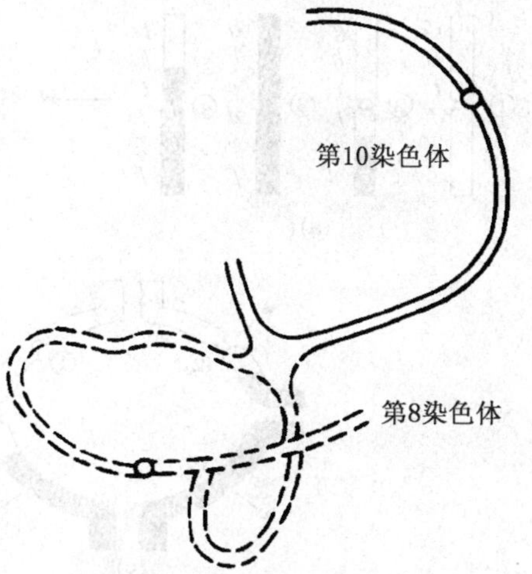

图 10-13　玉米 8 号与 10 号染色体易位杂合体的十字形联会

（引自 www.ssreader.com，2006）

十字形的中心一般是染色体发生断裂的位置，称为易位点，易位点与着丝粒之间的区段称为中间段，中间段的长度以占所在单臂长度的百分数表示。例如，玉米的 T_{8-9a} 表示首次在 8 号与 9 号染色体间发现的第 1 个易位，为标出它的易位点，可表示为 $T_{8L.2}-T_{9L.4}$，其含义是 2 个易位点分别位于 8 号染色体长臂的 20％臂长处，和 9 号染色体长臂的 40％臂长处。此外，2 个易位染色体还可分别用 8^9 及 9^8 来表示，含义是具有着丝粒的 8 号染色体换进了 9 号染色体无着丝粒的一段，具有着丝粒的 9 号染色体换进了 8 号染色体无着丝粒的一段。

到终变期，由于联会染色体的交叉发生端化，上述十字形联会的形象将发生变化，因中间段、易位段长度的不同，而分别形成环或链，称为四体环、四体链，前者以 O_4 表示，后者以 C_4 表示。

（二）中期Ⅰ至后期Ⅰ

减数分裂进行到中期Ⅰ时，性母细胞的各对同源染色体排列在赤道板两侧，四体环也不例外。这时四体环的 4 条染色体在赤道板两侧的分布可表现为 8 字形（图 10-14，d）或圆圈形（图 10-14，c）。前者是 2 条非同源的正常染色体在赤道板一侧，2 条相互易位染色体在另一侧。后者是两侧都有正常染色体和易位染色体。

后期Ⅰ发生染色体分离时，呈 8 字形分布的染色体表现交替式分离，呈圆圈形分布的染色体表现邻近式分离。交替式分离（图 10-14，d 的Ⅴ、Ⅵ）是指非同源的 2 条正常染色体进入同一个子细胞，2 条相互易位染色体进入另一个子细胞。邻近式分离（图 10-14，c 的Ⅰ、Ⅱ、Ⅲ、Ⅳ）是指一条正常染色体和一条易位染色体进入同一个子细胞，另一条正常染色体和易位染色体进入另一个子细胞。

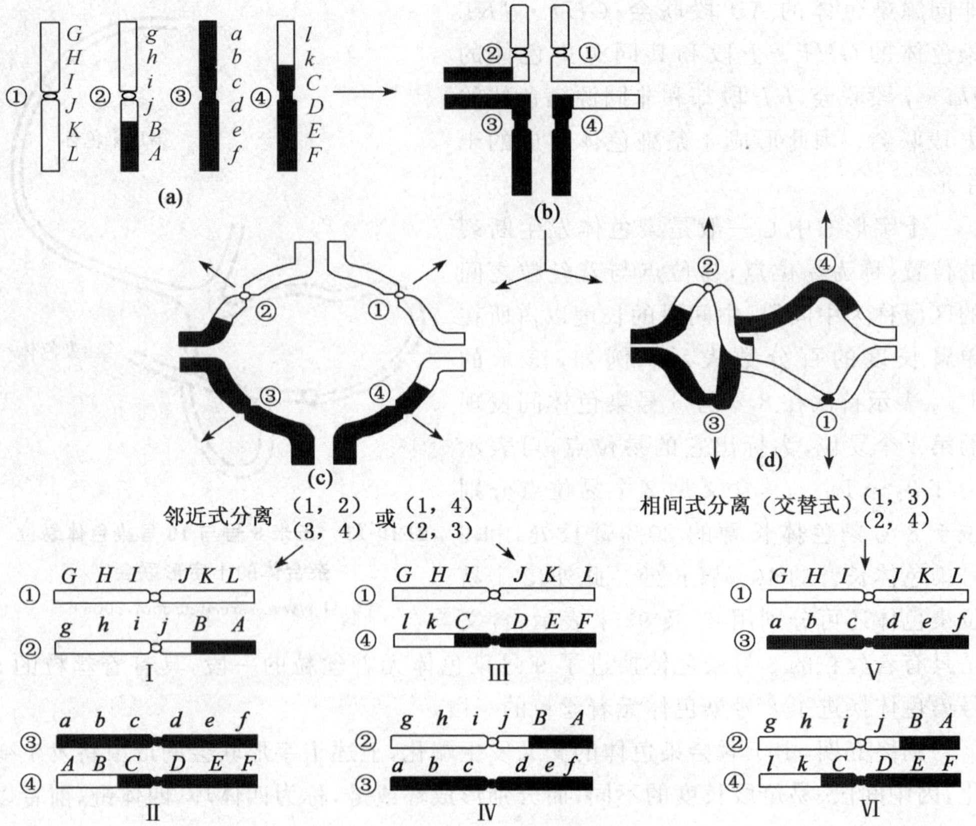

图 10-14 易位杂合体的染色体行为
（引自 www.ssreader.com,2006）

三、易位的遗传效应

（一）配子的育性

交替式分离产生的配子，因基因组完整而表现可育（图 10-15，左）；邻近式分离产生的配子，则染色体既有缺失又有重复，因基因组不完整而表现不育（图 10-15，右）。所以，相互易位杂合体的配子育性，取决于不同植物发生交替式分离的概率。据对部分植物的研究，如玉米、高粱、稻等称为玉米型的许多植物，相互易位杂合体交替式分离的概率是 1/2，所以配子的育性为 50%。称为月见草型的植物，如月见草、曼陀罗、风铃草、紫万年青等，相互易位杂合体交替式分离的概率是 1，所以配子的育性为 100%。大麦和一粒小麦的相互易位杂合体，交替式分离的概率也比较高，配子的育性为 70%～90%。

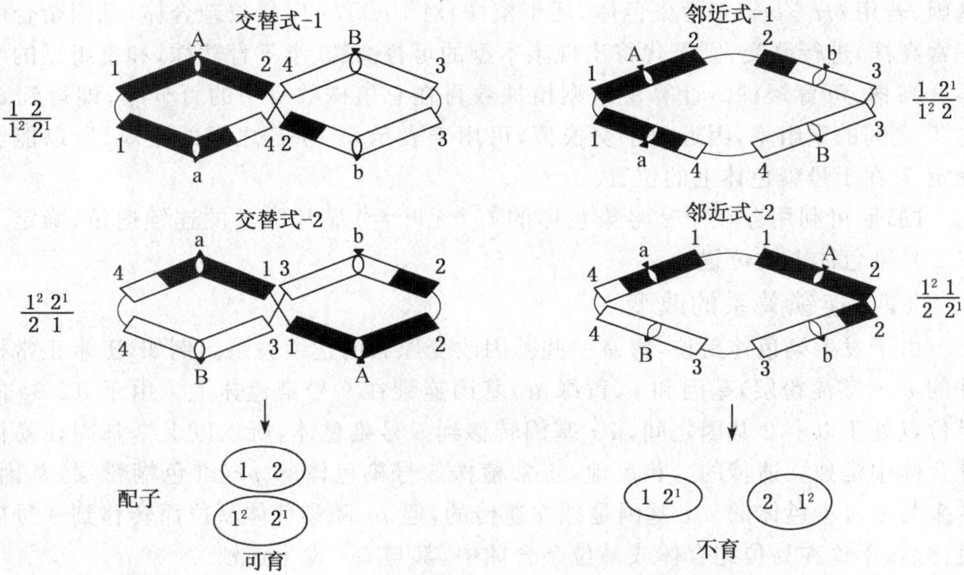

图 10-15　交替式分离和邻近式分离产生的配子

（引自杨业华，2000）

（二）后代的分离

我们可以用一个显性基因 T 代表一个相互易位点，一个隐性基因 t 代表无易位。因此 TT 是易位纯合体，表现可育；Tt 是易位杂合体，表现半不育；tt 是正常个体，表现可育。易位纯合体与正常个体杂交得到易位杂合体，半不育；易位杂合体测交子代出现 1/2 易位杂合体和 1/2 正常个体，分别表现半不育和可育；易位杂合体自交了代出现 1/4 易位纯合体、2/4 易位杂合体和 1/4 正常个体，分别表现可育、半不育、可育。图解如下：

$TT \times tt$	$Tt \times tt$		Tt		
↓	↓		↓⊗		
Tt	Tt	tt	TT	2 Tt	tt
半不育	半不育	可育	可育	半不育	可育

（三）基因与育性的连锁

由于相互易位包括 2 个染色体断点，因此 T（半不育）必然与 2 条染色体上邻近断点的基因发生连锁遗传。用基因隐性纯合、染色体正常的个体对基因型杂合的易位杂合体测交，能够确定易位点在染色体上的位置。

例如玉米 T1-2 易位杂合体，1 号染色体上有 br（节间缩短，表现为植株矮小）

基因，若用 *brt*//*brt*（正常染色体，矮小植株）对 *Brt*//*brT*（易位杂合体，基因杂合的正常高株）进行测交，则子代将出现亲本型的可育高株、半不育矮株，和重组型的半不育高株、可育矮株。计算重组型植株数目在总植株数目中的百分率，即得到 *br* 与 *T* 之间的重组率，因近似于交换值，可用于表示 *br* 与 *T* 之间的距离，所以能够确定 *T* 在 1 号染色体上的位置。

同理，可利用存在于 2 号染色体的 *lg*（无叶舌）基因与 *T* 的连锁遗传，确定 *T* 在 2 号染色体上的位置。

（四）连锁关系的改变

由于发生染色体易位，将有一些基因改变原有的连锁关系。例如，玉米正常植株的 *wx*（糯淀粉层）基因和 *v*（黄绿苗）基因连锁在 9 号染色体上。由于 T5-9a 的易位点处于以上 2 基因之间，*wx* 基因转移到 5 号染色体，所以以上 2 基因在易位纯合体中是独立遗传的。相反地，正常植株 5 号染色体的 *pr*（红色糊粉层）基因，本来与 9 号染色体的 *wx* 基因是独立遗传的，但 *pr* 随染色体易位而转移到 9 号染色体后，不论在易位纯合体或易位杂合体中，都与 *wx* 发生连锁。

（五）独立基因的假连锁

在易位杂合体中仍然分别位于 2 对非同源染色体上的基因，也有可能表现连锁，但这属于假连锁（pseudo-lingkage）现象。例如在玉米的 T5-2 中，*bt*（脆弱胚乳）基因仍然位于 5 号染色体，*b*（花青素加强）基因仍然位于 2 号染色体，理应自由组合；但实际测交子代中出现的重组型个体不是占 50%，而只占 22.3%，即 *bt* 和 *b* 不表现自由组合，而表现不完全连锁。表现连锁的原因在哪里呢？如图 10-16 所示，这是因为交替式分离总是将 5 号正常染色体和 2 号正常染色体组合在同一个可育配子中，而将 5^2 易位染色体和 2^5 易位染色体组合在同一个可育配子中。如果测交对象的 *bt* 位于 5 号正常染色体，其等位基因 *Bt* 位于 5 号的易位染色体，*b* 位于 2 号正常染色体，其等位基因 *B* 位于 2 号的易位染色体，则可育配子的基因型应当只有两种：(*bt*、*b*)和(*Bt*、*B*)，这就是导致假连锁的原因。那么，测交子代出现的那 22.3%重组型个体，又该如何解释呢？显然，这应当归因于易位杂合体中发生的交换。

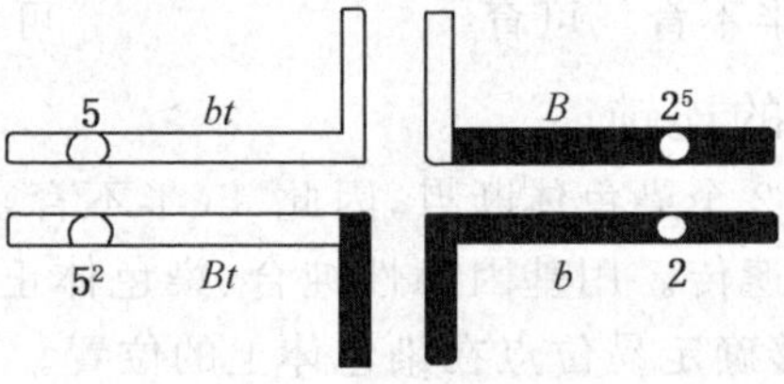

图 10-16　玉米 T5-2 的 2 对杂合基因的位置

(六)重组率的降低

易位杂合体邻近易位点的连锁基因之间的重组率，往往低于正常个体的重组率。以玉米 9 号染色体为例，在正常植株中，*sh*(子粒凹陷)与 *wx*(糯性淀粉层)的重组率为 20%；而在易位杂合体 T5-9a 中，则下降为 5%。一般认为，这是因为易位杂合体减数分裂时，形成十字形联会，不及正常的二价体联会紧密，所以减少了交换。

四、易位的意义和应用

(一)易位与进化

易位是形成新物种或新变种的重要因素。例如，直果曼陀罗(*Datura stramonium*)存在着近百个变系，染色体数目都是 $2n=24$，它们表现型上的差异归因于染色体结构的变异，即存在着相互易位。

易位还可以通过引起染色体数目变异而形成新物种。例如，还阳参属存在染色体数目互不相同的物种，$2n=6,8,10,12,14,16$ 等。据认为这是易位之后所形成的。首先，是相互易位的 2 条染色体中，一条染色体得到的是很小的区段，在易位杂合体产生配子时容易丢失；另一条则得到的是绝大部分区段，成为很大的易位染色体，称为罗伯逊易位染色体(图 10-17)。因此，这个易位杂合体的自交子代中，有可能出现染色体数目减少的易位纯合体。

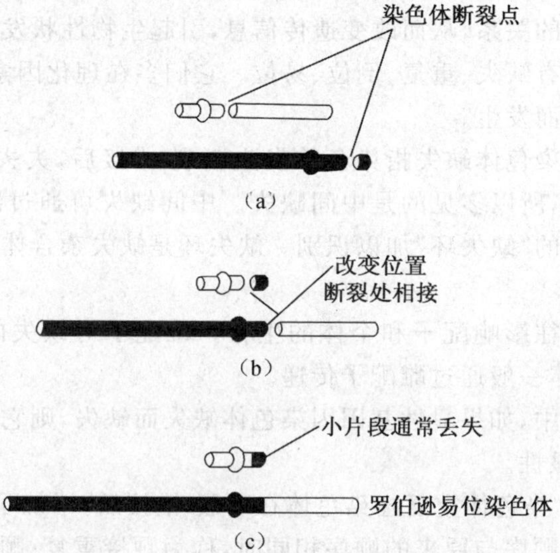

图 10-17　易位-染色体融合-染色体数目变异

(引自杨业华，2000)

(二)鉴别家蚕性别

因为雄蚕丝质好、产量高、耐粗饲,所以蚕农愿意饲养雄蚕,需要早期区分家蚕的性别。已知家蚕的性别决定属于 *ZW* 类型,育种家曾用辐射方法,得到 10 号染色体断片易位到 W 染色体的家蚕。该断片具有决定淡褐黄色卵的基因,所以交配所产的蚕卵中,淡褐黄色为雌性(*ZW*),黑色为雄性(*ZZ*),利用电子光学识别仪可以选出黑卵进行孵化和饲养。

(三)改良植物品种

易位杂合体的半不育性可起到疏花疏果的作用,从而改良植物品种。例如,美国某葡萄品种高产、抗病、含糖量高,但果实小。为此,育种家用射线诱发该葡萄品种产生易位,表现半不育,果实数量变少,因而果实变大。此法改良品种速度快,如用常规方法则需要 10 年左右。

(四)控制害虫

选择适宜剂量的射线,照射雄性害虫,使其发生易位。放飞纯合易位雄虫,使其与自然群体中的大量雌虫交尾,F_1 为易位杂合体,表现半不育,其中的雌虫有 50%的卵不能孵化,有利于控制虫口密度。此法曾用于防治柑橘果蝇和玉米螟。

内容提要

染色体结构变异 染色体是基因的载体,染色体结构发生变异可能改变基因的剂量或基因之间的关系,从而改变遗传信息,引起生物性状发生变异。染色体结构变异的主要形式有缺失、重复、倒位、易位。它们多在理化因素的作用下,因染色体发生断裂和错接而发生。

染色体缺失 染色体缺失指染色体发生断裂-错接后,失去自己的某个区段。顶端缺失难以稳定,所以多见的是中间缺失。中间缺失可通过缺失杂合体在同源染色体联会时出现的"缺失环"加以识别。缺失环是缺失杂合体中正常染色体无以联会的区段。

染色体缺失往往影响配子和个体的生存。雄配子对缺失的耐受性低于雌配子,所以缺失染色体一般通过雌配子传递。

在缺失杂合体中,如果显性基因因染色体缺失而缺失,则它的等位隐性基因能够表现,这称为假显性。

染色体重复 染色体重复指染色体在断裂-错接后,增加了自己的某个区段。所增加区段的基因顺序与原来的顺序相同时,称为顺接重复;顺序相反时称为反接重复。

重复杂合体在同源染色体联会时,可观察到重复圈。重复圈是其中的重复染色体无以联会的区段。

染色体重复可引起生物性状发生变异，并表现剂量效应和位置效应。剂量效应指变异的表现程度因重复次数不同而不同。位置效应指变异的表现程度因重复位置不同而不同。

染色体倒位　染色体倒位指染色体在断裂-错接后，某个区段的基因顺序发生180°的颠倒。倒位段包含着丝粒时，称为臂间倒位；倒位段不包含着丝粒时，称为臂内倒位。

臂间倒位的杂合体，在同源染色体联会时，可出现倒位圈，或倒位段不联会，或非倒位段不联会。

臂内倒位的杂合体，在减数分裂前期Ⅰ，可观察到倒位圈；后期Ⅰ可观察到染色体桥和断片。

倒位圈内发生单交换的性母细胞将产生不育配子。因此，倒位杂合体表现部分不育；并且倒位段连锁基因的重组率降低。

倒位是生物进化的重要因素之一，部分物种和变种是因倒位而形成的。

染色体易位　染色体易位是指染色体发生断裂-错接后，某个区段转移到非同源的染色体上。其中最常见的形式是相互易位，即非同源染色体之间互换染色体区段。

相互易位杂合体，在减数分裂的粗线期可观察到2对染色体呈十字形联会；十字在终变期因交叉的端化而演变为四体环或四体链；中期Ⅰ在赤道板的排列呈8字形或圆圈形。

在减数分裂的后期Ⅰ，相互易位的2对染色体具有两种可能的分离方式。一是交替式分离，即非同源的2条正常染色体走向一极，相互易位的2条染色体走向另一极，其结果是两极都具有完整的染色体组，预料将形成可育配子。二是邻近式分离，即每一极都有一条正常染色体和一条易位染色体，其结果是两极的染色体组都不完整，预料将形成败育配子。

相互易位杂合体的配子育性，取决于交替式分离发生的概率。如玉米型植物，交替式分离发生的概率为50%，所以表现半不育。以半不育作遗传标志，可定位连锁基因。

相互易位杂合体因十字形联会不及正常二价体联会紧密，所以易位点附近的连锁基因的重组率常低于正常个体的。

相互易位杂合体的可育配子均由交替式分离产生，其非同源的2对染色体之间不能自由组合，所以独立基因表现假连锁。

正常个体的独立基因可因染色体易位而连锁；正常个体的连锁基因可因易位而独立。

复习思考题

一、名词解释：缺失、重复、倒位、易位、罗伯逊易位、顶端缺失、中间缺失、双着丝点染色体、染色体断片、缺失杂合体、缺失纯合体、染色体缺失环、假显性、顺接重复、反接重复、剂量效应、位置效应、染色体重复环、臂内倒位、臂间倒位、染色体桥、染色体倒位圈、简单易位、相互易位、半不育、“十”字形联会、染色体融合、相邻式分离、交替式分离、半合状态、体细胞联会、不等交换、重复-缺失染色体、双杂合体、ClB染色体、ClB测定。

二、选择题

1. 某染色体各区段的正常顺序是 *a. bcdefg*（其中的点“.”表示着丝点），如果变成了 *a. bcde*。这叫（　　）。
A. 中间缺失　B. 顶端缺失　C. 臂内倒位　D. 臂间倒位
2. 某染色体各区段的线性顺序是 *abc*·*defg*，变成了 *abd*·*cefg* 这叫（　　）。
A. 中间缺失　B. 顶端缺失　C. 臂内倒位　D. 臂间倒位
3. 某染色体各区段的线性顺序是 *a*·*bcde*，变成了 *a*·*bcdcde*。这叫：（　　）。
A. 中间缺失　B. 顶端缺失　C. 顺接重复　D. 反接重复
4. 相互易位杂合体自交，子代中将有（　　）比例的易位纯合体。
A. 0　B. 15%　C. 50%　D. 25%
5. 某 F_1 个体染色体在减数分裂的终变期出现四体环，造成这种现象的原因是染色体的（　　）。
A. 杂易位　B. 纯易位　C. 杂倒位　D. 纯倒位
6. 某染色体各区段的线性顺序是 *abc. defg*，变成了 *abc*·*dfeg*。这叫：（　　）。
A. 臂内倒位　B. 臂间倒位　C. 顺接重复　D. 反接重复

三、填空题

1. 在原来染色体组基础上某一二条染色体片段缺失或互换这是________。
2. 当缺失区段很小时，缺失位点和正常位点的关系是________。
3. 重复发生在________之间，包括________和________两种类型，其遗传效应主要是________和________。
4. 倒位降低了倒位杂合体的________。
5. 相互易位发生在________染色体之间。
6. 在染色体结构变异中，倒位和易位导致染色体上基因的________发生变化。
7. 在染色体结构变异中，缺失和重复导致染色体上基因的________发生变化。
8. 缺失了________的染色体断片将不能正常地随着细胞分裂而分向两极。

9. 罗伯逊易位可以造成________。

四、判断题

1. 易位是生物进化的一个途径。（　）
2. 染色体的折断重接会造成各种畸变，如顶端缺失、中间缺失、无着丝点断片和双着丝点染色体以及重复、倒位、易位染色体。（　）
3. 倒位最明显的遗传效应之一，是降低了倒位杂合体连锁基因的重组率。（　）
4. 倒位的遗传效应之一是抑制倒位圈内染色单体的交换，降低重组率。（　）
5. 重复对表现型的影响主要是扰乱了基因的固有平衡体系。（　）
6. 由于非同源染色体发生了交换造成了易位。（　）
7. 某条染色体片断插入到另一非同源染色体内，这是简单易位，也叫转换。（　）
8. 易位造成是由于非同源染色体发生了交换。（　）
9. 凡是缺失杂合体均是株内花粉育性分离体。（　）
10. X 染色体结构分别为 $b//b$，$B//b$，$B//B$ 的雌果蝇，其复眼大小不一，这是染色体重复的剂量效应；而 $Bb//b$ 与 $B//B$ 的果蝇复眼大小也不同，这是位置效应。（　）
11. 倒位区段涉及着丝点是臂间倒位，不涉及则是臂内倒位。（　）
12. 倒位杂合体会形成部分不育的配子。败育配子含有缺失或重复缺失染色体。产生含有缺失染色体配子的杂合体一定是臂内倒位，而臂间倒位杂合体产生含有重复缺失染色体的配子。（　）
13. 相互易位杂合体自交子代将得到 50% 的易位杂合体。（　）
14. 电离辐射可能引起染色体的断折。断折后还有可能重接。这种断折重接的方式不同，会引起染色体的结构变异。染色体 2 次断折和辐射强度无关。（　）
15. 由性染色体决定性别的生物体，可以利用易位的方法，把含有标记基因的染色体节段易位到 Z 染色体上。这样，后代中凡是含有标记性状的个体一定会发育成雄性，因为雄性的性染色体组成为 ZW 型。（　）

五、问答题

1. 缺失有哪些遗传效应？
2. 杂易位为何会产生半不育的配子？图示说明。
3. 为什么说倒位降低了倒位圈内基因的重组率？

4. 染色体结构变异同基因变异有何区别？
5. 鉴定缺失、重复、倒位、易位的细胞学证据是什么？
6. 请分析与解释孢母细胞减数分裂时出现“后期桥”现象的原因？
7. 倒位杂合体和易位杂合体都会产生不育的配子，这两种不育现象在表现形式上的主要区别是什么？
8. 如果含有缺失染色体的配子都是不育的，那么括号中的杂合体（*A*·*BCDEF*//*a*·*bcdef*）只能产生两种可育配子，你认为对吗？为什么？
9. 假设在玉米中第1染色体有*ABCDEF*的基因序列，在第2染色体中则有*MNOPQR*的序列。一次相互易位得到以下的排列：*ABCPQR*和*MNODEF*。试对易位杂合体减数分裂的粗线期图像作图并对可能预期的划分育性加以描述。
10. 玉米的第6染色体上正常的连锁遗传图为：*P*(4)-*Y*(13)-*I*(48)-*S*(57)-*C*(68)（括号中的数字为基因的图距）。现有一杂交♀＋＋＋＋＋/*pyisg*×♂*pyisg*/*pyisg*，从其后代中测得交换值，*p*-*y*，9.2％；*y*-*i*，4.5％；*i*-*s*，1.2％；*s*-*g*，9.8％。如果母本是一个倒位杂合体，那么倒位发生在第6染色体哪一基因区段？
11. 观察玉米（$2n=20$）植物花粉母细胞减数分裂时发生有9个联会体，后期Ⅰ还看到有染色桥出现。试分析产生此现象的原因。
12. 易位杂合体半不育现象是如何产生的？
13. 假设一物种细胞内有两对中间着丝粒染色体G·F//G·F·M·N//M·N，如果G臂与M臂发生了相互易位。试回答：a. 易位杂合体的两对染色体的组成如何？b. 若发生相邻式分离，形成配子的染色体组成如何？c. 若发生交替式分离又形成怎样的配子？
14. 一玉米品系是第2染色体和第5染色体相互易位杂合体，并且在未易位的第2和第5染色体上分别带有隐性无叶舌（*lg*）和隐性黄绿苗（*u*）基因。将此品系的显性杂合体为父本与染色体正常而且是2个隐性基因纯合体的母本杂交，其后代表型如何？（假设无交换发生）。
15. 镜检某植物花粉母细胞的减数分裂过程，发现在某分裂相中看到1个“十”字形结构和6个四合体，问该植株细胞染色体是否发生了变异？该分裂相是什么时期？植株的$2n$为多少？预期该植株产生的花粉育性如何？
16. 如何利用染色体缺失进行基因定位？
17. 将一倒位杂合体[*ABCDE*/*ABDCE*]与其到位纯合体杂交[*ABDCE*/*ABDCE*]。问在下列情况下两亲本产生具有完整基因组的配子的比例是什么？

a. 减数分裂时在倒位区段 C 和 D 之间没有发生交换。

b. 每一个减数分裂的细胞里 C 和 D 之间发生一次交换。

18. 某植物有 3 个不同的变种，各变种的某染色体区段顺序为：$ABCDEFGHIJ$；$ABCHGFIDEJ$；$ABCHGFEDIJ$。试论述这 3 个变种的进化关系。

19. 果蝇的 e 基因位于第 3 条染色体 70.7 位点上，ee 型果蝇呈黑檀体，体色比基因型为＋＋ 或＋ e 的果蝇黑得多。如果＋＋ 和 ee 果蝇交配，产生出极少数黑檀体果蝇，但频率却大于基因突变频率。这些黑檀体产生的可能原因是什么？怎样证实？

20. 基因型为 AA 且花粉正常可育品系与基因型为 aa 的正常株杂交。F_1 的基因型为 Aa 但花粉半不育。检查其孢母细胞减数分裂的前期Ⅰ，发现有"四环体"图像。该半不育株自交，在 F_2 群体内出现 $A\_$ 半不育、$A\_$ 全可育、aa 半不育、aa 全可育株，分离比例为 3∶3∶1∶1。试分析试验的遗传背景。

21. 玉米第 6 染色体的一个易位点(T)距离黄胚乳基因(Y)较近，T 与 Y 之间的重组率为 20%。以黄胚乳的易位纯合体与正常的白胚乳纯系(yy)杂交，再以 F_1 与白胚乳纯系测交，试解答以下问题：

a. F_1 和白胚乳纯系分别产生哪些可育配子？

b. 测交子代(F_t)的基因型和表现性(黄胚乳或白胚乳，完全可育或半不育)的种类和比例如何？

22. 一株在第 2 和第 5 染色体发生了相互易位的纯合玉米植株，其控制种子颜色的 A 基因也是纯合的。若将它与正常的 a/a 植株杂交，F_1 是半不育的，表现型为 A。将 F_1 与正常亲代测交得以下结果：

1 528 半不育的 A	290 半不育的 a
272 正常可育的 A	1 454 正常可育的 a

问：A/a 距离易位点有多远？

23. 果蝇中白眼(w)、短翅(m)和叉式刚毛(f)都是隐性，并且是性连锁的。野生型雄果蝇经 X 射线处理后同隐性雌果蝇杂交，F_1 个体再用 wmf 雄果蝇测交。在多数测交培养中都具有稳定的重组率，即 w-m 为 35%，m-f 为 20%。但是有两瓶例外的培养物给出了下列结果：

培养物Ⅰ		培养物Ⅱ	
wmf 和＋＋＋	67％	wmf 和＋＋＋	80％
w＋＋和＋mf	32％	w＋＋和＋mf	2％
wm＋和＋＋f	1％	wm＋和＋＋f	18％

你怎样解释这个结果？

24. 大麦品系Ⅰ与品系Ⅱ有一个染色体易位的差别。品系Ⅰ的基因型为 aa，品系Ⅱ为 AA。两者杂交 F_1 与半不育，基因型为 Aa。当 F_1 与品系Ⅰ回交，BC_1 为 35％全可育的 aa，35％半不育的 $A\_$，15％半不育的 aa，15％全可育 $A\_$。试根据上述试验结果分析易位的位置。

主要参考书目

[1] 刘祖洞. 遗传学. 2 版. 北京：高等教育出版社，1991.

[2] 李竞雄，宋同明. 植物细胞遗传学. 北京：科学出版社，1993.

[3] 刘大钧. 细胞遗传学. 北京：中国农业出版社，1999.

[4] 浙江农业大学. 遗传学. 2 版. 北京：中国农业出版社，1989.

[5] 余其兴，赵刚. 人类遗传学导论. 北京：高等教育出版社，2000.

[6] 杨业华. 普通遗传学. 北京：高等教育出版社，2000.

[7] 里斯 H，琼斯 R N. 染色体遗传学. 北京：科学出版社，1983.

[8] William S Klug，Michael R Cummings. Essentials of Genetics. 4th. ed，2002.

第十一章　染色体数目变异

在理化因素影响下，染色体不仅有可能发生结构上的变异，而且有可能发生数目上的变异。由于染色体是基因的载体，数目的变异将改变原有的基因剂量，从而有可能改变遗传信息，引起生物性状发生变异。

19 世纪初，德·弗里斯(de H Vries)发现了巨型月见草。后来通过细胞学研究，证实了它的体细胞染色体数为 $2n=28$，是普通月见草 $2n=14$ 的 2 倍，染色体加倍导致了月见草表现巨型，由此开始了染色体数目变异的研究。

第一节　染色体组与染色体数目变异

一、染色体组及其整倍性

染色体组(chromosome set)又称为细胞核基因组(genome)。一种生物的染色体组由该物种特定数目的连锁群所组成。自然界的大多数生物，每个体细胞包含 2 个染色体组，性细胞包含一个染色体组。例如，人类每个体细胞具有 2 个染色体组，包含 23 对同源染色体；每个性细胞具有一个染色体组，包含非同源的 23 条染色体。我们通常以 x 表示某生物的一个染色体组所包含的染色体条数。由于人类的体细胞 $2n=46$，配子染色体数为 $n=23$，因此，可以用 $2n=2x=46$ 表示人类体细胞的染色体组，其含义是：人类体细胞具有 2 个染色体组，每个染色体组具有 23 条染色体(即 $x=23$)，所以一共包含 46 条染色体。

体细胞具有 2 个染色体组的生物称为二倍体(diploid)，具有 1 个染色体组的生物称为一倍体(monoploid)，具有 3 个染色体组的生物称为三倍体(triploid)，具有 4 个染色体组的生物称为四倍体(tetraploid)，依此类推。以小麦属中的若干不同物种为例，染色体组的表示方法分别为：一粒小麦(二倍体)$2n=2x=14$；二粒小麦(四倍体)$2n=4x=28$；普通小麦(六倍体)$2n=6x=42$。以上 3 个物种的 x 都等于 7。

正常生物体的体细胞都具有完整的染色体组，所以统称为整倍体(euploid)。其中具有 3 个或 3 个以上染色体组的，特称为多倍体(polyploid)。

二、染色体的整倍性变异

因为自然界大多数生物是二倍体，所以一倍体和多倍体都被视为染色体组数目的变异。这种变异表现为染色体组数目的减少或增加，即染色体组倍数发生变化，所以称为整倍性变异(euploidy variation)。

(一)一倍体

一倍体是指体细胞含有一个染色体组的生物个体。

一倍体多见于低等生物的无性世代，例如红色面包霉的菌丝体。高等二倍体生物，经过单性生殖也能产生一倍体，例如蚜虫之经过孤雌生殖，玉米之经过花粉离体培养。但一倍体一般是不育的。其原因是一倍体减数分裂时，n 条非同源染色体各自以单价体(univalent)的形式存在，不发生联会，n 条进入同一子细胞的概率极低，只有$(1/2)n$，几乎不能形成具有完整染色体组的可育配子。

能例外地在自然界生存和繁殖的一倍体，如未受精卵发育而成的雄蜂，它们之所以能产生正常配子，是因为进行着特殊的减数分裂，即省略了减数第 1 次分裂。这通常称为“假减数”。

(二)多倍体

多倍体指具有 3 个或 3 个以上染色体组的生物体。按照染色体组的来源又可分为同源多倍体(autopolyploid)和异源多倍体(allopolyploid)。同源多倍体具有全部属于同一物种的若干个染色体组，例如同源三倍体香蕉，同源四倍体马铃薯，同源六倍体甘薯。异源多倍体的若干个染色体组，则至少分别来自 2 个不同物种，例如异源四倍体普通烟草($2n=4x=48=SSTT$)，其中 2 个染色体组(SS)来自美花烟草，另外 2 个染色体组(TT)来自拟茸毛烟草。异源六倍体普通小麦($2n=6x=42=AABBDD$)，其中 2 个染色体组(AA)来自一粒小麦，2 个染色体组(BB)来自拟斯卑尔脱小麦，2 个染色体组(DD)来自方穗山羊草。

通过上面的介绍，我们已经知道，二倍体单性生殖能产生一倍体。那么，多倍体单性生殖的结果又如何呢？研究结果表明，四倍体单性生殖能产生二倍体，六倍体单性生殖能产生三倍体。总之，单性生殖产生的生物体，所具有的染色体组数目，相当于配子的染色体组数目。这类具有配子染色体组数目的生物体，遗传学上统称为单倍体(haploid)。

三、染色体的非整倍性变异

染色体数目变异的另外一种形式，是个别染色体的增加或减少，称为非整倍性变异。相对于整倍体而言，发生这种变异形成的生物体称为非整倍体(aneuploid)。

例如，玉米的2个染色体组中的1个，增加了某一条染色体时，称为三体（trisomic），以 $2n+1$ 表示；增加某2条同源的染色体时，称为四体（tetrasomic），以 $2n+2$ 表示；增加某2条非同源的染色体时，称为双三体（double trisomic），以 $2n+1+1$ 表示。以上以增加个别染色体为特征的非整倍体特称为超倍体（hyperploid）。

如果普通小麦6个染色体组中的1个，减少了某一条染色体时，称为单体（monosomic），以 $2n-1$ 表示；减少某2条同源的染色体时，称为缺体（nullisomic），以 $2n-2$ 表示；减少某2条非同源的染色体时，称为双单体（double monosomic），$2n-1-1$ 表示。以上以减少个别染色体为特征的非整倍体特称为亚倍体（hypoploid）。

为了和各种非整倍体相区别，通常将正常的 $2n$ 个体称为双体（disomic）。

下面着重讨论多倍体、单倍体和非整倍体的遗传效应。

第二节　多　倍　体

一、同源多倍体的形态特征

同源多倍体由于染色体组数目的增加，导致基因剂量的增加，常常造成某些性状的改变，主要体现在以下几个方面。

（一）表现巨大性

基因的剂量效应往往使细胞核体积、细胞体积和一些器官变大。例如，同源三倍体甜菜的块根比二倍体甜菜的大，同源四倍体草莓的果实比二倍体草莓的大。同源四倍体水稻与二倍体水稻相比，花粉粒、气孔、保卫细胞、穗子、子粒等方面，前者均比后者大。但细胞和器官并非随染色体组数目的增加而无限增大。例如，玉米的同源八倍体植株比同源四倍体的矮，半支莲和车前的同源四倍体的花反而比二倍体的小。

（二）品质提高

基因的剂量效应能增加细胞中的内含物。例如，同源三倍体甜菜的含糖量显著高于二倍体甜菜的，同源四倍体玉米的维生素A含量，比二倍体玉米的高出40%。

（三）育性降低

同源多倍体减数分裂时，由于联会的影响使得同源染色体的分配不及二倍体有规律，因而造成育性下降。

（四）其他表现型的变化

例如，二倍体西葫芦本来结梨形果实，成为同源四倍体以后，所结果实却变成扁圆形的了。

二、同源多倍体的遗传效应

（一）同源三倍体的联会和分离

同源三倍体在减数分裂时，同源的1组染色体有可能形成三价体（Ⅲ），也有可能形成1个二价体（Ⅱ）和1个单价体（Ⅰ），如图11-1所示。但是在联会的任何区段内，只能有2条染色体联会，而将第3条染色体的该同源区段排斥在外。所以，三价体的联会是松散的，很容易造成染色体的提早解离，单价体的丢失。

联会形式	偶线期形象	双线期形象	终变期或中期Ⅰ	后期Ⅰ分离
Ⅲ	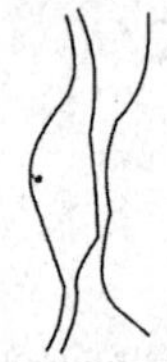		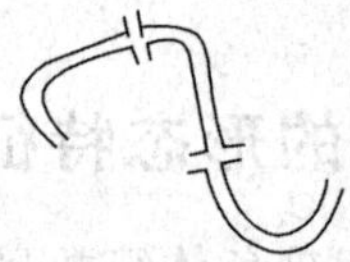	2/1
Ⅱ+1	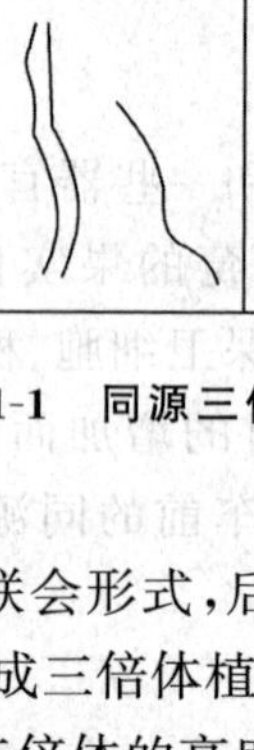	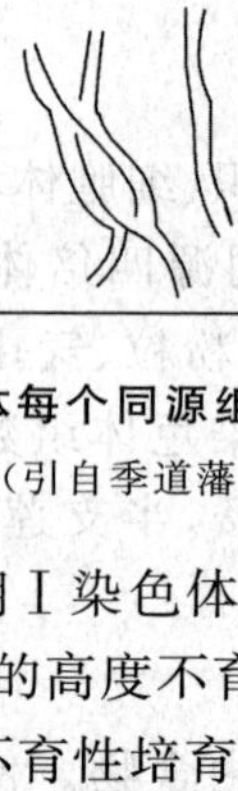	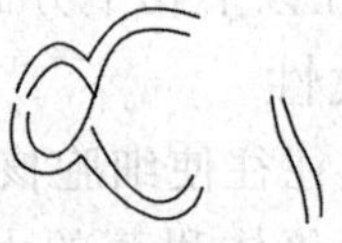	2/1 或1/2 （单价体丢失）

图11-1 同源三倍体每个同源组3个染色体的联会和分离

（引自季道藩，1991）

不论以上哪种联会形式，后期Ⅰ染色体都不能均衡分离，配子中很难含有完整的染色体组，因而造成三倍体植株的高度不育。但这并不影响三倍体植株的生长，因而生产上可以利用三倍体的高度不育性培育无子果实，如无子西瓜。另外，还有三倍体的柑橘、三倍体的香蕉等。香蕉和柑橘通常进行无性繁殖，无子西瓜也可采用组织培养的方法繁殖瓜苗，或通过杂交制种得到，即 $2X \xrightarrow{\text{秋水仙素}} 4X♀ \times 2X♂ \rightarrow 3X$。

（二）同源四倍体的联会和分离

1. 同源染色体的联会与分离　同源四倍体减数分裂时，同源的1组染色体可形成四价体（Ⅳ）；或1个三价体（Ⅲ）和1个单价体（Ⅰ）；或2个二价体（Ⅱ）；或1

个二价体(Ⅱ)和 2 个单价体，如图 11-2 所示。因为联会的任何区段只能是 2 条染色体，所以四价体或三价体为局部联会，这就必然造成联会不紧密而提早解离，于是有可能发生以下几种情况：

联会	后期Ⅰ分离
Ⅳ	2/2,3/1
Ⅲ＋Ⅰ	2/2,3/1,2/1(丢失一条染色体)
Ⅱ＋Ⅱ	2/2
Ⅱ＋Ⅰ＋Ⅰ	2/2,3/1,2/1(丢失一条染色体),1/1(丢失 2 条染色体)

同源四倍体与同源三倍体比较，虽然同样会发生不均衡分离，但前者却存在许多均衡分离(2/2)的情况。同源四倍体玉米由于主要以Ⅳ和Ⅱ＋Ⅱ进行联会，所以 2/2 分离占重要地位。

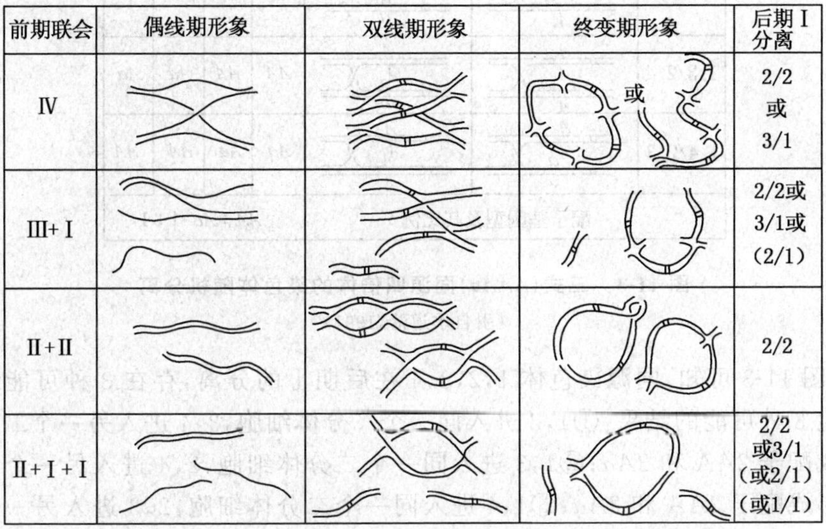

图 11-2　同源四倍体每个同源组染色体的联会和分离

(引自季道藩,1991)

2. 基因的分离　由于同源四倍体染色体分离有一定程度的规律性，因而能够形成可育的配子，位于染色体上的基因能通过可育配子传递到子代，因此我们有必要认识其基因的传递规律。

同源四倍体某一座位上的等位基因，例如 *A-a*，可能有①*AAAA*(称为四式)；②*AAAa*(三式)；③*AAaa*(二式)；④*Aaaa*(单式)；⑤*aaaa*(零式)等 5 种组成形式。

除四式和零式外，其余 3 种为杂合体，在自交过程中将会出现分离。现在我们以三式为例讨论基因的分离。

(1)染色体随机分离：当某基因座位离着丝粒很近，以致基因与着丝粒之间很难发生交换时，基因的分离以染色体为单位，称为染色体随机分离。分离情况如图 11-3 所示。

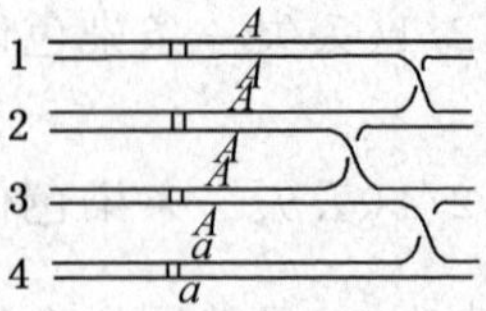

后期Ⅰ的分离	二分体基因型之一	二分体基因型之二	配子基因型之一	配子基因型之二	配子基因型之三	配子基因型之四
1,2/3,4	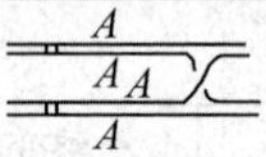	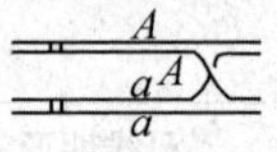	*AA*	*AA*	*Aa*	*Aa*
1,3/2,4	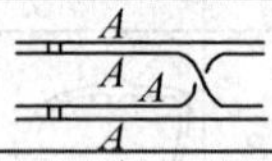	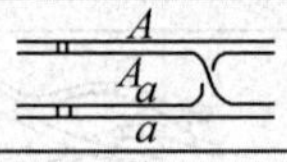	*AA*	*AA*	*Aa*	*Aa*
1,4/2,3	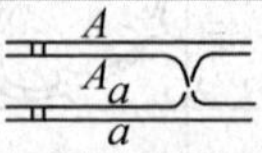	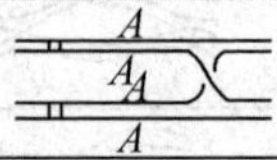	*Aa*	*Aa*	*AA*	*AA*
配子基因型及其比例			*AA*∶*Aa*=1∶1			

图 11-3　三式(*AAAa*)同源四倍体的染色体随机分离

(引自季道藩，1991)

由图 11-3 可知，同源染色体 1,2,3,4 在后期Ⅰ的分离，存在 3 种可能组合方式，产生 3 种可能的结果：①1,2 进入同一个二分体细胞，3,4 进入另一个二分体细胞，形成配子 2*AA* 和 2*Aa*；②1,3 进入同一个二分体细胞，2,4 进入另一个二分体细胞，形成配子 2*AA* 和 2*Aa*；③1,4 进入同一个二分体细胞，2,3 进入另一个二分体细胞，形成配子 2*Aa* 和 2*AA*。所以三式(*AAAa*)同源四倍体所形成配子的基因型及其比例为 *AA*∶*Aa*＝1∶1。因此，这个 *AAAa* 的自交子代，表现型及其比例为 $(1AA:1Aa)^2=4A\_:0aa$。

同理可推算复式和单式。其最终结果如下：

复式：配子基因型及其比例：*AA*∶*Aa*∶*aa*＝1∶4∶1

自交子代表现型及其比例：$(1AA:4Aa:1aa)^2=35A\_:1aa$

或 $(5A\_:1aa)^2=35A\_:1aa$

单式：配子基因型及其比例：*Aa*∶*aa*＝1∶1

自交子代表现型及其比例：$(1Aa:1aa)^2=3A\_:1aa$

(2)染色单体随机分离：如果基因座位远离着丝粒，以致所有的交换都发生在该基因与着丝粒之间，则基因的分离以染色单体为单位，称为染色单体随机分离。这时，每根染色单体上的基因，都能和另外 7 根上的基因自由组合进入配子。因而染色单体随机分离方式可按组合公式计算：

$$C_n^p=\frac{n!}{p!\,(n-p)!}\qquad C_n^n=1$$

如三式，基因型为 $AAAa$，按染色单体分离为 $AAAAAAaa$，则各种配子比例如下：

AA 型配子为 $C_6^2=\frac{6!}{2!\,(6-2)!}=15$

Aa 型配子为 $C_6^1C_2^1=\frac{6!}{1!\,(6-1)!}\times\frac{2!}{1!\,(2-1)!}=12$

aa 型配子为 $C_2^2=1$

∴配子比例为：$15AA:12Aa:1aa$

表现型比例：$(27A\_:1aa)^2=783A\_:1aaaa$

同理可推算复式：$AAAAaaaa$

AA 型配子为 $C_4^2=\frac{4!}{2!\,(4-2)!}=6$

Aa 型配子为 $C_4^1C_4^1=\left[\frac{4!}{1!\,(4-1)!}\right]^2=16$

aa 型配子为：$C_4^2=6$

配子比例为：$3AA:8Aa:3aa$

表现型的比例为：$(11A\_:3aa)^2=187A\_:9aaaa$

同理可推算单式：$AAaaaaaa$

则 $AA:Aa:aa=C_2^2:C_2^1C_6^1:C_6^2=1:12:15$

∴表现型比为$(13A_:15aa)^2=559A_:225aaaa$

以上介绍的基因的两种分离方式，分别发生在两种极端情况之下，一是该基因与着丝粒之间完全没有交换；二是该基因与着丝粒之间充分交换。而在实际上，性母细胞减数分裂时发生的交换往往介于以上两者之间，所以最终产生的配子比例、子代表现型比例理应介于以上两者之间。

三、异源多倍体的遗传效应

异源多倍体往往兼具其不同原始物种的特征特性，但一般并不表现巨大性。

它的遗传效应，因所含染色体组的倍数性不同而异。

(一)偶倍数的异源多倍体

偶倍数异源多倍体最简单的一种是异源四倍体，例如普通烟草（$2n=4x=48=SSTT$）。异源四倍体又称为双二倍体（amphidiploid），因为它是由2个不同物种的二倍体，在进化过程中合成的。例如，上述普通烟草是由二倍体的美化烟草（$2n=2x=24=SS$），和二倍体的拟茸毛烟草（$2n=2x=24=TT$）合成的。科学家以这两种原始烟草为亲本进行杂交，然后对 F_1 进行染色体加倍，所得到的异源四倍体在形态上与普通烟草相似，从而推断异源四倍体起源于2个不同物种的二倍体。异源四倍体或双二倍体的通式为 $2n=4x=AABB$，A 和 B 分别代表2个不同原始物种的染色体组。

典型的偶倍数异源多倍体，通常具有二倍体正常的遗传效应。例如，正常的普通小麦（$2n=6x=42=AABBDD$），在减数分裂时，一个A染色体组的7条染色体与另一个A染色体组的7条染色体正常联会，形成7个二价体；一个B染色体组的7条染色体与另一个B染色体组的7条染色体正常联会，形成7个二价体；一个D染色体组的7条染色体与另一个D染色体组的7条染色体正常联会，形成7个二价体，一共出现21个二价体，最终产生具有21条染色体的配子，全部正常可育。植物界有1/2物种是异源多倍体，禾本科的2/3物种是异源多倍体。自然界存在的这些异源多倍体几乎都是偶倍数的，因此它们的染色体联会、基因分离和配子的育性，都具有与二倍体植物相同的表现。

但是另有一些偶倍数异源多倍体，在减数分裂过程中出现异源联会（allosynapsis）现象，即不同物种染色体间发生局部联会的现象。这种异源多倍体特称为节段异源多倍体。例如，丝翠雀（$2n=4x=32=HHRR$），H组的个别染色体与R组的个别染色体，因为具有局部的同源区段而发生联会，所以显微镜下除了能观察到正常二价体外，还能观察到四价体，结果染色体分配不尽平衡，产生一部分不育的配子。一般认为，节段异源多倍体起源于具有共同祖先的2个不同物种。

(二)奇倍数的异源多倍体

染色体组倍数为奇数的异源多倍体，通常是偶倍数多倍体的杂交子代。例如：

$$\begin{array}{ccc}\text{普通小麦}(6x) & \times & \text{圆锥小麦}(4x) \\ AABBDD & \downarrow & AABB \\ & AABBD \quad 2n=5x=14\,\text{II}+7\,\text{I} & \end{array}$$

$AABBD$ 是异源五倍体，减数分裂时出现14个二价体和7个单价体，单价体的出现意味着所形成的配子育性不正常。一般认为，减数分裂时出现的单价体的比例越高，则不育配子的比例越高，即配子的育性越低。例如，普通小麦(*AABBDD*)与提莫菲维小麦(*AAGG*)杂交得到的 F_1 代(*AABDG*)虽然也是异源五倍体，但它在减数分裂时出现 7 个二价体和 21 个单价体，单价体的比例较高，所以配子育性低于前一个异源五倍体 *AABBD*。

有一种奇倍数异源多倍体，特称为倍半二倍体(sesquidiploid)，因为它的染色体组中，有一个物种的染色体组是双倍存在的，而另一个物种的染色体组是单倍存在的。例如：

普通烟草(*TTSS*)×黏毛烟草(*GG*)

↓

TSG

↓ 染色体加倍

TTSSGG　×*TTSS*

↓

TTSSG

倍半二倍体

本例的倍半二倍体，含有普通烟草双倍的染色体组(*TTSS*)和黏毛烟草单倍的染色体组(G)。

四、多倍体的形成途径和应用

(一)多倍体的形成途径

1. 未减数配子结合　存在于自然界的多倍体，主要是未减数的配子结合产生的。未减数配子，是指减数分裂异常，染色体复制一次、性母细胞只分裂一次所形成的配子。二倍体的未减数配子具有其体细胞的染色体组数目($2x$)。$2x$ 配子与正常配子结合可产生三倍体，例如曾发现二倍体桃的大粒花粉($2x$)授到自己的柱头上，产生三倍体的桃。如果 $2x$ 的雌、雄配子结合，则可产生四倍体，例如 Karpechenko(1927)曾在远缘杂种植株上发现少量自交产生的四倍体种子。该远缘杂种植株，是萝卜(*Raphanus sativus*，$2n=2x=18=RR$)和甘蓝(*Brassica oleracea*，$2n=2x=18=BB$)这 2 个不同属的物种杂交得到的 F_1 代($2n=2x=18=RB$)。这个 F_1 代杂种属于二倍体，它在自然发生的异常减数分裂中，形成极少数可育的未减数配子($n=2x=18=RB$)。这些可育的雌、雄配子结合，便产生四倍体($2n=4x=36=RRBB$)的种子。Karpechenko 将这些种子播种，得到的植株地上部分像萝卜的茎叶，地下部分像甘蓝的根，已被科学界公认为一个新的属，并命名为 *Raphano-*

brassica 属。

2.体细胞染色体加倍　人工诱导多倍体多经过这种途径。1936年以来的实践证明，用于处理体细胞所采用的化学药品，以秋水仙素效果最佳，目前仍然广泛使用。秋水仙素是由名叫秋水仙的植物的鳞茎和种子中提炼出来的一种生物碱，其化学分子式为$C_{22}H_{25}O_6N$。它可以渗入正在分裂的分生细胞中，抑制纺锤丝的形成，染色体正常复制而细胞不分裂，因此形成染色体数目加倍的细胞。

人工诱导多倍体时，用秋水仙素处理二倍体物种可得到同源四倍体，例如，曾由二倍体草莓得到了四倍体草莓。如处理种间杂种则可得到异源多倍体，例如将普通小麦($2n=6x=42=AABBDD$)与黑麦($2n=2x=14=RR$)的杂种($2n=4x=28=ABDR$，不育)进行染色体加倍，已得到八倍体小黑麦($2n=8x=56=AABBDDRR$，可育)。我国遗传学家鲍文奎用这种方法选育的小黑麦品种已经在我国云贵高寒地区推广，小黑麦也被科学界公认为一个新的属，并命名为小黑麦属。

(二)多倍体的应用

多倍体的应用，上面论述原理时已经有所涉及，现在归纳如下：

(1)克服远缘杂交不孕性(不孕是指杂交当代不能正常受精)。例如，甘蓝由二倍体变为四倍体后更容易与白菜杂交而获得种子。

(2)克服远缘杂种不结实。例如，普通小麦与黑麦的杂交一代不育，加倍后可育。

(3)育成高产、优质或抗逆的新类型。例如，三倍体甜菜产量和含糖量显著高于二倍体甜菜。

(4)创造中间亲本。例如，将二倍体甜菜加倍为四倍体，作为获得三倍体甜菜的杂交亲本。

(5)利用多倍体的巨大性。例如，利用四倍体枸杞的大粒。

(6)利用多倍体可孕性低，获得无子或少子的果实。例如，无子西瓜。

第三节　单倍体

一、单倍体的分类

单倍体是指具有配子染色体组数的个体。由于产生单倍体的各物种之间，自身含有的染色体组数目有所不同，因而单倍体又可以分为单元单倍体和多元单倍体。单元单倍体是指由二倍体物种如水稻、玉米所产生的单倍体，所以它必然是一倍体。普通小麦、普通烟草等多倍体物种所产生的单倍体称为多元单倍体。多元单倍体的染色体组数目因具体物种而异，如普通小麦($6x$)的单倍体具有3个染色体组，是三倍体；普通烟草($4x$)的单倍体具有2个染色体组，是二倍体。产生以上任何一类单倍体的物种，不论它们是二倍体或多倍体，对于各自的单倍体来说，都称为双倍体(amphiploid)。

二、单倍体的来源

(1)由单性生殖产生。如孤雌或孤雄生殖产生单倍体。自然界高等植物的单倍体多以这种方式产生，例如，在番茄、棉花、大麦中发现的单倍体。

(2)花药离体培养。通过花药或花粉的离体培养，直接从花粉产生单倍体植株。这种方法已在很多植物中获得了成功。在产生单倍体之后，还可以通过染色体加倍，获得完全纯合的双倍体。例如，利用普通小麦基因型为 $AaBb$ 的 F_1 植株的花药进行离体培养，能产生基因型分别为 AB, Ab, aB, ab 的单倍体幼苗，再用秋水仙素对它们进行处理，能获得基因型分别为 $AABB$, $AAbb$, $aaBB$, $aabb$ 的双倍体植株。

(3)通过远缘杂交产生。远缘杂交产生的合子，在发育过程中往往出现其中一个物种的染色体逐渐消失的现象。例如，栽培小麦和球茎大麦杂交后，球茎大麦的染色体逐步消失，最后产生只含有小麦染色体组的单倍体。这可能是双亲染色体分裂不同步造成的。

三、单倍体的表现型特征

(1)器官、个体相对弱小。这是因为细胞中只含有正常 $2n$ 个体半数的染色体组。

(2)一般表现高度不育。玉米、番茄等产生的单元单倍体，只含一个染色体组，减数分裂时没有同源染色体可以联会，只能形成单价体，最终形成的配子一般不含完整的染色体组，因此表现高度不育。由异源多倍体如普通小麦、普通烟草等产生的多元单倍体，虽然具有多个染色体组，但这些染色体组之间一般不具有同源性，在减数分裂时不能发生联会，所以同样不能形成可育配了。但是，由同源四倍体例如马铃薯产生的多元单倍体，具有2个完全同源的染色体组，在减数分裂时能正常联会，因此配子育性正常。

四、单倍体的利用

(1)用于加速育种进程。通过 F_1 植株的花药培养诱导产生单倍体，再进行染色体加倍，可以获得纯合二倍体，从而缩短育种年限、提高育种效率。例如：

抗病品种 $AAbb \times aaBB$ 耐盐品种

↓

F_1 $AaBb$

F_1 植株的配子：

	AB	Ab	aB	ab
花药培养：	↓	↓	↓	↓
单倍体植株：	AB	Ab	aB	ab
选择：	AB			
染色体加倍	↓			
	$AABB$ 抗病、耐盐			

与常规杂交育种相比：缩短年限（杂交育种一般需要 6～7 年）

增加入选植株（杂交 F_2 中的 $AABB$ 仅占 1/16）

(2)作为遗传学研究的材料。除了一些例外，一般单倍体中的基因是成单存在的，隐性基因能不受显隐关系的影响而直接表现出来，因此便于研究各种基因。除了一些例外，一般单倍体减数分裂时不发生联会，如果出现联会现象则可推测异源的（不同物种的）染色体之间可能存在局部的同源区段。

第四节 非 整 倍 体

一、非整倍体的成因

非整倍体是在 $2n$ 基础上增减个别染色体的生物体。第一例有关非整倍体的报道是在 1857 年。当时 Bushman 在研究燕麦时发现了表现变异的个体，并命名为拟燕麦，但他并不知道变异的真实原因。1927 年，Husknis 证实拟燕麦的出现实际上是由于燕麦染色体数目的非整倍性变异。

现在知道，非整倍性变异起因于细胞分裂时发生异常染色体行为，形成染色体数目异常的配子。其中最重要的异常染色体行为有减数分裂时发生的个别同源染色体不分离，个别姊妹染色单体不分离，和个别联会染色体提早解离。这些异常现象往往由于自然界或实验室的射线、化学物质的作用而发生。主要表现为：

(1)个别同源染色体不分离。在射线等理化因素作用下，进行减数第 1 次分裂的性母细胞有个别同源染色体不发生分离，而是进入同一个二分体细胞，结果这一个二分体细胞接受了 $n+1$ 条染色体，而另一个二分体细胞接受的是 $n-1$ 条染色体，最终分别形成染色体数目为 $n+1$ 和 $n-1$ 的配子。

(2)个别姊妹染色单体不分离。在射线等理化因素作用下，进行减数第 2 次分裂的性母细胞有个别姊妹染色单体不发生分离，而是进入同一个四分体细胞，结果这一个四分体细胞接受了 $n+1$ 条染色体，而另一个四分体细胞接受的是 $n-1$ 条染色体，最终分别形成染色体数目为 $n+1$ 和 $n-1$ 的配子。

(3)个别联会染色体提早解离。在射线等理化因素作用下，进行减数第 1 次分裂的性母细胞有个别二价体提早解离成为 2 个单价体，细胞核分裂时单价体容易因行动落后于正常染色体而被遗弃在细胞质中，因此有的二分体细胞接受的是 $n-1$条染色体，最终形成染色体数目为 $n-1$ 的配子。同源多倍体减数分裂时，三价体、四价体的提早解离也是产生染色体数目异常配子的原因。

上述不同情况形成的异常染色体配子，相互结合或与正常 n 配子结合，即可产生各种非整倍体。

二、单体和缺体的遗传

本章以单体和缺体代表亚倍体，讨论其遗传效应。有些二倍体动物的亚倍体，表现是正常的，如一些昆虫(蝗虫、蟋蟀、甲虫)的雄性，性染色体仅有一条 X 染色体，即 *XO* 型，这样的个体实际上是单体，但表现正常可育。二倍体植物产生的亚倍体，配子没有生活力，个体不能正常发育；但异源多倍体植物，例如，普通烟草、普通小麦，丢失的个别染色体的作用往往能被另一染色体组的相应染色体所补偿，所以通常它的异常配子具有生活力，它的单体、缺体还能生长发育。

(一)单体的遗传

单体是比正常 $2n$ 个体少一条染色体的个体，可记作 $2n-1$ 或$(n-1)$Ⅱ＋Ⅰ。这里的Ⅱ表示二价体，Ⅰ表示单价体。例如，异源四倍体普通烟草($2n=4x=48=$SSTT$=24$Ⅱ)可有 24 种单体，分别表示为 $2n-$Ⅰ$_{A}$，$2n-$Ⅰ$_{B}$，$2n-$Ⅰ$_{C}$，$2n-$Ⅰ$_{D}$……$2n-$Ⅰ$_{W}$，$2n-$Ⅰ$_{Z}$。异源六倍体普通小麦($2n=6x=42=$AABBDD$=21$Ⅱ)可有 21 种单体，分别表示为 $2n-$Ⅰ$_{1A}$……$2n-$Ⅰ$_{7A}$，$2n-$Ⅰ$_{1B}$……$2n-$Ⅰ$_{7B}$，$2n-$Ⅰ$_{1D}$……$2n-$Ⅰ$_{7D}$。这些单体之间，以及它们与双体之间，在形态特征上存在某些差异。

从理论上说，单体产生的 n 和 $n-1$ 两种配子的比例为 1∶1，而且 n 与 $n-1$ 配子以同等生活力进行传递，因此自交子代中双体∶单体∶缺体＝1∶2∶1。但实验结果表明，单体的自交后代并不表现上述比例。其原因是：①单价体在减数分裂过程中不同程度地被遗弃，往往造成 $n-1$ 配子数大于 n 配子数的结果；②$n-1$ 花粉的花粉管生长速度远不及 n 花粉的，因此前者竞争力远低于后者；③子代中的 $2n$，$2n-1$，$2n-2$ 等个体如果存活情况不同，也会影响它们之间的比例。

以普通小麦的单体植株为例，正反交的试验结果表明，实际参与受精的花粉中，n 的花粉占 96％，$n-1$ 的花粉占 4％，这是花粉竞争能力显著不同的表现。但该单体植株所形成的胚囊以 $n-1$ 的居多，所以在实际参与受精的胚囊中，n 胚囊只占 25％，$n-1$ 胚囊则占 75％。因此，如下表所示，普通小麦的单体自交子代中，双体占 24％，单体占 73％，缺体占 3％，而不表现 1∶2∶1。

♀ \ ♂	n 0.96	$n-1$ 0.04
n 0.25	$2n$ 0.24	$2n-1$ 0.01
$n-1$ 0.75	$2n-1$ 0.72	$2n-2$ 0.03

（二）缺体的遗传

缺体是比双体少了一对同源染色体的个体，可表示为 $2n-2$ 或 $(n-1)$Ⅱ。它一般来源于单体自交，单体 $n-1$ 的雌雄配子结合即形成子代中的缺体。缺体产生染色体数为 $n-1$ 的配子。

缺体一般表现为生活力差，育性低，只存在于异源多倍体的群体中，但可以作为遗传研究的材料。目前普通小麦的 21 对染色体都有了缺体，并各具特征，如 $2n-\text{Ⅱ}_{5A}$ 发育为斯卑尔脱小麦穗型，$2n-\text{Ⅱ}_{7D}$ 约半数植株不育，$2n-\text{Ⅱ}_{4D}$ 花粉表面正常但不能受精，$2n-\text{Ⅱ}_{3D}$ 果皮白色（双体株应为红色）。正常双体 18Ⅱ＋$3D\text{Ⅱ}^{R_1R_1}+3A\text{Ⅱ}^{r_2r_2}+3B\text{Ⅱ}^{r_3r_3}$ 表现为红果皮，当 $3D\text{Ⅱ}^{R_1R_1}$ 缺失后，则表现为白皮，由此也证明，决定果皮色泽的基因 R_1-r_1 往于 3D、3A、3B 染色体上。缺体 $2n-\text{Ⅱ}_{2A}$ 和 $2n-\text{Ⅱ}_{3B}$ 均染色体配对不正常，因此认为 2A、3B 染色体上具有控制染色体配对的 1 个或几个基因。

三、三体和四体的遗传

本章以三体和四体代表超倍体，讨论其遗传效应。

（一）三体的遗传

三体是双体中某对染色体多出一条的个体，可表示为 $2n+1$ 或 $(n-1)$Ⅱ＋Ⅲ。由于多出一条染色体的影响一般不及缺少一条染色体的，所以二倍体植物群体中也能存在三体。现在已获得玉米、普通小麦、番茄等许多作物的三体。

1. 性状的变异　三体一般与双体相似或生长势稍弱，有的则表现为某些性状的差异。最早的典型例子是直果曼陀罗蒴果的多种变异类型（图 11-4）。此外，还发现人类中的三体，如 18 号染色体的三体（18Ⅲ，Edwards 氏综合征）、21 号染色体的三体（21Ⅲ，Down 氏综合征）、13 号染色体的三体（13Ⅲ，Patau 氏综合征）等。

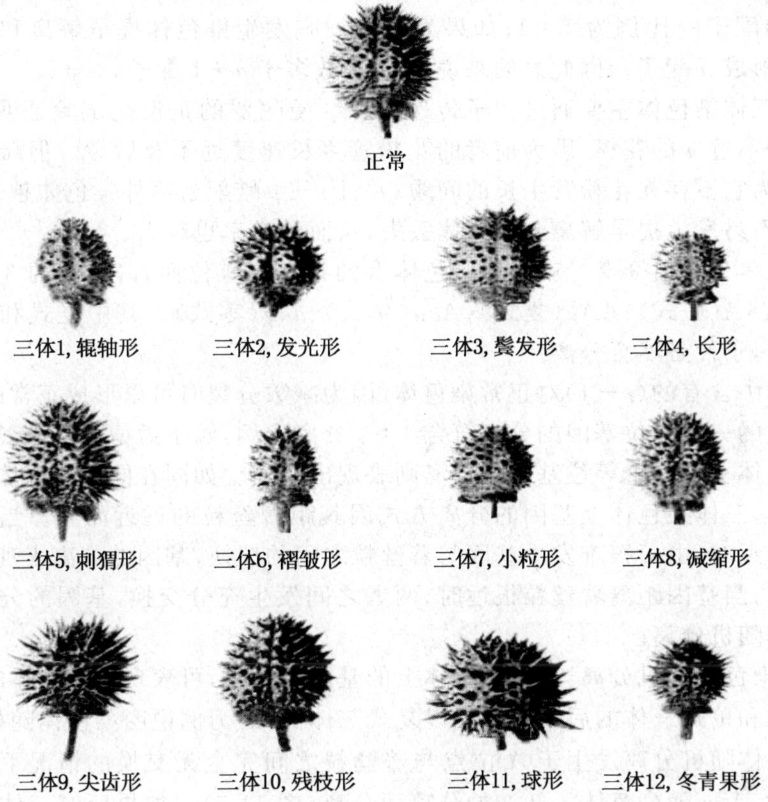

图 11-4　曼陀罗三体的果型

（引自黎中明，林文君，1988，略有改动）

2. 三体的类型　三体因所增加的染色体具有不同特点，而分为初级三体、次级三体和三级三体。初级三体指在 $2n$ 基础上增加某一条正常染色体；次级三体指在 $2n$ 基础上增加一条等臂染色体；三级三体指在 $2n$ 基础上增加一条易位染色体。某一对同源染色体增加一条染色体后，即形成一个同源组，称为三体染色体。

3. 染色体的联会和传递

(1) 三体染色体的联会特点：我们在讲同源三倍体时讲到了 3 条染色体联会的特点，即形成三价体，或形成 1 个二价体和 1 个单价体。形成三价体时，每区段只能有2条染色体联会，容易提早解离，造成单价体丢失。形成1个二价体和1个单价体时，其中的单价体也容易丢失。这些联会和传递的特点，同样存在于三体之中。但是，同源三倍体是对所有同源组而言；三体则只是对三体染色体而言。

(2)三体能形成染色体数不同的两种不同配子：三体能形成染色体数目不同的两种配子，即 n 和 $n+1$。如果某性母细胞不发生染色体提早解离和单价体丢失，则该两种配子的比例为1∶1；如果某性母细胞发生染色体提早解离和单价体丢失，则只形成 n 配子。因此总的来说，n 配子数多于 $n+1$ 配子。

(3)三体染色体主要通过卵子传递：玉米、曼陀罗的正反交试验证明，$n+1$ 的花粉竞争不过 n 的花粉，因为前者的花粉管生长速度远不及后者。但雌配子较易传递，因为它不存在花粉管生长的问题；并且 $n+1$ 雌配子额外染色体越长，则交叉越多，越不易发生提早解离和单价体丢失，从而传递率也越大。

4.三体的基因分离　就三体染色体上的某基因座位而言，等位的3个基因可表示为 AAA(三式)、AAa(复式)、Aaa(单式)、aaa(零式)。其中复式和单式为杂合基因型，子代必然会分离。

三体中含有的$(n-1)$对正常染色体，因为减数分裂时可以形成正常的二价体，染色体上的一对等位基因的分离符合1∶1分离比例，属于孟德尔式分离。而位于三体染色体上的3个等位基因的分离则表现出变异。如同在同源四倍体中讨论的情况一样，三体染色体上基因的分离方式因其距着丝粒的远近而异。当基因位于着丝粒附近时，由于很难发生基因与着丝粒之间的交换，基因的分离表现为染色体随机分离；当基因距离着丝粒很远时，两者之间发生充分交换，基因的分离表现为染色单体随机分离。

(1)染色体随机分离：三体染色体上的基因的分离，可表现于杂合体的后代，即复式三体和单式三体的后代。下面以复式三体AAa为例说明染色体随机分离。

染色体随机分离发生于 A 位点与着丝粒之间完全无交换的情况下。这时等位基因 A，A，a 随染色体1，2，3的分离而分离(图11-5)。如果所有三体染色体按2/1分离，则将以相同的概率(1∶1)形成 $n+1$ 和 n 配子，其中 $n+1$ 配子的基因型为 AA 和 Aa，n 配子的基因型为 A 和 a。结果所形成全部配子的基因型及其比例为 $AA:Aa:A:a=1:2:2:1$，即 $5A\_:1a$。根据分离规律，如果各类配子参与受精机会相等，则 F_2 表现型为 $(5A\_:1a)^2=35[A]:1[a]$。

同源染色体的3种组合	1，2/3	2，3/1	1，3/2
二分体	AA，AA/aa	AA，aa/AA	AA，aa/AA
四分体	$AA/AA/a/a$	$Aa/Aa/A/A$	$Aa/Aa/A/A$

图11-5　复式三体 *AAa* 基因的染色体随机分离

以上理论计算所得各类配子比例，与实验结果之间会存在偏差。这是因为理论计算以假设所有三体染色体按 2/1 分离，不出现单价体丢失为前提；而实际上，实验中会出现不同程度的单价体丢失。在许多情况下，在实际参与受精的雌配子中，$n+1$ 雌配子只占 1/4 而 n 雌配子占 3/4，即三体的额外染色体通过雌配子的传递率为 25%。在实际参与受精的雄配子中，则几乎没有 $n+1$ 雄配子而只有 n 雄配子，即三体额外染色体通过雄配子的传递率几乎为零。在这样的传递率下，实际参与受精的雌配子的基因型为 $AA:Aa:A:a=(1\times\frac{1}{4}):(2\times\frac{1}{4}):(2\times\frac{3}{4}):(1\times\frac{3}{4})$，实际参与受精的雄配子的基因型为 $A:a=2:1$，因而 F_2 表现型比例应为 $11A\_:1aa$。

(2)染色单体随机分离：如果某复式三体 AAa 的基因距着丝粒很远，以至于基因与着丝粒间发生充分交换，即 6 条染色单体可以自由组合，则基因的分离以染色单体为单位随机组合。因此：

该 AAa 所产生的配子，$n+1$ 的有 $C_6^2=\frac{6!}{(6-2)!\ 2!}=\frac{6\times5\times4\times3\times2\times1}{4\times3\times2\times1\times2\times1}=15$ 种组合，其中：基因型为 AA 的有 $C_4^2=4!\ /(4-2)!\ 2!\ =6$ 种组合；基因型为 Aa 的有$(C_4^1)(2C_1)=[(4!)/(4-1)!]=8$ 种组合；基因型为 aa 的有 $C_2^2=1$ 种组合。

在无单价体丢失情况下，$n+1$ 和 n 配子数目相等，所以 $n+1:n=15:15$；又由于 AAa 中的载 A 染色单体比载 a 染色单体多一倍，所以 n 配子中 $A:a=10:5$。总而言之，该三体的全部配子基因型和比例为 $AA:Aa:aa:A:a=6:8:1:10:5$。

假设 $n+1$ 和 n 配子同等机会受精，则根据分离规律，自交子代(F_2)基因型比例为 $12AAA:22AAa:10Aaa:1aaa:20AA:20Aa:5aa$，表现型比例为 $A\_:a=14:1$。如果 $n+1$ 配子的传递率低于 n 配子的，则 a 表现型个体的比例升高。

(二)四体的遗传

四体是双体中的某对染色体，增加同源的 2 条染色体，可表示为 $2n+2$ 或$(n-1)$Ⅱ＋Ⅳ。$(n-1)$Ⅱ表示$(n-1)$对正常的同源染色体；Ⅳ表示 4 条同源的染色体，称为四体染色体。四体主要来自三体 $n+1$ 配子与 $n+1$ 配子的结合。曾利用“四体—缺体”植株研究异源染色体组之间的部分同源性，例如，普通小麦的一种“四体—缺体”植株 $2n+$Ⅱ$_{2B}-$Ⅱ$_{2D}$减数分裂正常，产生的花粉也正常，表明增加的Ⅱ$_{2B}$替代了丢失的Ⅱ$_{2D}$的作用。

1. 染色体的联会与传递　四体的$(n-1)$对正常染色体在减数分裂时能正常联会和分离；一组四体染色体的联会和分离方式则与同源四倍体中的某一同源组的相同，即联会时可出现Ⅳ，Ⅲ＋Ⅰ，Ⅱ＋Ⅱ或Ⅱ＋Ⅰ＋Ⅰ等多种情况，而且Ⅳ或Ⅲ就某一区段来说只能有 2 条染色体联会,因而也有提早解离现象。

但与三体比较,偶数的染色体更有利于联会,容易形成 2/2 均衡分离,所以四体较三体稳定。例如,已从普通小麦三体后代中,分离出 21 个不同的四体,自交后代大约有 73.8%的植株仍为四体,少数四体甚至产生 100%四体后代。

2. 四体基因的分离　四体的基因,位于$(n-1)$Ⅱ上的,因染色体正常联会与分离,所以按孟德尔规律分离。位于四体染色体上的基因,则因三式($AAAa$)、复式($AAaa$)、单式($Aaaa$)的不同而有不同的分离情况,如同前述同源四倍体的一个同源组。

四、非整倍体的应用

非整倍体本身在生产上并无直接利用价值,但在遗传理论研究及育种中却有多方面的用途,以下只介绍其中 2 个方面。

(一)基因的染色体定位

1. 隐性基因的测定(利用单体)　以隐性双体(例如 aa),与表现显性的单体(例如 $A\_$)杂交,得到 F_1 代,观察 F_1 代植株的表现并镜检染色体。如果表现隐性的都是单体,即可确定亲本的 A 位于单体染色体上:

P　a 表现型双体　　　　　　A 表现型单体(A 在单体染色体上)

　$(n-1)$ Ⅱ $+$ Ⅱ^{aa}　　　×　　　$(n-1)$ Ⅱ $+$ Ⅰ^{A}

↙↘

F_1　　$2n$　　　　　　　　　$2n-1$

　$(n-1)$ Ⅱ $+$ Ⅱ^{Aa}　　　　$(n-1)$ Ⅱ $+$ Ⅰ^{a}

　A 表现型(双体)　　　　　a 表现型(单体)

如果 F_1 不论是单体还是双体一律表现为显性,则亲本的 A 不在单体染色体上:

　a 表现型双体　　　　　　A 表现型单体(A 不在单体染色体上)

P $(n-2)$ Ⅱ $+$ Ⅱ^{aa} $+$ Ⅱ　×　$(n-2)$ Ⅱ $+$ Ⅱ^{AA} $+$ Ⅰ

↙↘

　　$2n$　　　　　　　　　　$2n-1$

F_1 $(n-2)$ Ⅱ $+$ Ⅱ^{Aa} $+$ Ⅱ　　$(n-2)$ Ⅱ $+$ Ⅱ^{Aa} $+$ Ⅰ

　A 表现型　　　　　　　　A 表现型

在实际操作时,需要用一个 a 表现型双体,与 A 表现型的一系列单体分别杂交。例如，普通烟草（$2n=4x=48=SSTT$），需要用表现黄绿苗（yg_2）的双体，与表现绿苗（$Yg_2\_$）的 24 种单体杂交，这 24 种单体就是以前讲过的 $2n-\mathrm{I}_A$，$2n-\mathrm{I}_B$，$2n-\mathrm{I}_C$，$2n-\mathrm{I}_D$……$2n-\mathrm{I}_W$，$2n-\mathrm{I}_Z$。对这 24 个杂交组合所产生的 F_1 进行观察和镜检的结果，将只有一个组合的 F_1 的单体表现黄绿苗，从而确定黄绿苗基因在哪一个单体染色体上。

2. 显性基因的测定（利用单体）　方法与测定隐性基因基本相同，但所用双体亲本为纯合显性（II^{AA}），单体亲本表现隐性（I^a 或 II^{aa}），得到 F_1 后还需要进行一次自交。

如果 AA 正好与 a 单体（I^a）杂交，则 F_1 单体自交后代中的双体和单体都表现显性（$A\_$）：

A 表现型的纯合双体　　　　　　　　a 表现型的单体

P　$(n-1)\mathrm{II}+\mathrm{II}^{AA}$　　×　　$(n-1)\mathrm{II}+\mathrm{I}^a$

F_1　$2n-1$　　　　　　　　$2n$

$(n-1)\mathrm{II}+\mathrm{I}^A$　　　　　　$(n-1)\mathrm{II}+\mathrm{II}^{Aa}$

↓⊗

	$(n-1)\ \mathrm{I}$	$(n-1)\ \mathrm{I}+\mathrm{I}^A$
$(n-1)\ \mathrm{I}$	$(n-1)\ \mathrm{II}$ 缺体	$(n-1)\ \mathrm{II}+\mathrm{I}^A$ 单体（A 表型）
$(n-1)\ \mathrm{I}+\mathrm{I}^A$	$(n-1)\ \mathrm{II}+\mathrm{I}^A$ 单体（A 表型）	$(n-1)\ \mathrm{II}+\mathrm{II}^{AA}$ 双体（A 表型）

如果单体亲本不是 I^a，则 F_1 单体自交后代中的双、单、缺体都会出现少数表现隐性性状的个体：

A 表型的纯合双体　　　　　　　　a 表型的单体

P　$(n-2)\mathrm{II}+\mathrm{II}^{AA}+\mathrm{II}$　　×　　$(n-2)\mathrm{II}+\mathrm{II}^{aa}+\mathrm{I}$

F_1　$2n-1$　　　　　　　　$2n$

$(n-2)\mathrm{II}+\mathrm{II}^{Aa}+\mathrm{I}$　　　　$(n-2)\mathrm{II}+\mathrm{II}^{Aa}+\mathrm{II}$

↓⊗

	$(n-2)$ Ⅰ＋$Ⅰ^{a}$	$(n-2)$ Ⅰ＋$Ⅰ^{A}$	$(n-2)$ Ⅰ＋$Ⅰ^{a}$＋Ⅰ	$(n-2)$ Ⅰ＋$Ⅰ^{A}$＋Ⅰ
$(n-2)$ Ⅰ＋$Ⅰ^{a}$	缺体[a]	缺体	单体	单体
$(n-2)$ Ⅰ＋$Ⅰ^{A}$	缺体	缺体	单体	单体
$(n-2)$ Ⅰ＋$Ⅰ^{a}$＋Ⅰ	单体[a]	单体	双体[a]	双体
$(n-2)$ Ⅰ＋$Ⅰ^{A}$＋Ⅰ	单体	单体	双体	双体

对于异源多倍体植物来说，异源的染色体组之间存在着许多具有相同效应的基因，称为异位同效基因。由于它们不属于同一个染色体组，更不在同一条染色体上，不能用常规的两点测验或三点测验方法进行定位，所以尤其需要借助单体。

（二）根据育种目标更换染色体

1. 利用单体替换品种的染色体

例：某普通小麦优良品种的缺点是对某种病害表现敏感，有待改良。已知感病基因位于其6B染色体，故拟以某抗病品种的6B染色体替换前者的6B染色体。

第1步：将待改良的品种转换为本品种的单体，即20Ⅱ＋$_{6B}Ⅱ^{rr-不抗病}$×单体→20Ⅱ＋$_{6B}Ⅰ^{r}$（单体）。具体做法是将待改良的品种与一般小麦的6B单体杂交，在其子一代中选择单体植株，与待改良的品种回交。如此选择、回交多代，将选到待改良的品种的6B单体。

第2步：以所得6B单体为母本，与抗病品种杂交，即

20Ⅱ＋$_{6B}Ⅰ^{r}$	×	20Ⅱ＋$_{6B}Ⅱ^{RR}$
↓配子		↓配子
20Ⅰ和20Ⅰ＋$_{6B}Ⅰ^{r}$		20Ⅰ＋$_{6B}Ⅰ^{R}$

故杂交子代有20Ⅱ＋$_{6B}Ⅰ^{R}$，20Ⅱ＋$_{6B}Ⅱ^{Rr}$，但只选择其中的单体。

第3步：将所选单体自交，即

20Ⅱ＋$_{6B}Ⅰ^{R}$

↓⊗

	20Ⅰ	20Ⅰ＋$_{6B}Ⅰ^{R}$
20Ⅰ	缺体	单体
20Ⅰ＋$_{6B}Ⅰ^{R}$	单体	双体 20Ⅱ＋$_{6B}Ⅱ^{RR}$

淘汰单体、缺体后，可在双体中选到替换了6B染色体的抗病纯合个体。

2. 利用单体及倍半二倍体换取远缘种的染色体

例：普通小麦品质优良，但抗逆性不如黑麦。已知该抗逆基因位于黑麦R染色体组的某对染色体上，故拟将小麦的某对染色体（载有*rr*基因）替换为黑麦的染色体（载有*RR*基因）。

第 1 步:制得倍半二倍体 F_1

P　　八倍体小黑麦×普通小麦

$AABBDDRR$ ↓ $AABBDD$

F_1　　$AABBDDR$(倍半二倍体)

(21Ⅱ+7Ⅰ)

第 2 步:F_1 自交

由于 $AABBDDR$ 有 7 个单价体,所以它的自交子代有可能出现 7 种外加一条染色体的小麦,即

$2n+1=AABBDD+\text{Ⅰ}_1R$(外加黑麦的第 1 条染色体)

$2n+1=AABBDD+\text{Ⅰ}_2R$(外加黑麦的第 2 条染色体)

⋮

$2n+1=AABBDD+\text{Ⅰ}_7R$(外加黑麦的第 7 条染色体)

第 3 步:用外加一条染色体的小麦与小麦单体杂交

可能的配子　$ABD+\text{Ⅰ}_R$ × $ABD-\text{Ⅰ}_T$

$n+1$ ↓ $n-1$

$(21\text{Ⅱ}-\text{Ⅰ}_T+\text{Ⅰ}_R)$

↓⊗

其中可能形成 $20\text{Ⅱ}_T+\text{Ⅱ}_R$ 即替换了一对染色体

3. 利用缺体进行染色体替换

例:普通小麦抗秆锈 17 号生理小种的基因 R,已知位于 6D 染色体上。现欲使一综合性状优良但不抗病的品种获得抗病基因 R,于是设计如下杂交组合。

第 1 步:将待改良品种转换为 6D 缺体。这一步可通过该品种与单体或缺体杂交再自交而完成。

第 2 步:用所获得的 6D 缺体与抗病品种杂交

$20\text{Ⅱ} \times 20\text{Ⅱ}+{}_{6D}\text{Ⅱ}^{RR}$

↓

F_1　　$20\text{Ⅱ}+{}_{6D}\text{Ⅰ}^{R}$　全部是单体

第 3 步:F_1 自交

配子中存在$(20\text{Ⅰ}+{}_{6D}\text{Ⅰ}^{R})\times(20\text{Ⅰ}+{}_{6D}\text{Ⅰ}^{R})$

↓

故子代可出现　$20\text{Ⅱ}+{}_{6D}\text{Ⅱ}^{RR}$

第 4 步:将 $20\text{Ⅱ}+{}_{6D}\text{Ⅱ}^{RR}$ 与待改良品种多次回交、自交,选择抗病和综合性状

优良的个体，即可达到预期目标。

以上利用非整倍体进行育种的方法，被称为染色体育种工程。我国遗传学家李振声长期从事小麦与偃麦草远缘杂交与染色体工程育种研究，育成了小偃 4，5，6 号等系列小麦良种，并首次创制了蓝色单体小麦系统、自花结实缺体小麦系统，建立了选育小麦异代换系的新方法——缺体回交育种法，为小麦染色体工程育种奠定了基础。他因此荣膺 2006 年度我国国家最高科学技术奖。

内容提要

染色体组与染色体数目变异 染色体组是指二倍体物种的配子中的全部染色体。同一个染色体组的各条染色体的形态、结构和连锁基因群都彼此不同。具有完整染色体组的生物体称为整倍体。二倍体生物以染色体组为单位进行增减的变异称为整倍性变异，产生的变异个体包括一倍体和多倍体。一倍体具有一个染色体组，一般由二倍体生物孤雌生殖或孤雄生殖而得，表现器官、个体弱小，配子高度不育。多倍体具有 3 个或 3 个以上染色体组，分别称为三倍体、四倍体等。多倍体的染色体组来源于同一物种的，称为同源多倍体；来源于不同物种的，称为异源多倍体。

在正常合子染色体数($2n$)基础上发生个别染色体增减的变异，称为非整倍性变异，所产生的变异个体称为非整倍体，其中包括单体($2n-1$)，缺体($2n-2$)，三体($2n+1$)，四体($2n+2$)等。以上非整倍体，以减少个别染色体为特征的，特统称为亚倍体；以增加个别染色体为特征的，为超倍体。

多倍体 同源多倍体的主要特征是细胞、器官、个体具有巨大性，代谢产物增加。

同源三倍体减数分裂时，各同源组分别联会，各自形成三价体、二价体、单价体，整个染色体组表现分配不平衡，因此配子高度不育。

同源四倍体减数分裂时，各同源组分别联会，各自形成四价体、三价体、二价体、单价体，分配时多出现 2/2 分离，配子只部分不育。基因的分离存在两种方式：等位基因离着丝粒很近时，表现染色体随机分离；等位基因离着丝粒很远时，表现染色单体随机分离。

异源多倍体往往兼具其原始物种的特征，但一般不表现巨大性。偶倍数的异源多倍体一般表现与二倍体相同的遗传行为；少数具有异源联会现象的，称为节段异源多倍体。奇倍数的异源多倍体见于不同偶倍数(例如 4 倍与 6 倍)的异源多倍体杂交的 F_1 代，该 F_1 个体减数分裂时出现二价体和单价体，单价体比率高则育性低。

多倍体存在两类形成途径。自然界多因为发生未减数配子的结合而形成。人工诱导多采取对体细胞进行染色体加倍的途径。

单倍体 单倍体是体细胞中具有配子染色体组数目的个体，它们可分别来自单性生殖、花药培养或远缘杂交。起源于二倍体生物的，称为单元单倍体，只具有一个染色体组；起源于多倍体生物的，称为多元单倍体，具有多个（2 个或 2 个以上）染色体组。一般器官、个体弱小，多表现高度不育，但来自同源四倍体的单倍体具有可育配子。对单倍体进行染色体加倍，可得到可育的、基因型纯合的双倍体，因此花药培养可用于加速育种进程。

非整倍体 非整倍体的一般成因：在理化因素作用下，个别同源染色体不分离，或个别姊妹染色单体不分离，或个别联会染色体提早解离，因而形成数目异常的配子，这些配子相互结合或与正常配子结合，即产生各种非整倍体。

单体能产生染色体数目为 n 和 $n-1$ 的两种配子，理论上 1∶1；但实际上存在提早解离和单价体丢失，所以 $n-1$ 配子比例高于 n 配子。在授粉过程中，$n-1$ 花粉生活力弱，花粉管生长速度慢，竞争不过 n 配子，因此 $n-1$ 染色体主要通过胚囊传递。

缺体产生 $n-1$ 配子，生活力弱，育性低，所以只见于异源多倍体的群体之中。

三体存在多种类型，一般指初级三体，即增加的一条染色体是同源的染色体。减数分裂时能联会成三价体，但常发生提早解离和单价体丢失，所以所产生的 n 和 $n+1$ 两种配子中，n 配子的比例高于 $n+1$ 配子。而且，在授粉过程中 $n+1$ 花粉竞争不过 n 花粉。三体染色体上等位基因的分离，存在两种方式：等位基因离着丝粒很近时，表现染色体随机分离；等位基因离着丝粒很远时，表现染色单体随机分离。

四体的染色体联会和等位基因分离，与同源四倍体的一个同源组的情况相似。由于它的联会染色体在后期Ⅰ容易发生 2/2 分离，所以四体在遗传上较三体稳定。

复习思考题

一、名词解释：单倍体、单体、三体、单价体、缺体、一倍体、四体、染色体组、二倍体、三倍体、多倍体、同源多倍体、异源多倍体、偶倍数异源多倍体、奇倍数异源多倍体、双二倍体、倍半二倍体、同源联会、异源联会、节段异源多倍体、染色体同源组、染色体部分同源组、染色体随机分离、染色单体随机分离、非整倍体、超倍体、亚倍体、双三体、双单体、双体、双倍体、三价体、多价体、远缘杂交不孕性、远缘杂种不实性。

二、选择题

1. 栽培马铃薯的 $2n=4x=48$。用细胞学检查它的单倍体，发现该单倍体在减数分裂时形成 12 个二价体。马铃薯的染色体组成应为（ ）。

   A. 二倍体　B. 同源四倍体　C. 异源四倍体　D. 以上都不是

2. 某一三体的基因型为 $A/a/a$，基因座位离着丝点很近，它形成的 aa 配子的比例为（ ）。

   A. 66.6%(2/3)　B. 16.7% (1/6)
   C. 1/2　D. 0

3. 曼陀罗有 12 对染色体，已发现 12 种 $(2n+1)$ 的三体类型，那么“$2n+1+1$”型可能有（ ）种。

   A. 256 种　B. 44 种　C. 24 种　D. 66 种

4. 在一株基因型为 Dd 的西红柿上，人工诱导出一个四倍体枝条。该枝条上的生殖器官所产生的可能的配子有哪几种？（ ）。

   A. 4 种（DD、dd、DDd、Ddd）　B. 4 种（DD、dd、D、d）
   C. 2 种（DDd、Ddd）　D. 7 种（DD、Dd、dd、DDd、D、d、Ddd）

5. 在红花三体（Ccc）（雌）红花双体（Cc）（雄）中，F_1 出现 170 株红花和 69 株白花，试问三价体上的基因分离方式（ ）。

   A. 同源染色体分离　B. 非同源染色体分离
   C. 染色体单体随机分离　D. 染色体随机分离

6. 诱变育种中最易产生突变的个体是（ ）。

   A. 同源四倍体　B. 二倍体　C. 同源六倍体　D. 同源八倍体

7. 下列哪种写法表示的是单体：（ ）。

   A. $(n-1)$ Ⅱ + Ⅲ　B. $(n-1)$ Ⅱ + Ⅰ
   C. $(n-1)$ Ⅰ　D. $(n+1)$ Ⅱ + Ⅲ

8. 若一个同源四倍体植株是一个两对基因的杂合体 $AAaaBBbb$，那么自交后代中的 $aaaabbbb$ 的植株的概率是多少？（ ）

   A. $(1/6)^2$　B. $(1/6)^4$　C. $(1/6)^6$　D. $(1/6)^8$

9. 若一个同源四倍体植株是一个 3 对基因的杂合体 $AAaaBBbbCCcc$，其自交后代中 $aaaabbbbcccc$ 个体概率是多少？（ ）

   A. $(1/6)^2$　B. $(1/6)^4$　C. $(1/6)^6$　D. $(1/6)^8$

10. 烟草（$2n=4x=48=24$ Ⅱ）的红花基因（W）为白花基因（w）的显性。某烟草植株是红花基因纯合体，同时是某染色体（以 R 代表）的单体（$2n-1$R）。如果 W-w 基因是在 R 染色体上，则该单体与白花的正常烟草（$2n$, ww）杂交后，F_1 群体的染色体及其表现型（红花和白花）和比例各是多少？（ ）

A. 花植株($2n-1$)：白花植株($2n$)＝1：1

B. 红花植株($2n$)：白花植株($2n-1$)＝1：1

C. 全部开红花

D. 全部开白花

11. 烟草属中已发现15个自交不孕的复等位基因S_1、S_2、S_3、……控制自花授粉的不结实性。这些复等位基因产生的原因是由于：(　　)

A. 突变的重演性　　B. 突变的可逆行

C. 突变的多方向性　　D. 突变的部位不同

12. 三体通常以(　　)来表示。

A. $2n-1$　B. $2n+3$　C. $2n+1$

13. 如果有一植物，有4对同源染色体AA、BB、CC、DD，而且自花授粉，它们子代的染色体组成将会是下面哪一种？(　　)

A. $ABCD$　B. $AABBCCDD$　C. $AABBCC$

14. 某植物体细胞内只有一套染色体，所以它是(　　)

A. 一倍体　B. 缺体　C. 单价体　D. 单体

15. 一个二倍体的配子(AA)同该物种正常的单倍体配子(A)结合，后代(　　)：

A. 异源三倍　B. 完全可育的　C. 部分不育　D. 完全不育

三、填空题

1. 三体的基因分离方式主要有________种类型。

2. 普通烟草是________倍体。

3. 三体中当基因距离着丝点很近时表现为________分离。

4. 单体可以产生染色体数为________和________两种类型的配子。

5. A、B、D等表示染色体组，$2n-AABBDD$是________倍体；$2n=ABD$是________倍体。

6. 在$2n$基础上染色体条数增加的个体叫________，减少的叫________。

7. A、B、D等表示染色体组，$2n=AABBD$是________倍体；$2n=AAA$是________。

8. 圆锥小麦$AABB$($2n=28$)的单体含有________条染色体，该单体在减数分裂粗线期能形成________个二价体和________个单价体。

9. 同源多倍体是由____________加倍得到的。

10. 普通小麦含有________条染色体。

11. 自然界能够自繁的异源多倍体几乎都是________，在这种多倍体细胞内每种染色体组都有________。

12. 在 $2n$ 基础上增加或减少一二条染色体的个体叫________。
13. 节段异源多倍体是指________，同源异源多倍体则是________形成的。
14. 如果染色体组成为 $(n-1)\text{II}+\text{I}$，此个体为________。
15. 普通小麦是________倍体。
16. A、B、D 等表示染色体组，那么 $2n=AA$ 是________，$2n=AAA$ 是________，$2n=AAB$ 是________，$2n=AABBDD$ 是________。$2n=ABD$ 是________，$2n=AABBD$ 是________。
17. 雄蜂是________倍体生物。
18. 病毒有________条染色体，因此是________倍体。
19. 同源三倍体的染色体联会形式为________，而同源四倍体的为________，因此同源四倍体可以产生________的配子。

四、判断题

1. 三体的外加染色体主要是通过卵细胞传递给子代。
2. 缺体是指比正常 $2n$ 个体少一条染色体的个体。
3. 单倍体实质上就是一倍体。
4. 小麦体细胞内有 42 条染色体，其中 21 条来自父本，另 21 条来自母本，所以说小麦是一种典型的二倍体生物。
5. 同源三倍体一般都是高度不育的。
6. 同源多倍体自然出现的频率一般是一年生植物高于多年生植物。
7. 在某物种二倍体基础上，增加一个或几个染色体称为异源多倍体。
8. 三体中位于三价体上基因的遗传与其在染色体上的位置有关。
9. 配子染色体组合成分的不平衡导致同源三倍体的高度不育。
10. 偶倍数异源多倍体的生活力与二倍体的相同。
11. 欲想对普通小麦的一个突变基因进行定位，可先用非整倍体系列探测基因所在染色体，然后再用该突变基因的二倍体进行两点或三点测验。
12. 所有单倍体细胞内的染色体都是成单存在的。
13. 在同源四倍体中，当基因在某一同源组的 4 条染色体上且距离着丝点较远，以致基因与着丝点之间容易发生非姊妹染色单体交换，则该基因表现为染色体随机分离。
14. 在某物种二倍体基础上，增加一个或几个另外物种染色体组构成异源多倍体。
15. 水稻为加倍的花粉植株是单倍体，其实也是一倍体。
16. 异源四倍体可产生能够结实的未加倍花粉植物。

17. 在一个显性杂合的三体自交后代中，呈现 3∶1 显隐性分离。说明该三体是复式的，供试基因离着丝点较远，并按染色单体随机分离，并且 $n+1$ 型配子不参与受精，雌配子中参与受精的 $n+1$ 型配子只占 25%。
18. 可以直接用两点或三点测验对小麦任何一个突变基因进行定位。
19. 能分离出可育的缺体四体的双体应该是二倍体。
20. 同源四倍体的孢母细胞减数分裂时可以形成 n 个四价体，而四体只能形成一个四价体。

五、问答题

1. 染色体组的基本特征是什么？
2. 小麦有 $2n=6x=42$ 条染色体，试写出下列细胞中染色体的模式和数目：
   a. 单体 b. 单倍体 c. 四体 d. 缺体 e. 双三体
3. 菊芋($2n=102$)是六倍体物种。写出它的单倍体(n)染色体数和染色体基数(x)。
4. 远缘杂交不孕性和远缘杂种不实性的区别是什么？
5. 从形态学上和组织结构上如何判断某植物体是否为同源多倍体。
6. 有 3 个不同的二倍体种，甲二倍体的染色体组(x)以 A 表示，有 $a_1a_2a_3$ 3 条染色体组成。乙二倍体的染色体组(x)以 B 表示，$B=b_1b_2b_3$，丙二倍体的染色体组(x)以 E 表示，$E=e_1e_2e_3$，假设它们的所有染色体数目变异类型都能存活，试填写下表。

染色体数目的变异			染色体组(x)及其染色体	合子染色体数($2n$)及其组成			主要联会方式
				染色体组数	染色体组类别	染色体	
整倍体	二倍体						
整倍体	同源	三倍体					
整倍体	同源	四倍体					
整倍体	异源	四倍体					
整倍体	异源	六倍体					
整倍体	异源	三倍体					
非整倍体	亚倍体	单体					
非整倍体	亚倍体	缺体					
非整倍体	亚倍体	双单体					
非整倍体	超倍体	三体					
非整倍体	超倍体	四体					
非整倍体	超倍体	双三体					

7. 为什么偶倍数一源多倍体表现与二倍体相同的遗传规律?

8. 试述同源三倍体高度不育的遗传机理和利用价值。

9. 杂种 F_1 与隐性性状亲本回交后,得到显性性状与隐性性状之比为 5(A):1(a)的后代,因此可以肯定该杂种是同源四倍体,对吗? 试说明。

10. 在二倍体的高等植物中也会偶然出现一些植株弱小的单倍体,但在一般情况下它们不能繁育后代。试说明这种单倍体的植株是如何形成的,它为什么不能繁育后代?

11. 在自花授粉同源四倍体植株的后代出现隐性性状的个体比二倍体少,为什么?

12. 如何做到用黑麦一对染色体替换普通小麦的某一对染色体,获得只换取黑麦个别染色体的新类型。写出程序图式。

13. 一个 $2n=10$ 的植物种 A 与另一个 $2n=14$ 的植物种 B 杂交,F_1 杂种只产生少量花粉粒,用它给 B 授粉,产生少数几株具有 19 条染色体的植株,它们是高度不育的,但是通过自花授粉也能产生极少数具有 24 条染色体的植株。这些植株在表现型上与原来的亲本不同,但都是能育的。试从染色体数目变异上加以解释。

14. 2 个均开红花的三体马铃薯杂交,F_1 分离出红花植株 49 株,白花 10 株。试分析父母本三体的体式(三式、复式、单式或零式),基因的分离情况以及不同配子的受精情况。

15. 在利用单体进行隐性定位基因时,如果在 F_1 个体中能通过表现型确定这个隐性基因在该单体染色体上,那么这个单体染色体总是来源于单体亲本,对吗? 试说明。

16. 在小麦中发现一个叶绿素异常的隐性基因 a,纯合体的叶子为黄绿色,试用单倍分析法确定 a 基因的归属。

17. 图示从一粒小麦系到二粒小麦系,再到普通小麦的演化过程。

18. 萝卜甘蓝是萝卜和甘蓝的杂种。若杂种的体细胞染色体数为 36,甘蓝亲本产生的配子的染色体数是 9 条,萝卜单倍体染色体数应为多少条? 试述萝卜甘蓝的起源。

19. 使异源六倍体的普通小麦($6x=AABBDD=42=21$ Ⅱ)与圆锥小麦($4x=AABB=28=14$ Ⅱ)杂交,F_1 是奇倍数异源五倍体($5x=AABBD$)。普通小麦与提莫菲维小麦($4x=AAGG=28=14$ Ⅱ)杂交,F_1 也是奇倍数异源五倍体($5x=AABDG$)。问它们在减数分裂时细胞学特征有何不同？

20. 普通小麦的某一单位性状的遗传常常是由3对独立分配的基因共同决定的，这是什么原因？用小麦属的二倍体种、异源四倍体种和异源六倍体种进行电离辐射的诱变处理，哪个种的突变型出现频率最高，哪个最低？为什么？

21. 一般都认为烟草的2个野生种 *N. sylvestris*($2n=24=12\,\text{II}=2x=SS$)和 *N. tomentosiformis*($2n=14=12\,\text{II}=2x=TT$)合并起来的异源四倍体($2n=48=24\,\text{II}=SSTT$)。某烟草单体($2n-1=47$)与 *N. sylvestris* 杂交的 F_1 群体内，一些植株有36条染色体，另一些植株有35条染色体。细胞学的检查表明，有35条染色体的 F_1 植株在减数分裂时联会成11个二价体和13个单价体，试问：

    a. 该单体所缺的那条染色体属于S染色体组，还是属于T染色体组？

    b. 如果所缺的那条染色体属于你所解答的另一个染色体组，上述的35条染色体的 F_1 植株在减数分裂时应联会成几个二价体和单价体。

22. 为什么普通小麦中能分离出亚倍体品系，而玉米却不能？

23. 人类的先天愚型是21号染色体的三体所致。假如一个先天愚型($2n+\text{I}_{21}$)患者已有了孩子。这些孩子患先天愚型的机会是多少？

24. 一个色盲女人和一个正常男人结婚，生了一个性染色体为 XXY 的正常儿子。问：a. 此染色体畸变是发生在精子中还是发生在卵子中？b. 如果父亲是色盲患者，母亲为正常。这种染色体畸变是发生在精子中还是发生在卵子中？c. 假如父亲是正常者，母亲是色盲，生下一个性染色体为 XXY 的色盲儿子，那么染色体畸变发生在哪里？

25. 普通小麦与圆锥小麦杂交，F_1 植株的体细胞内染色体组及染色体数如何？F_2 出现普通小麦染色体组的个体频率多大？

26. 某同源四倍体物种，有2个植株的基因型是 $AAAa$ 和 $Aaaa$。a. 假设该基因距离着丝点较远，按染色单体随机分离方式分离，那么它们产生各种二倍体配子的比例如何？b. 该基因距离着丝点较近，若服从染色体随机分离，那么产生的各种染色体配子的比例又如何？

27. 现有一物种不同三体，在基因 A 位点上均呈显性纯合状态。将其分别与基因型为 aa 的双体杂交，再将杂交 F_1 代中的三体自交产生 F_2 代。3个不同 F_2 群体分离数据如下：

三体Ⅰ	三体Ⅱ	三体Ⅲ
$117A\_:39aa$	$96A\_:31aa$	$385A\_:11aa$

试根据上述分离结果确定 A/a 所在染色体和哪一三体有关？（假设 $n+1$ 型配子和 n 型配子同样可育）

28. 将抗病的玉米品系（FF）与感病的 8 种不同的三体品系杂交。在所得子代中，再分别选出三体与感病的双体植株（ff）杂交，其后代抗病与感病的结果如下：

感病的三体品系（数字表示染色体号）	后代的类型和株数	
	抗病	感病
2	120	108
3	123	135
4	139	143
5	188	169
6	95	92
7	99	111
8	139	142
10	209	381

试回答抗病基因可能位于哪条染色体上？为什么？

29. 已知 A 基因距离着丝点较近，其间不发生交换，若用基因型 AAa 的三体植株作父本与基因型为 Aaa 的母本杂交，并假设 n 与 $n+1$ 型配子同等可育，子代基因型如何？

30. 玉米染色体数为 $n+1$ 的花粉是不育的，$n+1$ 的胚囊可育。如果基因 R 产生红色素，r 为无色。已知该基因位于三体染色体上，而且距离着丝点很近，其间不发生交换，那么下列杂交组合后代的颜色种类和比例如何？

a. ♀Rrr x♂rr　b. ♀rrx♂Rrr　c. ♀Rrrx♂Rrr

31. 已知 B/b 基因距离着丝点较近，其间不发生交换，当基因型为 Bbb 三体自交时，其子代表现型分离比例如何？（假设 n 型配子和 $n+1$ 型配子同等可育）

32. 玉米的分枝果穗基因（ra）在第 7 条染色体上，与着丝点的距离很近，其间不发生交换。今有第 7 条染色体是三体的植株，假设 $n+1$ 型配子在母体的传递率为25%，在父本为0，下列杂交后代中，隐性表型所占的比例是多少？

a. ♀＋＋*ra*×♂*rara*　　b. ♀＋＋*ra*×♂＋＋*ra*

c. ♀＋*rara*×♂*rara*

33. 三体的$n+1$型胚囊的生活力一般都远比$n+1$型花粉强。假设某三体植株自交时，参与授粉的$n+1$型胚囊占50%，参与授粉的$n+1$型花粉占10%。试分析该三体植株的自交子代群体内四体、三体和正常的双体所占的百分数为多少？

34. 已知玉米高秆(*Py*)是矮秆(*py*)的显性，有叶舌(*Lg*)是无叶舌(*lg*)的显性，常绿色(*Ji*)是花斑叶(*ji*)的显性。现有两个$2n=4x$的自交系，甲系为高秆、有叶舌、常绿叶，乙系为矮秆、无叶舌、花斑叶。这3种相对性状分别由3对独立基因控制，假设它们均以染色体随机分离的方式分离，那么2自交系杂交后的F_2可期望产生哪几种表现型？其比例如何？

35. 若同源四倍体植株的基因分离按染色体随机分离的方式进行。那么在一个2组独立遗传基因杂合体(*AaaaBBbb*)的植株自交后代中隐性纯合体(*aaaabbbb*)的比例是多少？3组独立遗传基因的杂合体*AaaaBBbbCCcc*，其自交后代中隐性纯合体(*aaaabbbbcccc*)的比例又是多少？一个*n*组独立遗传基因的杂合体*AaaaBBbbCCcc*……，其自交后代中隐性纯合体(*aaaabbbbcccc*……)的比例又如何？

36. 有一三体植株*Bbb*，同基因型为*bb*的双体杂交，问：a. 后代中二倍体的比例为多少？b. 后代中基因型为*Bbb*的三体植株的比例为多少？(假设该基因按染色体随机分离，且各类型配子都正常可育)

37. 同源三倍体为什么高度不育？有何利用价值？

38. 简述秋水仙素诱发植物多倍体的原理。

39. 简述单倍体在遗传学和育种学研究中的意义。

40. 染色体数目变异都有哪些主要类型？

41. 阿比西尼亚燕麦为具有28条染色体的四倍体，普通栽培燕麦为具有同一染色体基数的六倍体。普通栽培燕麦具有多少染色体？

42. 如果一位点内有两种等位基因*A*和*a*，在同源四倍体应有5种基因型组合：4显性(*AAAA*)，3显性(*AAAa*)，2显性(*AAaa*)，1显性(*Aaaa*)和无显性(*aaaa*)。假定*A*对*a*显示种子直感。在下列诸条件下，试确定以上每种基因型的期望表现型比($A:a$);(a)该位点紧密与其着丝粒连锁(染色体独立分配),基因型自交;(b)该位点是染色体独立分配,基因型测交;(c)该位点远离其着丝粒,使得染色单体独立分配,基因型自交;(d)该位点是染色单体独立分配,基因型测交。

43. 基因位点 A 和 B 在不同染色体上。基因型为 $AAaaBBbb$ 的二因子杂种同源四倍体植株自交。假定只形成二倍体配子,A 和 B 距他们各自的着丝粒很近(染色体分离)。试求后代的表现型期望值。

44. 欧洲木莓有 14 条染色体,悬钩子是具有 28 条染色体的四倍体。这 2 个种的杂种 F_1 不育。F_1 某些非减数配子在回交时是有功能的。试确定下列诸情况的染色体数和倍数性水平:(a)F_1;(b)F_1 对欧洲木莓的回交;(c)F_1 对悬钩子的回交;(d)F_1 的染色体加倍。

45. 豌豆的二倍体数是 $2n=14$。(a)它可形成多少三体?(b)它可形成多少不同的双三体?

46. 一个二倍体的染色体数是 12。下列情况可期望多少染色体?(a)单体;(b)三体;(c)四体;(d)双三体;(e)缺体;(f)一倍体;(g)三倍体;(h)同源四倍体

47. 玉米的甜胚乳和非甜胚乳分别由染色体Ⅳ上的隐性基因 s 和其显性等位基因 S 调节。假定染色体数为$(n+1)$的花粉粒无功能,试求下列各杂交后代胚乳的期望基因型和表现型比:(a)基因型为 SSs 的三体Ⅳ给二倍体 ss 授粉;(b)基因型为 SSs 的三体Ⅳ给二倍体 Ss 授粉。

48. 西红柿果实顶端的乳头状突起是第Ⅴ染色体上的一隐性基因 nt 控制的。一杂型合子植株 NT/nt(对染色体Ⅴ和Ⅷ的相互易位也是杂合的)与具有正常染色体的植株进行测交,其后代植株是:48 正常果、可育:19 乳头果、可育:11 正常果、半可育:37 乳头果、半可育,基因 Nt 和易位点间的距离为多少?

49. 某一物种的 4 个种族是由于某一染色体的片段顺序的不同分化出来的:种族 1:*abcdefgh* 种族 2:*gfebdcah* 种族 3:*gfeacdbh* 种族 4:*acbdefgh* 现已绝灭的种族 5 也认为是由于这一染色体倒位产生的。试根据单个倒位的差异解释这些种族的进化途径。

主要参考书目

[1] 刘祖洞. 遗传学. 2 版. 北京:高等教育出版社,1991.

[2] 李竞雄，宋同明. 植物细胞遗传学. 北京：科学出版社，1993.
[3] 刘大钧. 细胞遗传学. 北京：中国农业出版社，1999.
[4] 浙江农业大学. 遗传学. 2 版. 北京：中国农业出版社，1989.
[5] 余其兴，赵刚. 人类遗传学导论. 北京：高等教育出版社，2000.
[6] 童一中，褚圻. 小麦细胞遗传学. 北京：农业出版社，1983.

第四单元
遗传信息的贮存

第十二章　基因的结构

遗传信息的传递和改变，都与基因贮存遗传信息的特有结构有关。认识基因的这种结构，才能深刻理解生物如何传递、改变和表达遗传信息。又由于基因是DNA分子链中贮存遗传信息的一段核苷酸序列，因此讨论基因结构需要从DNA的化学组成和空间结构说起。

第一节　DNA的化学组成和双螺旋结构

一、DNA的化学组成

DNA是一种多聚核苷酸组成的高分子化合物，它的构成单元是脱氧核糖核苷酸。每个脱氧核糖核苷酸包括3个部分：五碳糖（脱氧核糖）、磷酸和环状的含氮碱基；其中磷酸通过与脱氧核糖的羟基磷酸酯化结合而成DNA的主链，碱基结合在脱氧核糖的1′碳位置（图12-1）。主链本身是以磷酸和五碳糖交替排列的重复结构，不可能编码和传递信息，信息取决于主链结合的各种碱基的排列组合。

表12-1　不同生物来源DNA的碱基比

（引自Smith-Keary，1975）

物种	腺嘌呤(A)	胸腺嘧啶(T)	鸟嘌呤(G)	胞嘧啶(C)	A+T/G+C
大肠杆菌	25.4	24.8	24.1	25.7	1.01
小麦	26.8	28.0	23.2	22.7	1.21
鼠	29.7	25.6	21.9	22.8	1.21
猪肝	29.4	29.7	20.5	20.5	1.43
猪胸腺	30.0	28.9	20.4	20.7	1.43
猪脾	29.6	29.2	20.4	20.8	1.43
酵母	31.3	32.9	18.7	17.1	1.79

常见 DNA 的碱基有 4 种：腺嘌呤(adenine，A)、鸟嘌呤(guanine，G)、胞嘧啶(cytosine，C)和胸腺嘧啶(thymine，T)。1950 年，Chargaff 研究小组对各种生物来源 DNA 样品的碱基成分进行了比较精密的测定，得到非常重要的结果(表 12-1)。

首先，同一生物来源的 DNA 之中，腺嘌呤(A)和胸腺嘧啶(T)的数目总是相等，胞嘧啶(C)和鸟嘌呤(G)的数目总是相等，即 A＝T，C＝G。嘌呤碱基的总和与嘧啶碱基的总和相等。

其次，不同生物来源的 DNA 之间，具有不同的碱基成分，即 A＋T/G＋C 的值在不同生物之间存在很大差异，但同种生物的不同组织 DNA 碱基组成相同。

至此人们才认识到，不同的 DNA 分子的碱基排列顺序可以存在很大的差别，DNA 的 4 种碱基能够以各种排列组合方式形成各种序列，用于储存生物之间千差万别的遗传信息。例如，DNA 的一条单链，如果它具有 n 个碱基，则这条单链的序列就可能存在着 4^n 种类型。正是这种不同的序列，从根本上决定着不同生物之间的差别性。

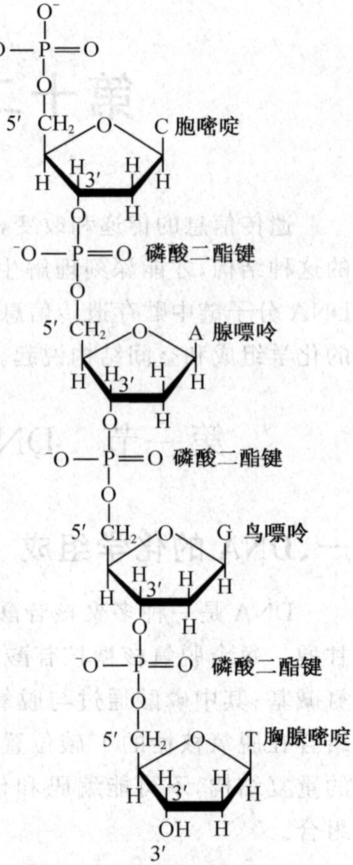

图 12-1 DNA 分子的化学结构

(引自 Russel，2000)

二、DNA 的双螺旋结构

20 世纪自然科学最伟大的成就之一是 1953 年 James Watson 和 Francis Crick 提出的 DNA 双螺旋结构模型。它是在人们意识到核酸重要性的历史条件下，集各项 DNA 研究成果于一体的产物。

(1)Chargaff 等通过研究认为生物体内 A＝T，C＝G，同种生物的不同组织 DNA 碱基组成相同，不同生物来源的 DNA 之间具有不同的碱基成分。这个结果为 DNA 双螺旋结构中的碱基配对规则奠定了化学基础。

(2)Donahue 等研究提出碱基互变构体中的主要形式是酮式结构。这是双螺旋结构中碱基配对(A 和 T，G 和 C)的先决条件。

(3)1952 年由 Wilkins 和 Franklin 等拍摄到了能够反映 DNA 某些结构特征的 X 射线衍射照片(图 12-2),从这些照片中可以判断 DNA 分子结构是螺旋状的,且其中有一些规则的重复单位。这些资料对 Watson 和 Crick 构建 DNA 双螺旋结构模型起了关键性作用。

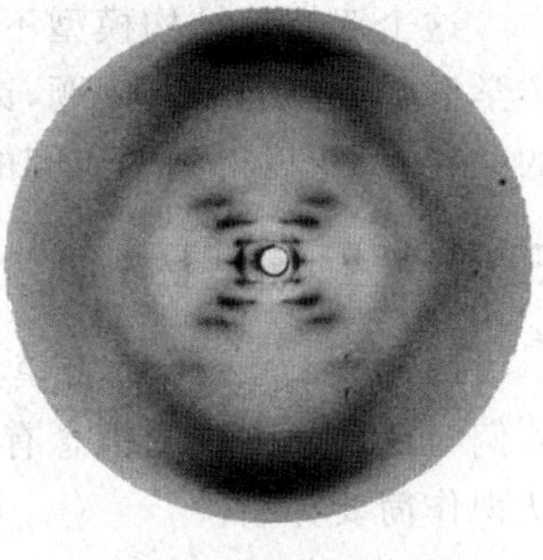

图 12-2　DNA 分子的 X 射线衍射照片
(引自 franklin & Gosling,1953a)

Watson 和 Crick 根据前人的研究结果,分析了 DNA 分子的结构,提出了 DNA 双螺旋结构模型(图 12-3),其主要特征如下:

(1)DNA 是反向平行的多核苷酸链组成的双螺旋,螺旋直径 2 nm 左右。主链处于螺旋的外侧,碱基处于螺旋的内侧。

(2)碱基平面几乎与螺旋轴垂直,一条链上的每一个碱基均通过氢键与另一条链上的相应碱基配对:A 与 T 间通过 2 个氢键配对,G 和 C 之间通过 3 个氢键配对。双螺旋中的 2 条链就是根据碱基互补配对的原则而特异地结合的。

(3)DNA 每一圈包含 10 个碱基对,碱基平面的间距为 0.34 nm,因此螺旋旋转上升一周的高度(螺距)为 3.4 nm。

(4)双螺旋的表面形成 2 条凹槽,1 条宽而深的称为大沟,另 1 条小而浅的称为小沟。大沟是蛋白质识别、结合 DNA 并发生作用的基础。

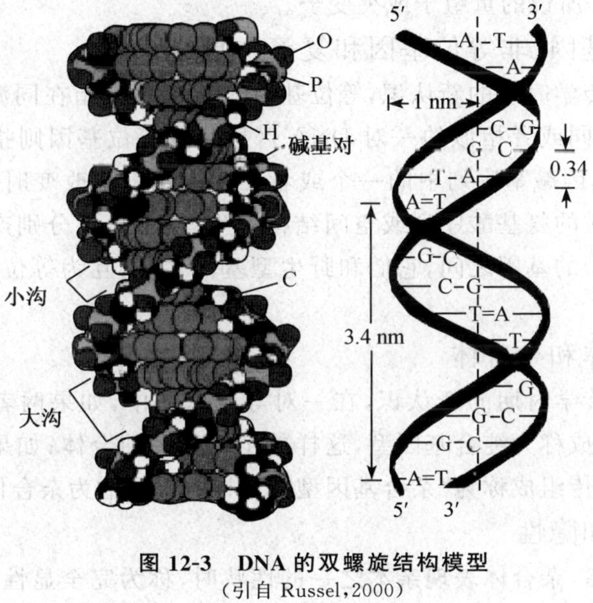

图 12-3　DNA 的双螺旋结构模型
(引自 Russel,2000)

这个双螺旋结构模型不仅正确阐明了 DNA 分子的空间结构，并且满足了遗传学需要解答的许多问题，诸如遗传物质的复制、稳定性和变异性，以及遗传信息的贮存等，所以得到了人们的广泛承认。

三、DNA 与基因

以建立 DNA 双螺旋模型为标志，遗传学进入了分子遗传学时期。那时以来，人们对遗传学的传统概念有了 DNA 水平上的新认识。下面对一些基本概念的新认识作简要介绍。

（一）基因

孟德尔进行植物杂交试验时，将控制性状的因子称为“遗传因子”。1909 年，丹麦学者约翰逊提出了“基因”这个名词，用以代替“遗传因子”。当时的基因概念只是用以表示性状的符号。1910 年摩尔根等通过果蝇杂交试验，证实基因在染色体上，于是认为基因是念珠状地直线排列在染色体上的一种化学实体。同时认为，它是控制性状的最小功能单位，也是发生重组和变异的最小结构单位。

到了分子遗传学时期，则认为基因是 DNA 分子上具有遗传效应的区段。它在遗传上是最小的功能单位，有的能够作为蛋白质识别和结合的区域，有的能够转录形成 RNA，有的能够进而翻译为肽链。它大约相当于 20 世纪 50 年代 Benzer 提出的顺反子。但是它不是重组或突变的最小结构单位，最小结构单位应是一对核苷酸，即 Benzer 所说的重组子或突变子。

（二）等位基因、非等位基因和复等位基因

根据分子遗传学时期的新认识，等位基因(allele)就是指在同源染色体相同座位上，碱基序列相同或者相似的一对 DNA 区段。非等位基因则指位于不同座位的 DNA 区段。基因碱基序列中的一个或者几个碱基发生改变时，有可能导致基因所编码的蛋白质的氨基酸序列或空间结构发生改变，从而分别产生各种新的表型。决定这些表型的基因之间，它们和野生型基因之间，互为等位基因，总称为复等位基因。

（三）纯合体和杂合体

根据分子遗传学时期的新认识，在一对等位基因中，如果两者的碱基序列相同，则这类遗传组成称为纯合基因型，这样的个体称为纯合体；如果两者碱基序列互不相同，这类遗传组成称为“杂合基因型”，这样的个体称为杂合体。

（四）显性和隐性

我们早就知道，杂合体表现亲本之一的性状时，称为完全显性，得到表现的基

因称为显性基因,得不到表现的基因称为隐性基因。根据分子遗传学时期的新认识,显性基因和隐性基因的区别,往往在于前者的碱基序列能够编码某种酶或蛋白质,而后者不能。显性基因能单独合成足够的酶或蛋白质的,杂合体可表现为完全显性。显性基因合成的酶或蛋白质数量不足的,杂合体可表现为中间型,这称为不完全显性。如果显性基因和隐性基因编码的酶分别控制不同的生物化学反应,则杂合体可能同时表现 2 个亲本的性状。这称为共显性。

第二节　基因的结构

按照现代遗传学的概念,基因是具有遗传效应的 DNA 区段,贮存着不同的两类遗传信息,一类是编码蛋白质的信息,另一类是基因选择性表达的信息。前一信息贮存在基因的转录单位之中,后一信息贮存在基因的调控序列之中。所以,一个完整的基因应当包括转录单位和调控序列。转录单位有时又称为结构基因,调控序列有时又称为调控基因。图 12-4 便是基因结构的模式图。

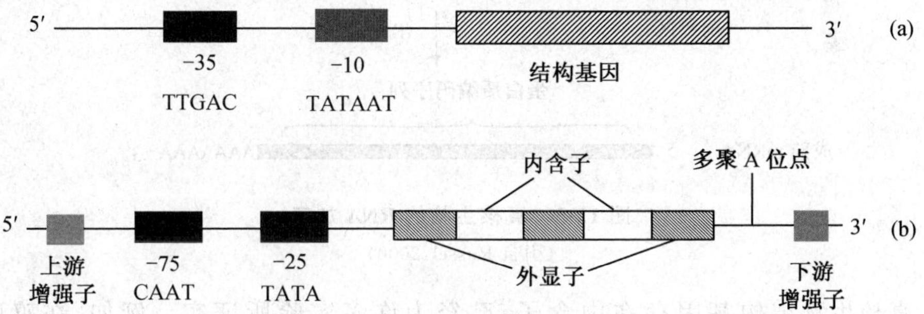

图 12-4　基因的结构

(a)原核基因结构　(b)真核基因结构

(引自陈三凤,刘德虎,2003,经改动)

一、基因的转录单位

(一)内含子

从图 12-4 可看到,原核生物和真核生物的结构基因具有不同的内部结构。一般原核生物结构基因的碱基序列是连续的,用于编码蛋白质,即全部参加转录和翻译。真核生物的则一般是不连续的,中间存在间隔区,这些间隔区只转录而不翻译,称为内含子(intron)。其中包含 2 个内含子,只转录而不翻译。既转录又翻译的碱基序列则称为外显子(exon)。例如,人血红蛋白的β-珠蛋白基因中,转录单位总共具有1 700个碱基对,其中包括2个内含子和用于编码β-珠蛋白所有146个氨基酸的3个外显子。

真核生物结构基因的内含子是在转录之后、翻译之前的RNA加工过程中被删除的。加工过程删除内含子区域之后,若干外显子区域才连接在一起进入翻译过程(图12-5)。执行删除任务的是真核生物自身产生的核酶。核酶是一种小型RNA分子,是迄今为止发现的极少数不属于蛋白质的酶之一。

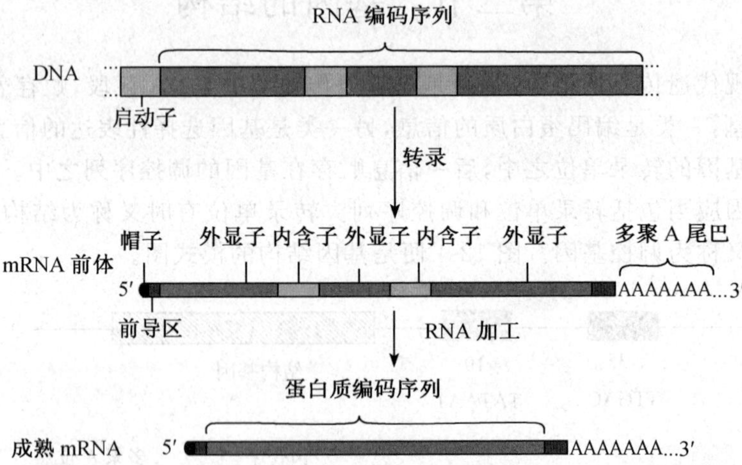

图12-5 真核生物的RNA加工

(引自 Russel,2000)

真核生物结构基因存在内含子,已经为许多实验所证实。例如,在鸡卵清蛋白mRNA与鸡卵清蛋白DNA的分子杂交中,能够观察到DNA的8个外显子同mRNA配对成为双链,7个内含子则被排斥在配对之外,形成单链的环(图12-6)。

现在知道内含子广泛存在于真核生物的多种蛋白质基因之中。此外,真核生物编码rRNA和tRNA的基因也发现内含子的存在。在某些生物的细胞器基因中,例如,酵母线粒体、多种植物叶绿体的基因中,都发现内含子的存在。但是在不同基因中,内含子的大小和数目变化很大。有些真核生物的某些结构基因则没有内含子,如组蛋白基因,干扰素基因等。内含子的作用正在研究之中。

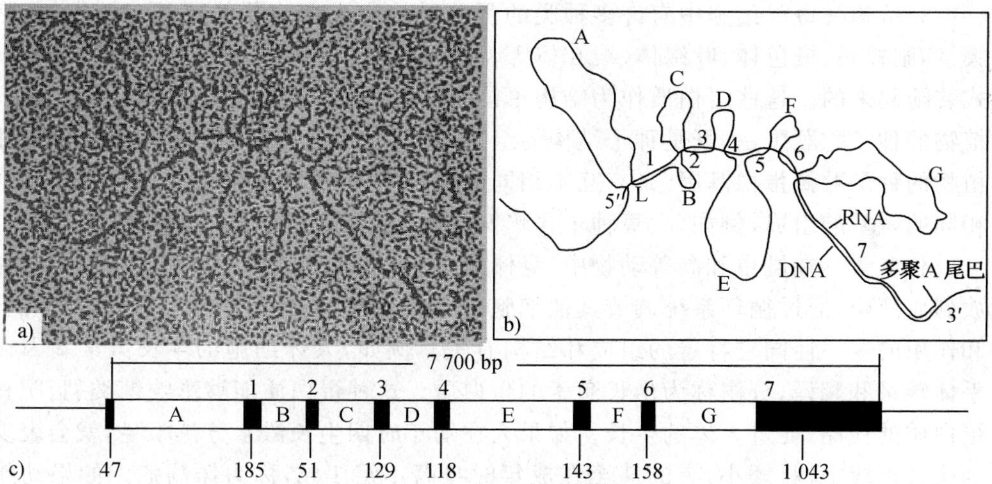

图 12-6　鸡卵清蛋白 mRNA 与鸡卵清蛋白 DNA 的分子杂交

(引自孙乃恩,1996)

(二)外显子

真核生物结构基因中的外显子,以 3 个碱基决定一个氨基酸的方式贮存遗传信息,编码生物体所需要的各种蛋白质。以下按照它们在生物体中的功能,分别介绍其中主要的几类。

1. 酶　细胞的每一项活动都包含一系列错综复杂的生物化学反应,一个反应的产物有可能是另一个反应的底物。这些反应几乎都是在专一性的酶的催化下完成的。酶通常是一种特殊的蛋白质,它们同反应中的分子结合,使反应更有效或更迅速地进行,但是酶本身并不在反应中改变。如果细胞中缺少某一种酶,尽管反应的分子存在,也不能进行这种反应或者反应速度不能满足生物体生长发育的需要。例如,绿色植物需要 RuBp 羧化酶用于进行光合作用,如果编码这种酶的基因发生突变,则该植物不能通过光合作用利用 CO_2 和水合成所需要的碳水化合物。

2. 运载蛋白　在生物的细胞膜和细胞膜以内,存在很多种类具有运输功能的蛋白质,称为运载蛋白质。它们能够辨认和运输特定的物质,将需要的物质运入细胞,将不需要的物质运出细胞。血红蛋白就是脊椎动物血红细胞中的一种运载蛋白质。如果细胞中的运载蛋白质发生异常,生物体就不能正常生长发育,甚至不能存活。例如镰刀形细胞贫血症患者,由于血红蛋白基因发生个别碱基替换,结果血红蛋白的氨基酸组成异常,运输氧气的功能受到严重影响,患者出现贫血、肌肉萎缩等症状,更为严重的甚至死亡。

3. 结构蛋白　细胞中有许多种类的蛋白质是构成细胞器的亚基。例如，细胞膜、细胞核膜、染色体、叶绿体、线粒体等，都是以蛋白质分子为亚基，各自以一定方式装配起来的。这些蛋白质作为结构单位而存在，同时又执行一定的功能。例如，植物的种子贮藏蛋白，既是种子结构的组成部分，又具有贮存能量的功能。不同种植物的种子贮藏蛋白基因，具有互不相同的碱基序列，所以它们的蛋白质具有互不相同的氨基酸组成，例如，大豆种子含赖氨酸比较多，玉米种子含赖氨酸比较少。

4. 激素　在昆虫和高等动物中，身体的一部分可以产生一种特定的蛋白质，释放到血液中，通过循环系统调节其他细胞的活动，这些蛋白质称为激素。激素产生和作用的专一性同它特定的组成和结构有关。例如，人体细胞的生长激素基因在垂体转录和翻译，分泌称为生长激素的蛋白质。这种蛋白质能够影响糖类、脂肪和蛋白质的代谢，促进人体的生长。如果人在幼年时期生长激素分泌不足，就会表现为生长迟缓、身材矮小，有的甚至在成年时身高不足 1 m，称为侏儒症。如果幼年时期生长激素分泌过多，则表现为生长过量，有的在成年时高达 2.6 m 以上，称为巨人症。

5. 抗体和抗原　抗体又称为免疫球蛋白，由 4 条多肽链组成。其中 2 条含有相对较少的氨基酸数目，称为轻链；另外 2 条含有相对较多的氨基酸数目，称为重链。一个免疫球蛋白分子的轻链和重链分别由不同的基因编码。

各种抗体的氨基酸组成和结构各不相同，能辨认和结合不同的外来蛋白质分子，这称为免疫反应。在免疫反应中，和抗体结合的外来蛋白质分子称为抗原。所以免疫反应也称为抗原-抗体反应。生物体正是运用这种系统作为一种防御机制，抵抗各种细菌和病毒的入侵。但是，当病原物的表面抗原基因发生变化时，寄主范围有可能发生变化，例如禽流感病毒(RNA 病毒)因突变而存在多种类型，有的只感染禽类，有的也感染人类。

6. 受体　受体是细胞内的大分子蛋白质，能够选择性地同一定的活性物质相结合，产生特定的生理效应。不久前我国科学家(张大鹏等，2006)在植物中发现一种受体蛋白，并克隆了它的基因。这种蛋白能特异性地结合植物激素 ABA(脱落酸)，从而促进种子萌发、幼苗生长和气孔运动。

二、基因的调控序列

调控序列控制结构基因的选择性表达。这种选择性表现于：在细胞周期的不同时期和个体发育的不同阶段，在各种组织和不同的器官，以及在不同的环境条件下，结构基因的关闭或表达，以及表达量的多少。例如，人类的血红蛋白基因之一 *Hbβ* 的活性在胎儿后期到出生才急剧上升；人类的生长激素基因只在脑垂体表达，并且分泌量因人而异。

一些调控序列既不转录也不翻译，例如调节蛋白识别和结合的区域，RNA 聚合酶识别和结合的区域等。另一类调控序列则只转录而不翻译，例如，tRNA 基因和 rRNA 基因，它们的表达产物 tRNA 和 rRNA 将参与 mRNA 的翻译过程。

以下一般地介绍原核生物和真核生物的调控序列的结构。

（一）原核生物的调控序列

1. *启动子*(promoter)　是原核生物启动转录的 DNA 区段，其功能是与 RNA 聚合酶结合形成转录起始复合物。启动子长度 20～200 bp 不等，位于结构基因上游，外侧紧靠转录起点。大肠杆菌的启动子含有 2 个能被 RNA 聚合酶识别的区域(图 12-4，a)：

(1)－10 区：位于转录起始点的上游大约 10 bp 处，是转录起始时 DNA 开始解旋的区域。不同启动子的－10 区的碱基序列不尽相同，但它们具有一部分共有的序列 TATAAT。

(2)－35 区：在转录起始点上游大约 35 bp 处，共有序列为 TTGAC。它是 σ(sigma)亚基识别和结合的部位，以便 RNA 聚合酶准确定位。σ 亚基是组成 RNA 聚合酶的 5 个亚基之一，其余 4 个亚基组成 RNA 聚合酶的核心酶。

但并不是所有的启动子都具有以上典型的结构，有些启动子缺少其中的某一结构，有的 RNA 聚合酶和启动子的结合还需要其他辅助因子参与。

2. *终止子*(terminator)　是原核生物提供终止信号(termination signal)，终止转录的 DNA 序列，位于结构基因末端。转录终止时，新合成的 mRNA 被释放。

（二）真核基因的调控序列

1. *启动子*　真核生物细胞中的蛋白质基因由 RNA 聚合酶Ⅱ负责转录。相关的启动子通常具有以下序列(图 12-4，b)。

(1)TATA 框(TATA box)：绝大多数真核生物都有 TATA 框，具体位置在转录起始点上游 20～30 bp 处。TATA 框的共有序列为 TATAA(或 T)AA(或 T)，有一些微小变化。这个“框”是 RNA 聚合酶Ⅱ的重要接触点，它使 RNA 聚合酶Ⅱ定位在 DNA 分子的正确位置上而开始转录结构基因。当 TATA 框发生碱基对的改变时，mRNA 的转录会从不正常的位置开始，转录水平会下降。

(2)CAAT 框(CAAT box)：CAAT 框在真核生物中存在比较普遍，位于转录起始点的上游约 75 bp 处，共有序列为 GGC(或 T)CAATCT。CAAT 框的突变对转录效率的影响比较大，因此认为 CAAT 框可能控制着转录起始的频率。

2. *增强子*(enhancer)　增强子能增加结构基因转录的频率，一般能使转录频率增加10～200倍，有的甚至可以高达上千倍。它与启动子不同，启动子是转录起始和达到基础水平所必需的，而增强子则可以使转录达到最高水平。例如，人珠蛋白基因的表达水平在巨细胞病毒（cytomegalovirus，CMV）增强子作用下可提高600～1 000倍。

不同真核生物基因的增强子的碱基序列、数目、所处的相对位置差别很大。增强子可以位于基因的5′端，也可位于基因的3′端（图12-4，b），有的还可位于基因的内含子中，但都与它所调控的结构基因处于同一DNA分子上。

3. 终止子（terminator） 和原核生物相比，对真核生物终止子结构的了解还很少。RNA聚合酶Ⅰ和RNA聚合酶Ⅲ具有类似于原核生物的终止子，RNA聚合酶Ⅱ是否具有类似的终止子，目前还不清楚。

三、转座因子

在原核生物和真核生物中都发现过能够移动的DNA序列，称为转座因子（transposable elements）。由于它具有特殊的碱基序列，能够改变自身所处的位置从而影响结构基因的表达，所以我们将它与基因的调控序列相提并论，列入本章本节加以简要介绍。

转座因子有人称之为跳跃基因（jumpiong gene）。它可在染色体范围内或染色体之间移动，也可在染色体和质粒之间移动。或者说，从一个位点切除，插入到一个新的位点。这种切除和移动，能够引起基因的突变或染色体重组。它的发现是遗传学发展史上重要的里程碑之一。

（一）转座因子的发现

1914年，Emerson在研究玉米果皮色素遗传时，发现一种特殊的突变类型——花斑果皮。这种突变可以发生多次回复突变，从而产生宽窄不同，红白相间的花斑。他意识到这种花斑条纹的产生在于突变基因的不稳定性，但不知道原因。20世纪30年代，Rhoades（1938）在研究玉米糊粉层色素遗传时，首次报道一个基因的遗传不稳定性受到一个独立基因的控制。他发现，与子粒糊粉层色素产生有关的基因，在另一个独立基因 dt 处于隐性状态时，就能产生频率不等的回复突变，即由 a_1 突变为 A_1。具有 A_1 的糊粉层细胞，能产生色素，所以整个子粒的糊粉层表现为在无色背景上分布着许多大小不等的有色斑点。Rhoades把这个引起 a_1 遗传不稳定的基因称为斑点产生基因。

20世纪40年代初，女科学家McClintock开始研究玉米花斑糊粉层和植株色素产生的遗传基础。她发现色素的变化与一系列染色体重组有关。她观察到染色体的断裂或解离(dissociation)有一个特定的位点,称之为 *Ds*。但 *Ds* 并不能自行断裂,它受一个激活因子 *Ac*(activator)的控制。*Ac* 可以像普通基因一样进行传递,但有时表现很特殊,可以离开原座位,运动到同一个染色体或者不同染色体的另一个座位。*Ds* 也能移动,不过只有在 *Ac* 存在时才能发生这种移动。

如图 12-7 所示,*Ds* 可以从原来的位点转移到 *C* 基因座位,引起 *C*→*c* 的基因突变。这种突变在 *Ac* 因子不存在时是稳定的,种子糊粉层无色,植株也不产生色素;但在 *Ac* 存在时,有些细胞可以发生由 *c*→*C* 的回复突变,所以种子糊粉层和植株都会出现有色斑点。McClintock 把 *Ac* 和 *Ds* 称为控制因子或转座因子。

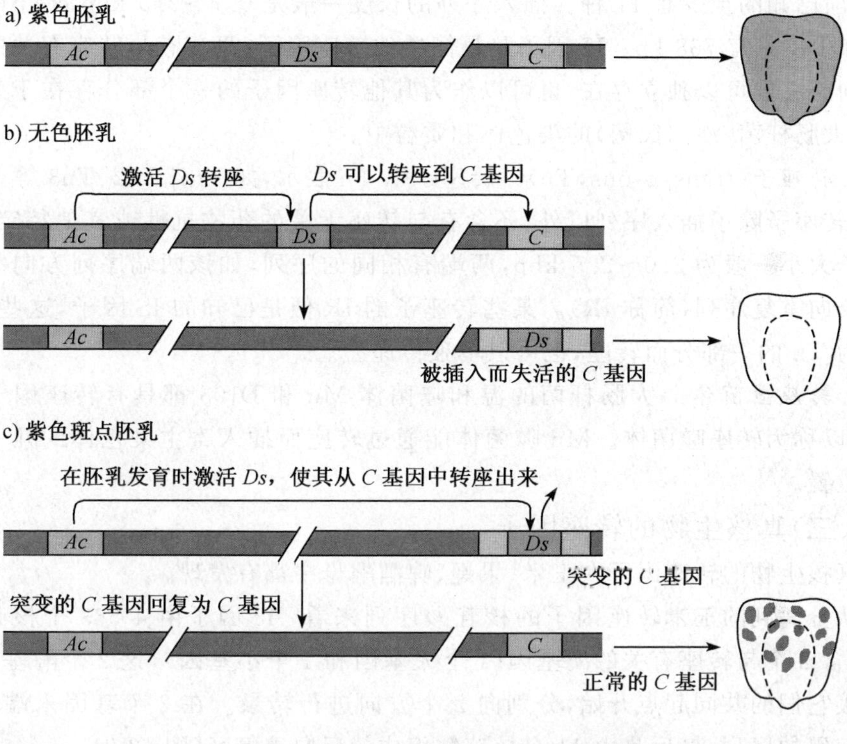

图 12-7　*Ds* 的转座与 *C* 基因的突变与回复突变

(引自 Russell,1992)

尽管 McClintock 的发现有大量的准确资料和详细论证,但这个超时代的发现并不为当时的科学界所理解。从她 1951 年发表论文到 1983 年获得诺贝尔奖,间隔长达 32 年。1961 年,雅各布(Jacob, P A)和莫诺(Monod L)的乳糖操纵子模型和调控基因理论发表之后,McClintock 的"控制因子"假说才开始引起人们的注意。之后，在20世纪60年代末期，夏皮罗(Shapiro J)在研究大肠杆菌高效突变时发现，这是由于一种大片段DNA的插入作用造成的，并称这种DNA片段为插入序列(insertion sequences)，这便是在细菌中首次发现的转座因子。至此，跳跃基因的概念才得到公认。

以下分别简要介绍原核生物和真核生物的转座因子结构和特性。

(二)原核生物的转座因子

根据分子结构和遗传特性，可将原核生物的转座因子分为3类。

1. *插入因子* 插入因子(insertion sequence)简称IS因子，例如IS1，IS2，IS3等，目前已知的至少有11种。插入序列的长度一般是0.7～2.5 kbp，最小的插入序列如IS1只有768 bp。IS因子是最简单的转座因子，只含有与转座有关的基因与序列。它们可以独立存在，也可以作为其他转座因子的一个部分存在于某些细菌(如大肠杆菌、沙门氏菌)的染色体和质粒中。

2. *转座子(transposons，Tn)* 转座子以Tn表示，如Tn1、Tn2、Tn3等。和IS相比，转座子除了插入序列以外，还含有与转座无关的药物抗性或其他特定基因。转座子大小一般为2.0～2.5 kbp，两端有相同的序列，如该两端序列方向相反则称为反向重复序列(简称IR)。某些转座子的IR便是已知的IS因子，这些IR既可作为Tn的一部分而转座，也可以单独传递。

3. *转座噬菌体* 大肠杆菌的温和噬菌体Mu和D108都具有转座因子的性质，所以称为转座噬菌体。Mu噬菌体能通过转座而插入寄主染色体的几乎任何一个位置。

(三)真核生物的转座因子

真核生物的转座因子在玉米、果蝇、啤酒酵母中都有发现。

从分离到的玉米转座因子的核苷酸序列来看，*Ac*因子由4 563个核苷酸组成，包含2个与转座有关的酶基因(1个大基因和1个小基因)，这2个酶基因从1个连接它们的共同起点开始，分别向2个方向进行转录。在2个基因末端还有2个不编码的序列，最后是由11个核苷酸组成的反向重复区(图12-8)。

从分离到的不同*Ds*因子来看，其大小差别很大。如图12-8所示，*Ds-a*和*Ac*相比，前者缺少149 bp的核苷酸；而*Ds-b*在*Ds-a*的基础上又丢失2 522 bp核苷酸；最小的*Ds*则只有*Ac*长度的1/10，仅仅包括了*Ac*因子的末端反向重复区。转座因子的末端序列实际上是转座酶的识别位点，保守性很强。

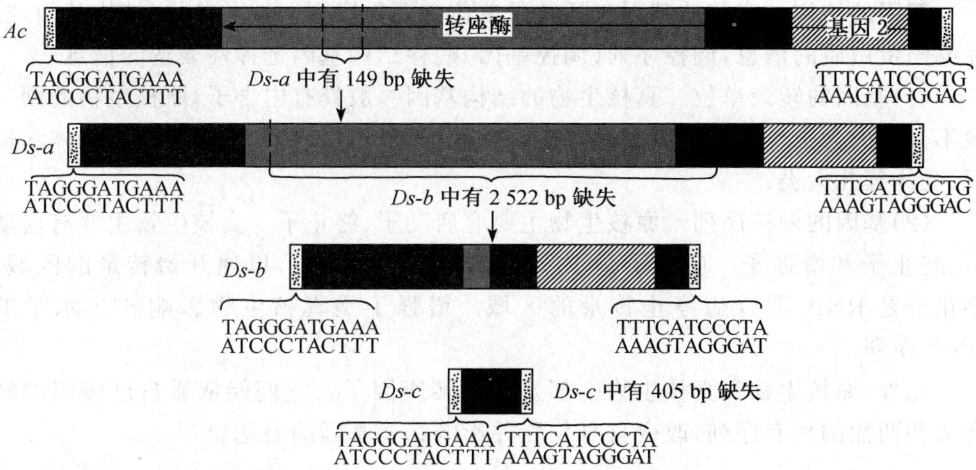

图 12-8　玉米 *Ac* 因子的结构及其与部分 *Ds* 因子的比较

(引自朱军,2001)

内容提要

Chargaff 规律　同一个 DNA 分子中各种碱基的数目:A=T,C=G。不同生物来源的 DNA 之间,A+T/G+C 的值存在很大差异,但同种生物的不同组织 DNA 碱基组成相同。遗传信息贮存在碱基的排列顺序中。

Watson-Crick 模型的主要特征　①DNA 由 2 条反向平行的多核苷酸链组成螺旋,由戊糖-磷酸构成的主链处于螺旋外侧,碱基处于螺旋内侧;②碱基平面几乎与螺旋轴垂直,其中 A 与 T 通过 2 个氢键配对,G 和 C 通过 3 个氢键配对;③DNA 每一圈包含 10 个碱基对,碱基平面的间距 0.34 nm,因此螺距为 3.4 nm;④双螺旋的表面形成 2 条凹槽(大沟,小沟)。

DNA 与基因　基因是 DNA 分子上具有遗传效应的区段。它在遗传上是最小的功能单位,但它不是重组或突变的最小结构单位,最小结构单位应是一对核苷酸。

等位基因是同源染色体相同座位上,碱基序列相同或者相似的一对 DNA 区段。非等位基因是位于不同座位的 DNA 区段。复等位基因是多方向突变形成的一系列等位基因。

一对等位基因的碱基序列相同时称为纯合,不相同时称为杂合。

显性基因和隐性基因在 DNA 序列上的区别,往往在于能否编码某种酶或蛋白质。

基因的结构 完整的基因包括转录单位和调控序列。转录单位(结构基因)贮存编码蛋白质的信息,调控序列(调控基因)贮存结构基因选择性表达的信息。

(1)基因的转录单位 真核生物的结构基因一般具有内含子,原核生物的则一般不具有内含子。外显子编码的蛋白质有酶、运载蛋白、结构蛋白、激素、抗体和抗原、受体等几大类。

(2)基因的调控序列 原核生物主要有启动子、终止子。真核生物主要有启动子、终止子和增强子。启动子是RNA聚合酶结合DNA,以便开始转录的区域。终止子是RNA聚合酶停止转录的区域。增强子是真核生物影响转录水平的DNA序列。

此外,原核生物和真核生物中都发现了转座因子。它们能依靠自己编码的转座酶和两侧的特有序列,改变自身位置并影响结构基因的表达。

复习思考题

1. 试从分子水平上解释以下名词:基因、显性基因、隐性基因、等位基因、杂合、纯合。
2. 关于DNA的分子结构,有以下几个实验结果:
   (1)A和T数目相等,G和C数目相等;(2)(A+T)/(G+C)的值在不同生物来源的DNA之间存在着很大的差异;(3)A和T配对,G和C配对;(4)DNA分子呈双螺旋形;(5)DNA分子是极性相反的两个多核苷酸链。
   试问以上哪一个结果是"DNA具有遗传特异性"的主要依据?为什么?
3. 简述DNA的双螺旋结构同遗传有关的特点。
4. 下列4种叙述中,准确的一个是
   A. 遗传信息贮存在DNA中
   B. 遗传信息贮存在脱氧核糖核苷酸中
   C. 遗传信息贮存在碱基中
   D. 遗传信息贮存在碱基的排列顺序中
5. 经典遗传学和分子遗传学关于基因的概念有何不同?
6. 真核生物的结构基因,所贮存的蛋白质遗传信息可以分为哪几类?
7. 真核生物和原核生物的启动子分别由哪几部分组成?
8. 原核生物的转座因子可以分为哪几种类型?
9. 玉米的*Ds*因子和*Ac*因子在序列上有何异同?

主要参考书目

[1] 李惟基. 新编遗传学教程. 北京:中国农业大学出版社,2002.
[2] 朱军. 遗传学.3 版. 北京:中国农业出版社,2002.
[3] 刘祖洞.遗传学.2 版.北京:高等教育出版社,1995.
[4] 张玉静. 分子遗传学. 北京:科学出版社,2000.
[5] 孙乃恩,等.分子遗传学.南京:南京大学出版社,1996.
[6] 张西平,王鄂生,申宗侯. 核酸与基因表达调控. 武汉:武汉大学出版社,2002.
[7] Watson,Crick. 核酸的分子结构.王斌译.遗传学经典论文集.北京:科学出版社,1984.
[8] 陈三凤,刘德虎.现代微生物遗传学.北京:化学工业出版社,2003.

第十三章　基因组的结构

我们已经知道，生物的DNA序列贮存着蛋白质结构的信息，也贮存着选择性表达的信息。那么，这许多DNA序列又是以怎样的组织形式贮存以上两类遗传信息的呢？上一章的主要内容是DNA序列在单个基因中的组织形式，即一个基因可分为转录区和转录调控区，真核生物的转录区又包括外显子和内含子。这一章将要讨论的则是基因组的结构，即DNA序列在整个基因组中的组织形式。

第一节　基因组的 *C* 值悖理

一、基因组的概念

生物的基因组应包括细胞核基因组（简称核基因组，genome）和细胞质基因组（plasmone）。由于生物的DNA一般有90％以上分布于细胞核，所以这里只重点讨论核基因组。所谓核基因组，对于原核生物来说，是指它所仅有的一条染色体所含的全部DNA序列；对于二倍体真核生物来说，是指它配子的全套染色体的所有DNA序列，例如，玉米（$2n=20$）配子非同源的10条染色体的所有DNA序列。

二、基因组的 *C* 值

生物基因组的大小通常以其中DNA的含量表示，称为该生物的 *C* 值（*C*-value）。实验结果表明，不同物种的 *C* 值差别很大（表13-1），例如，T_4 噬菌体小到 2.0×10^5 bp 而百合大到 5.0×10^{10} bp。

表13-1　一些生物的基因组大小

（摘自朱军，2003）

生物	基因组大小(bp)
T_4 噬菌体	2.0×10^5
大肠杆菌	4.2×10^6
酵母	1.5×10^7
拟南芥	1.0×10^8
线虫	1.0×10^8
果蝇	1.65×10^8

续表 13-1

生物	基因组大小(bp)
水稻	4.3×10^{8}
小鼠	3.0×10^{9}
人类	3.3×10^{9}
玉米	5.4×10^{9}
小麦	1.6×10^{10}
百合	5.0×10^{10}

实验结果还表明，从原核生物到真核生物，进化程度较高的生物具有较大的 *C* 值(图 13-1)。这种 *C* 值增加的趋势，很容易使我们简单地这样猜测：结构和功能复杂的生物应该需要更多的基因数目和基因产物。

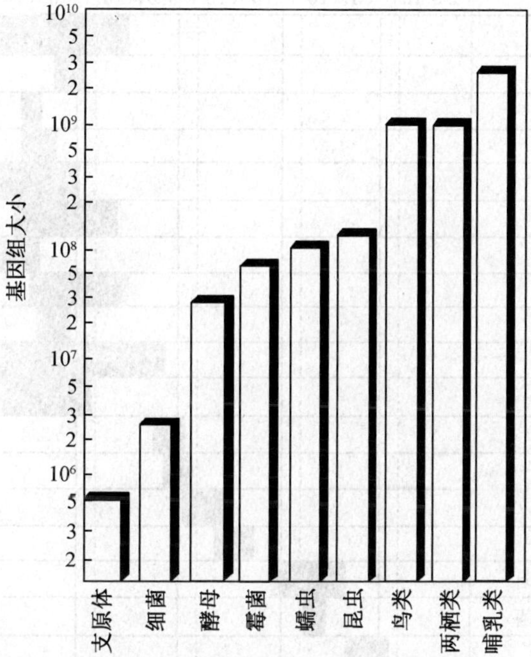

图 13-1　各类生物基因组大小的比较

(引自贺竹梅，2002)

三、*C* 值悖理的表现

然而，另外一些实验结果(图 13-2)又表明：①在显花植物内部、两栖类内部和昆虫类内部的不同物种之间，尽管结构、功能复杂程度相似，尽管亲缘关系相近，*C*

值却可以相差 10 倍甚至百倍；②两栖类的 C 值高于进化程度更高、结构和功能更为复杂的哺乳类的 C 值。以上两点共同说明，C 值的增加和进化程度之间并没有严格的对应关系。这就是通常所说的"C 值悖理"（C-value paradox）表现的一个方面。

C 值悖理还表现在另一个方面，这就是 C 值（基因组 DNA 含量）高于预期的编码蛋白质基因所需要的 DNA，两者之间的差异在进化程度高的生物中尤其显著。以哺乳类为例，由于基因中存在内含子，所以每个基因的长度可达到 5 000～8 000 个碱基对，少数可达到 10 000 个碱基对，即使按照这种大小进行计算，哺乳类的基因组至少应当含有 400 000～600 000 个基因；可是根据一些实验结果进行的估计，哺乳类基因组只有 30 000～40 000 个基因。由此可见，单凭目前已知的基因知识，还不能解释如此巨大的基因组 DNA 总量。

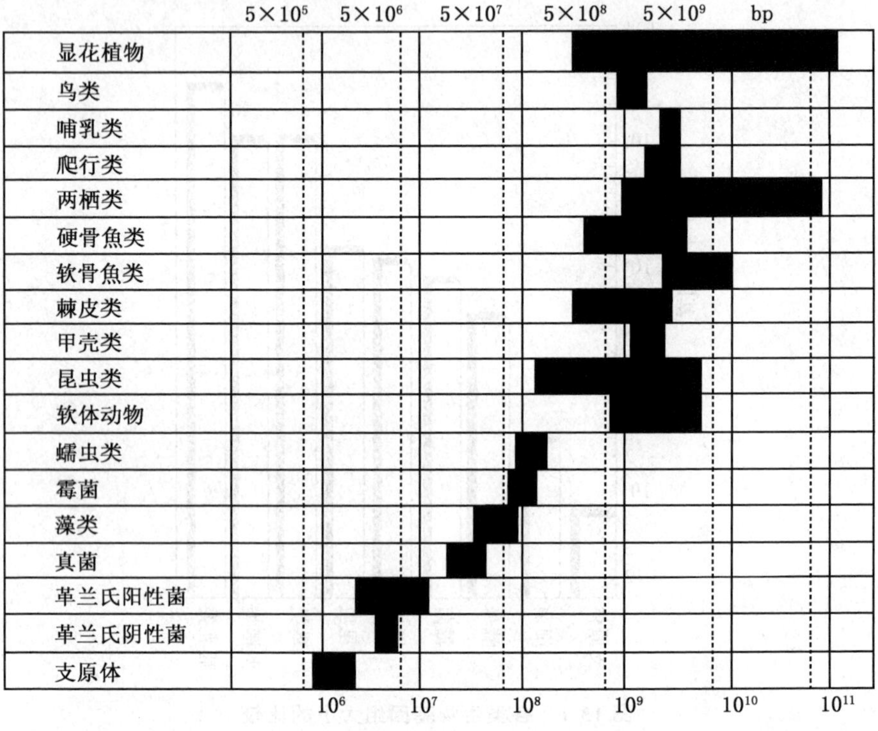

图 13-2 不同生物类群 C 值变化范围

（引自孙乃恩等，1996）

四、基因组学的诞生

C 值悖理现象促使人们探究基因组的结构，即基因组中是否存在基因以外的

DNA 序列,这些序列具有怎样的组织形式和功能,它们对生物的生存和进化具有怎样的意义,于是诞生了一门新兴的学科——基因组学(genomics)。

基因组学一词是 H Roderick 在 1986 年提出的,主要研究内容是生物基因组的结构和功能。目前基因组学又分为结构基因组学(structural genomics)和功能基因组学(functional genomics)。结构是功能的基础,研究基因组结构是为了认识、利用和改造基因组的功能,但是以上 2 个学科的研究内容各有侧重。目前前者的研究成果相对比较多。

第二节　原核生物的基因组

原核生物的基因组结构比较简单。例如,噬菌体的基因组是由单一序列(unique sequence)的各种基因组成的,即每种基因在每个基因组中只出现一次。原核生物中的 ΦX174 噬菌体,甚至存在不同基因共用一部分 DNA 序列的现象(图 13-3)。具有这种共用序列的基因称为重叠基因(overlapping gene)。但是相互重叠的 2 个基因之间,阅读框架并不相同,它们各自编码不同的蛋白质。如图 13-3 所示,*C*、*K*、*A* 基因共用一部分碱基,但它们分别编码不同的蛋白质。据认为,基因组很小的噬菌体的这种单一序列组成,以及重叠基因的存在,是一种对 DNA 的“节约”。

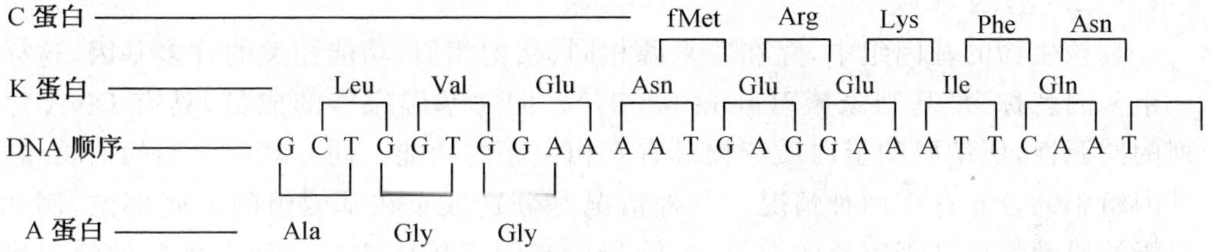

图 13-3　ΦX174 噬菌体的重叠基因

原核生物中的细菌,几乎所有基因都在染色体基因组中,只有少数基因位于质粒 DNA 上。细菌基因在染色体上的分布,以大肠杆菌研究得最为清楚。

大肠杆菌的 DNA 分子包括大约 2 800 个基因,共有 4.2×10^6 个碱基对。一些功能相关的基因,在染色体上彼此靠近地排列成为操纵子(operon),受共同的表达元件调控。例如,在乳糖操纵子中有 3 个结构基因,β-半乳糖苷酶基因(*lacZ*)、半乳糖苷透性酶基因(*lacY*)和半乳糖苷转乙酰酶基因(*lacA*),它们串联排列在基因组上,其表达和关闭受共同的启动子等调控序列的调控。操纵子以外的其他基因则多以单一序列存在;但也有例外,例如,rRNA 基因是一个由 7 个基因构成的基因簇。

其他细菌的情况也和大肠杆菌相类似。而且,它们都大约有 75%的染色体 DNA 用于编码基因,其余 25%则是用于分隔基因的"基因间 DNA"(intergenic DNA)。一些基因间 DNA 具有重要功能,例如细菌染色体的复制起点(origin of replication)即在此处。其他基因间区域可能与 DNA 的包装蛋白相作用。

第三节　真核生物的基因组

真核生物的基因组结构则相对复杂,可分为基因和基因外序列。后者在基因组中占有比较大的比重,但目前还没有研究清楚它们的功能。

一、基因在基因组中的组织形式

(一)单一序列

基因组中的大多数基因,只在基因组中出现一次,属于单一序列。我们已经熟悉的大多数结构基因都是这种单一序列,它们具有高度的表达能力,例如单一拷贝的家蚕丝心蛋白基因能够在短时间内合成大量的丝芯蛋白质分子。

但是,并非所有单一序列都是结构基因。

(二)基因家族

真核生物的基因组中,存在着来源相同、结构相似、功能相关的许多基因,这样一组基因就称为"基因家族"(gene family)。同一基因家族的成员,具有 DNA 序列的同源性,所编码的蛋白质产物具有互相关联的功能。同一基因家族的成员,在基因组中的分布存在两种情况。一种情况是分别散布在基因组的不同部位,例如果蝇的肌动蛋白基因家族的成员、微管蛋白基因家族的成员。而大多数的情况则是集中地、彼此靠近地、成串地排列在一起,形成所谓的"基因簇"(gene cluster),例如血红蛋白基因家族成员形成的基因簇。

血红蛋白基因家族是至今研究得比较多的基因家族。人类的几种血红蛋白基因组成 2 个基因簇。一个称为 β 簇,分布在第 16 号染色体 50 kb 范围的 DNA 上,包含 5 个活跃的基因和一个假基因。所谓假基因,是序列与活跃基因相近但不能表达的基因。它没有蛋白质产物,和活跃基因的 DNA 序列相对比才能被发现。血红蛋白基因的另一个基因簇称为 α 簇,比较紧凑,分布在第 11 号染色体 20 kb 范围内的 DNA 上,包含 3 个活跃基因和 2 个假基因。上述 β 簇和 α 簇的几个活跃基因编码血红蛋白的珠蛋白亚基,它们分别在个体发育的不同阶段表达多肽,并组合成为一种血红蛋白分子的两种链。例如，1～3 月胎儿的血红蛋白分子由 2 条 α 链和 2 条 ε 链组成；成人 95%以上的血红蛋白分子则由 2 条 α 链和 2 条 β 链组成。

（三）串联重复基因

在基因家族中，DNA 序列完全相同或一致性很高的许多基因，串联在一起成为基因簇的，特称为串联重复基因。串联重复基因的拷贝数比较高，往往有几十个到几百个，间隔区短而且比较一致。下面介绍比较重要的几种串联重复基因。

1. 组蛋白基因　在真核生物中，组蛋白 H1、H2A、H2B、H3 和 H4 是染色体的重要成分。现在知道，许多真核生物编码这 5 种组蛋白的基因彼此靠近，构成一个单位；许多这样的单位串联在一起，构成组蛋白基因簇。组蛋白基因簇中的重复单位数目因不同生物而异，例如，鸡有 10 个，哺乳动物有 20 个，非洲爪蟾有 40 个，果蝇约有 100 个，各种海胆有 300～600 个。

就目前所知，这些组蛋白基因都没有内含子。组蛋白基因的重复单位的组织形式因不同生物而异，即不同生物在 H1、H2A、H2B、H3 和 H4 基因的排列次序和转录方向上有所不同，间隔区的长短也有所不同。

2. rRNA 基因　真核生物具有 4 种不同沉降系数的 rRNA，其中 3 种称为主体 rRNA，它们的基因组成一个重复单位，各重复单位之间存在间隔区。主体 rRNA 基因的拷贝数目因不同生物而异，高等真核生物一般有 200～500 个拷贝。

在真核生物的细胞核中，rRNA 基因的大量转录产生大量 rRNA，形成核仁。含有 rRNA 基因串联重复单位的染色体区域，即次缢痕区域，因此称为核仁组织者。一个细胞核内有多少 rRNA 基因串联重复区域，就会形成多少个核仁。

3. tRNA 基因　研究比较多的酵母 tRNA 基因，已知也是串联重复序列，但是不同重复单位中的各个 tRNA 基因互不相同。许多酵母的 tRNA 基因含有 10～20 个碱基对的内含子，各 tRNA 基因的内含子没有序列上的共同性。现在还不知道 tRNA 基因簇中各个基因单独转录还是整个重复单位一起转录。曾将含有酵母 tRNA 基因的 DNA 片段注入爪蟾的卵中，结果产生了酵母 tRNA，这说明进化上相距很远的有机体之间，tRNA 的转录处理系统可能还是相同的。

二、基因外序列在基因组中的组织形式

（一）基因外序列的概念

基因外序列不是指基因转录单位（外显子和内含子）的一部分，也不是基因的相关序列（前导序列、尾随序列、启动子等）；而是它们以外的 DNA 序列。根据基因外序列在每个基因组中出现的拷贝数，可将它们分为以下 4 类。

单一序列：主要指在每个基因组只出现 1 个拷贝的序列。但常将在每个基因组只出现二三个拷贝的序列也包括在内。

低度重复序列:在每个基因组出现2～10个拷贝的序列。

中度重复序列:在每个基因组出现10个到几百个拷贝的序列。

高度重复序列:在每个基因组出现几百到几百万拷贝的序列。

以下介绍中度和高度重复序列在基因组中的组织形式。

（二）簇状重复序列

高度重复序列中常有一些A·T碱基对含量很高的简单序列,例如螃蟹DNA含有简单的A·T高度重复序列,整个序列中只见个别G·C,以致A·T含量高达97%。由于A·T段的浮力密度比较小,因而在将DNA切成几百个碱基对的片段进行超速离心时,常常会在主要的DNA带的上面出现一个次要的DNA带,这就是通常所说的“卫星DNA”。

研究结果表明,卫星DNA呈簇状重复,位于着丝粒、端粒等附近的异染色质区,不产生RNA和蛋白质,起着保证染色体正常分配或维持染色体正常结构的作用。

卫星DNA按照序列的长度可分为3种。一是卫星DNA,长度为100～5 000 kbp。二是小卫星DNA,长度为100～20 kbp。三是微卫星DNA,长度很少超过4个碱基对。在微卫星DNA中,有一种2个核苷酸的重复序列(例如C-A重复序列),在人类基因组中非常普遍地存在。

在一个固定位点,像C-A重复这样的簇状重复序列(clustered repetitive sequence),经常出现的次数是不相同的。这种可变性存在于个体之间,和同一个体的一对同源染色体之间。因此,这些序列被称为变数串联重复序列(variable number tandem repeat,简称VNTR)。使用PCR反应能够扩增这种VNTR,产物的长度取决于重复序列的重复数。这种长度的变化可用于鉴定个体之间的差异,和鉴定同一个体一对同源染色体之间的差异,因此已被广泛应用于法学领域,例如用于排除犯罪嫌疑(或结合其他证据确定罪犯),和用于亲子鉴定(图13-4)等,通常被称为DNA指纹。DNA指纹还曾用于鉴定一个坟墓的墓主是否路易17本人,从而解决了法国历史上的一个悬案——路易17被囚禁之后是否越狱逃往国外。

（三）弥散重复序列

弥散重复序列(dispersed repetitive sequence)是指广泛分散在整个基因组的重复序列。它们又可以分为长、短两种。短序列称为“短弥散因子”(short interspersed elements,简称SINEs)。这种序列的长度少于500个碱基对。例如,人类和哺乳动物中发现的Alu家族,它因为具有限制性核酸内切酶Alu的识别序列而得名。它的每个序列长200～300个碱基对,在基因组中重复出现700 000～900 000次,存在于基因组的大部分地方,有的甚至存在于基因之中。这个家族的成员有时也能转录,所产生的RNA的作用还不清楚,但是观察到有时它同Alu因子在基因组内的转座有关。

父亲

...GTCGTACGTGACACACACACACACACACACACAGTACGATACGT...[(CA)10]42 bp

...GTCGTACGTGACACACACACACACACACACACAGTACGATACGT...[(CA)10]42 bp

母亲

...GTCGTACGTGACACACACACACACACACACACACACACAGTACGATACGT...[(CA)12]46 bp

...GTCGTACGTGACACACACACACACACACACAGTACGATACGT...[(CA)9]40 bp

孩子

...GTCGTRCGTGACACACACACACACACACACACAGTACGATACGT...[(CA)10]42 bp

...GTAGTCGTRCGTGACACACACACACACACACAGTACGATACGT...[(CA)9]40 bp

PCR 产物的凝胶电泳结果：

父亲	母亲	孩子	
	——		46 bp
——		——	42 bp
	——	——	40 bp

图 13-4　C-A 重复的 VNTR 用于亲子鉴定

（引自贺竹梅，2002）

弥散分布的重复序列中，长的序列称为"长弥散因子"（long interspersed elements，简称 LINEs）。例如，人类中有一种称为 LI 的家族，它的成员的一个序列大约含有 6 400 个碱基对，在基因组中重复出现 3 000～4 000 次，它的作用还不清楚。

第四节　遗 传 标 记

在构建生物基因组的图谱时，需要利用遗传标记（genetic markers），即利用可遗传的、特殊的、易于识别的等位基因表现形式。遗传标记具体包括形态学标记（morphological markers）、细胞学标记（cytological markers）、生化标记（biochemical markers）、分子标记（molecular markers）4 种类型。

一、形态学标记

形态学标记是指生物外部的特征，一般指用肉眼观察到的一些表型特征，如植株的高矮、花色、粒型等，果蝇的眼色、刚毛的长短等。广义地说，形态学标记可以延伸到一些生理特性，如植物的抗病虫等特性。经典遗传学的发展主要以形态学标记和细胞学标记为基础。如孟德尔以豌豆为材料，利用豌豆的 7 对差异明显、易于识别的相对性状作为遗传标记。摩尔根则是通过眼色与性别的相关性，把控制果蝇的眼色的基因定位在 X 染色体上；同时，又把相互连锁的 5 个基因定位在果蝇的 X 染色体上。形态学标记的主要优点是简单直观、经济方便、容易观察记载。

缺点是标记数量少，可直接鉴别的标记有限，难以建立饱和的连锁遗传图谱。另外，许多形态学标记还受到环境、生育期、基因的显隐性关系以及基因互作等影响，以致在构建基因组图谱的应用中受到限制。

二、细胞学标记

细胞学标记是指由于染色体数目的变异（如单体、缺体、三体、四体）和染色体结构的变异（如缺失、易位、倒位、重复）引起的生物某些表型的异常。另外，染色体核型（染色体数目、大小、随体有无、着丝粒位置等）和带型（C带、N带、G带等）分析同样可以用来测定基因所在的染色体及相对位置，因而也是一种细胞学标记。细胞遗传学创造的一大批遗传材料，如番茄三体、烟草单体、玉米易位系等，都可以作为细胞学标记来利用。细胞学标记的优点是能够直接在显微镜下被观察到，可以克服形态标记的某些不足。但是，细胞学标记材料需要花费较大的人力和较长的时间来培育，很多物种还由于染色体异常而表现发育不良或育性较差，因而难以较好地保存。同时，细胞学观察需要细胞学技术作为检测手段，和具有丰富经验的技术人员参与。上述种种因素使得细胞学标记的利用较为困难并受到一定的限制。

三、生化标记

生化标记主要包括储藏蛋白和同工酶标记。自1959年Market和Moller首次提出同工酶的概念以来，同工酶研究得到了迅速发展。功能相似的同一种酶，由于结构不同，主要是由于组成该酶的多肽亚单位存在差异，在电泳分离时能表现为多种不同的分子形式，这种酶就称为同工酶。同工酶的差异主要是由决定酶蛋白的等位基因和非等位基因的差异造成的，所以通过电泳谱带的分析能快速简便地识别出编码这些蛋白谱带的基因。

生化标记鉴定通过采集组织、器官等少量样品进行分析，直接反映基因产物的差异。与形态学标记、细胞学标记相比，它首次突破了把整株样品作为研究材料进行分析的方式。生化标记的遗传符合遗传学三大基本规律，具有共显性表达的特点，与大多数基因一样可以定位在染色体上，同时可以通过两点测验、三点测验在同工酶基因与性状基因间进行连锁分析。其缺陷在于它具有组织的特异性，已发现的同工酶标记数目有限，因而远不能满足目前构建高密度连锁图谱的需求。另外，每一种同工酶标记都需要特殊的染色方法和技术，从而使它的利用价值也受到限制。

四、分子标记

除了环境影响外，生物个体在表型、转录水平和蛋白质水平上的差异都是由

DNA水平上的差异而引起的，而20世纪70年代所发展起来的分子标记技术所揭示的多态性正是直接反映基因组DNA间的差异。由于它直接反映DNA水平上的差异，不受环境条件的影响，所以差异大大超过其他任何一种遗传标记。因而，DNA分子标记技术已被广泛应用于构建生物基因组图谱和其他多种领域。

与形态学标记、细胞学标记和生化标记相比较，分子标记具有明显的优越性：①无表型效应：直接以DNA的形式表现，在生物体的各个器官和组织中均可检测到，不受环境、发育阶段和组织特性的影响；②共显性标记：大部分分子标记表现为共显性，能够鉴别出纯合基因型与杂合基因型，提供完整的遗传信息，同时在配制杂交组合时不受杂交方式的影响；③数量多：由于其差异源于基因组DNA的自身变异，遍及整个基因组，检测位点近乎无限；④多态性高：由于自然存在着许多等位变异，不需要专门创造特殊的遗传材料；⑤“中性”标记：由于DNA标记反映的是DNA序列的差异，不影响目标性状的表达，与不良性状无必然的连锁，且标记与标记之间不存在上位效应，因而互不干扰。

DNA分子标记技术大致分为以下3类：第1类是基于分子杂交技术的分子标记，这类标记主要为限制性长度多态性（restriction fragment-length polymorphism，RFLP）标记；第2类是基于DNA聚合酶链式反应（polymerase chain reaction，PCR）的分子标记，这类代表性技术有随机扩增多态性DNA（random amplified polymorphism DNA ，RAPD）标记，扩增片段长度多态性（amplified fragment length po-lymorphism，AFLP）标记和简单重复序列（simple sequence repeat，SSR）标记等；第3类是基于DNA测序技术的分子标记，主要有单核苷酸多态性（single nucleotide polymorphism，SNP）标记和核苷酸插入缺失差异片段（nucleatide Insert/Deletion，InDel）标记。

（一）基于分子杂交技术的分子标记

20世纪70年代后期建立起来的限制性片段长度多态性（RFLP）标记被认为是发展最早的DNA分子标记。当核苷酸的限制性酶切位点发生突变后，使得限制性内切酶不再识别这些位点，同时一些突变也可能产生新的酶切位点，这些突变可以被不同的限制性酶降解导致产生不同DNA片段的长度的变化。另外，2个酶切位点之间发生DNA片段的插入或者缺失，同样可以导致限制性酶切片段长度发生变化，这些片段称为限制性长度多态性。RFLP属于共显性位点，非常有利于遗传连锁图谱的构建和基因克隆，它与其他遗传标记一样可用于遗传分析和连锁图谱的构建。

一个物种的不同地理、生态类型以及不同的自交系的DNA包含着许多RFLP标记，这些标记可用于建立详细的遗传连锁图谱。实际上不同个体甚至包括具有亲缘关系的个体间也存在大量的RFLP。RFLP片段可以通过以下方法获得，首先利用限制性内切酶酶切总 DNA，产生大量的长度不等的 DNA 片段，然后琼脂糖电泳将这些酶切的 DNA 片段分开，溴化乙啶染色于紫外线下可以直接观察到。还有些 RFLP 是通过琼脂糖电泳将这些片段按大小顺序分离后，然后将它们按原来的顺序和位置转移至易于操作的尼龙膜或硝酸纤维膜后，利用特别的 cDNA 或基因组克隆作为放射性标记，通过 Sothern 杂交后经放射自显影检测，RFLP 的流程图见图 13-5。RFLP 本身的表型可用于区分杂交后代的亲型或重组体。图 13-6 表明用 RFLP 作为遗传标记对模式植物拟南芥的作图实验。拟南芥的 1 号染色体的 RFLP 图谱如图 13-7。由于拟南芥的基因组较小（约 10^8 bp），因此拟南芥属于一个根据 RFLP 标记克隆基因的一个极好的系统，也成为双子叶植物的模式研究植物。

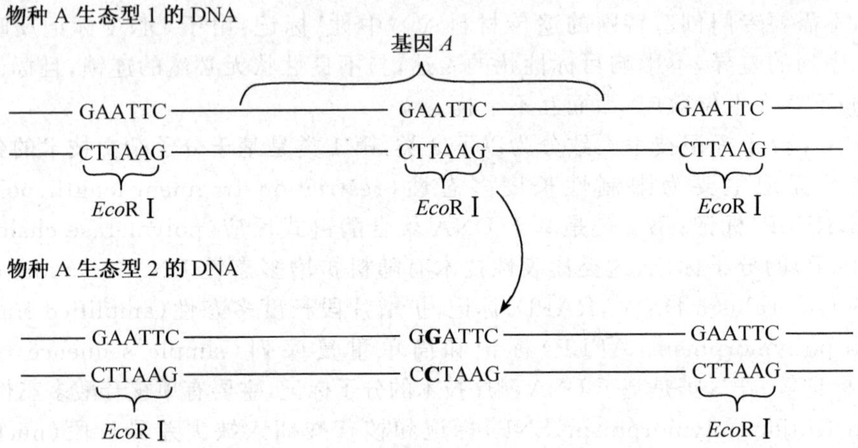

a）RFLP 突变起源

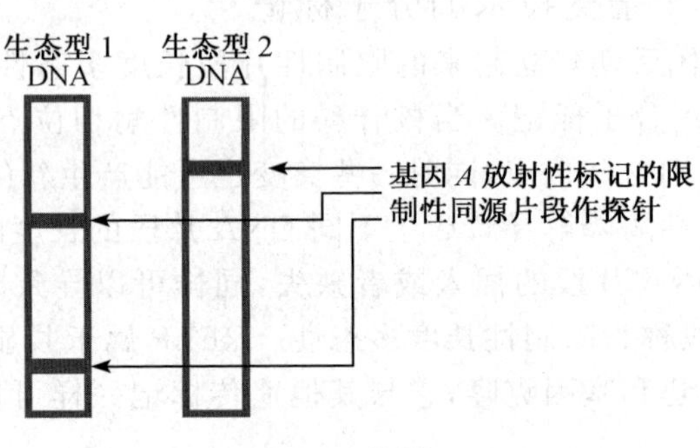

b）RFLP 检测

图 13-5 RFLP 的突变来源及其检测

a）RFLP 突变起源；b）RFLP 检测

（引自 Peter 等，1999）

RFLP 标记已经证明对人类染色体作图具有重要价值，科学家必须依赖 RFLP 标记与突变位点家系内的随机分离来估计遗传距离。通过遗传标记在家系内的分离以及根据不同图谱之间标记的遗传距离，确定标记连锁与否的基于家系作图已经完成。1992 年，遗传学家已经用这种方法构建了早期人类 24 条染色体的约 2 000 个 RFLP 标记的遗传图谱。图 13-8 表明人类 1 号染色体和其相关的细胞学图谱的关系。

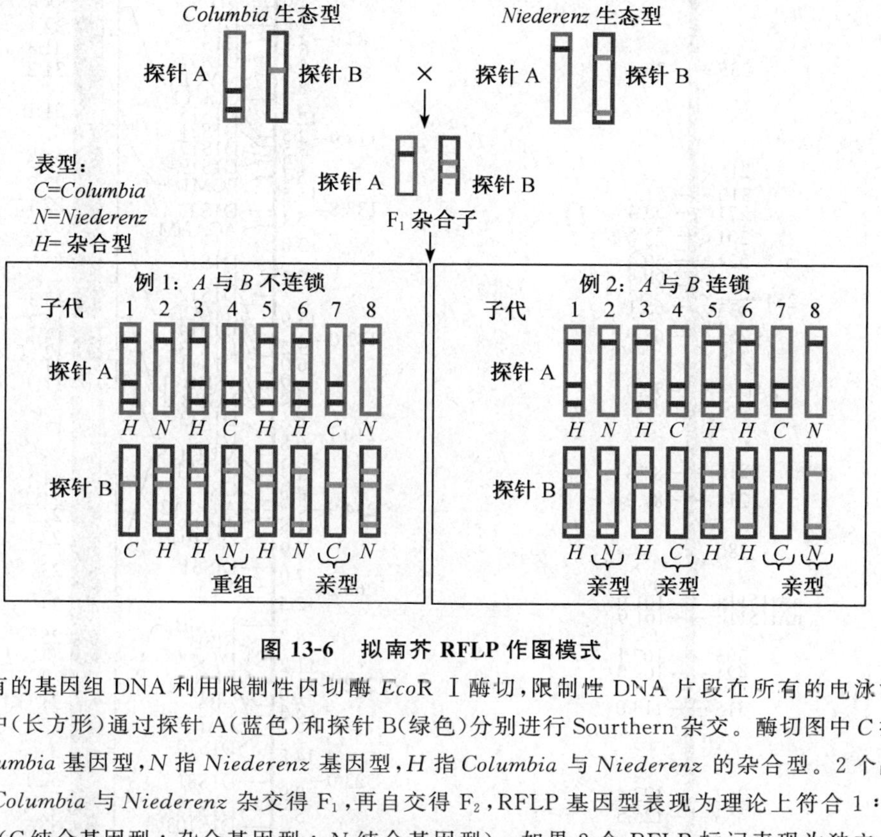

图 13-6　拟南芥 RFLP 作图模式

所有的基因组 DNA 利用限制性内切酶 *Eco*R Ⅰ酶切，限制性 DNA 片段在所有的电泳泳道中（长方形）通过探针 A（蓝色）和探针 B（绿色）分别进行 Sourthern 杂交。酶切图中 *C* 指 *Columbia* 基因型，*N* 指 *Niederenz* 基因型，*H* 指 *Columbia* 与 *Niederenz* 的杂合型。2 个品种 *Columbia* 与 *Niederenz* 杂交得 F_1，再自交得 F_2，RFLP 基因型表现为理论上符合 1∶2∶1（*C* 纯合基因型∶杂合基因型∶*N* 纯合基因型）。如果 2 个 RFLP 标记表现为独立分配，在 F_2 后代中亲本基因型和重组型发生频率相等（如图左）；如果它们紧密连锁（图右），重组型表现频率低。重组型的频率可用于计算 RFLP 标记的图谱距离

（引自 Peter 等，1999）

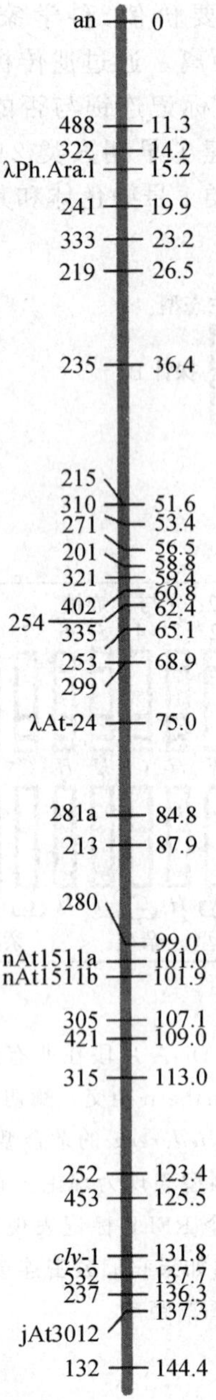

图 13-7 拟南芥第 1 染色体 RFLP 图谱

图左为限制性酶切克隆探针位置，右为 cM 遗传距离

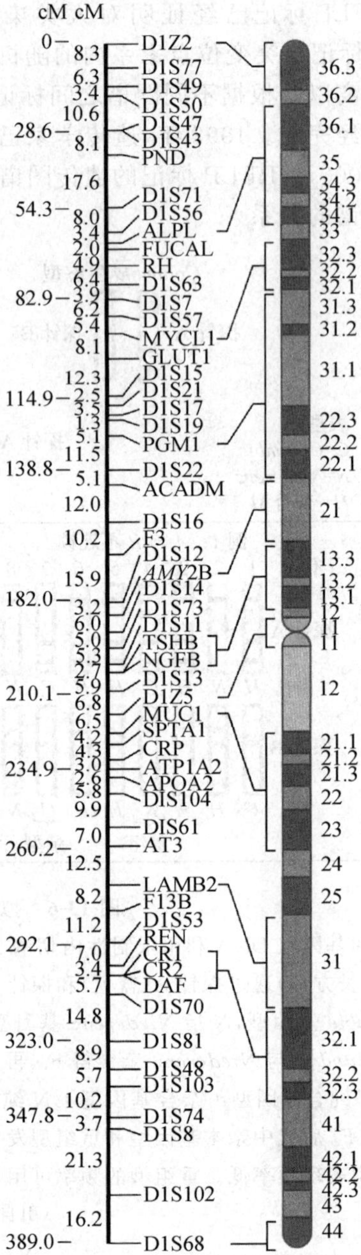

图 13-8 人的第 1 染色体 RFLP 图谱和细胞学图谱的关系

图左为 RFLP 图谱，右为细胞学图谱

(二)基于 PCR 技术的分子标记

DNA 聚合酶链式反应(polymerase chain reaction,PCR)是利用单链寡核苷酸引物对特异 DNA 片段进行体外快速扩增的一种方法。Muller 于 1985 年发明了该技术,其可在短时间内使目的片段的扩增量达到 10^6 倍,从而使得极微量的 DNA 扩增至 μg 级。自 PCR 技术问世以来,迅速渗透到分子生物学的各个领域,已在基因定位和基因克隆、遗传学以及物种起源进化等方面得到了广泛的应用。

PCR 技术实际上是一种以模板 DNA 为基础,在引物和 4 种脱氧核糖核苷酸存在的条件下,利用 DNA 聚合酶的酶促反应,完成对模板的目的片段的快速扩增的过程,其依赖于 3 个温度的反复循环。每一循环的 3 个步骤为:①变性(denaturation):即双链 DNA 在 94℃条件下,通过热变性使模板的双链 DNA 氢键断裂而变成单链。②复性(annealing):即当变性温度突然降至引物 T_m 值(通常为 35～65℃)以下时,使引物与模板 DNA 互补序列杂交。由于引物一般由 10～25 个碱基序列,模板 DNA 结构远比引物分子复杂,且反应体系中引物分子的浓度又远大于模板 DNA,故在退火温度时,引物与模板 DNA 容易结合形成互补链。③延伸(extension):在 DNA 聚合酶的作用下,以 DNA 为模板和以 4 种脱氧核糖核苷酸为原料,在 Mg^{2+} 存在的条件下,DNA 聚合酶依赖于其 5′→3′的聚合酶活力,以引物结合于 DNA 模板链为起始点,使引物的序列得以延伸,合成模板 DNA 的互补链。经 25～35 个循环后目的片段的 DNA 扩增量可以达 10^6 倍。

1. RAPD 标记　1990 年,Williams 等发明了 RAPD 技术,其利用 PCR 技术,通过随机引物即是指任意的 10 bp 寡聚脱氧核糖核酸单链 DNA 片段扩增基因组 DNA,然后用琼脂糖凝胶电泳分离扩增片段,经染色显示扩增片段的多态性。

RAPD 主要应用 PCR 技术的原理,但与经典的 PCR 反应的区别在于:首先是引物不一样,即经典的 PCR 反应所用的引物一般长度为 20 bp 左右的特异性引物,而 RAPD 所用的引物仅为一个 10 bp 随机引物。其次是退火温度不同,经典的 PCR 复性温度较高,一般为 55～60℃,而 RAPD 的复性温度较低,为 36℃左右。由于经典的 PCR 技术的引物较长,退火温度高,引物与模板之间的结合较稳定,从而扩增片段表现为特异性扩增,扩增产物的准确性高。而 RAPD 采用较短的随机单引物和低退火温度,使得引物与模板间的结合不稳定,同时允许适当的错配,导致扩增产物为随机扩增,扩增产物的准确性低。由于 RAPD 具有 PCR 技术的特点,使用 PCR 扩增仪,操作自动化程度高,免去了 RFLP 中的探针制备、放射性同位素标记、Southern 印迹以及分子杂交等繁琐步骤,同时所需 DNA 样品少,对 DNA 质量要求较 RFLP 低,成本相对较低。另外 RAPD 不依赖于物种特异性和基因组结构,一套引物可用于不同生物基因组分析。其缺点是 RAPD 一般是显性标记,不能直接鉴别杂合和纯合的基因型,提供的信息量少,同时实验的稳定性和重复性差。

2. AFLP 标记 扩增片段长度多态性(amplified fragment length polymorphism,AFLP)是由荷兰科学家 Zabeau 和 Vos 于 1993 年发明的一种 DNA 分子标记。该技术是通过核酸限制性内切酶酶切 DNA,然后结合 PCR 技术对限制性酶切片段选择性扩增。由于 AFLP 标记的多态性强,一次可检测到 100~150 个扩增产物,因而非常适合绘制品种指纹图谱以及物种的分类和进化研究。

AFLP 标记的基本原理是:①利用两种限制性内切酶对基因组 DNA 进行双酶切,其中一种为酶切频率较高的限制性酶(frequent cutter),如 *Mse* Ⅰ为 4 碱基(AATT)酶切位点;另一种为酶切频率较低的限制性酶(rare cutter),如 *Eco*RⅠ为 6 碱基(GAATTC)酶切位点。选用酶切频率较高的限制性酶消化基因组 DNA 是为了产生短的 DNA 片段而适合于在测序胶上能较好分离;而选用酶切频率较低的限制性酶消化基因组 DNA 可用来限制用于扩增的模板 DNA 片段的数量。所以,有效的 AFLP 扩增数量是由酶切频率较低的限制酶在基因组中的酶切位点数量决定的。另外,利用双酶切使对 PCR 产物的单链进行标记成为可能,从而防止胶上由于扩增片段双链迁移率不一致而造成的双带现象(doublets),同时双酶切还可以对扩增片段的数目进行有效的调节,通过引物的不同组合,从而产生大量不同的 AFLP 指纹。双酶切后将产生 3 种片段,即两端皆为 *Eco*RⅠ切口,两端均为 *Mse*Ⅰ切口,和一端为 *Mse*Ⅰ切口,另一端为 *Eco*RⅠ切口,对于这 3 种类型的片段,在 PCR 扩增过程中,一般选择一端为 *Mse*Ⅰ切口,另一端为 *Eco*RⅠ切口的片段作为扩增模板。②进一步将酶切片段的 2 个末端分别接上含有与限制性内切酶的黏性末端互补的人工接头连接,该人工接头为限制性酶切的黏性末端加上 15~18 bp 的寡聚核苷酸片段。③通过 DNA 合成仪合成引物,引物一般由 18~20 个核苷酸组成,分为 3 部分,即由人工合成的接头的互补序列、临近的内切酶特异识别位点和末端添加 1~3 个选择性碱基组成。添加 1~3 个选择性碱基的目的是有效地识别具有特异配对序列的酶切片段,实现特异性扩增,最后用变性聚丙烯酰胺凝胶电泳分离扩增产物。例如,如果没有添加选择性碱基,即所有的一端为 *Mse*Ⅰ切口,另一端为 *Eco*RⅠ切口的扩增模板片段都能够被扩增,由于基因组的片段太多,不能很好地将有多态性差异的片段完全分离开。如果一侧加上一个选择性碱基(即 A、T、C、G 的任何一种),则扩增的特异性片段将为整个扩增性片段的 1/4;如果两侧分别加上一个选择性碱基,则扩增的特异性片段将为整个片段的 1/16。因此,在引物的末端每添加一个选择性碱基,选择性扩增片段将按照总片段的 1/4 减少。④PCR 扩增和产物分离。利用特定性的引物按照经典 PCR 方法对限制性片段长度进行扩增，通过聚丙烯酰胺凝胶电泳分子筛的作用，将这些特异的限制性片段分离开来，利用银染的方法检测扩增性产物（图 13-9）。

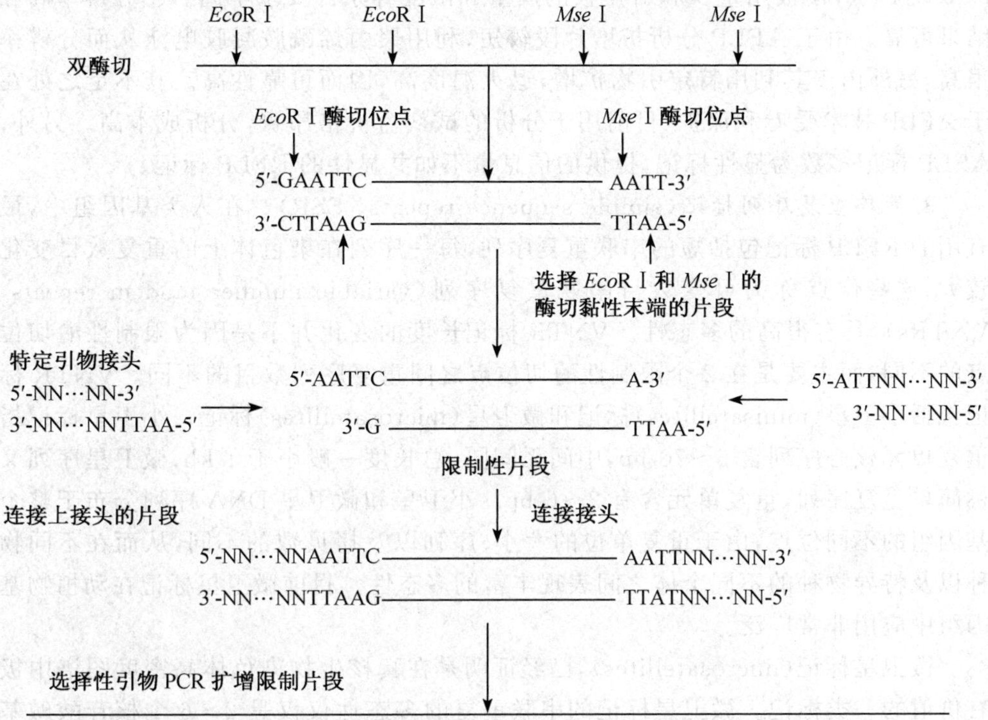

增加引物选择性碱基	正向引物系列	反向引物系列	扩增片段数目
正向 0，反向 0	5′-NN…NNAATTC-3′	3′-TTATNN…NN-5′	所有
正向+1，反向+1	5′-NN…NNTATTCT-3′	3′-ATTATNN…NN-5′	1/4
正向+2，反向+1	5′-NN…NNTATTCTC-3′	3′-AGTTATNN…NN-5′	1/16
正向+1，反向+2	5′-NN…NNTATTCT-3′	3′-AGTTATNN…NN-5′	1/4×1/16=1/64

图 13-9　AFLP 技术的基本步骤

AFLP 技术实质上是结合了 RFLP 稳定性和 PCR 技术高效性的优点，它继承了 RFLP 的可靠性和 RAPD 的方便敏捷，不需要预先知道 DNA 序列的信息，因而可以用于没有任何分子生物学研究基础的物种开展研究，其特点表现在：①标记数目和种类无限。因为 AFLP 分析的限制性内切酶与选择性碱基组合的数目和种类很多，因此，理论上，其可以产生的标记数目是无限的。②高效率和高多态性。AFLP 多态性远远超过其他分子标记，利用聚丙烯酰胺凝胶电泳一次可分离检测到 50～100 条扩增产物片段，即一次 PCR 反应可以同时检测多个遗传位点，是指纹图谱技术中多态性最丰富的一项技术。③所用 DNA 模板少。AFLP 分析具有 PCR 的特点，模板用量少和对模板的质量和浓度等条件要求不高。④分辨率高和结果可靠。由于 AFLP 分析扩增片段较短，利用聚丙烯酰胺凝胶电泳从而分辨率很高，另外由于其利用特定引物扩增，退火温度高，因而可靠性高。其不足之处在于 AFLP 技术受专利保护，目前用于分析的试剂盒价格昂贵，分析成本高。另外，AFLP 标记多数为显性标记，提供的信息量不如共显性的 RFLP 标记。

3. 简单重复序列标记（simple sequence repeats，SSR） 在人类基因组中，最有用的 RFLP 标记包括短的串联重复序列，每一序列在染色体上的重复数目变化较大，这些位点称为可变数目串联重复序列（variable number tandem repeats，VNTRs），具有很高的多态性。VNTR 标记长度的变化并不是因为限制性酶切位点的不同，而主要是在 2 个限制性酶切位点之间重复序列数目的不同。VNTR 标记包括小卫星（minisatellites）标记和微卫星（microsatellites）标记。小卫星标记指重复单元核心序列含 6～70 bp，中间无间隔，总长度一般小于 1 kb；微卫星序列又称简单重复序列，重复单元含有 2～6 bp。小卫星和微卫星 DNA 序列分布于整个基因组的不同位点，由于重复单位的大小、序列以及拷贝数的不同，从而在不同物种以及特异物种的不同个体之间表现丰富的多态性。目前微卫星标记在动植物基因组中应用非常广泛。

微卫星标记（microsatellites），已经证明是在真核生物染色体高密度图谱中极有价值的一类标记。微卫星标记的串联重复的多态性仅仅是 2～6 个核苷酸碱基长，它们称为微卫星，主要是因为它们呈现于真核生物中的一组高度重复的卫星序列，如$(CA)_n$、$(AT)_n$、$(GC)_n$、$(GATA)_n$、等，其中 n 代表重复的次数，其大小在 10～60 之间，由于不同个体间重复序列的个数不一样，从而表现出丰富的多态性。在人类基因组中，微卫星序列是由两核苷酸组成的、实用的多态性串联重复多态性，如 AC/TG（AC 在一条链上，而 TG 在其互补链上）。1996 年，法国和加拿大的一个研究小组共同发表了一张 5 264 个 AC/TG 高密度微卫星标记的人类基因组图谱。这些微卫星标记定义为 2 335 个位点，标记间的平均距离为 1.6 cM 或 1.6 mb。在植物中，通过对拟南芥、水稻、玉米、小麦等研究，表明 SSR 标记在植物基因组中表现非常丰富，而且是随机分布于基因组中。

SSR 标记的特点表现为：①数量多，几乎无限，覆盖整个基因组，同时与 RFLP 相比，SSR 标记检测到多态性的频率要高得多；②SSR 技术一般检测到的是一个单一的多等位基因位点，提供的信息量较高；③SSR 标记以孟德尔方式遗传，呈共显性，可鉴别出杂合子和纯合子；④SSR 兼具 PCR 反应的优点，即所需 DNA 样品量少，对 DNA 质量要求亦不苛刻；⑤SSR 所用的一对引物每条一般含 20 bp，退火温度高，一般在 55℃左右，扩增产物重复性高，稳定可靠；⑥结果分析可用琼脂糖电泳，但为了提高分辨力，也可使用检测出单碱基差异的聚丙烯酰胺凝胶电泳与银染相结合。SSR 标记的发掘依赖于序列分析，目前 SSR 标记在全序列公布的人类、拟南芥和水稻基因组上正广泛地使用。比如随着水稻全基因组序列的公布，目前已经发掘了 23 000 余个 SSR 标记序列，建立了高密度的 SSR 分子标记连锁遗传图谱。这些丰富的 SSR 分子标记的发掘为动植物基因的定位、克隆和分子育种奠定了重要的基础。

（三）基于 DNA 测序技术的分子标记技术

1. 单核苷酸多态性(single nucleotide polymorphism，SNP)标记　单核苷酸多态性(single nucleotide polymorphism，SNP)是指不同个体基因组 DNA 序列之间单个核苷酸的差异。单核苷酸多态性是许多物种基因组中最常见的变异形式，在基因组中的分布频率很高。近年来，SNP 在人类、老鼠、拟南芥、水稻、大麦、大豆、甜瓜和玉米等多个物种中的高密度分布已有报道。在人类基因组中存在着数以百万计的 SNP，根据已测序完成的人类基因组序列作初步统计，每 300～1 000 个碱基中即存在一个 SNP，其分布密度比 SSR 要高得多。2001 年国际人类基因组 SNP 图谱研究组发表的一张人类基因组序列变异图谱中就包含了 142 万个 SNP。水稻基因组测序已经完成，通过籼粳比较在水稻中具有近 170 万个 SNP。

SNP 是指基因组内 DNA 中某一特定核苷酸位置上存在转换、颠换、插入、缺失等变化，其中最少一种等位基因在群体中的频率大于 1%(若出现频率低于 1%，则视为点突变，是不可能作为标记的)。SNP 共有 4 种转换形式，即 C→T(G→A)、C→A(G→T)、C→G(G→C)和 T→A(A→T)，其中以 C→T(G→A)转换最为常见，约占 4 种 SNP 转换的 2/3。在基因组 DNA 中，任何碱基均有可能发生变异，因此 SNP 既有可能在基因序列内，也有可能在基因序列外，据此又将基因组内的 SNP 分为两种形式：一是遍布于基因组非编码区中的大量单碱基核苷酸变异；另一是主要分布于基因编码区内(coding region)的突变，故又称其为 cSNP。从对生物遗传性状的影响上来看，cSNP 又可分为两种：一种是同义 cSNP(synonymous，cSNP)，即 SNP 导致的突变碱基与未突变碱基在氨基酸密码的变异上属于同义突变，从而使得基因编码序列的改变并不影响其所翻译蛋白质的氨基酸序列的改变；另一种是非同义 cSNP (non-synonymous，cSNP)，指突变碱基序列的改变导致氨基酸的改变，从而使其蛋白质序列发生改变，影响蛋白质的功能。据报道，人类基因组有 25 万～40 万个 cSNP，其中，引起蛋白质编码序列改变的非同义编码 SNP(non-synonymous SNP，nsSNP)占 20%～30%，这种改变也是导致生物性状改变的直接原因之一。

检测 SNP 主要有以下方法：①直接测序法。直接测序对不同个体进行的 PCR 扩增，然后对扩增片段测序比较是发现 SNP 的最常用方法。通过对基因或 EST 序列 PCR 扩增 400～700 bp 的片段，PCR 产物采用直接双向测序，应用 DNAstar 等软件将测序结果拼接，排除测序错误，发现 SNP 多态性。②DNA 芯片法。检测 SNP 的最佳方法是新近发展起来的 DNA 芯片技术。DNA 芯片技术又称生物集成模片、DNA 阵列或寡核苷酸微芯片。它是由几千个核苷酸片段以预先设计的排列方式固定在玻璃片或尼龙膜上而组成的密集的分子排列。对于一段已知序列，可以分别对每一个核苷酸位点合成 4 个探针，这样构成的阵列就可用于检测样本群体中，在这一段序列上是否存在 SNP。SNPs 的大规模发现和识别与 DNA 芯片技术的发展和应用关系密切。③基于生物信息学的 SNP 候选位点搜索。公共数据库中公布有大量的序列信息，其中包括表达序列标签(ESTs)、序列标签位点(STSs)、cDNA 文库和基因组测序 DNA 序列。在这些序列之间必然存在大量的重叠区域，通过比较这些重叠区域，就可获得大量的 SNP，并且成本可以大大降低。

SNP 作为遗传标记的优越性表现在：①位点丰富，数量多，分布广泛。SNP 是目前为止分布最为广泛、存在数量最多的一种遗传多态性，在基因组中，大约每 1 000 bp 存在一个 SNP，它在基因组的非编码区和编码区同时存在，其密度比 SSR 更高，可以在任何一个待研究基因的内部或附近发掘一系列标记。据研究表明，在人类基因组的编码区内平均每 220～350 bp 区段就出现 1 个 SNP。②具有较高的遗传稳定性。SNP 作为一种新型 DNA 分子标记，也像其他分子标记一样，可以分析不同个体特定位点上的基因型、分析不同个体之间表型差异的遗传基础以及特定基因在群体中的基因频率等。与 SSR 相比，SNP 是高度稳定的，尤其是处于编码区的 SNP(cSNP)，可能会直接影响蛋白质的结构或基因表达水平，因此在遗传分析或基因诊断时的重现性、准确性都优于 SSR。③易于基因分型。SNP 二态性有利于基因分型，在基因组筛选中往往只需＋/－的分析，而不用分析片段的长度。凡用来发现新的 SNPs 的方法都可以用来对已知的 SNPs 进行基因型确定。对 SNP 进行基因分型包括鉴别基因型所采用的化学反应和检测反应结果。这些反应和检测原理都是基于 SNP 的二态性。常用的技术手段包括 DNA 分子杂交、引物延伸、等位基因特异寡核苷酸连接反应、荧光微阵列系统(affymetrix)、焦磷酸的荧光检测(pyrosequencing)、荧光共振能量(FRET)以及质谱检测技术等。如按照 SNP 的“全或无”方式设计的高密度 DNA 芯片可以同时对上千个 SNP 进行分型。④SNP 适于快速、高通量检出。尽管 SNP 只有两种等位基因型，在个体中的多态信息量比 SSR 等多等位基因型的信息量少，但 SNP 二态性、高频率和稳定性弥补了信息量上的不足。而且因 SNP 的二态性，更有利于发展自动化的筛选或检测技术。

2. 插入缺失(InDel)标记　随着大量全基因组数据的获得和比较基因组学的发展，人们发现基因组之间除了单核苷酸差异以外，还非常广泛地存在着另一种差异，这种差异表现为插入或缺失一段 DNA 片段。因而突变不仅包括狭义上的碱基突变(base substitution)，即转换(transition)和颠换(transversion)，还包含能造成移码突变的一个或多个碱基的插入及缺失。插入缺失片段的长度范围可以从几个碱基到几万个碱基。已有人预见插入/缺失突变对于基因组进化的贡献比碱基突变要大得多。它不仅可以像碱基突变那样造成基因组的多态性，甚至还可以通过原基因外显子和内含子上的插入或缺失使基因结构发生变化，而导致基因组中新基因的产生。

InDel 标记是指通过比较基因组学发现不同基因组中缺失或者插入 DNA 片段，表现出的多态性。InDel 标记的设计主要是在插入/缺失片段的两侧设计 PCR 引物，然后，通过扩增两特定引物之间的片段，从而由于插入/缺失片段在不同个体之间产生多态性。InDel 标记与 SSR 标记一样，具有 PCR 技术的特点，全基因组分布，数量多，稳定，共显性的特点，在基因组中的位置恒定。由于水稻全基因组序列的释放，利用生物信息学方法，通过比较水稻品种日本晴和 9 311 的全基因组序列的差异，构建了一个日本晴和 9 311 全基因组 DNA 序列多态性数据库，该数据库包含 1 703 176 个单核苷酸多态序列(SNPs)和 479 406 个插入缺失差异片段。

第五节　人类基因组计划

人类基因组计划(human genome project，简称 HGP)是 1990 年 10 月启动、2003 年 4 月完成的一项国际合作项目，其主要内容是对人类基因组进行作图和序列测定，以便破译人类的几乎所有遗传信息。经过美、德、日、英、法、中等国科学家十多年的共同努力，人类基因组计划已取得了巨大的成就，并将对整个生命科学研究和人们的生活产生深刻的影响。

一、人类基因组计划的内容

人类基因组由 22 条常染色体、1 条 X 染色体和 1 条 Y 染色体的 DNA 组成。

人类基因组计划的内容，可简单概括为绘制这 24 条染色体 DNA 的 4 张图谱：遗传图谱、物理图谱、基因图谱和序列图谱。

（一）遗传图谱

遗传图谱又称为遗传连锁图谱，以连锁的基因（或连锁的基因外序列）之间的重组率，确定它们的相对距离。

计算某 2 个基因（或某 2 个基因外序列）的重组率时，需要根据特定的标记去识别这些基因（或基因外序列）。例如根据该基因表达的形态特征，这称为形态学标记。再例如根据该基因编码产生的酶，这称为生化标记。又例如根据微卫星 DNA 的长度，这称为 DNA 分子标记。所以遗传图谱上的距离实际上是标记之间的重组率。

计算上述重组率之后得到的图距，以 cM（厘摩）为单位。1 cM 表示每次减数分裂的重组率＝1%，约相当于 1 000 kb，即 10^5 个碱基对。人类基因组全长约 3 300 cM，如 2 个标记之间相距 1 cM，则需要 3 300 个标记，如相距 2～5 cM，则需要 660～1 650 个标记。

（二）物理图谱

物理图谱也反映基因（或基因外序列）在基因组中的位置，但是以物理长度（碱基对数目）表示图距，如 Mb（多少兆个碱基对）、kb（多少千个碱基对）、bp（多少个碱基对）等。在物理图谱上，这些基因（或基因外序列）好比一个一个的路标，碱基对的数目是它们之间的距离。绘制物理图谱时，也是通过特定的标记去识别基因（或基因外序列），所以图谱上 的“路标”之间的距离，实际上是标记之间间隔的碱基对数目。

（三）序列图谱

人类基因组的 22 条常染色体和两条性染色体（X、Y）的 DNA，总共包含约 30 亿对核苷酸，贮存着人类的几乎全部遗传信息。为了全面破译这些遗传信息，所以有必要测定、分析全基因组 DNA 分子的核苷酸排列顺序。这种测定和分析的结果，就是序列图谱。

但是，目前的技术还不能进行长链 DNA 直接测序，所以需要将庞大的基因组和染色体，分成若干有路标的区域，再对不同区域测序分析，然后拼接起来成为完整的序列图谱。实际上，遗传图谱和物理图谱的构建都是为绘制序列图谱而准备的。序列图谱完成后就成为分子水平上最详尽的物理图谱。

目前根据科学家估计，人类基因组序列的结构和功能大致可区分如下（图 13-10）。

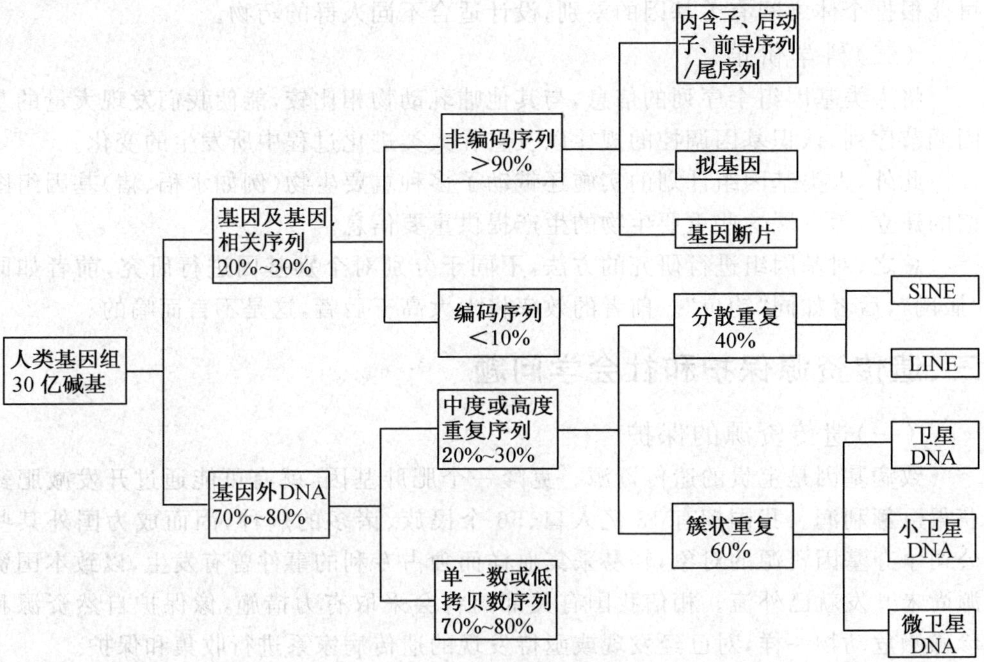

图 13-10 人类基因组序列

(引自 Winter 等,谢雍主译,2001)

(四)基因图谱

人类基因组全序列的测定结果表明,24 条染色体 DNA 共有 31.7 亿个碱基对,估计其中只有 20%～30%的长度用于编码基因,其余都属于基因外序列。基因的总数估计有 3 万～4 万个。基因图谱的作用在于鉴别出这些基因的位置、结构和功能。

基因图谱的绘制,主要采用以下方法:一是通过作图和表型鉴定将基因定位于图谱;二是通过已知基因的 mRNA 逆转录成 cDNA,作为探针同基因组 DNA 杂交,以确定它在染色体上的位置。

二、人类基因组图谱的价值

(一)医学价值

有了人类基因组全序列的信息,将有利于发现致病基因,实现以 DNA 为基础的诊断、治疗、预防和药物设计。例如,应用分离到的某种疾病基因作为专一性的探针,可以准确诊断患者所患的疾病,或检出疾病基因的携带者。又例如,将来有可能根据个体之间有关基因的差别，设计适合不同人群的药物。

（二）科学价值

将人类基因组全序列的信息，与其他哺乳动物相比较，能使我们发现大量的基因调节序列，认识基因调控的规律以及它在人类进化过程中所发生的变化。

此外，人类基因组计划的实施还带动了多种重要生物（例如水稻、猪）基因组图谱的建立，为发展这些重要生物的生产提供重要信息。

总之，对基因组进行研究的方法，不同于分别对个别基因进行研究，前者如同“撒网”，后者如同“钓鱼”。前者的效率将大大高于后者，这是不言而喻的。

三、遗传资源保护和社会学问题

（一）遗传资源的保护

致病基因是宝贵的遗传资源。克隆一个肥胖基因，就有可能通过开发减肥药获得巨额利润。我国拥有13亿人口、56个民族、诸多的病种，因而成为国外某些公司争夺基因资源的对象，轻易采集血样而独占专利的事件曾有发生，以致本国资源尚未开发就已外流。相信我国有关部门将会采取有力措施，像保护自然资源和珍稀濒危动物一样，对已经发现或亟待发现的遗传病家系进行收集和保护。

（二）社会学问题

在人类基因组计划进行的过程中，生物学家、社会学家、医疗专家、历史学家、法律专家及社会各界人士，曾经探讨了遗传信息的隐私权、合理使用、伦理等社会学问题。

此外，基因专利是基因组研究的知识产权问题。公司投资及获取经济利益的驱动，最终使基因组研究及其成果未能彻底摆脱商业行为。虽然对功能基因实行专利已成定论，但基因专利仍然是社会各界关注的焦点之一。

内容提要

基因组 *C* 值悖理与基因组学　基因组 *C* 值悖理表现在：①基因组 *C* 值的增加和进化程度之间并没有严格的对应关系；②基因组 *C* 值高于预期的编码蛋白质基因所需要的 DNA，两者之间的差异在进化程度高的生物中尤其显著。

C 值悖理现象促使人们探究基因组的结构，即基因组中是否存在基因以外的 DNA 序列，这些序列具有怎样的组织形式和功能，它们对生物的生存和进化具有怎样的意义，于是诞生了一门新兴的学科——基因组学。

基因组学研究生物基因组的结构和功能，可分为结构基因组学和功能基因组学。

原核生物基因组　原核生物基因组较小，结构比较简单。

噬菌体的基因组由单一序列的各种基因组成，有的噬菌体甚至存在不同基因共用一部分 DNA 序列的现象，称为重叠基因。

细菌基因在染色体上的分布，以大肠杆菌研究得最为清楚。大肠杆菌一些功能相关的基因，在染色体上彼此靠近地排列成为操纵子，为共同的表达元件所调控。大肠杆菌和其他细菌都大约有 75％的染色体 DNA 用于编码基因，其余 25％则是用于分隔基因的“基因间 DNA”。一些基因间 DNA 具有重要功能。

真核生物基因组　真核生物的基因组结构相对复杂，可分为基因和基因外序列，后者在基因组中占有比较大的比重。

真核生物基因组中的大多数基因属于单一序列。

真核生物的基因组中，存在着来源相同、结构相似、功能相关的许多基因，这样一组基因称为“基因家族”，例如血红蛋白基因。在基因家族中，DNA 序列完全相同或一致性很高的许多基因，串联在一起成为基因簇的，特称为串联重复基因，例如组蛋白基因。

基因外序列有单一序列和重复序列。其中的高度重复序列有簇状重复序列和弥散重复序列。

簇状重复序列常称为卫星 DNA，位于着丝粒、端粒等附近的异染色质区，不产生 RNA 和蛋白质，起着保证染色体正常分配，或维持染色体正常结构的作用。其中的变数串联重复序列可用于鉴定个体之间的差异，或同一个体一对同源染色体之间的差异。

弥散重复序列是指广泛分散在整个基因组的重复序列。

遗传标记　遗传标记指能够稳定遗传的、易于识别等位性基因位点的遗传多态性形式。遗传标记包括形态标记、细胞学标记、生化标记和分子标记等。这些标记可用于构建基因组图谱。

形态标记是指用肉眼能够直接观察到的一些表型特征，其优点是简单直观，经济方便，容易观察记载。其缺点是这种标记的数量少，可以直接鉴别的标记有限，同时许多形态标记还受到环境、生育期、基因的显隐性关系以及基因互作等的影响。

细胞学标记利用染色体的数目变异、结构变异、核型分析、带型分析等，确定基因的位置，其根据是细胞学观察结果和所引起的性状异常。但是细胞学标记材料需要花费较大的人力和较长的时间来培育，同时很多物种由于染色体数目和结构变异导致其对环境的适应能力较差，如发育不良或育性较差等而难以较好地保存材料。

生化标记主要包括储藏蛋白和同工酶标记。其差异是由决定酶蛋白本身的等位基因的差异造成的,因此同工酶的谱带的差异分析实质上是对编码该蛋白等位基因位点的分析。其优点是共显性标记,能够直接反映基因的差异,但也有组织和发育的特异性等条件限制。

DNA 分子标记是 20 世纪 70 年代发展起来的,能够直接反映基因组 DNA 上的差异。其特点是无表型效应,以 DNA 形式表现,不受组织、发育和环境条件的影响;共显性标记;数量多至无限;多态性高;中性标记,且标记之间不存在互作等干扰,从而广泛应用于基因组图谱构建等诸多领域。

DNA 分子标记主要分为基于分子杂交技术的分子标记,如限制性长度多态性标记 RFLP;基于 PCR 反应的分子标记,如 RAPD,AFLP 和 SSR 等;以及基于 DNA 测序技术的分子标记,如单核苷酸 SNP 标记和核苷酸插入缺失 In/Del 标记等。

人类基因组计划 人类基因组计划旨在破译人类所有的遗传信息,可简单概括为绘制 4 张图谱,即遗传图谱、物理图谱、基因图谱和序列图谱。

复习思考题

1. 请指出基因组学的研究对象。
2. 什么叫做重叠基因?
3. 什么叫做基因家族? 什么叫做串联重复基因?
4. 什么叫做基因外序列? 它在基因组中存在哪两种组织形式?
5. 变数重复序列因为具有何种特点,而可用于亲子鉴定、刑事鉴定?
6. 什么是遗传标记? 请比较形态标记、细胞学标记、生化标记和 DNA 分子标记的优缺点。
7. 请分别简述 AFLP、SSR、SNP 和 In/Del 标记的基本原理及其特点。
8. 如果利用分子标记检测了 2 个基因位点 A/a 和 B/b,你如何根据学过的遗传学知识判断这 2 个位点是独立遗传或连锁遗传的?
9. 请简述人类基因组的研究内容及其意义。

主要参考书目

[1] 赵寿元,乔守怡. 现代遗传学. 北京:高等教育出版社,2001.
[2] 贺林,等. 解码生命. 北京:科学出版社,2000.
[3] 王亚馥,戴灼华. 遗传学. 北京:高等教育出版社,1999.

[4] 张献龙,唐克轩.植物生物技术,北京:科学出版社,2004.

[5] Peter D Snustad J. Michchael Simmons. Principle of Genetics. 7ed. 1999.

[6] Benjamin Lewin. Gene Ⅶ. London: Oxford University Press, 2000.

[7] Winter,等.遗传学——现代生物学精要速览中文版.谢雍主译.北京:科学出版社,2001.

[8] 贺竹梅.现代遗传学教程.广州:中山大学出版社,2002.

[9] 孙乃恩,等.分子遗传学.南京:南京大学出版社,1996.

第五单元

遗传信息的表达调控

第十四章　基因的表达调控

基因的表达主要经过转录和翻译两个过程。在大多数情况下，并非所有基因同时表达。生物的不同发育阶段、不同器官部位，都有不同基因在表达。这种选择性表达，或称为特异性表达，既受细胞内在因素的调节控制，也受外界环境的影响。认识基因表达调控的机理对于深入认识生命现象，进而控制细胞分化和个体发育，具有重要意义。

基因的表达调控，在原核生物中研究得比较清楚，主要表现于所建立的各类操纵子模型；在真核生物中，目前还只限于一般认识和获得一些实验证据。本章着重从转录和翻译两个水平上加以简要介绍。

第一节　原核生物基因的表达调控

一、原核生物基因的转录调控

1961 年法国巴斯德研究院的 Jacob 和 Monod 提出了著名的操纵子模型来解释大肠杆菌细胞中蛋白质合成的遗传控制。他们认为原核生物基因调控主要是在转录水平上，具有相关功能的成簇基因可以得到协调控制，或转录或关闭，这一组协调控制的若干基因就称为操纵子(operon)。根据操纵子对于调节表达的小分子的应答反应，可将操纵子分为可诱导的操纵子(inducible operon)和可阻遏的操纵子(repressible operon)两大类。在可诱导的操纵子中，加入对基因表达有调节作用的小分子后，则开启基因的转录活性，这种作用及其过程称为诱导(induction)，产生诱导作用的小分子物质称为诱导物(inducer)。在可阻遏的操纵子中，加入对基因表达有调节作用的小分子物质后，则关闭基因的转录活性，这种作用及其过程称为阻遏(repression)，产生阻遏作用的小分子物质称为辅阻遏物(corepressor)。本节将分别以可诱导的操纵子——乳糖操纵子，和可阻遏的操纵子——色氨酸操纵子为例来说明操纵子模型。

（一）大肠杆菌的乳糖操纵子

1. 模型的提出　在早期的研究中，人们发现大肠杆菌对培养基中糖类营养的吸收利用是有选择性的。当生长在有葡萄糖的培养基上时，大肠杆菌细胞优先利用葡萄糖,而不利用其他糖类;当生长在没有葡萄糖而只有乳糖的培养基上时,大肠杆菌细胞可以利用乳糖。进一步的深入研究发现,在没有乳糖时,大肠杆菌与乳糖分解代谢有关的β-半乳糖苷酶只有0.5～5个分子/细胞;有乳糖时,在2～3 min内β-半乳糖苷酶很快达到5 000个分子/细胞。如这时再去除培养基中的乳糖,β-半乳糖苷酶的合成又迅速停止。这种能被某种化学物质诱导的酶被称为诱导酶。酶的诱导现象是一种经济、有效的调控。但当时人们对这种诱导表达的机理并不清楚。Monod 和 Jacob 经过对这一现象的长期研究,提出乳糖操纵子模型,从而成功地解释了β-半乳糖苷酶诱导合成的机理。他们2人也因为在生命科学研究上的这一重大贡献而获得了1965年的诺贝尔奖。此后,人们对乳糖操纵子调控体系的研究不断深入,为原核生物基因表达调控的研究提供了模式。

2. 乳糖操纵子的结构　在乳糖操纵子中有3个结构基因,β-半乳糖苷酶基因(*lacZ*)、半乳糖苷透性酶基因(*lacY*)和半乳糖苷转乙酰酶基因(*lacA*),它们串联排列在基因组上(图14-1)。在转录时,它们被同时转录,形成"多顺反子 mRNA"。这是因为这3个基因具有共同的调控区域,调控区域包括通常的启动子结构(P)和一个可以与阻遏蛋白结合的位点0(operator)。此外,在乳糖操纵子的上游还有一个调节基因 *R*(或记作 *I*,*lacI*),它的表达产物是阻遏蛋白。

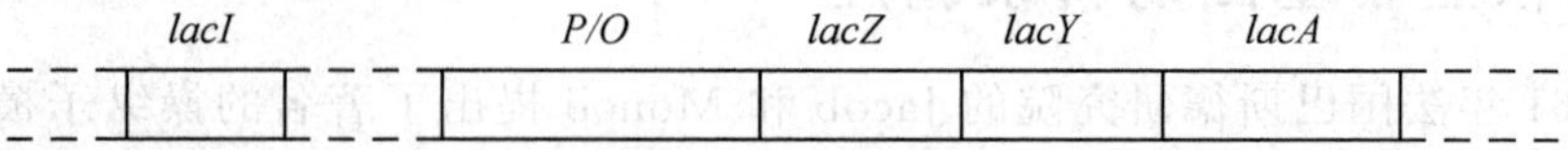

图 14-1　大肠杆菌乳糖操纵子的基本结构

在图14-1中 *lacI* 代表乳糖操纵子的阻遏蛋白基因;*P* 代表乳糖操纵子的启动子区域;*O* 代表乳糖操纵子的阻遏蛋白结合区域;*lacZ* 代表β-半乳糖苷酶基因;*lacY* 代表半乳糖苷透性酶基因;*lacA* 代表半乳糖苷转乙酰酶基因。

3. 乳糖操纵子的负调控　所谓负调控是按照操纵子对调节蛋白质的响应来定义的。在没有调节蛋白质存在时,乳糖操纵子的结构基因表达;而存在这种调节蛋白质时,基因的表达被终止。这种控制系统叫做负控制系统。负控制系统中的调节蛋白质称为阻遏蛋白(repressor)。

图14-2是乳糖操纵子负调控的示意图。在培养基中没有乳糖的情况下,阻遏蛋白四聚体与结构基因上游的 *O* 紧密结合,从而阻止 RNA 聚合酶的通过,使得与乳糖代谢相关的3个结构基因不能被转录。而当培养基中加入乳糖后,在乳糖这一诱导物的作用下阻遏蛋白的结构发生改变,从而使阻遏蛋白从结合位点 *O* 脱离,RNA 聚合酶得以在3个结构基因的转录中发挥作用。

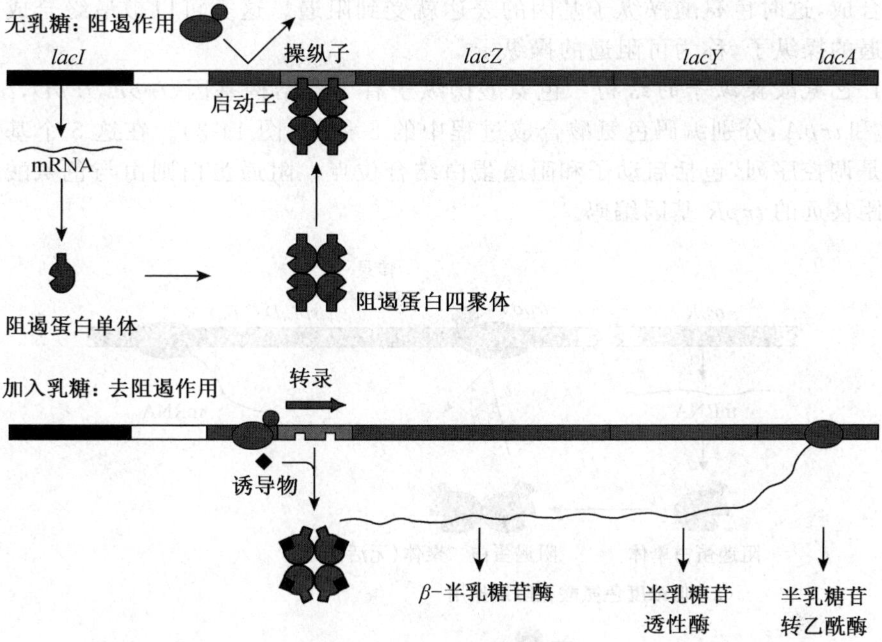

图 14-2 乳糖操纵子的负调控

（引自 Robert F，Weaver，2002）

4．乳糖操纵子的正调控 与负调控相反，如果在没有调节蛋白质存在时基因是关闭的，而存在这种调节蛋白质时基因活性就被开启，则这种控制系统称为正调控。在乳糖操纵子的研究中发现，当培养基中同时存在葡萄糖和乳糖时，乳糖操纵子也处于关闭状态。也就是说，仅仅去除阻遏蛋白并不能保证乳糖操纵子的基因表达。后来的研究发现，当培养基中有足够的葡萄糖时，大肠杆菌细胞中的环腺苷单磷酸（cyclic-AMP，cAMP）的含量很低；当培养基中缺少葡萄糖时，cAMP 的水平迅速上升。而 cAMP 可以和一种代谢产物激活蛋白（catabolite activator protein，CAP）结合形成复合体，该复合体在大肠杆菌乳糖操纵子启动子的上游有特异的结合位点（TGTGA），复合体与该位点的结合能够帮助 RNA 聚合酶与乳糖操纵子启动子的结合，从而启动乳糖操纵子基因的表达。

（二）大肠杆菌的色氨酸操纵子

前面介绍的乳糖操纵子是控制乳糖代谢相关基因的。而大肠杆菌中负责另外一些物质合成的基因，也是通过操纵子形式进行调控和协调表达的，如色氨酸操纵子。在没有外源色氨酸时，合成色氨酸所需酶的基因得到表达，从而产生足够的色氨酸，以便进行大肠杆菌的蛋白质合成。如果存在外源色氨酸，则大肠杆菌就不必自己合成,这时色氨酸操纵子基因的表达就受到阻遏。这类可以被最终合成产物所阻遏的操纵子,称为可阻遏的操纵子。

1. 色氨酸操纵子的结构　色氨酸操纵子有 5 个结构基因,*trpE*,*trpD*,*trpC*,*trpB* 和 *trpA*,分别编码色氨酸合成过程中的 5 种酶(图 14-3)。在这 5 个基因的上游是调控序列,包括启动子和阻遏蛋白结合位点。阻遏蛋白则由与色氨酸操纵子相距甚远的 *trpR* 基因编码。

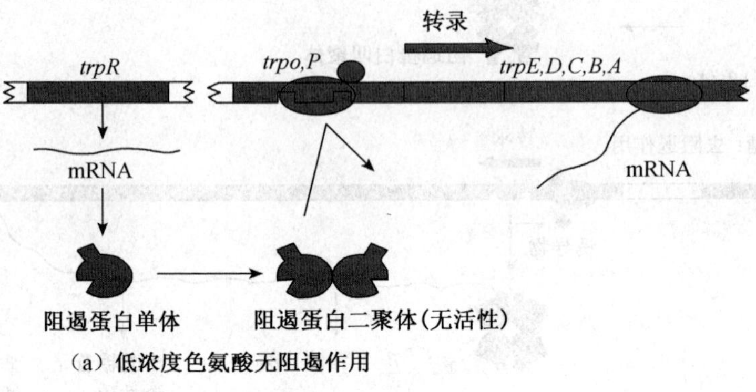

图 14-3　色氨酸操纵子的结构和负调控机制

(引自 Robert F, Weaver, 2002)

2. 色氨酸操纵子的调控机制　产生色氨酸所需酶的合成,受大肠杆菌细胞中的色氨酸浓度控制。当细胞中含有高浓度的色氨酸时,色氨酸作为辅阻遏物,激活无活性的阻遏蛋白(*trpR* 基因的产物),从而结合到阻遏蛋白结合位点 *trpO* 上,阻止 5 个结构基因的转录;当细胞中缺少色氨酸时,阻遏蛋白无活性,不能结合到阻遏蛋白结合位点 *trpO* 上,从而使 RNA 聚合酶得以通过,并开始转录(图 14-3)。

二、原核生物的翻译调控

实验结果表明,原核生物除主要在转录水平上进行调控之外,也存在翻译水平上的调控。

(一)反义 RNA 控制翻译

1983 年,Mizuno 和 Simon 等人发现反义 RNA 对原核生物基因表达的调控作用。他们发现大肠杆菌两种外膜蛋白质的合成受到渗透压的调节,这两种蛋白质分别称为 *OmpC* 和 *OmpF*。在高渗透压时,*OmpC* 合成增多,而 *OmpF* 合成受到抑制;在低渗透压时表现正好相反。但是,这两种蛋白质的合成总量保持不变。后来知道,高渗透压不仅激活 *OmpC* 基因的转录,而且同时激活 *micF* 基因的表达,产生一段含 174 个核苷酸的 RNA。这段 RNA 的碱基序列与 *OmpF* 的 mRNA 分子的 5′端是互补的,所以称为反义 RNA。正是由于反义 RNA 与 *OmpF* 的 mRNA 分子的 5′端因互补而形成双链结构,所以影响 *OmpF* 的 mRNA 的翻译活性。

(二)翻译的自体调控

原核生物翻译水平自体调控最典型的一个例子是 RNA 噬菌体 R17 的外壳蛋白的合成。当细胞中 R17 外壳蛋白大量积累时,外壳蛋白可以结合到噬菌体 mRNA 的核糖体结合位点,从而阻断外壳蛋白的继续合成。

此外,在 T_4 噬菌体中有一种 p32 蛋白,它在噬菌体的遗传重组、DNA 修复和复制过程中起非常重要的作用。该蛋白可以和单链 DNA 结合行使其功能,同时也可以和其自身的 mRNA 分子结合。实验证明,这种蛋白与单链 DNA 的亲和力远高于与自身 mRNA 分子的亲和力。当这种蛋白在细胞中的浓度低时,它主要与单链 DNA 结合。但当这种蛋白在细胞中的浓度过高时,它与自身的 mRNA 分子结合,阻止该蛋白的继续合成。

(三)控制翻译的其他因素

原核生物还有其他一些因素有可能成为翻译的调控机制,例如 mRNA 的寿命。原核生物 mRNA 的寿命都很短,一般只有 2～5 min,而且翻译与转录同时进行,这就使得原核生物能够迅速适应环境的变化。但是各种不同的 mRNA 具有不相同的降解速度,从而影响到 mRNA 寿命的长短。mRNA 寿命越长,则 mRNA 上的结构基因区域被翻译的机会越多。这就是说,mRNA 的寿命是原核生物基因表达在翻译水平上调控的一个因素。

第二节 真核生物基因的表达调控

与原核生物相比,真核生物基因的表达调控要复杂得多,这是因为这两类生物在3个水平上存在重大差别。首先,真核基因组的DNA含量和基因总数都远大于原核生物的,而且前者的DNA和蛋白质等物质复合。其次,真核细胞的染色体包在细胞核膜内,转录和翻译分别发生在细胞核和细胞质中,两者之间还存在着相当复杂的RNA加工过程。再次,真核生物个体多由不同类型的细胞构成,从受精卵到成体经历了复杂的分化发育过程。这些差别决定着真核生物基因的表达调控更为复杂。因此,迄今为止人们对它的认识,远比对原核生物的要少得多。

一、真核生物的转录调控

真核生物基因的表达调控也主要发生在转录水平上,在很大程度上通过决定形成mRNA的速度,来调控基因表达。转录的差别很大,富含蛋白基因以极高速度转录,稀有蛋白基因则以极低速度转录。

现在已知真核生物没有像原核生物那样的操纵子及其紧密连锁的基因,真核生物的基因在染色体上往往是独立转录,形成"单顺反子mRNA"。虽然与原核生物一样,基因转录单位的上游也存在RNA聚合酶识别的启动子结构,但真核生物启动子的识别大多需要多个蛋白质分子。这些蛋白质分子称为转录因子(transcription factor)。转录因子的鉴定和功能分析,是目前真核生物基因表达调控研究的热点。

目前还没有积累足够的实验结果,特别是分子水平的实验结果,用于建立真核生物成熟的调控模型。然而早些时候的许多实验表明,染色质存在状态的变化,DNA的修饰,组蛋白和非组蛋白的存在,激素的诱导,以及某些活性RNA的出现,都能够影响真核生物基因转录的活性,只是它们的作用机理还不清楚。下面简要介绍这些实验结果。

1. *异染色质化和染色质活化* 当DNA分子高度螺旋化的时候,染色质处于固缩状态,这就称为异染色质化。在异染色质化状态下,基因的转录活性显著降低。真核生物可以通过改变染色体某一区域异染色质化的程度而控制基因的转录。极端的例证是,粉蚧科的一种介壳虫有两类个体,一类个体的细胞全部10条染色体都没有异染色质化,因而功能全部正常,个体表现为雌性;另一类个体的细胞有半数染色体高度异染色质化,没有功能,个体表现为雄性。

同异染色质化相反的状态是染色质的活化。在活化的染色质中,DNA的超螺旋状态有所改变，因而基因能够为RNA聚合酶所转录。研究结果表明，凡是具有转录活性的染色质DNA，对限制性核酸内切酶的降解作用比没有转录活性的DNA要敏感得多。例如，鸡的网织细胞能够大量合成珠蛋白，从这种细胞分离到(含珠蛋白基因)的染色质DNA，容易遭受DNA酶Ⅰ的降解；而在不合成珠蛋白的鸡输卵管细胞(也含珠蛋白基因)的染色质DNA，则不会被DNA酶Ⅰ所降解，其他大多数器官的染色质DNA也不被这种酶所降解。DNA对这种酶的降解作用所表现的敏感程度，反映了DNA解螺旋的程度，从而也反映了基因被RNA聚合酶转录的可能程度。

2. *DNA的修饰*　真核生物细胞修饰DNA的主要途径是胞嘧啶(C)在5′位上的甲基化反应。5-甲基胞嘧啶通常位于鸟嘌呤(G)的旁边。可见GC顺序最容易发生甲基化。在刚刚完成复制的DNA分子中，只有母链是甲基化的；新生DNA子链的甲基化在母链的指导下进行。用限制酶进行分析的结果表明，在不转录的DNA中，GC顺序有70%以上是甲基化的；而在转录活性高的DNA中，GC顺序只有20%～30%是甲基化的。这就意味着DNA甲基化反应也是基因转录前的一种调控途径。

3. *组蛋白的抑制作用*　Bonner J(1964)从豌豆中提取两组DNA，一组仍然和组蛋白复合，另一组则和组蛋白分离。两组分别加入RNA聚合酶，结果前一组不能合成mRNA，而后一组能够合成mRNA。这就初步证明了组蛋白抑制转录的作用。后来他又以豌豆的子叶和顶芽为材料，从它们的染色质中除去组蛋白，用余下的纯DNA分别进行蛋白质合成试验。结果两种来源的DNA不仅都合成了球蛋白，而且具有相似的合成量。我们知道，球蛋白通常只在子叶中合成；而今顶芽除去组蛋白也能合成球蛋白，这就足以说明顶芽细胞中的球蛋白基因，通常因为受到组蛋白的抑制而不能转录。

4. *非组蛋白的诱导作用*　另一些证据表明非组蛋白具有在一定条件下诱导基因转录的能力。科学家曾经将兔骨髓细胞染色质分离成它的非组蛋白、组蛋白和DNA；同时又将兔胸腺细胞的染色质也分离成它的非组蛋白、组蛋白和DNA。将以上两种来源的组蛋白、DNA都混合在一起，然后分为两组，其中一组加进来自骨髓的非组蛋白，另一组加进来自胸腺的非组蛋白，从而得到两组重建的染色质。试验结果表明，前一组重建染色质能够合成骨髓细胞的RNA，而后一组重建染色质能够合成胸腺细胞的RNA。这就说明，特定组织的非组蛋白能够特异性地诱导本组织的结构基因的转录。

5. *激素的诱导作用*　前面讲到大肠杆菌乳糖操纵子的时候，我们知道原核生物的代谢作用直接受到体外环境的影响，它的基因调控信号往往来自体外的环境因素。而多细胞的高等真核生物不同，它们的代谢作用较少受到环境的直接影响，它们的基因调控信号往往来自体内的激素。下面便是激素调控基因转录的例证。

在摇蚊和果蝇等双翅目昆虫的唾腺细胞中，可以观察到巨型的多线染色体，这种染色体是染色体连续复制而着丝粒不分裂而形成的。沿着这种巨型染色体的走向，能看到一条条同它垂直的、各具特征的带纹。在幼虫和蛹期的各个发育时期中，可以看到某些带纹变得疏松膨大，这些膨大的区域称为疏松区。疏松区的出现具有一定的时间表，各个疏松区分别在不同时间出现，分别在不同时间消失。通过放射性同位素标记实验，又证明疏松区的成分具有大量 mRNA，因此推断疏松区的先后出现是不同基因在不同时期转录的结果。科学家进一步用蜕皮激素处理幼虫或离体的唾腺细胞，结果都能诱发某些带纹形成疏松区，于是证实了特定激素能够诱导特定基因转录的论断。

6. 活性 RNA 的作用　另外一些试验结果表明，真核生物细胞中存在一种活性 RNA，能够诱导某些基因转录。美籍华裔科学家牛满江夫妇，在 20 世纪 70 年代曾以鸡胚做过这方面的试验。他们从 16 日龄鸡胚的心脏中提取 RNA，同取自温育 20～22 h 鸡胚的原结后条（指鸡胚中不含心脏的部分）一起保温，结果诱导出心肌组织。经过电子显微镜观察，进一步确定是鸡的心肌组织。那么，这里的鸡心 RNA 究竟起的是什么作用呢，它是所产生的鸡心肌组织的模板，或是诱导物呢？为了回答这个问题，牛满江夫妇又做了一个试验。他们将鸡的原结后条和牛心 RNA 一起保温，结果也产生了心肌组织。经过乳酸脱氢酶（LDH）同工酶分析，进一步确定也是鸡的心肌组织，而不是牛的心肌组织。总之，两次试验虽然分别采用不同动物来源的心脏 RNA，却都产生了鸡的心肌组织。这就说明了所产生的心肌组织的模板存在于原结后条细胞的 DNA 之中，而不存在于心脏 RNA 之中。由心脏提取的 RNA 在这里起的是活化心肌基因、诱导心肌基因转录的作用。

二、真核生物的翻译调控

真核生物在翻译水平上的调控主要是控制 mRNA 的稳定性，和调节 mRNA 翻译的起始。这是一种快速调控基因表达的方式，而且在高等真核生物中具有普遍的意义。

（一）mRNA 翻译起始的控制

有人认为真核生物激活翻译的机制，可能是一种或多种促进 mRNA 与核糖体结合的因子。例如，许多真核生物的卵细胞都贮存着暂时不翻译的 mRNA，尽管存在足够的核糖体、氨酰基-tRNA 和蛋白质合成所需要的起始因子、延伸因子和终止因子，但是缺乏某些能促进 mRNA 与核糖体结合的因子。这些因子很可能在受精后才出现，所以受精后几分钟才开始翻译。

但是也有人提出一种“蒙面信使理论”，认为细胞质中有的 mRNA 被蒙在蛋白质外被中，不能为 tRNA 所识别，所以暂时不翻译。例如，从海胆卵分离到的含核糖体和 mRNA 的组分，在离体条件下不能合成蛋白质；如果先用胰蛋白酶加以处理，除去了它的蛋白质外被，则能够在离体条件下合成蛋白质。

（二）翻译效率的控制

真核生物控制翻译的另一个重要途径，是控制翻译效率。现在看来，翻译效率同 mRNA 的稳定性和寿命有密切关系。真核生物 mRNA 的稳定性比原核生物的要大得多，也就是说，前者的寿命要长得多，前者平均半衰期是 3 h，而后者只有 3 min。mRNA 稳定性大、寿命长，则更有可能积累下来等待翻译，从而表现为翻译的高效率。

真核生物的有些 mRNA 进入细胞质之后并不立即翻译，而是和一些蛋白质结合成为 RNA 蛋白质（RNP）颗粒，从而延长它的寿命。例如，家蚕的丝芯蛋白基因是单拷贝的，可是一个细胞能够在几天之内合成 10^{10} 个丝芯蛋白分子，翻译效率如此高，是因为它的 mRNA 分子和蛋白质结合成为 RNP 颗粒，而使寿命延长到若干天。此外，真核生物的某些激素也对 mRNA 起稳定作用，例如催乳激素能够使酪蛋白的 mRNA 半衰期延长 20 倍，从而使 mRNA 分子的拷贝数在短时间内大幅度增加。

第三节　表达调控与发育

基因的表达调控是细胞分化和个体发育的基础。在细胞分化和个体发育过程中，各种不同的结构基因接受转录、翻译等水平上的调控作用，分别在不同的时间和空间表达，表现出表达的时序性和区域性。这样就使原核生物的形态能够有步骤地发生，发育途径存在不同的选择；也使真核生物相同基因型的体细胞，能够在不同的发育阶段和器官部位表现不同的形态，执行不同的功能。

一、原核生物的形态发生

原核生物无细胞结构或具有单细胞结构，不存在如同多细胞生物的细胞分化和个体发育的过程，它的基因表达的时序性和区域性体现在形态发生的过程。它们的生活周期很短，例如，细菌繁殖一代只需要 20～30 min，烈性噬菌体的一种速溶类型裂解寄主形成噬菌斑只需要 20 min。因此，它们在生活周期中经历的形态发生过程，紧密地同繁衍子代的过程结合在一起。

(一)噬菌体 T_4 自动装配过程的控制

我们早就知道,烈性噬菌体 T_4 感染寄主细菌之后,利用细菌 DNA 自动装配许多子代噬菌体,最终裂解细菌,释放这些子代噬菌体。现在我们讨论这个过程中噬菌体的一系列基因怎样先后有序地表达。

据研究,烈性噬菌体 T_4 的 DNA 进入大肠杆菌后的 1~6 min 内,这个 DNA 分子上的 DNA 酶基因就开始表达,所合成的 DNA 酶降解寄主的 DNA,形成游离核苷酸。与此同时,T_4 DNA 上的 DNA 聚合酶基因表达,合成 DNA 聚合酶,以游离核苷酸为原料复制 T_4 的 DNA。在感染大肠杆菌后的 6~10 min 内,新形成的 T_4 DNA 上的外壳蛋白基因表达,产生噬菌体的头部和尾部,并进行装配(图 14-4)。然后,新形成的 T_4 DNA 上的溶菌酶基因表达,合成溶菌酶,裂解寄主的细胞壁,释放出子代噬菌体。

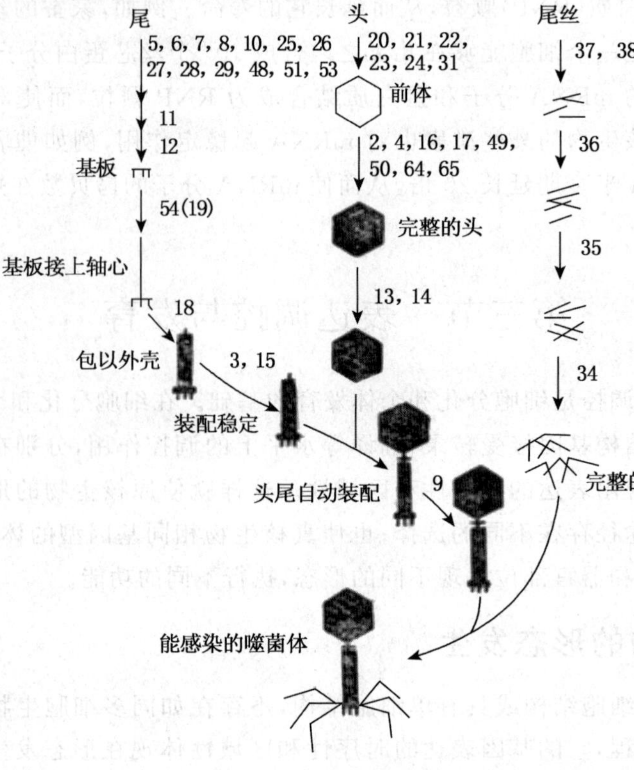

图 14-4 噬菌体 T_4 的装配过程

(引自盛祖嘉,1981)

由此可见，T_4 噬菌体原始 DNA 分子上的两种基因在感染早期的表达，和新形成的 DNA 分子上另两种基因在感染晚期的表达，先后有序地控制着 T_4 噬菌体的形态发生和繁衍过程。

（二）λ 噬菌体发育途径的选择

λ 噬菌体是一种温和噬菌体，感染大肠杆菌后存在两种可选择的发育途径：裂解细菌；或者使细菌处于溶源状态。噬菌体对这两种途径的选择，取决于噬菌体两种蛋白质之间的竞争。一种是 cI 蛋白，能阻断噬菌体的 DNA 酶基因、DNA 聚合酶基因等的表达，避免细菌 DNA 被降解和噬菌体 DNA 自我复制，从而，产生噬菌体与细菌"和平共处"的结果。另一种是 Cro 蛋白，能阻抑 *cI* 基因的转录，从而促进噬菌体向裂解途径转变。分别编码上述两种蛋白质的 *cI* 基因和 *Cro* 基因，都属于 λ 噬菌体的调节基因。

λ 噬菌体处于前一种状态时，整合到细菌染色体的过程需要整合酶，它由感染早期表达的整合酶基因编码。转变为后一种状态时，噬菌体 DNA 需要从细菌染色体上游离出来，恢复环状，这个过程所依赖的是切割酶，它由早期以后表达的切割酶基因编码。

二、真核生物的细胞分化

大多数真核生物由高度分化的多细胞组成，所以科学家多从个别器官入手，研究其发育过程的控制。由于技术难度较大，工作还在进展之中，这里只能简单介绍 2 个实例，以便初步了解一般的工作思路。

（一）玉米胚胎发育遗传控制的研究

玉米的胚胎发育，可以人为地分为 3 个阶段。第 1 阶段是合子第 1 次分裂，不对称地形成一个较大的顶端细胞和一个液泡化的、较小的基细胞，胚和胚柄的差别趋向明显。第 2 阶段是子叶出现，胚轴、顶端生长点和胚根形成。第 3 阶段是营养器官健全，茎节、幼叶发生。

1991—1993 年，Sheridan 和 Clark 从玉米中分离到胚胎发育阻断的 51 个突变体。经过研究，发现它们的发育阻断分别发生在不同的发育阶段。其中 12 个突变体阻断在第 1 阶段，29 个突变体阻断在第 2 阶段，10 个突变体阻断在第 3 阶段。以上 51 个突变体是很有价值的实验材料，可用于研究玉米胚胎发育过程先后受哪些基因的控制，这些基因分别具有何种 DNA 序列，在何种条件下转录合成 mRNA，进而合成何种蛋白质，这些蛋白质各起何种作用。

（二）花药和花粉发育遗传控制的研究

早在 1980—1984 年，Kamalay 和 Goldberg 就比较过花和营养器官的

mRNA,发现大约有 10 000 种 mRNA 是花药特异性的,它们的表达在营养器官中检测不到,认为是这些 mRNA 决定和保持了花药组织的细胞分化状态。但到了 1993 年,McCormick 和 Goldberg 才发现在花药特异性表达的若干基因,它们所编码的蛋白质分别是脂转移蛋白、蛋白酶抑制剂和多种酶。

1990 年,Mascarenhas 将花粉形成过程中的基因表达分为早、晚 2 个时期。早期表达的转录产物在减数分裂后即可检测到,而在成熟花粉中减少或完全消失。晚期表达的转录产物最早发生在小孢子有丝分裂时期,并且随着花粉的成熟而继续积累。因此一般认为,早期表达的基因可能编码细胞骨架蛋白,和参与细胞壁形成、淀粉积累的蛋白;晚期表达的基因则编码在花粉成熟和萌发时起作用的蛋白。事实上,近几年来已分离到了属于早期表达的基因和晚期表达的基因,前者如油菜的 I3cDNA 克隆,后者如油菜的 *Bp*10 基因、烟草的 *NTP*303 基因和番茄的 *LAT*51 基因等。

三、表达调控原理的应用前景

根据基因特异性表达的原理,我们有可能使某种基因只在生物的特定器官表达;也有可能通过诱导特定基因表达,获得某种组织或器官。

根据这一原理,科学家已经成功地利用特异性启动子,使转基因羊只在乳腺表达人凝血因子或 a 抗胰蛋白酶,以便从羊奶中提取药物,用于治疗贫血症或肺气肿。

科学家还致力于研究如何在体外培养干细胞,使其分化为特定的细胞(例如造血干细胞)或组织(例如皮肤),以满足患者细胞移植或组织修复的需要。干细胞是人或动物体内少量存在的未分化细胞。它首先在人的早期胚胎中发现,称为胚胎干细胞(embryonic stem cell,简称 ES 细胞),具有分化为完整生物体或任何特定组织的潜力。后来又在人的脐血、胎盘、骨髓、脑、头皮和动物脑神经等当中发现。目前已经通过体外培养干细胞,初步获得皮肤、心肌等组织。有的科学家则成功地诱导胚胎干细胞分泌胰岛素。

在植物方面,20 世纪 80 年代以来通过分别离体培养子叶、子叶节、生长点、种子苗、原球茎、花被、花药等的体细胞,在培养基上直接产生各种植物的花器官或花芽。这些植物包括大豆、蚕豆、番茄、黄瓜、山楂、荞麦、春兰、水仙、康乃馨等。我国陆文墚(1992)和刘思衡等(1997)分别离体培养小麦的内、外稃和幼穗切段,在培养基上直接产生小穗。Trolinder(1987)离体培养棉花胚珠,在培养基上直接产生棉花纤维。Inomata 等(1993)离体培养人参根的薄片,在培养基上直接产生发状根。另一些科学家离体培养海巴戟、长春花、洋紫苏等植物的体细胞,分别得到了各种生物碱、利血平、阿吗灵等次生化合物，这些天然成分通常只在完整植物体的特定器官存在。以上试验结果虽然还不理想，但是为今后的研究奠定了初步基础，为将来实现植物产品的工厂化生产展示了诱人的前景。

此外，根据调控特定基因的表达这一原理，目前栽培学家正应用植物生长调节剂控制各种作物的生长发育。已经证实，正确应用不同的调节剂，能够分别收到发根、催芽、整形、开花、坐果、催熟、保鲜，乃至提高产品品质和产量等效果。这种新技术称为"化学调控"。尽管它的调控机理尚待进一步深入研究，但这项技术已经在我国棉花等作物生产上广为应用。

内容提要

大肠杆菌的乳糖操纵子　在乳糖操纵子中有3个结构基因串联排列在基因组上。这3个基因具有共同的调控区域，包括通常的启动子结构 *P* 和一个可以与阻遏蛋白结合的位点 *O*。此外，上游还有一个调节基因，它的表达产物是阻遏蛋白。在培养基中没有乳糖的情况下，阻遏蛋白四聚体与结构基因上游的 *O* 紧密结合，阻止 RNA 聚合酶的通过，与乳糖代谢相关的3个结构基因不能被转录。而当培养基中加入乳糖后，阻遏蛋白的结构发生改变，从结合位点 *O* 脱离，RNA 聚合酶得以在3个结构基因的转录中发挥作用。

正调控和负调控　在没有调节蛋白质存在时，操纵子的结构基因表达；而存在这种调节蛋白质时，基因的表达被终止，这种控制系统叫作负控制系统。与负调控相反，在没有调节蛋白质存在时基因是关闭的，而存在这种调节蛋白质时基因活性就被开启，这种控制系统叫作正调控。

大肠杆菌的色氨酸操纵子　色氨酸操纵子有5个结构基因，*trpE*、*trpD*、*trpC*、*trpB* 和 *trpA*，分别编码色氨酸合成过程中的5种酶。在这5个基因的上游是调控序列，包括启动子和阻遏蛋白结合位点。阻遏蛋白则由与色氨酸操纵子相距甚远的 *trpR* 编码。当细胞中含有高浓度的色氨酸时，色氨酸作为辅阻遏物，激活无活性的阻遏蛋白，从而结合到阻遏蛋白结合位点 *trpO* 上，阻止5个结构基因的转录；当细胞中缺少色氨酸时，阻遏蛋白无活性，不能结合到阻遏蛋白结合位点 *trpO* 上，从而使 RNA 聚合酶得以通过，并开始转录。

原核生物的翻译调控　实验结果表明，原核生物除主要在转录水平上进行调控之外，也存在翻译水平上的调控。包括反义 RNA 控制翻译、翻译的自体调控等。

异染色质化和染色质活化　在异染色质化状态下，基因的转录活性显著降低。在活化的染色质中，DNA 的超螺旋状态有所改变，因而基因能够为 RNA 聚合酶所转录。真核生物可以通过改变染色体某一区域异染色质化的程度而控制基因的转录。

DNA 的修饰 真核生物细胞修饰 DNA 的主要途径是胞嘧啶(C)在 5′位上的甲基化反应。DNA 甲基化反应也是基因转录前的一种调控途径。

蛋白质的抑制和诱导作用 从豌豆中提取两组 DNA，一组仍然和组蛋白复合，另一组则和组蛋白分离。两组分别加入 RNA 聚合酶，结果前一组不能合成 mRNA，而后一组能够合成 mRNA。不论子叶或顶芽提取的 DNA，在不与组蛋白复合的情况下都能转录产生 mRNA，并合成种子储藏蛋白。以上实验结果证明了组蛋白抑制转录的作用。兔染色质的拆合实验结果则表明非组蛋白具有特异性地诱导基因转录的能力。

激素的诱导作用 在多细胞的高等真核生物中，代谢作用较少受到环境的直接影响，它们的基因调控信号往往来自体内的激素。

真核生物翻译水平的调控 真核生物在翻译水平上的调控主要是控制 mRNA 的稳定性和 mRNA 翻译起始的调节，这是一种快速调控基因表达的方式，在高等真核生物中具有普遍的意义。

原核生物的形态发生 噬菌体 T_4 的自动装配是感染早期和感染晚期多种基因先后有序地表达的结果。λ 噬菌体可裂解细菌或使细菌处于溶源状态，这两种发育途径的选择取决于不同的调节基因编码的两种蛋白质之间的竞争。

真核生物的细胞分化 玉米的花粉、花药和胚胎的发育过程是一系列基因先后表达的结果。

调控原理的应用前景 根据基因选择性表达的原理，人们有可能根据需要使特定基因只在特定器官表达，如转基因羊产生含药物的乳汁；也有可能根据需要诱导特定基因表达，如体外培养干细胞获得特定组织或器官。

复习思考题

1. 基因的表达调控有哪些主要方式？
2. 请以乳糖操纵子和色氨酸操纵子为例，分别说明可诱导的操纵子和可阻遏的操纵子。
3. 请以乳糖操纵子为例说明操纵子的正调控和负调控。
4. 除乳糖操纵子和色氨酸操纵子之外，请举出 2 或 3 个操纵子的例子，说明原核生物基因的表达调控原理。
5. 试以 λ 噬菌体为例，说明该病毒基因的表达调控如何影响其发育途径。
6. 为什么真核生物基因的表达调控机理比原核生物要复杂得多？
7. 研究基因的表达调控原理有何理论价值和实际意义？

主要参考书目

[1] 李惟基. 新编遗传学教程. 北京:中国农业大学出版社,2002.
[2] 刘祖洞. 遗传学.2 版. 北京:高教出版社,1995.
[3] 孙乃恩,等. 分子遗传学. 南京:南京大学出版社,1996.
[4] 张西平,王鄂生,申宗侯. 核酸与基因表达调控. 武汉:武汉大学出版社,2002.
[5] 许智宏,刘春明.植物发育的分子机理.北京:科学出版社,1999.
[6] 谢友菊,王国英,林爱星.遗传工程概论.北京:中国农业大学出版社,2005.
[7] 盛祖嘉.微生物遗传学.北京:科学出版社,1981.
[8] 李汝祺.中国大百科全书.生物卷.遗传学分册.北京:中国大百科全书出版社,1983.
[9] Weaver R F. Molecular Biology. 北京:科学出版社, McGraw-Hill Companies, 2000.

第六单元
遗 传 工 程

第十五章　细 胞 工 程

称为遗传工程(genetic engineering)的一门新技术,在 20 世纪 70 年代开始发展起来。它的兴起,标志着遗传学已经发展到应用于定向控制生物的新阶段。遗传工程既是遗传学原理的应用,又为遗传学的理论研究提供新的手段。一般认为,狭义的遗传工程即是基因工程(gene engineering),广义的遗传工程则包括基因工程和细胞工程(cell engineering)。本章“细胞工程”和下一章“基因工程”的主要目的,在于介绍其中的遗传学概念、原理和方法。

第一节　细胞工程的理论基础

一、细胞工程的概念

细胞工程是对细胞或组织进行离体操作和培养的技术,它能通过改变细胞的结构和功能,达到改良生物遗传特性的目的。

细胞工程包含的主要内容,动物方面有以生产代谢产物为目的的细胞或组织培养,以克隆动物为目的的细胞核移植,以生产单克隆抗体为目的的杂交瘤细胞等。微生物方面主要是以改良遗传特性为目的的原生质体融合、转化、转导。植物方面主要有体细胞与组织的培养、花药培养、体细胞杂交等。

二、植物细胞工程的理论基础

植物细胞工程以细胞全能性(Haberlandt,1902)和基因的选择性表达为理论基础。即离体的植物细胞有可能在人工培养的条件下,分化、发育成为完整的植物体。这一理论首先为 Reinert 和 Steward(1958—1959)的实验所证实,他们将胡萝卜直根的离体细胞培养成了胡萝卜植株。接着许多学者相继证实了植物的生殖细胞、去壁原生质体、胚乳细胞等也都能够在离体培养条件下形成植株。

第二节 植物组织与细胞培养

一、植物组织与细胞培养的类型

植物组织与细胞的培养,可根据形态发生过程分为两种类型。

一种是继续发育类型。如离体培养的幼胚在培养基上直接形成幼小植株。

另一种是重新发生(再生)类型。取自某种器官的体细胞,离体培养时首先需要改变它已经形成了的基因表达的结果,即经历脱分化(dedifferentiation)过程,回复到分生细胞状态,通常是形成愈伤组织。愈伤组织由无特定结构和功能的细胞组成,一般为包含 50 个以上细胞的细胞团,它因植物能自动以这种组织愈合伤口而得名。愈伤组织经再分化(redifferentiation)过程形成完整植株。再分化过程又可以分为两种不同的形式,即胚胎发生和器官发生。胚胎发生一般起源于单细胞,分化发育为胚状体;器官发生则由愈伤组织的不同细胞分别分化发育为根和芽。

二、植物组织与细胞培养的基本程序

植物体细胞培养的操作和培养过程都在无菌条件下进行,即培养基、培养材料、接种环境、培养环境等都必须经过严格的灭菌消毒处理,否则培养基中的离体细胞将毁于污染。由于培养的目的、植物种类、器官种类的不同,培养程序也会有差别,但基本程序一般包括制备培养基,获取和处理外植体,和接种培养等。

(一)制备培养基

在植物组织培养中,除了一般的培养温度、光照强度和时间以外,培养基是最为关键的因素。培养基一般都包含大量元素、微量元素、铁盐、植物生长调节剂和某些有机成分。

(二)获取和处理外植体

离体培养采用的茎、茎尖、叶肉组织、子叶、根、幼胚、花药、子房等器官或组织统称为外植体。外植体的物种、基因型、年龄、取材环境等均能影响培养的效果。获取外植体后,需要进行严格消毒。

(三)接种培养

消毒后的外植体在无菌的条件下接种到适当的培养基上进行培养。培养基成分因培养目的而有所不同。脱分化培养基和分化培养基,在植物生长调节剂的种类、比例和浓度上不相同。增殖愈伤组织或繁殖初代试管苗的培养阶段称为继代培养,繁殖试管苗时一般需要有充足的光照条件和适宜的培养温度。

第三节　植物体细胞无性系变异

一、体细胞无性系变异的概念

植物的体细胞在离体培养条件下所产生的细胞系或植株，统称为体细胞无性系(somaclone)。体细胞离体培养过程中观察到的可遗传的变异，称为体细胞无性系变异(smoaclonal variation)。

二、体细胞无性系变异的发生

生物的变异最初都起源于单细胞。对于多细胞的植物个体来说，只有通过配子或分生组织传递到后代的变异才能表现出来，因此为数极少。在离体培养条件下，则可通过大量细胞无性系表现出来。人们已经从不同植物的离体培养中，发现了大量的、极其丰富的体细胞无性系变异，一些重要的优良变异已被成功的分离并被用于作物育种实践。

三、体细胞无性系变异的遗传基础

有的体细胞无性系变异发生在外植体细胞离体之前，有的发生在离体培养过程中。实验资料表明，后者是该变异的主要来源。发生变异的原因有以下几类。

(一)染色体的数目变异和结构变异

例如，Jones 等(1983)镜检证明马铃薯($2n=4x=48$)原生质体再生植株染色体的数目变化在 46～93 条之间。此外，在离体培养中，由于染色体断裂、融合而发生缺失、易位等现象也相当普遍。一般认为，培养起始材料的分化程度越高、继代时间越长、使用生长调节剂的浓度越高，则培养细胞染色体变异的频率越高。

(二)基因突变、基因扩增、基因重排、碱基修饰及转座子的激活等

一般认为，这些分子水平上的变异，是植物体细胞无性系变异的主要原因，也是着重利用的主要方面。例如，Brettell 等在玉米的再生植株中发现了一个隐性突变基因位点 *Adh1*，序列分析结果表明这种突变基因的第 6 号外显子上发生了单碱基对的改变，导致多肽链中的谷氨酸被缬氨酸所取代。Wang 从栽培稻未分化的培养细胞中，检测到某高度重复序列扩增了 75 倍。Das(1990)在玉米栽培系 A188 中检测到其储藏蛋白基因座位有高频率的基因重排，Harade(1991)在小麦中发现了线粒体 DNA 的重排。

以上所说的突变通常是自然发生的。然而，也有学者对离体培养细胞进行人

工诱发突变，以便提高突变频率和扩大变异的范围，以便从中选择有利的突变体。

四、体细胞无性系突变体的选择

对植物细胞无性系突变体的选择，可在再生植株水平上或细胞水平上进行。

再生植株水平上选择的方法，是将离体培养的植物细胞或组织诱导再生，并栽植于大田，当年采收种子，翌年按株系种植，田间记载农艺特性，并进入常规育种程序进行选择。

细胞水平上的选择是在人工控制条件下操作和筛选大量的细胞。因筛选时间短、效率高，所以是选择的主要方法。细胞水平上的选择又可分为直接选择和间接选择。

（一）直接选择法

直接选择法（direct selection）可以利用以下两种不同的选择系统。

1. 正选择系统（positive selection system） 指的是在培养基中加入某种对正常细胞有毒的化学物质，从而使正常细胞不能生长而突变体可以生长。过去大多数的突变体均应用此方法筛选出来的。

2. 负选择系统（negative selection system） 指的是先用特定的培养基使突变细胞处于不能生长（但还存活）的状态，而正常的细胞则可以生长；然后用一种能使生长的细胞中毒死亡的选择剂淘汰生长细胞；最后使不中毒的突变细胞恢复生长并将它们分离出来。

（二）间接选择法

当缺乏直接选择的表型指标，或直接选择的条件对细胞不利时，可以采用间接选择法（indirect selection）。例如，一个选择抗旱细胞系的方法是用脯氨酸作选择指标，能耐受超常量的脯氨酸类似物（如羟基脯氨酸）的突变系，一般有较强的抗旱性。

以上两种选择法，突变的发生和选择都在培养细胞或愈伤组织水平上。然而，当控制目标性状的基因只在特定细胞表达，例如，抗除草剂基因只在光合细胞表达时，则培养细胞或愈伤组织的突变细胞，和正常细胞一样不表现抗除草剂，因而不能被识别和选择出来。因此，这时需要采用另外一种方法。以筛选抗除草剂突变体为例，先在植株叶片上诱变，再喷洒除草剂作为选择压，使叶片的正常细胞死亡，而抗性突变细胞存活。然后将抗性突变的细胞组成的绿色组织分离出来，在培养基上诱导分化，发育成为抗性植株。由于存活的抗性突变组织在枯黄的叶片上形成绿色斑点，即形成通常所说的“绿岛”，所以这种方法称为绿岛法。

五、体细胞无性系突变体的鉴定

对突变体的鉴定，在早期材料数量大的情况下，通常在细胞水平上进行淘汰，以便节省时间和劳动力。后期材料集中，再进行当代植株和后代植株的群体鉴定。

判断突变体的标准和方法可有以下几方面：

(1)有性繁殖植物的变异性状，能通过再生植株传递给它的有性后代。核DNA突变在后代表现孟德尔式分离，而叶绿体DNA和线粒体DNA的突变则表现母性遗传。

(2)突变发生的频率很低，一般都低于 $1/10^5$（多位点的突变例外）。

(3)突变的表型是稳定的。如果所选择的细胞系，在无选择剂培养基上继代培养二三代后便失去变异性状，则可认为并非突变。

(4)变异细胞中存在改变了的基因产物，例如存在氨基酸顺序发生改变的某种酶。

(5)直接测定、比较变异细胞和正常细胞的DNA序列。

第四节　花药培养

印度学者Guha和Maheshwari(1964)首次报道，毛叶曼陀罗（*Datura innoxia*）离体培养的花药能长出胚状体(embryoid)。胚状体是具有胚结构的幼小植物体，但并非来自合子。他们随后确定了那些胚状体起源于花药中的小孢子，并进一步使胚状体萌发成为单倍体植株。这个发现引起了各国学者的广泛注意，相关的实验技术此后也得到迅速的发展。目前，花药培养已作为细胞工程的一种技术，广泛应用于植物的遗传研究和育种实践。

一、花药培养的概念及原理

植物的花药培养(anther culture)是指植物花药组织在离体培养条件下，小孢子细胞改变其正常的配子体发育途径，而由其中的雄核单独发育成完整植株的技术。

花药培养的基本原理是，植物小孢子细胞具有全能性，能在离体培养条件下接受人工诱导，发生脱分化和再分化，从而形成具有小孢子染色体数的单倍体个体。

二、花药培养的一般方法

（一）外植体的制备

用于花药培养的花药组织大多数是未成熟花药。选择适宜的花粉细胞发育时期，是诱导单倍体的关键。对于水稻、小麦、玉米等禾本科植物来说，花粉细胞发育到单核中、晚期时，诱导雄核发育的频率较高。

(二)预处理

预处理能大幅度提高花药培养效率。预处理的方法很多，如低温、高温、高渗、辐射、饥饿等，其中低温预处理已成为一项广为采用的措施，它能显著提高花药愈伤组织或花粉胚的诱导率。低温处理要求接种前给予接种幼穗一定时间的低温。不同的作物种类在处理温度、时间上有一定的差异。

(三)培养基

预处理后的花药组织接种在诱导培养基上进行培养。MS培养基是应用最广泛的植物花药培养的基本培养基，它和改良的Nitsch培养基被广泛用于双子叶植物的花药培养，效果很好。禾谷类作物的花药培养，目前多采用N_6培养基、FHG培养基、C_{17}培养基和W_{14}培养基。

(四)培养方法

适宜的培养方法也能大幅度提高花药培养的效率。

固体培养基因含有琼脂，呈半固体状态，花药组织置于该培养基表面，既能通气又能吸收营养物质。

液体培养时，因为需要通气，以花药漂浮在培养液表层约0.5 mm处的效果最好，高国楠等因此发明在培养基中加入聚蔗糖(ficoll)，使全部花药不致下沉。

条件培养，指在含某些组织培养物分泌物的条件培养基上进行培养。有试验表明这种方法能够提高诱导频率。

三、花药培养的形态发生

花药培养的主要目的，是诱导小孢子的雄核发育为单倍体植株。大多数双子叶植物的花药组织，在离体培养条件下都能首先启动小孢子的雄核发育过程；单子叶植物则一般要在较高渗透势的条件下抑制孢子体组织(包括药壁、药隔和花丝)的脱分化，而促进小孢子的雄核发育。

小孢子的雄核可经过以下两种不同的途径发育成为单倍体植株。

(一)胚状体发育途径

在诱导培养条件下，花药小孢子通过有丝分裂形成多细胞团，多细胞团经历类似于高等植物胚胎那样的发育过程，即经过球形胚、心形胚、鱼雷形胚发育为子叶形胚(胚状体)，以后分化出子叶和胚根，进而长成幼小植株。烟草等双子叶植物常以此种方式形成小苗；单子叶植物则不分化出子叶，而是形成胚根、盾片和胚芽鞘。

有时这种正常方式也被打乱，双子叶植物也产生类似下胚轴和盾片状的结构，单子叶植物也出现子叶状结构。

（二）愈伤组织再分化途径

在这种再分化途径中，脱分化的多细胞团形成形态和结构不规则的愈伤组织。然后，将愈伤组织转移到分化培养基上，诱导产生不定芽，不定芽经诱导生根，长成完整的幼小植株。

四、花粉植株的倍性和染色体加倍

经花药培养得到的花粉植株中，除单倍体外，还有双倍体和非整倍体，但主要是单倍体。在小麦花药培养中，单倍体和双倍体植株可占到90%左右，水稻88.6%，玉米88.2%。虽然曾有许多研究者对双倍体和其他非整倍体的来源提出质疑，但有研究表明，有时候全部非单倍体植株都来源于小孢子，是培养过程中细胞自然加倍，或自然加倍后细胞分裂过程中部分染色体丢失而产生的。

单倍体自然加倍的频率很低，所以一般需要通过人工加倍得到双倍体，人工加倍的方法通常是用秋水仙素、富民隆等试剂处理。

五、花药培养的应用

如果用杂合基因型进行花药培养，则花培后代具有像杂交育种的 F_2 一样丰富的多样性，如株高、生育期、育性及抗性等，成为育种的选择群体。不同于 F_2 的是，由于是单倍体，隐性性状也能表现，因而便于选择；而且这些单倍体植株经染色体加倍即可得到基因型纯合的双倍体，不需要经过多代自交分离的过程，因而可以在较短时间获得新品种（图15-1）。

图15-1　小麦花药培养试管苗(左)及花培品系花育888(右)

由于单倍体特有的优点，在育种应用方面已取得很大成就。目前，在小麦、水稻、大麦、烟草等作物生产上应用的花培品种已有很多，它们分别具有高产、耐寒、耐旱、抗病、抗逆等突出优点。在树种改良上，木本植物一般杂合程度较高，小孢子存在多样性，有些基因型优良的花粉发育成幼小植株后，一经染色体加倍，便可能出现经济性状较为突出的个体，供育种选择之用。另外，用花药培养可以快速地从杂合的树体获得纯合的二倍体，使一些多年生木本植物也能利用杂种优势。在石刁柏的花药培养中，获得了X、Y型的单倍体植株，加倍后则得到雌株（*XX*）和超雄株（*YY*）。用超雄株与优良雌株杂交制种，F_1 代全为雄株，雄株产量比雌株高。以上制种所需要的超雄株则可以通过组织培养来繁殖。

第五节　体细胞杂交

植物通常通过有性杂交实现基因重组。然而试验证明，在远缘的植物物种之间，花粉的萌发、雌雄配子的受精、合子的发育等过程，均往往表现不亲和，因而难以获得所需要的远缘杂种后代。在这种情况下，科学家提出了“体细胞杂交”的设想。因为植物体细胞具有细胞壁，所以实现“杂交”的关键是祛除这个屏障，使裸露的原生质体（protoplast）得以融合，所以体细胞杂交又称为原生质体融合技术。

一、原生质体的分离

从细胞中分离出原生质体，是实现植物细胞融合的第一步。植物的所有器官和离体培养细胞，均可作为分离原生质体的材料；但以叶肉细胞和幼胚等组织诱导形成的愈伤组织和悬浮细胞为最佳。这样获得的完整原生质体，数量比较多，再生能力比较强。

目前常用的分离原生质体的方法，需要经过以下步骤：

（1）配制混合酶液。混合酶液包含具有解离细胞作用的果胶酶，降解细胞壁的纤维素酶、崩溃酶和原生质体稳定剂。

（2）将愈伤组织或悬浮细胞置入混合酶液，温育几十个小时，即可游离出大量原生质体。

（3）将游离出来的原生质体洗涤、纯化，进行活性鉴定，计数。

（4）通过离心、重悬，制成高密度（10^5 个/mL）的悬浮液，备作融合之用。

二、原生质体的融合

（一）PEG 与高 pH 值、高 Ca^{2+} 诱导融合

本方法由加拿大籍华人高国楠等（1974）提出，是目前广泛使用的主要方法之

一，诱导融合的频率比较高，但机理还不十分清楚。具体方法是采用聚乙二醇(PEG)溶液处理混合的原生质体，使之紧密黏聚，然后用高钙离子和高 pH 值溶液处理，从而提高融合率。

（二）电融合法

虽然 PEG 法诱导频率较高，但容易引起细胞中毒。1981 年，Zimmermann 等发展的大量原生质体在电场中融合的技术，基本解决了诱发融合剂的毒性问题。电融合是用细胞融合仪完成的。它的主要特点是融合率高，重复性好，方法简单，且对原生质体不产生毒害。

三、融合体的形成和发育

常用的原生质体融合方法，都可以使植物原生质体间发生融合，原生质体融合过程首先是发生膜融合，膜融合可分成接触、诱导、融合和稳定 4 个时期。融合后原生质体中含有双亲的全部核、质遗传物质。

膜融合后是核融合，这是原生质体融合的关键一步。核融合并不像膜融合那么简单，因为所有具有膜结构生物的细胞膜都有共性，然而不同生物的核相却差异很大。融合双方原生质体由于在核相、分裂周期等方面的差异可能导致核融合的失败或融合核发育上的不正常。由于存在这些情况，融合体发育受到一定的影响，而最终完成发育的融合细胞杂种的遗传组成大多都比较复杂。

四、融合体的筛选

进行原生质体融合后，融合反应体系中存在着未融合的原生质体、同质融合的同质体和异质融合体，而只有 2 个异质原生质体融合所产生的异质融合体才是有价值的。因此，首先要将这种异质融合体挑选出来。

利用双亲原生质体的形态和色泽差异，能够识别融合体。这不失为挑选异质融合体的一种简便办法。

但是，目前大多数的挑选方法都基于隐性基因遗传互补的原理，并配合以适当的培养条件。例如，Glimelius 等(1978)，用烟草 2 个硝酸还原酶缺失突变体——缺乏 NR 脱辅基酶蛋白突变体(nia-)和缺乏钼辅因子突变体(cnx-)来选择异质融合体。这 2 个突变的原生质体均由于缺乏正常的硝酸还原酶，而不能在以硝酸盐作为唯一氮源的培养基上生长，而异质融合体则由于 2 个突变体的互补作用，恢复了正常的硝酸还原酶活性，因此能正常生长和分化。利用这一互补特性，就可在硝酸盐培养基上直接将异质融合体筛选出来(图 15-2)。

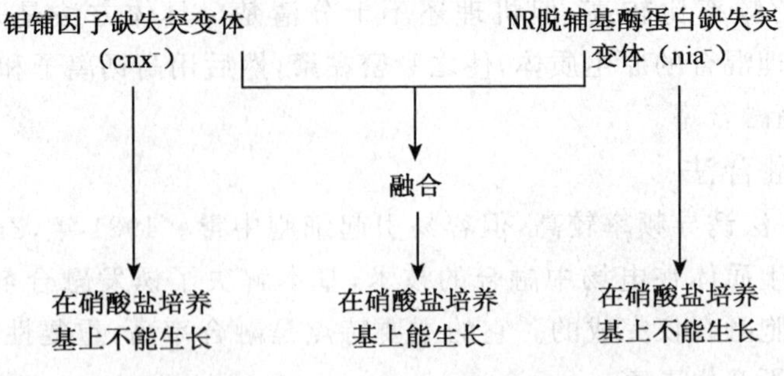

图 15-2 营养缺陷型互补选择示意图

五、杂种细胞的产生

挑选出来的异质融合体的培养，一般与植物原生质体培养方法相同，液体浅层培养或悬滴培养较常应用。所用培养基均需要进行过滤灭菌。常用的培养基有NT培养基（Nagara 和 Takebe，1971），它最适合于烟草原生质体培养；还有 DPD 培养基（Durand 等，1973）、D_2a 培养基（李向辉等，1981）、MS 培养基（Murashige 和 Skoog，1962）和 B_5 培养基（Bamborg 等，1968）；为了适应低密度培养或某些材料的特殊需要也设计了一些复杂的加富培养基，例如 KM 培养基（Kao 和 Michayluk，1975），这种培养基的特点是富含各种有机成分如氨基酸、有机酸、椰乳等，在这一培养基基础上修改的 V-KM 培养基（Bindig 和 Nehls，1978）是目前适应范围较广的原生质体培养基。

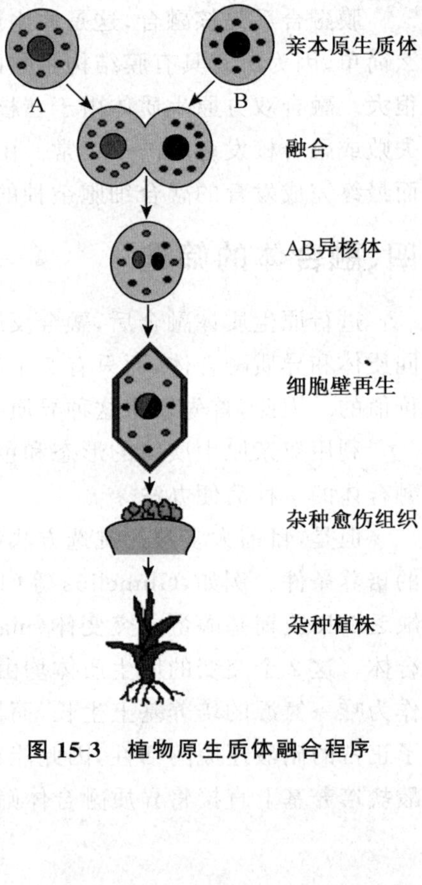

图 15-3 植物原生质体融合程序

在培养条件下，融合的原生质体产生细胞壁，经细胞分裂后进一步分化成愈伤组织。将肉眼可见的愈伤组织转到分化培养基上，再生为幼苗并移入田间，即获得体细胞杂种植株。以下是原生质体融合获得杂种植株的程序（图 15-3）。杂种植株的确认可用形态学比较、细胞学鉴定、同工酶分析、分子生物学鉴定、染色体原位杂交鉴定等方法。

六、原生质体融合技术的应用

（一）克服生殖隔离，创造新类型

植物原生质体融合，打破了植物有性杂交的生殖障碍，使获得有性杂交不亲合的种、属乃至亲缘关系更远的生物体间的细胞杂种成为可能。目前已经得到部分属间体细胞杂种，显示了这一技术在创造植物新类型上的潜力。

（二）转移染色体或优良基因

在原生质体融合中，有可能产生一部分只含有远缘亲本个别染色体或染色体片段，甚至是个别基因的杂种细胞，这种现象称为不对称融合。利用不对称融合，可以将野生植物的某些优良基因转移到栽培植物中。例如，马铃薯、烟草、油菜等作物的野生资源中，存在着许多栽培种所不具有的抗病、抗虫、抗逆等性状，应用原生质体融合技术已得到了一批将野生资源中的抗性特性导入这些作物的远缘杂种。

此外，利用 C_4 植株与 C_3 植物原生质体融合，以提高 C_3 植物的光合效率，已在十字花科和水稻上取得成功；Heath 等利用原生质体融合培育了亚油酸含量只有3.5％的甘蓝型低亚油酸油菜，提高了甘蓝型油菜的食用品质；还有一些栽培植物因为接受了野生植物的优良基因而分别获得育性提高、结实性变好或者块茎产量提高的特性。

总之，原生质体融合在目前常规方法利用的育种资源匮乏、有限的情况下，为挖掘利用有性杂交之外的遗传资源提供了有效的途径和方法。

（三）转移细胞质基因组

原生质体融合技术还可用于转移细胞质基因。研究表明，细胞质的 2 个重要基因组在植物生命活动中起着重要的、无法代替的作用，线粒体 DNA 与植物能量代谢、雄性不育等重要代谢过程和性状有关，叶绿体 DNA 基因组编码一些抗生素抗性、RuBP 羧化酶组分蛋白的大亚基合成；然而这些重要的基因在有性繁殖中是很难交流的。原生质体融合使得细胞质基因的转移和重组成为可能。例如，Bhattacharjee 等采用原生质体融合将野败型雄性不育转移到可育的水稻中，获得的核质杂种花粉败育，自交不结实，与各自可育亲本回交后，获得了不育的回交一代植株。由融合获得的细胞质雄性不育系与恢复系杂交，恢复育性。用原生质体融合技术转移细胞质雄性不育基因培育植物雄性不育系比常规通过回交转育培育细胞质雄性不育系所用的时间短、效率高，是一个有效可行的技术方法，目前已在烟草、水稻、矮牵牛、胡萝卜、油菜、黑麦草等重要植物中获得成功。

内容提要

细胞工程的概念及理论基础 细胞工程是对细胞或组织进行离体操作和培养的技术，它能通过改变细胞的结构和功能，达到改良生物遗传特性的目的。其理论基础是细胞的全能性和基因的选择性表达。

植物组织与细胞培养 植物组织与细胞培养是研究植物组织和细胞离体培养、增殖、再生的机理与精细操作技术的一门生物技术学科。根据其形态发生过程分为两种类型：继续发育类型与重新发生（再生）类型。其基本程序一般包括：制备培养基，获取和处理外植体，接种培养等。

植物体细胞无性系变异 在体细胞离体培养过程中观察到的可遗传变异，称为体细胞无性系变异，它们有的发生在外植体细胞离体之前，有的发生在离体培养过程中。其主要来源包括：染色体的数目变异和结构变异，基因突变，基因扩增，基因重排，碱基修饰及转座子的激活等。体细胞无性系变异的早期鉴定通常是在细胞水平上淘汰大量非变异细胞系；而后期主要是进行当代植株和后代植株的群体鉴定。

植物的花药培养 指植物花药组织在离体培养条件下，小孢子细胞改变其正常的配子体发育途径，而由其中的雄核单独发育成完整植株的技术。花药培养通常采用花粉发育适期的未成熟花药，并且对花药外植体要进行一定时期的预处理，以提高花药培养的效率。采用的培养方法主要有固体培养法、液体培养法和条件培养法。花药培养的形态发生途径主要有胚状体发育途径和愈伤组织再分化途径。

体细胞杂交 指 2 个不同来源的细胞在离体条件下进行融合，从而形成新的细胞杂种的技术。植物体细胞杂交是指去壁原生质体的融合。其一般程序包括：原生质体的分离、原生质体的融合、融合体的形成和发育、融合体的筛选与鉴定。

复习思考题

1. 何谓植物组织与细胞培养？它包含哪些内容，其理论基础是什么？
2. 何谓植物细胞无性系变异？
3. 何谓正选择系统、负选择系统？
4. 何谓间接筛选法？
5. “绿岛法”筛选细胞突变体与直接选择法和间接选择法筛选突变体有何不同？该方法适宜于哪一类性状的筛选？
6. 简述花药培养获得单倍体植株的一般程序。

7. 花药培养形态发生途径主要有哪两种?

8. 何谓体细胞杂交? 与有性杂交相比,体细胞杂交有何特殊用途?

9. 原生质体融合有哪几种主要方法?

10. 原生质体培养中互补选择杂种的原理和方法。

11. 何谓不对称融合? 有何用途?

12. 原生质体融合在外源基因转移上有何作用和潜力。

主要参考书目

[1] 李宝健,曾庆平. 植物生物技术原理与方法. 长沙:湖南科学技术出版社,1990.

[2] 肖尊安. 植物生物技术. 北京:化学工业出版社,2005.

[3] 朱至清. 植物细胞工程. 北京:化学工业出版社,2003.

[4] 查夫拉 H S. 植物生物技术导论. 许亦农,麻密主译. 北京:化学工业出版社,2005.

[5] 张献龙,唐克轩. 植物生物技术. 北京:科学出版社,2005.

[6] 王蒂. 植物组织培养. 北京:中国农业出版社,2004.

[7] 焦瑞身,等. 细胞工程. 北京:化学工业出版社,1989.

[8] 张春义,杨汉民. 植物体细胞无性系变异的分子基础. 遗传. 1994,16(2).

[9] Indra K Vasil. Cell Culture and Somitic Cell Genetics of Plants. Volume 3, plant Regeneration and Genetic Variability. Academic press, INC. 1986.

[10] Evans D A, sharp W R, Ammirato P V. Handbook of Plant Cell Culture Techniques and Applicartions. New York: Macmillan Publishing Company,1986, (Volume 10).

[11] Narayanaswamy S. Plant Cell and Tissue Culture. New Delhi: Tata McGraw-Hill Publishing Company Limited,1994.

[12] Motegi T Nou I S Zhou J Kanno A Kameya T Hirata Y. Obtaining an ogura-type CMS line from asymmetrical protoplast fusion between cabbage(fertile) and radish(fertile). Euphytica, 2003,29: 319-323.

第十六章 基因工程

20世纪中叶以来，科学家发现，几乎所有生物的遗传物质是DNA，生物的遗传信息贮存在DNA的碱基序列中，生物界的遗传密码具有通用性。这些发现为实现不同生物的体外遗传重组奠定了理论基础。而分子生物学技术的迅速发展，特别是限制性内切酶和连接酶的发现，为DNA的体外操作提供了技术条件。1972年P Berg首次在世界上成功完成DNA的体外重组实验。1973年Boyer和Cohen等将酶切得到的外源DNA片段与质粒DNA连接起来，构成一个重组质粒(recombinant plasmid)，并将它转入大肠杆菌细胞。这些开创性的工作证实了DNA体外重组的可行性，初步建立了基因工程(genetic engineering)的技术体系，成为现代生物学发展史的重要里程碑。对基因的研究，长期以来是遗传学研究的主线，基因工程技术的创立是基因研究的必然结果，它不仅直接改良生物、造福人类，而且为基因研究提供更强有力的手段。

第一节 基因工程的概念

基因工程是一门崭新的生物技术科学，它采用类似工程设计的方法，在体外将控制某一个（或某几个）性状的外源基因（DNA片段）重组到质粒、病毒等载体(vector)中，构成遗传物质的新组合，并导入到本来没有这个基因的目标生物（细菌、病毒、动物、植物等）体内，使其整合到目标生物的基因组，并实现该基因所控制性状的表达，使目标生物产生本身本来不具有的性状。

基因工程又称为重组DNA技术，它作为改良生物的手段具有2个特点：

(1)克服种间杂交障碍，创造出新的物种。基因工程在DNA水平上进行设计和操作，能够重新组合亲缘关系很远的不同生物的基因，从而克服生物种间杂交固有的生殖障碍，实现最大范围的遗传重组，创造出新的物种，或赋予物种以崭新的特性。

(2)定向改造生物体。基因工程通过DNA水平的遗传重组改造生物，使生物性状的改造具有定向性，从而克服了传统方法的盲目性。

基因工程操作的基本步骤包括：获得目的基因，基因表达载体的构建，转化，转化体的筛选。本章的主要目的是通过这些基本步骤简明介绍现代遗传学的概念、原理和方法。

第二节　获得目的基因

一、目的基因的种类

基因工程改良生物的目的，一是使生物能够大量产生有用的蛋白质，通常是治疗疾病的药物（例如治疗糖尿病的胰岛素，治疗生长迟缓的生长激素等），或是具有工业用途的酶（例如用于制造啤酒的 α 淀粉酶，用于添加洗涤剂的蛋白酶等）；二是使生物产生可直接利用的新性状，例如，使优质的鱼产生抗冻性状有利于扩大其养殖范围，使优质棉产生抗虫性状有利于减少使用农药和保护环境。

在基因工程中用于改良生物的外源基因称为目的基因。目前国内外已经克隆、鉴定、研究或应用于植物基因工程的目的基因，主要有以下几类。

（一）种子储藏蛋白基因

目前研究比较深入的有玉米、小麦的醇溶蛋白基因，水稻的谷蛋白基因，马铃薯的块茎蛋白基因等。利用这些目的基因，有可能提高某些植物种子中的蛋白质含量（如提高水稻蛋白质含量），或改变某些植物种子储藏蛋白缺乏某些必需氨基酸的状况。

（二）抗除草剂基因

抗除草剂基因的抗除草剂机理可分为以下几种。

1. 改变植物酶对除草剂的敏感性　例如，细菌 aroA 的突变株所具有的 *epsp* 基因所表达的 EPSP 酶，比作物原有的 EPSP 酶，更不容易被除草剂破坏。

2. 解除除草剂对植物酶的抑制作用　例如，*Bar* 基因所产生的乙酰转移酶，能使除草剂发生乙酰化，从而解除对植物的谷氨酰胺合成酶的抑制作用。

3. 补偿被除草剂破坏的植物酶　例如，导入 EPSP 酶基因，使植物产生大量 EPSP 酶，一定浓度除草剂不足以破坏所有 EPSP 酶。

（三）抗病毒基因

抗病毒基因按其抗病毒机理可分为以下几种。

1. 利用病毒外壳蛋白抵抗病毒侵害　例如，烟草的花叶病毒外壳蛋白基因 *PC*，所产生的蛋白质具有保护作用。其深入的机理还未研究清楚。

2. 利用反义 RNA　例如，将病毒的某一基因，反向接在一个强启动子后面，所产生的大量反义 RNA 能够阻断病毒的复制。

3. 利用抗体　例如，病毒复制酶的抗体的基因，所产生的抗体能够使病毒的复制酶失效。

(四)抗虫基因

抗虫基因按其机理可分为以下几种。

1. 毒蛋白基因　例如苏云金杆菌的 *Bt* 基因,所产生毒蛋白能够损伤昆虫的消化道。

2. 蛋白酶抑制基因　例如豇豆胰蛋白酶抑制基因 *CPTI*,所表达的产物能够阻碍昆虫消化食物。

(五)耐环境胁迫的基因

1. 抗冻蛋白基因　例如将某些极地鱼抗冻蛋白基因导入番茄、草莓、烟草等,提高了这些植物的抗冻性。据观察,该抗冻蛋白能防止植物细胞中冰晶的形成。

2. 抗盐基因　例如将拟南芥的逆转运蛋白导入番茄获得转基因植株,在高盐溶液中能正常生长、开花、结果,盐分集中在叶片,果实中盐分极少而含糖量高。

(六)延迟成熟、增强耐藏性的基因

乙烯是对果实成熟起决定性作用的植物激素,其前体是 ACC 合成酶和 ACC 氧化酶。我国科学家将 ACC 氧化酶反义基因导入番茄,阻断 ACC 氧化酶的形成,结果番茄延迟成熟,在 13～30℃条件下可安全储藏 45 d,被批准为我国商品化生产的植物基因工程产品之一。

二、基因文库

基因工程的目的基因,可以通过人工化学合成得到,但是在大多数情况下,是从预先构建的基因文库中"钓取"的。所谓基因文库,就是将连接在载体上的各种基因导入细菌,再经过无性繁殖得到的重组 DNA 群体。通常用于保存这些基因的细菌是大肠杆菌。这些大肠杆菌放置在固体培养基上,能产生分散的菌落。由于每个菌落都分别起源于单个细胞,所以一个菌落就是一个无性繁殖系,也就是一个重组 DNA 克隆。与此相似,含有外源基因的病毒也可以培养在细菌中作为基因文库,它所产生的每一个噬菌斑通常约含 10^7 个噬菌体。由于每个噬菌斑都分别起源于一个原始噬菌体,因而可以分别看成是一个克隆。

下面我们分别介绍常见的两种基因文库。

(一)基因组文库

所谓基因组文库,是指汇集和克隆了某一基因组所有 DNA 序列的重组 DNA 群体。从概念上说,一个基因组文库应当包含基因组存在的所有序列的至少各一个拷贝。由于载体所能承受的外源 DNA 片段长度有限,所以一个基因组文库往往必须包含同一序列非常大量的菌落或克隆,才能从中有效地钓取目的基因。

(二)cDNA 基因文库

在高等真核生物的基因组中,具有表达功能的基因的 DNA 序列只占整个 DNA 序列的一小部分。这些基因能够在特定细胞的特定时期活化,转录产生 mRNA。在重组 DNA 技术中,利用这些 mRNA,在逆转录酶作用下形成它的互补 DNA(complementary DNA,简称 cDNA)单链,然后进一步形成双链 DNA;将这种双链 DNA 同适宜的载体(例如质粒)连接成为重组 DNA,导入受体细胞(例如细菌)并进行克隆,就成为 cDNA 基因文库。由于构建 cDNA 基因文库时,采用的是总 mRNA,所以该基因文库拥有同各种 mRNA 分子相应的 DNA 克隆。

cDNA 基因文库具有多种优越性:

1. 对它的筛选比较简单易行　这是因为一个完全的 cDNA 基因文库比一个完全的基因组文库所包含的克隆种类要少得多,两者相差 10～100 倍。这还因为 cDNA 基因文库来源于 mRNA,而 mRNA 具有特异性表达的时期和部位,恰当选择 mRNA 的来源就有可能使所构建的 cDNA 基因文库中,某一特定序列的克隆达到很高的比例。例如,用产蛋鸡的输卵管所制备的 cDNA 基因文库,卵清蛋白基因的序列占有明显的优势。

2. cDNA 基因文库可以用于克隆在细菌中表达的基因　已知真核生物基因在细菌中表达的所有成功实例都使用了 cDNA 克隆。这是因为 cDNA 克隆已经删去了内含子,而至少目前认为,原核生物并不具备从原始转录产物上删除内含子的酶分子。

3. cDNA 基因文库可用于测定基因 DNA 序列的结构　由于 cDNA 克隆来自成熟的 mRNA,所以测定 cDNA 克隆的序列就能够分析基因外显子的碱基排列顺序。再通过同已知的基因组基因 DNA 序列的比较,还可以确定内含子与外显子的界限。

三、钓取目的基因

(一)聚合酶链式反应(PCR)扩增技术

从基因文库钓取目的基因的方法很多,这里介绍的聚合酶链式反应(PCR)扩增技术,是一种分离目的基因的新颖而简便的方法,它能使基因文库中的目的基因在几小时内专一地扩增几百万拷贝。Miller(1986)发明的这种技术还广泛应用于分子生物学各个领域,他因此在 1993 年获得诺贝尔化学奖。

基因文库中的多种基因一般保存在细菌的质粒上。采用 PCR 技术钓取基因文库中的目的基因时,首先需要利用噬菌体将细菌裂解,释放其中的质粒,然后放到 PCR 仪中进行扩增。PCR 专一地扩增目的基因的过程是在 DNA 聚合酶和寡核苷酸引物的作用下完成的。引物是两种短的单链 DNA 分子,每个引物长度为 16～30 bp,分别与目的基因上、下游的 DNA 序列互补。扩增过程可分为以下 3 个步骤(图 16-1)。

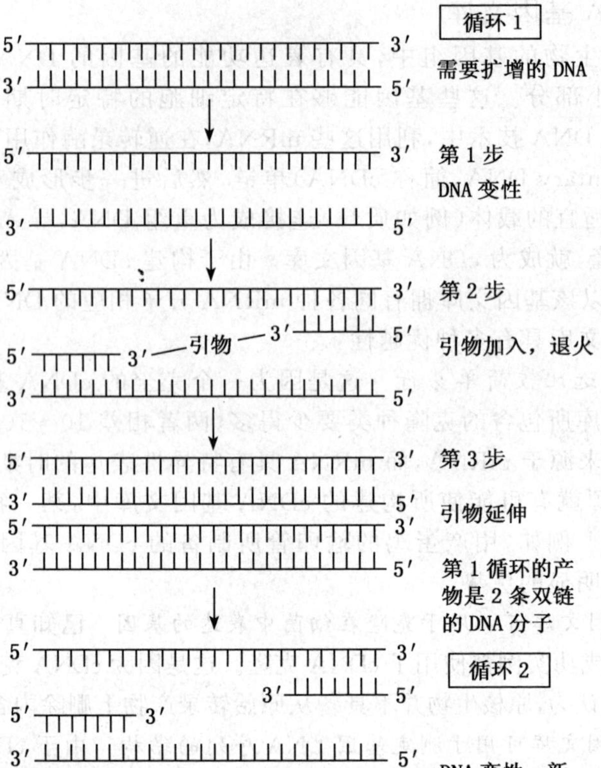

图 16-1　PCR 扩增原理示意图

(引自 Klug 和 Cummings,1996)

(1)DNA 变性(94℃):DNA 双链解链变成 2 个单链。

(2)退火(37～55℃):使引物与 DNA 模板的互补区段配对形成双链。

(3)延伸(60～72℃):在耐高温 DNA 聚合酶作用下,DNA 新链从引物末端开始延伸,复制目的基因 DNA 片段。

以上 3 个步骤为一个循环,下一次循环就以上一次循环生成的目的基因 DNA 链为模板合成新链。若如此循环 25 次,目的基因片段可扩增 100 万倍。所使用的 PCR 仪是程序控制的,可控制以上步骤所需要的温度、时间等条件,并根据所需要的产品数量控制循环的次数。

(二)核酸分子杂交法

基因文库钓取目的基因的另一种常用方法是核酸分子杂交法。有关原理将在"转化体的筛选和鉴定"一节介绍。

第三节　表达载体的构建

在基因工程中,接受目的基因的细胞或生物体称为受体。植物基因工程常用的受体有叶片细胞、茎段细胞、愈伤组织、悬浮细胞、原生质体、卵细胞、幼胚等。为使目的基因能够进入受体细胞,并在其中表达和被识别,基因工程的一个重要步骤是构建表达载体,这首先是因为外源 DNA 片段离开染色体是不能复制的,必须将它连接到一种载体上,作为载体的一部分整合到受体细胞的染色体进行复制、传递和表达。表达载体还应具有在受体中表达目的基因的功能,而区别于只有复制、保存功能的克隆载体。

表达载体通常由目的基因、标记基因和载体 DNA 组成,其中的基因包含启动子。以上几个组成部分通过限制性内切酶和连接酶的作用组装在一起,成为重组 DNA 分子。现在我们先介绍限制性内切酶,然后着重讨论构建表达载体的基本原理。

一、限制性核酸内切酶

(一)限制的概念

限制性核酸内切酶简称限制酶,是在细菌细胞中发现的。它实际上是水解 DNA 的一种磷酸二酯酶,正是这种酶使细菌具有防御外来 DNA 的手段。外来 DNA 进入细菌细胞之后,往往被这种酶所识别和切断。这个过程就称为"限制"。细菌本身的 DNA 则由于被自己所修饰而得以继续存在。由此可见,限制酶的限制作用是专一性的。目前已发现的限制酶有350种以上，但其中一部分具有相同的识别序列，所以识别序列仅有85种左右。每一种限制酶的识别序列通常是DNA分子中的某4～6个核苷酸。细菌自身细胞的DNA则由于相应序列上的A或C碱基的甲基化而免于限制酶的攻击。

（二）限制酶的特性

特定的一种限制酶能够在特定部位将DNA双链切割成一系列片段。如果我们用若干种不同的限制酶分别切割某一个特定的基因，那么我们就有可能根据酶在DNA上的切点构建出这个基因的限制酶图谱。图谱中酶切点的分布反映出特定的核苷酸序列在基因的排列位置，因此通过比较相关基因的限制酶图谱可以大致看出相关基因间的同源性。图16-2是人类和两种类人猿的血红蛋白基因的限制酶图谱，从这张图谱上我们可以看到，自从500万年前这些生物分化以来，它们的血红蛋白基因的核苷酸序列大致保持不变。

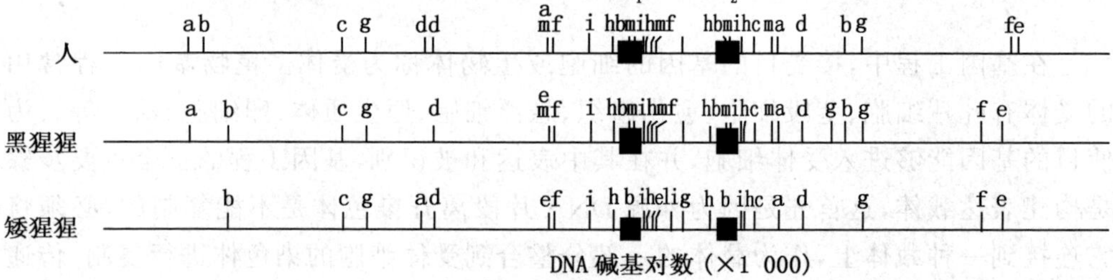

图16-2 灵长类血红蛋白基因的限制酶图谱

（引自范维珂，1999）

许多限制酶，在分别切割DNA双链时，都在所生成的DNA片段的两端，各留下一段短的单链末端。例如，常用的限制酶 *Eco*RⅠ酶所识别的碱基序列是GAATTC，而切割部位在其中的G与A之间，所以能使DNA片段两侧出现图16-3所表示的单链末端。如果另一DNA分子也用 *Eco*RⅠ酶处理，则所生成的DNA片段将具有相同的单链末端。那么前一个片段的TTAA短序列就有可能同后一个片段的AATT序列互补成为双链。基因工程正是主要根据这一原理实现不同来源DNA的体外重组，将目的基因装配到作为载体的另一DNA分子上去。图16-4表示的就是根据这一原理，实现含有目的基因的染色体DNA片段与质粒DNA重组的过程。

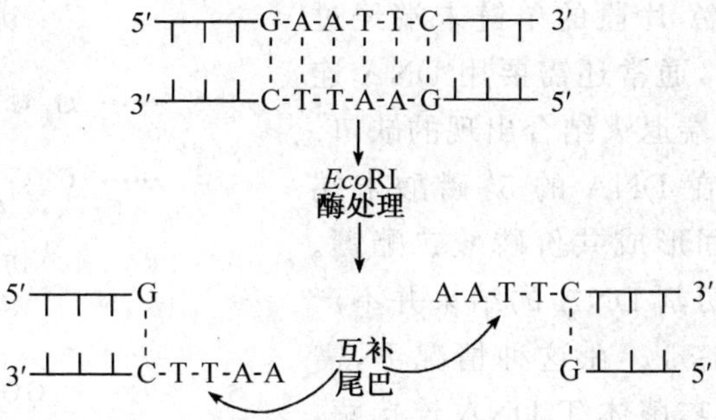

图 16-3　*Eco*RⅠ酶处理生成的 DNA 片段两侧单链末端

(引自 Klug 和 Cumings,1996)

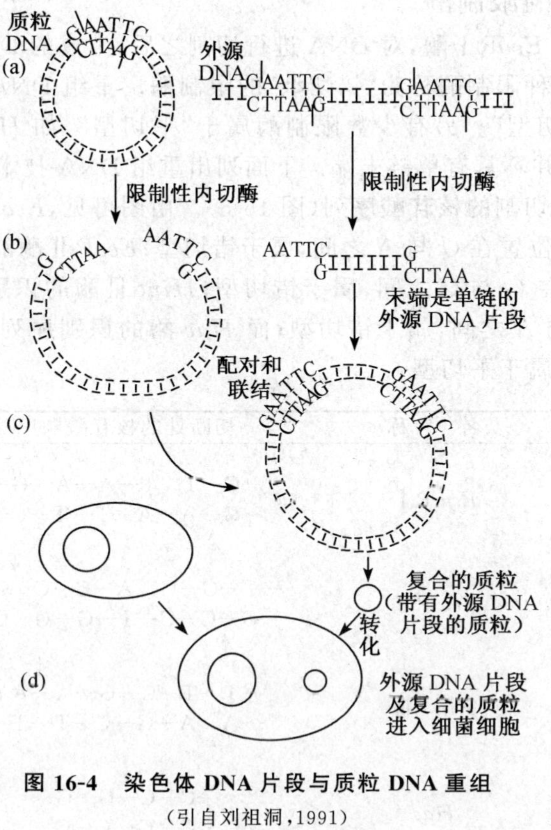

图 16-4　染色体 DNA 片段与质粒 DNA 重组

(引自刘祖洞,1991)

以上 2 个 DNA 片段的单链末端经过互补形成双链之后，通常还需要用 DNA 连接酶封闭该单链末端退火结合出现的缺口。DNA 连接酶能够在 DNA 的 5′-磷酸末端和 3′-羟基末端之间形成共价磷酸二酯键。但是，有些限制酶切割 DNA 的结果并不产生单链末端（图 16-5）。在这种情况下，需要用连接力很强的噬菌体 T_4DNA 连接酶，才能使切开的染色体 DNA 和载体 DNA 连接在一起。

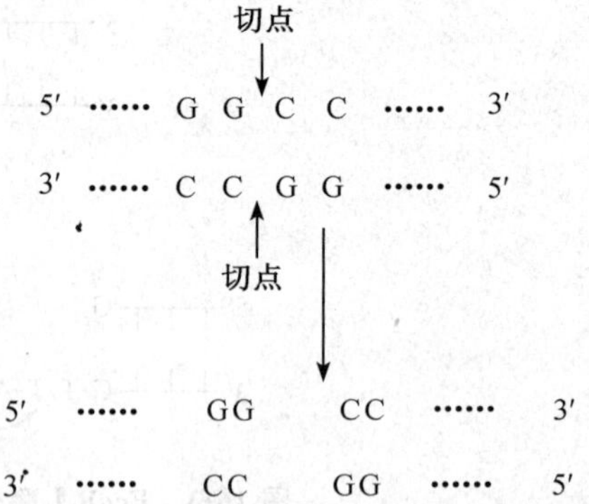

图 16-5 *Hae*Ⅲ酶处理生成的 DNA 片段
（引自戴朝曦，1998）

（三）常用的限制酶

上面说过的 *Eco*RⅠ酶，对 DNA 进行切割之后，生成的 DNA 片段两端具有单链末端。所以这种限制酶称为“错切型”的限制酶。重组 DNA 技术常用的大多数限制酶属于“错切型”。另有少数限制酶属于“平切型”，如 *Hae*Ⅲ酶，切割之后生成的 DNA 片段并不具有单链末端。下面列出重组 DNA 技术常用的几种限制酶，以及它们识别和切割的核苷酸序列（图 16-6）。由图可见，*Eco*RⅠ酶的识别序列是 GAATTC，切割位置在 G 与 A 之间，属于错切型；*Eco*RⅡ酶的识别序列是 GCCT-GCC，切割位置在 G 与 C 之间，属于错切型；*Hin*dⅢ酶的识别序列是 AAGCTT，切割位置在 A 与 A 之间，属于错切型；而 *Hac* 酶的识别序列是 GGCC，切割位置在 G 与 C 之间，属于平切型。

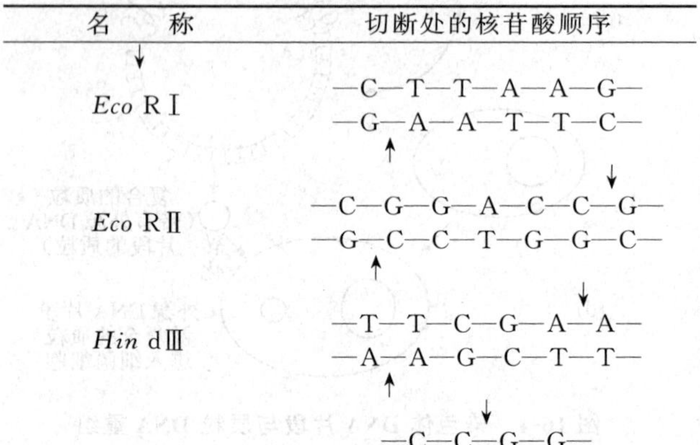

图 16-6 几种常用的限制酶和它们的切点
（引自刘祖洞，1991）

二、表达载体的构建

(一)表达载体的一般要求

为使目的基因进入受体并在其中表达,表达载体应当具备哪些条件呢?

1. *表达载体必须具有 DNA 复制的原点*　因为这样才能使重组 DNA 分子在受体细胞中进行复制,形成无性繁殖系,也就是形成通常所说的“克隆”。

2. *表达载体必须具有遗传标记*　这样才便于人们将具有目的基因的受体细胞识别和选择出来。常用的遗传标记有对某种抗生素的抗性,标记基因产物与特殊底物发生的显色反应等。

3. *构建表达载体时,所选用的载体 DNA 必须具有合适的限制酶酶切位点*　具有限制酶的切点才能装载外源 DNA 片段;但是酶的切点应当不在复制原点区域内,一般也不在标记基因内,否则将影响复制和选择。

4. *表达载体必须具有启动子*　这样才能使载体所携带的目的基因和标记基因在受体中表达。

(二)常用的载体

构建表达载体时,经常选用的载体有以下两类。

1. *质粒载体*　质粒是自然存在于细菌细胞中,但独立于细菌染色体的小型环状双链 DNA 分子,能够自主复制。即使只有一个质粒进入受体细胞,它也可能复制出多个拷贝。当它作为载体利用的时候,所装载的目的基因将随之复制出多个拷贝。根据质粒载体在受体细胞中复制的程度,可以将它们分为严紧型和松弛型。前者只能在受体中产生 1 个到几个拷贝,后者则可以产生几十个到几百个拷贝。由于质粒也是 DNA,所以以质粒为载体导入目的基因的过程,如同细胞摄取游离 DNA 的过程,也称为“转化”。

在基因工程中,通常预先将这类质粒载体加以改造,使它具有不同种类限制酶的切点和对特定抗生素的抗性基因。pBR322 是经过人工改造而首批在基因工程中使用的质粒载体之一(图 16-7)。它携带着若干种限制酶的单一切点和 2 个抗性基因:抗氨苄青霉素基因和抗四环素基因。如果将这种质粒导入对抗生素敏感的细菌寄主细胞中,则细菌寄主将获得对以上两种抗生素的抗性。这种质粒的抗四环素基因当中,具有若干酶切位点。当目的基因插入到这些位点时,位点所在的抗四环素基因将表现失活;但与这些位点无关的抗氨苄青霉素基因不受影响。

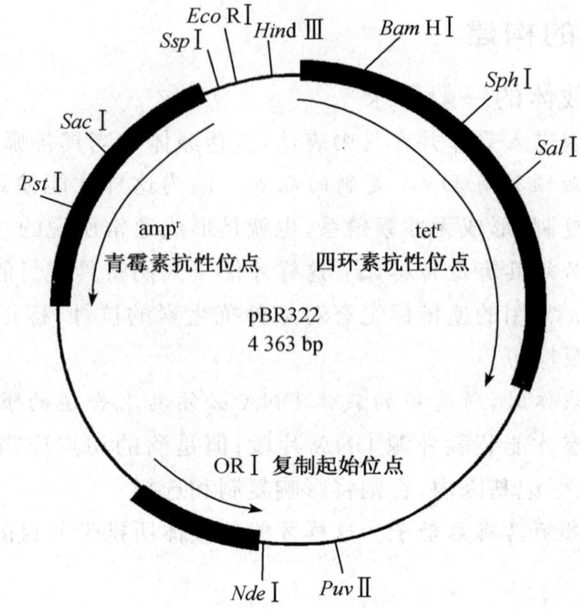

图 16-7 质粒 pBR322 结构图

目前已经有更为复杂的质粒载体可供利用。根据它们所具有的特征，人们更便于鉴定含有目的基因的受体细胞。例如在 pBR322 基础上改造的一种质粒叫做 pUC18，就具有以下有价值的特征：①这种质粒的大小只有 pBR322 的一半，能够携带更长的外源 DNA 片段；②这种质粒能在每个受体细胞中产生 500 个左右的拷贝，是 pBR322 拷贝数的 5～10 倍；③已在这种质粒的一个区域，集中地构建了大量酶切位点，且每个酶的切点是单一的，这个区域称为多克隆位点；④多克隆位点区域位于这种质粒携带的大肠杆菌 *lacI* 基因之中。所以含有这种质粒的细菌寄主细胞在含 X-gal 混合物的培养基上将产生蓝色的菌落。如果将外源 DNA 片段插入到这个多克隆位点中，则 *lacI* 基因将会受到干扰而表现失活，从而使具有这种质粒的细菌细胞形成白色菌落。因此，通过细菌菌落的颜色就能够将有或无外源 DNA 片段的细胞加以区别。

一种称为 Ti 质粒的载体，常应用于高等植物的基因工程中。它存在于能引起植物形成冠瘿瘤的土壤农杆菌中。这种瘤的形成是土壤农杆菌中的 Ti 质粒引起的，所以称为 tumour inducing plasmid，简称 Ti 质粒（图 16-8）。它是环状双链 DNA，大约包含 185 kb 的碱基。最重要的组成部分是 T-DNA（转移 DNA），大约有 20 kb，在土壤农杆菌感染植物细胞之后这个区域能够随机地共价整合到植物染色体 DNA 中，成为正常的遗传成分。这个区域所含的冠瘿碱合成酶基因的启动子，能够启动外源基因在植物细胞中表达。但是，这个区所含的基因还能够决定肿瘤的形成和抑制植物细胞分化，此外还因为存在多种限制酶的多个切点，造成体外重组 DNA 操作困难。因此，Ti 质粒在重组 DNA 的实用技术中往往需要加以改造。目前已经以 Ti 质粒为基础，构建了许多新的载体，如 PGV-3850，PMON128，PTIB6S3(SEV 系统)等。Ti 质粒长期以来被认为只能进入双子叶植物的细胞，但是近年的研究结果表明，在一定实验条件下 Ti 质粒也能够进入单子叶植物的细胞。

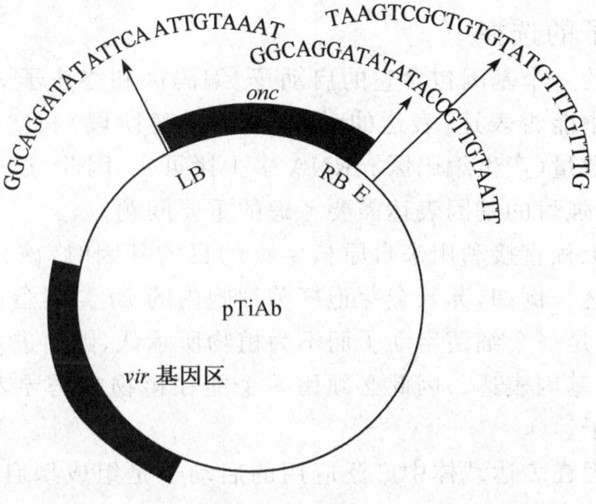

图 16-8 Ti 质粒上几个重要区域及其序列

vir 基因区；LB 左边界序列；*onc* 与致癌有关的 T-DNA 核心区；

RB 右边界序列；E 增强子序列

（引自 Paul et al，1992）

2. *病毒 DNA* 在基因工程中广泛应用的另一类载体 DNA 来自病毒，特别是其中的 λ 噬菌体的 DNA。能感染细菌的这种温和噬菌体的全部基因已经鉴定并绘制成图，整个基因组的 DNA 碱基顺序也已经了解清楚，已知其中 1/3 的 λ 染色体包含着一群非必需的基因，因此，这个区域可以被目的基因所取代而不影响噬菌体感染细菌并形成噬菌斑。目前已经成功地用限制酶将上述基因群的不同部位除去，从而构建了数以百种不同的 λ 噬菌体载体；同时又将目的基因插入到这个区域，然后将这种重组 DNA 包装到蛋白质外壳中，成为重组噬菌体。这样的重组噬菌体能够在感染过程中将目的基因导入受体细胞，并在宿主中复制噬菌体 DNA

的同时也复制目的基因。以上用具有蛋白质外壳的噬菌体为载体，将目的基因导入宿主细胞的过程称为“转导”。若将噬菌体游离 DNA 与目的基因重组然后导入宿主细胞，则本质上与“转化”相同，只因其载体 DNA 的特殊性（病毒 DNA）而称为“转染”。转染的效率一般很低。

病毒 DNA 能比质粒携带长得多的 DNA 片段。这对于克隆整个基因组是十分重要的。将外源 DNA 片段导入高等动物细胞，常用的载体是猿猴空泡病毒 40（simian vacuolating virus 40），简称 SV40 病毒。它的外部是一种小型蛋白质颗粒，由 VP_1、VP_2、VP_3 3 种病毒外壳蛋白构成，包装的是一条环形的病毒基因组 DNA，大小约 52 kb，很适合于基因操作。

（三）启动子的选择

表达载体中的一个基因包含它的启动子、编码区和终止子 3 个部分。启动子决定基因在受体中能否表达，表达的时间（具体发育阶段）和空间（具体组织和器官），以及表达的数量（产生编码区 mRNA 多少拷贝）。因此，选择合适的启动子并改进其活性，是增强目的基因表达需要考虑的重要问题。

当植物基因工程直接利用来自原核生物的目的基因时，该目的基因往往不能在植物受体中表达。例如，苏云金芽孢杆菌细胞内的 *Bt* 毒素蛋白基因本身有它自己的启动子，但它是一个细菌启动子而不为植物所承认，因而进入植物细胞后并不诱导 *Bt* 毒素蛋白基因表达。因此必须用一个能在植物中诱导表达的启动子来替代这个细菌启动子。

植物基因工程在表达载体中广泛应用的启动子是组成型启动子，它使目的基因在转基因植物的所有发育阶段和所有部位都能表达。例如，源于花椰菜花叶病毒的 CaMV35S 启动子，能使 *Bt* 毒素蛋白基因在整个生长季的所有组织器官中都表达，可用于防治在整个生长季都会危害玉米的欧洲玉米螟。

另一类是特异性表达的启动子，它只在生物的特定发育阶段和特定器官使目的基因表达。例如，花粉特异性表达启动子 Ta29 或 A9 与 RNA 酶基因 *barnase* 连接，导入玉米可创造新的雄性不育类型。

（四）目的基因的修饰

为使目的基因得到良好的转录、翻译，通常还需要对目的基因进行适当的修饰，以增强其表达效率。目的基因的修饰通常从以下 3 个方面入手。

(1)添加 5′和 3′端非翻译序列。有实验表明，这能为核糖体提供了新的结合位点，增强翻译的活性。

(2)优化起始密码周边序列。研究发现，真核生物起始密码子周边序列为 ACCATGG 时转录和翻译效率最高。实验表明，细菌的一个几丁质酶基因，原来的起始密码周边序列为 UUUAUGG，当被修饰为 ACCAUGG 后，其在烟草中的表达水平就提高了 8 倍。

（3）改造基因编码区。来自原核生物的目的基因在植物体内，因表达机制的差异，造成 mRNA 稳定性下降，往往表达水平很低，例如来自苏云金芽孢杆菌的野生型杀虫蛋白基因在植物中的表达量非常低。美国 Monsanto 公司 Perlak 等人利用密码子的简并性，在不改变毒蛋白氨基酸序列的前提下，对杀虫蛋白基因进行了改造，选用植物偏爱的密码子，增加 GC 含量，去除原序列中影响 mRNA 稳定的元件，结果在毒蛋白转基因植株中的表达量增加了 30～100 倍，获得了明显的抗虫效果。

第四节　转化的方法

在植物基因工程中，将表达载体导入受体的常见途径是转化。即是说，通常使用的表达载体是游离的重组 DNA 分子。那么，通常采用哪些方法能够将重组 DNA 分子导入植物受体细胞并形成克隆呢？下面介绍比较常用的几种方法。

一、农杆菌介导法

前面已经谈到，农杆菌 Ti 质粒的 T-DNA 可高效率地整合到植物受体细胞的染色体上并得到表达。利用这一特点，Marton 等（1979）以植物原生质体为受体首创了“共培养法”（cocultivation），后来经过一系列改进，特别是 Horsch 等（1985）建立的“叶盘共培养法”（leaf disc cocultivtion），使这种转化方法更加实用。

所谓“共培养法”是指将含重组 DNA 分子的农杆菌与植物的原生质体、悬浮细胞、叶盘、茎段等放在一起共同培养而实现转化的方法。首先用打孔器从消毒的叶片上取得叶圆片，亦称之叶盘，将它放在对数生长期的农杆菌的菌液中浸泡数秒钟后，置于培养基上共同培养 2～3 d，待叶盘周围的菌株生长至肉眼可见菌落时，转移到含有抑菌剂的培养基中除去农杆菌，同时在该培养基中加入抗生素进行转化体选择，经过3～4 周培养即可获得转化的再生植株。据报道，目前世界上已有的转基因植物，大多数是通过农杆菌介导法得到的。

二、基因枪法

20 世纪 80 年代末，随着植物基因工程工作的蓬勃开展，基因枪转化技术应运而生。这种方法又称为高速微弹法（particle bombardment），就是通过高速飞行的金属颗粒将包被其外的目的基因直接导入到受体细胞内，从而实现转化，其工作原理如图 16-9 所示。目前国际上通用的有 3 类基因枪:一类是以火药爆炸力作为动力的加速微弹;第 2 类是以电弧放电蒸发液滴作为动力;第 3 类是以高压气体作为动力。金属颗粒(微载体)常用的材料为钨粉和金粉,直径一般为 0.6～4 nm,金粉价格较昂贵,钨粉经济实惠且可以得到较好的转化效果,但易被氧化,颗粒易聚集,对植物细胞的毒害作用也比金粉大。为克服钨粉的缺点,有的研究单位准备用炭化钨替代钨粉。使用基因枪转化技术有其独特的优点,它不受宿主范围的限制,快速简便,转化率高,对克服其他转化方法的局限性具有重要作用,特别是对尚难以利用农杆菌介导进行转化的单子叶植物。

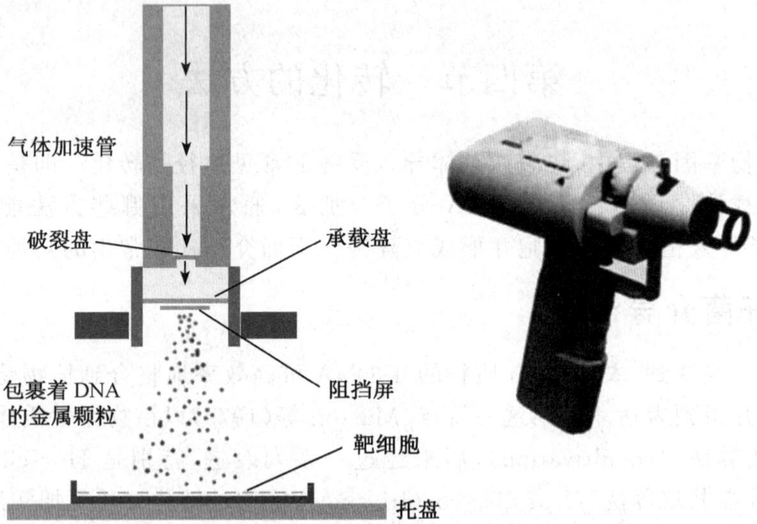

图 16-9 基因枪工作原理示意图

三、花粉管通道法

利用花粉管通道,将外源总 DNA 或外源基因在自花授粉的适当时期导入胚囊,转化尚不具备正常细胞壁的卵、合子或早期胚胎细胞,这种导入目的基因的方法称为花粉管通道法。这种方法最早由我国学者周光宇(1973)提出,并在长期科学研究中不断发展。这种方法采用的 DNA 可以是游离的或连接在质粒上的总 DNA 或某些 DNA 片段。由于直接进入性细胞或早期胚胎细胞,所以不需要利用组织培养技术获得转化植株,而且操作简便易行,容易和常规育种紧密结合。

近年来,较多的研究是利用花粉管通道技术向受体植株直接导入已克隆于表达载体上的外源目的基因。例如,谢道昕等(1991)通过花粉途径,将 2 个 *Bt* 杀虫基因导入我国棉花品种，获得转基因植株，分子杂交实验证明杀虫基因已整合到棉花基因组中。在棉花基因转化上，采用花粉管通道法，已先后将抗虫基因如 *Bt* 基因、*Bt*+*CpT* Ⅰ和 *sGNA* 基因，以及抗真菌病害基因如 *Chi*、*gus*、*Rs-AFP* 基因等多种组合导入我国主栽品种中，如中棉所 12、中植 372、苏棉 8 号等 20 多个优良品种(系)，获得了目标性状稳定表达的转基因棉株，并育成多个抗虫棉品种，进入生产应用。

四、显微注射法

显微注射法是借助光学显微镜的放大作用，直接把 DNA 注射到动物早期胚胎、胚胎干细胞、体细胞或卵母细胞中，然后产生转基因动物个体的方法。1980 年 Gordon 等人，首先发明原核显微注射生产转基因动物方法，后经过不断地改进和完善，成为一种很可靠的动物转基因方法，到目前为止全世界已利用该方法生产出数千头的转基因动物。

模拟注射动物卵母细胞的方法，显微注射技术已广泛应用于植物原生质体、悬浮培养细胞、多细胞结构(如分生组织、胚状体、原胚等)等方面的遗传转化。动物细胞微注射的设备基本上适合于植物细胞，但由于注射的细胞数量很有限，因此需要较高的培养技术。

通过显微注射技术可向任何类型细胞(包括受精卵、早期胚胎)导入目的基因；DNA 的注入具有准确性、预见性；微注射后的细胞可以进行微培养；外源 DNA 整合到寄主细胞染色体组中的效率可达 50%～100%，获得稳定转化系的比例较高。此法的缺点是设备要求高，且很昂贵。

第五节　转化体的筛选和鉴定

基因工程受体接受重组 DNA 分子的频率一般很低，所以需要用一定的方法筛选出转化体。筛选的方法很多，这里只介绍其中一些有代表性的方法。

一、遗传标记法

在介绍表达载体的时候，曾经提到载体必须具有遗传标记。这是因为，在载体同外源基因重组，并在受体细胞中整合之后，我们可以通过载体特有的遗传标记，去初步识别和选择含有重组 DNA 分子的转化体。植物基因工程利用遗传标记的方法可以分为两大类。一类是在表达载体中安装选择性基因，如对某种抗生素的抗性基因，对某种除草剂的抗性基因等；进行转化处理后，在受体培养基中添加某种抗生素或某种除草剂作为选择剂，使非转化体死亡或受抑制，从而将转化体选出。另外一类是在表达载体中安装报告基因，转化处理过的受体在相同条件下都能生长，但转化体具有非转化体所不具有的某种特殊表现（称为显性的报告基因），或者转化体不具有非转化体的表现（称为隐性的报告基因）。

（一）利用选择性基因

利用选择性基因筛选植物转化体的方法来自筛选转化细菌的方法。所以下面先以安装了选择性基因的质粒载体 pBR322 为例说明筛选转化细菌的过程。

作为载体的质粒 pBR322 所具有的遗传标记是抗氨苄青霉素基因和抗四环素基因。在实验中，科学家将目的基因插入到抗四环素基因之中，使后者失活；然后将该表达载体导入细菌并形成细菌克隆（菌落）。对细菌克隆的筛选步骤如下（图 16-10）：

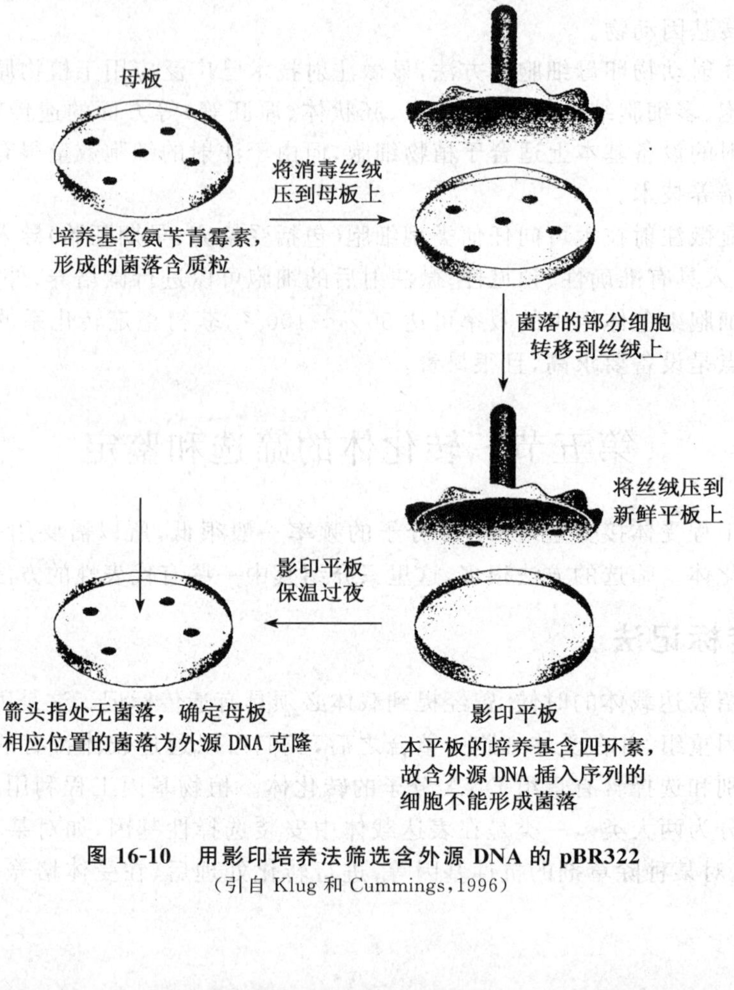

图 16-10 用影印培养法筛选含外源 DNA 的 pBR322

（引自 Klug 和 Cummings，1996）

第 1 步，鉴定哪些菌落含有质粒载体 pBR322。为此目的，将细菌克隆培养在含有氨苄青霉素的培养基上。这时形成的菌落必定含有质粒 pBR322，因为只有抗氨苄青霉素的细菌才能生长。

第 2 步，进一步鉴定哪些菌落的质粒 pBR322 装着目的基因。为此目的，用影印培养法将第 1 步产生的菌落的部分细胞转移到含四环素的培养基上。这时形成的菌落必定具有完整的抗四环素基因，即目的基因没有插入。通过比较以上两种培养基上出现的菌落，便可找到只在含氨苄青霉素的培养基上出现，而不在含四环素的培养基上出现的菌落，这些菌落便是具有目的基因的菌落。

利用选择性基因筛选转化植物的方法，具有与上述方法相同的原理。筛选植物转化细胞或转化植株常用的选择剂，抗生素类有卡那霉素、潮霉素 B、链霉素等，除草剂类有草甘膦、双丙氨膦、绿黄隆等。

(二)利用报告基因

适用于植物基因工程的报告基因，有 *gus* 基因、萤火虫荧光素酶基因等。其中应用较为广泛的是 *gus* 基因，即 β-葡糖苷酸酶基因。它来自细菌。它所编码的 β-葡糖苷酸酶，与 5-溴-4-氯-3-吲哚-β-*D*-葡糖苷酸酯（简称为 X-Gluc）的底物发生作用时，能发生蓝色沉淀反应，既可用分光光度计测定，又可直接观察到植物组织由沉淀形成的蓝色斑点。本方法只需要少量植物组织，检测操作简易、快捷并能定量。

此外，PCR 技术也可以作为检查报告基因的方法。现今商品化的转基因植物都含有供鉴别用的报告基因。这些报告基因的序列已知，也可从数据库查出。根据报告基因的序列设计引物，采用 PCR 技术就可快速鉴定转基因植物。

二、核酸分子杂交法

在基因工程中，经过初步筛选的转化体，还需要用分子生物学方法进一步鉴定。其中应用最为广泛的是核酸分子杂交。这种技术起先是 R Britten 等(1968)发明的，可用于检测特定生物有机体之间是否存在亲缘关系。后来，Southern (1975)、Grunstein 和 Hogness(1975)等先后发展了这类技术，分别称为 Southern 吸印技术、菌落杂交技术等，用于分离和鉴定各种重组 DNA 克隆。

(一)基本原理

为鉴定特定的重组 DNA 克隆而进行核酸分子杂交，首先必须制备特定的 DNA 探针或 RNA 探针。探针是具有一定已知序列的核酸片段，它带有放射性的或荧光的探测标记。探针与被探测的 DNA 对象具有互补的序列，因而能在分子杂交中通过退火形成双链而产生杂交信号，显示被探测 DNA 的质和量。广泛使用的探针多是放射性同位素^{32}P为探测标记的 RNA 或单链 DNA 片段。它们具有制作简便、高比放射性和极佳的放射自显影效果等优点。但是^{32}P的半衰期只有 14.3 d，不容易保存，而且含有对人体有害的 β 射线，操作中需要严格的防护。

具有目的基因的重组 DNA 分子，与具有同源序列的探针实现杂交的条件是重组 DNA 的变性和复性。DNA 水溶液在 100℃，或 pH≥13 的条件下，能够由双链变为 2 个单链，这个过程称为变性。变性的 DNA 在 65℃或酸性条件下，又恢复为双链，这个过程称为复性。在复性过程中，探针能够与同源的 DNA 序列因为碱基互补而配成双链；由于探针具有放射性或其他探测标记，所以我们能够因此发现所需要的目的基因。

（二）操作方法

在操作方法上，这里着重介绍植物基因工程应用比较多的 Southern 吸印技术的操作要点（图 16-11）。

如图 16-11 所示，首先将受体基因组 DNA 用限制酶切成片段，并用琼脂糖凝胶电泳等方法分离这些片段。接着，通过碱处理使凝胶中的 DNA 变性成为单链，并将这些单链吸印到硝酸纤维素或尼龙衍生物制成的滤膜上。然后，在杂交液中用放射性标记的目的基因的探针同这些变性 DNA 做分子杂交，最后通过放射自显影直接观察。胶片上的杂交条带显示相应受体含有目的基因。

此外，还有一种同它相近的技术，可以用来确定目的基因是否在特定的细胞或组织中转录。对基因活性的这种分析，是通过提取细胞或组织中的 mRNA 来实现的。将这些 mRNA 用变性琼脂糖凝胶电泳等方法加以分离，并将所形成的 mRNA 带谱吸印到滤膜，然后用目的基因的单链 DNA 探针做杂交。假如存在与某 DNA 探针互补的 RNA，则在放射自显影胶片上会显示一条带。这种方法同 Southern 吸印技术很相似，只是被吸印和杂交的是 RNA，所以对应地称为 Northern 吸印技术。根据这一逻辑，一种进行蛋白质分子杂交的类似方法（实际上是免疫反应）就称为 Western 吸印技术。

Grunstein 和 Hogness 将核酸分子杂交法应用于细菌，设计了菌落杂交技术。Benton 和 Davis 则将该法应用于噬菌体，设计了噬菌斑杂交技术。这两种技术有时也称为原位分子杂交技术，因为生长在培养基平板上的菌落或噬菌斑，是按照其原来的位置，不加改变地转移到滤膜上，并在原位发生溶菌、DNA 变性和杂交，而不存在分离基因组 DNA、酶切和电泳的过程。

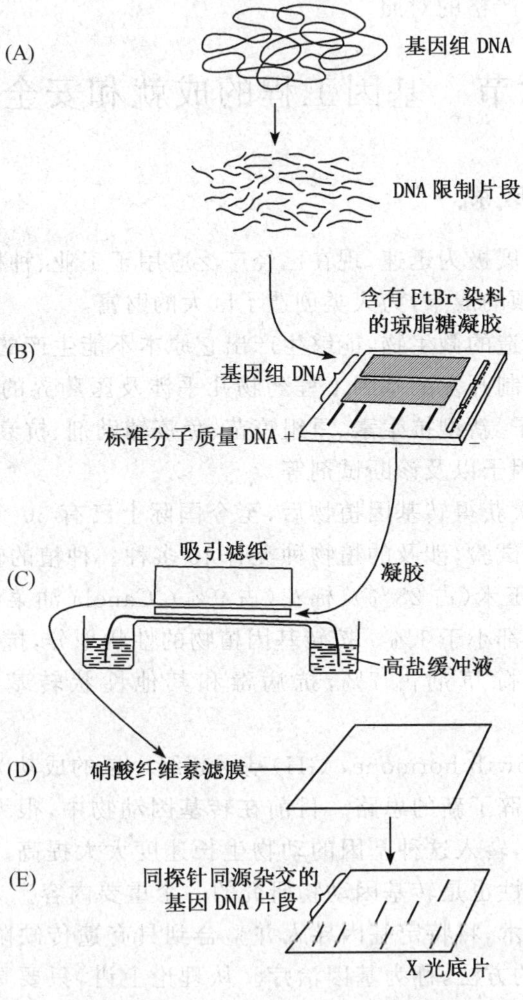

图 16-11　Southern 吸印技术

限制酶切基因组 DNA→限制性酶切的 DNA 片段→电泳凝胶板显示→变性(NaOH)→吸印单链 DNA→滤膜→杂交液(探针)→滤膜覆盖 X 光片(放射自显影)→对比备份的凝胶板，以确定哪个受体含目的基因

(引自吴乃虎,1989)

采用本节介绍的方法,我们可以获得转化当代的外源基因整合和表达的表型证据和分子生物学证据。但是转基因生物的完整鉴定还需要提供以下证据:一是转化体当代性状表现的证据(如抗虫、抗病等);二是转化体表型性状遗传的证据,其中有性繁殖作物应能传递到后代,无性繁殖作物繁殖一代应稳定遗传。而且以

上各方面均要求设置严格的对照。

第六节　基因工程的成就和安全性

一、基因工程的成就

基因工程技术发展极为迅速,现在已经广泛应用于工业、种植业、养殖业、医学等领域,并取得了丰硕的成果,为人类创造了巨大的财富。

通过基因工程改造的微生物,能够生产出它原本不能生产的药物。目前,已经投放市场以及正在研制开发的基因工程药物几乎涉及医药界的各个领域,包括各种抗病毒剂、抗癌因子、新型抗生素、重组疫苗、免疫辅助剂、抗衰老保健品、心脑血管防护急救药、生长因子以及诊断试剂等。

自从1983年首次获得转基因植物后,至今国际上已有30个国家批准数千例转基因植物进入田间试验,涉及的植物种类有40多种。种植的转基因植物种类主要有大豆(占54%)、玉米(占28%)、棉花(占9%)、Canola油菜(占9%)、马铃薯、西葫芦和木瓜的比例都小于1%。按转基因植物的性状划分,抗除草剂占71%,抗虫占22%,抗虫兼抗除草剂占7%,抗病毒和其他性状转基因植物的比例小于1%。

转生长激素(growth hormone, GH)基因超级小鼠的成功为动物育种学家培育转基因大型动物开辟了新的思路。目前在转基因动物中,很大一部分转入的基因都是生长激素基因,转入这种基因的动物生长速度大大提高。通过转基因技术产生可遗传的免疫特性也是转基因动物研究的一个重要内容。

利用基因工程技术,将特定基因导入并整合到具有遗传缺陷的患者的基因组中,以治疗遗传疾病的方法,称为基因治疗。从理论上讲,只要具有适合的载体及基因导入方法,将正常的等位基因及调控元件导入有缺陷的体细胞中,有可能从根本上治疗由于遗传物质缺陷导致的疾病。

二、基因工程的安全性

基因工程的安全性包括实验的安全性和转基因生物的安全性。

一般认为,在基因工程的实验阶段,含有重组DNA的生物体存在意外扩散的可能性,因而存在不同程度的潜在危险,必须从物理防护和生物防护2个方面采取严格的防范措施,并主张尽快开发出逃逸不出实验室的安全寄主菌体和质粒载体。

对转基因生物安全性的评价主要集中在2个方面:一个是环境安全性;另一个

是食品安全性。

环境安全性评价要回答的核心问题是，转基因植物释放到田间后，是否会通过繁殖或花粉自然扩散，打破原有生物种群的动态平衡，破坏自然生态环境。具体表现在以下几方面。①转基因植物演变成农田杂草的可能性。植物在获得新的基因后，是否在生长势、越冬性、种子产量和生活力等方面比非转基因植株强，从而可能通过生存竞争，演变为危害非转基因植物的农田杂草。②基因漂流到近缘野生种的可能性。一方面应考虑转基因植物释放的区域是否存在可以同它杂交的近缘野生种，另一方面应考虑转基因漂流到实际存在的野生近缘种时，会产生什么后果。例如，一个抗除草剂基因发生基因漂流会使野生杂草获得抗性，从而增加杂草控制的难度甚至灾难；如果是改进品质的基因则不会产生上述后果。③对自然生物类群的影响。例如转入 Bt 杀虫基因的抗虫棉，其目标昆虫是棉铃虫和红铃虫等植物害虫。如果长期大面积使用，则抗 Bt 毒素蛋白的昆虫变异类型有可能逐渐在群体中占有优势，表现为对抗虫棉的适应性或抗性。为了解决这个问题，在抗虫棉推广时一般要求种植一定比例的非抗虫棉，以延缓昆虫产生抗性。此外，还要考虑转基因植物对非靶昆虫的影响，例如抗虫的毒素蛋白是否对当地蝴蝶生存造成威胁。

为评价转基因植物的食用安全性，一般需要在指定的实验室进行严格的食品安全检验和动物饲养实验。通常考虑的是以下 2 个方面。①有毒物质。必须确保转入的外源基因或基因产物对人畜无毒。目前已有大量的实验数据证明 Bt 毒素蛋白只对少数目标昆虫有毒，对人畜则是安全的。基因工程常用的大部分报告基因，如卡那霉素基因和潮霉素基因，对于食品和饲料都是安全的。②过敏源。在自然条件下存在着许多过敏源。如果将导致过敏源产生的基因转入新的生物中，则会对过敏人群造成不利影响。例如，美国有人将巴西坚果中的 2S 清蛋白基因转入大豆，虽然使大豆的含硫氨基酸增加，但由于可能产生过敏源而未获得批准进入商品化生产。

据推测，2025 年全球人口将达到 80 亿，其中新增加的 25 亿人口大部分将来自发展中国家。诺贝尔奖获得者 Norman Borlaug 认为，届时要想满足全球的粮食需求，粮食产量就必须比 1990 年增长 80%。由于资源的限制，增加的产量不可能寄希望于耕地面积的扩大和灌溉能力的增加，而只能主要依靠提高作物的单产来实现。而转基因作物在产量、品质和抗逆性等方面都有显著的改进；同时，也可极大地降低农业生产的成本，缓解不断恶化的农业生态环境。所以，我们不应因为担忧转基因生物的安全性而怀疑和抵制转基因技术。只要利用得当，管理合理，转基因生物不是危害人类的恶魔，而是拯救人类的救星。

内容提要

基因工程及其特点 基因工程是采用类似工程设计的方法，在体外将控制某一个(或某几个)性状的外源基因(DNA 片段)重组到质粒、病毒等载体中，构成遗传物质的新组合，并导入到本来没有这个基因的目标生物(细菌、病毒、动物、植物等)体内，使其整合到目标生物的基因组，并实现该基因所控制性状的表达，使目标生物产生本身本来不具有的性状。

基因工程又称为重组 DNA 技术，它作为改良生物的手段具有 2 个特点：①克服种间杂交障碍，创造出新的物种；②定向改造生物体。

目的基因的获得 基因工程的目的基因，一是使生物能够大量产生有用的蛋白质，通常是治疗疾病的药物，或是具有工业用途的酶；二是使生物产生可直接利用的新性状。植物基因工程常用的基因包括种子储藏蛋白基因、抗除草剂基因、抗病毒和抗虫基因、耐环境胁迫的基因及延迟成熟、增强耐藏性的基因等。

基因工程的实践，通常是从基因文库中钓取目的基因。所谓基因文库，就是将连接在载体上的各种基因导入细菌，再经过无性繁殖得到的重组 DNA 群体。基因文库可分为基因组文库和 cDNA 文库两类，前者保存着某种生物基因组的所有 DNA 序列；后者保存着某种生物基因组具有表达功能的基因，由 mRNA 逆转录获得。此外，通过化学合成也能获得目的基因。

从基因文库钓取目的基因的方法很多，本章着重介绍的是应用日益广泛的聚合酶链式反应(PCR)扩增技术。它利用 2 个特定的引物限定 DNA 的扩增范围，从而钓取所需目的基因。

表达载体的构建 表达载体通常由目的基因、标记基因和载体 DNA 组成，其中的基因应包含启动子。它们通常是通过限制性内切酶和连接酶的作用组装在一起，成为重组 DNA 分子。特定的一种限制酶能够在特定部位将 DNA 双链切割成一系列片段。

构建表达载体时，经常选用的载体有质粒载体和病毒载体两大类。质粒是自然存在于细菌细胞中，但独立于细菌染色体外的小型环状双链 DNA 分子，能够自主复制。常用的有大肠杆菌质粒载体，在植物中还有 Ti 质粒载体。目前应用的载体大都是经过人工改造的。

构建表达载体时，还需要考虑启动子的选择、目的基因的修饰等，以提高表达载体的表达效率。

转化方法 植物基因工程中常用的转化方法包括农杆菌介导法、基因枪法、花粉管通道法等。动物基因工程中常用的转化方法是显微注射法等。

转化体的筛选　基因工程受体接受重组 DNA 分子的频率一般很低，要对转化体进行筛选。筛选的方法很多，遗传标记法和核酸分子杂交法是其中有代表性的方法。植物基因工程利用遗传标记的方法又可以分为两大类。一类是在表达载体中安装选择性基因，如对某种抗生素的抗性基因，对某种除草剂的抗性基因等；另外一类是在表达载体中安装报告基因，如 *gus* 基因、萤火虫荧光素酶基因等，其中应用较为广泛的是 *gus* 基因，即 β-葡糖苷酸酶基因。

经过遗传标记初步筛选的转化体，还需进一步鉴定。其中应用最为广泛的是核酸分子杂交，具体 Southern 吸印技术、菌落杂交技术等，其共同原理是目的基因能够与具有同源序列的探针发生杂交。

基因工程的成就和安全性　基因工程技术发展极为迅速，现在已经广泛应用于工业、种植业、养殖业、医学等领域，并取得了丰硕的成果，为人类创造了巨大的财富。

转基因生物的安全性评价主要包括环境安全性和食品安全性 2 个方面。需要通过合理设计的试验和严密的实验程序，积累足够的数据，来判断转基因生物在自然界的释放或大规模商品化生产是否安全。对试验证明安全的转基因生物可以正式用于农业等生产，而对存在安全隐患的则要加以限制，避免危及人类生存和破坏生态环境。

复习思考题

1. 解释下列名词：分子克隆、基因工程、限制性酶切图谱、质粒载体、转基因、转基因生物体、cDNA 文库、基因文库、DNA 重组、目的基因、受体、聚合酶链式反应、Nouthern 杂交。
2. 何谓基因工程？它对遗传学研究，对改良生物，具有怎样的特殊意义？
3. 在序列 5′-CGAACATATGGAGT-3′中含有一个 6 bp 的Ⅱ类限制性内切核酸酶的识别序列，该位点的序列可能是什么？
4. 基因工程的主要环节都有哪些？每个环节的核心任务是什么？
5. 将不同来源的 DNA 片段重组成新的杂种 DNA 分子，可能需要哪些酶？其作用是什么？
6. Ti 质粒的主要分子生物学特征是什么？
7. 基因工程中通常对表达载体在哪些方面进行修饰？
8. 基因工程中的报告基因常选用什么基因？
9. 外源重组 DNA 导入生物体的方法有哪些？各有什么特点？
10. 转基因食品是否安全？试谈谈你对转基因产品安全性的问题。

主要参考书目

[1] (英)Winter P C. 等著. 谢雍主译. 遗传学——现代生物学精要速览中文版. 北京:科学出版社,2001.
[2] 谢友菊,王国英,林爱星. 遗传工程概论. 2 版. 北京:中国农业大学出版社,2005.
[3] 胡银岗. 植物基因工程. 杨凌:西北农林科技大学出版社,2006.
[4] 吴乃虎. 基因工程原理. 2 版. 北京:科学出版社,1998.
[5] 吴乃虎. 基因工程原理. 2 版. 北京:科学出版社,2001.
[6] 王关林,方宏筠. 植物基因工程. 2 版. 北京:科学出版社,2002.
[7] 闫新甫. 转基因植物. 北京:科学出版社,2003.
[8] 张献龙,唐克轩. 植物生物技术. 北京:科学出版社,2004.
[9] 楼士林. 基因工程. 北京:科学出版社,2002.
[10] Clark MS. 顾红雅,瞿礼嘉译. 植物分子生物学实验手册. 北京:高等教育出版社,1998.
[11] 朱祯. 转基因作物——恶魔还是救星. 农业生物技术学报,2000.
[12] 浙江农业大学. 遗传学. 2 版. 北京:中国农业出版社,1989.
[13] 郑康乐. 分子标记在作物遗传育种中的应用. 南京:江苏科学技术出版社,1991.
[14] 江虎军,王钦南. "日本水稻基因组研究计划"简介,生命科学,1993,5(1):24-25.
[15] 徐云碧,朱立煌. 分子数量遗传学. 北京:中国农业出版社,1994.
[16] 洪国藩. 水稻基因组物理图的构建. 科学,1998,50(1):3-7.
[17] Birren B et al. Genome Analysis. A Laboratory Manual. Cold Spring Harbor Laboratory Press, USA. 1999,3.
[18] Brown, T A. Genomes, Bios. Scientific Publishers, UK. 1999.
[19] Collins F. and Galas D. Science. 1993,262: 43-46.
[20] Cavazzana-Calvo M. et al. Science. 2000,288: 669-672.
[21] Klug, W S. and Cummings, M R. Concepts of Genetics, 6ed. Prentice Hall Inc. USA. 2000.
[22] Tuzuki D T et al. An Introduction to Genetic Analysis. 6th. ed. Freeman. San Francisco,1996.

图书在版编目(CIP)数据

遗传学/李惟基主编．—北京：中国农业大学出版社，2007.7(2020.7 重印)
普通高等教育“十一五”国家级规划教材
ISBN 978-7-81117-208-9

Ⅰ．遗…　Ⅱ．李…　Ⅲ．遗传学-高等学校-教材　Ⅳ．Q3
中国版本图书馆 CIP 数据核字(2007)第 100705 号

书　　名　遗传学
作　　者　李惟基　主编

策划编辑　王笃利　　**责任编辑**　王笃利
封面设计　郑　川　　**责任校对**　陈　莹　王晓凤
出版发行　中国农业大学出版社
社　　址　北京市海淀区圆明园西路 2 号　　**邮政编码**　100094
电　　话　发行部 010-62818525,8625　　读者服务部 010-62732336
编辑部 010-62732617,2618　　出　版　部 010-62733440
网　　址　http://www.cau.edu.cn/caup　　**e-mail**　cbsszs@cau.edu.cn
经　　销　新华书店
印　　刷　涿州市星河印刷有限公司
版　　次　2007 年 7 月第 1 版　　2020 年 7 月第 7 次印刷
规　　格　787×980　　16 开本　　28.25 印张　　517 千字
定　　价　59.00 元

图书如有质量问题本社发行部负责调换